装备制造大类新形态教材

# 数控加工技术

主　编　龙永莲　章跃洪　胡书文　卢培文
副主编　彭发福　谢彩霞　欧阳玲玉
参　编　钟炜华　戴晓莉
主　审　宋志良

哈爾濱工業大學出版社

## 内 容 简 介

本书是由校企合作共同开发的新形态教材，紧跟时代特色，融入课程思政及“1＋X”证书内容，配套江西省职业教育装备制造类精品在线开放课程资源，支持移动学习，可用于线上线下混合教学。全书包含轴类零件的数控加工，箱体类零件的数控加工，以及盘、套类零件的数控加工三个大项目共十二个任务，每一个任务选择汽车变速器典型零件为项目载体，由“任务导入”“知识链接”“任务实施”“知识拓展”“习题训练”五个部分组成，并基于工作过程细分为工艺设计、程序编写、机床操作加工和零件检验四个子任务，实现工艺知识、编程技巧和操作技能的有机结合，做到数控加工知识与技能融合，在考核专业能力的同时考核职业素养。

本书主要供高职高专院校和技师学院机械、模具、数控类专业开展数控机床编程教学与实践使用，也可供从事数控加工的工艺技术人员使用。

**图书在版编目(CIP)数据**

数控加工技术/龙永莲等主编.—哈尔滨：哈尔滨工业大学出版社，2024.4

ISBN 978－7－5767－1321－3

Ⅰ.①数… Ⅱ.①龙… Ⅲ.①数控机床－加工 Ⅳ.①TG659

中国国家版本馆 CIP 数据核字(2024)第 079918 号

策划编辑 王桂芝
责任编辑 谢晓彤
出版发行 哈尔滨工业大学出版社
社　　址 哈尔滨市南岗区复华四道街 10 号 邮编 150006
传　　真 0451－86414749
网　　址 http://hitpress.hit.edu.cn
印　　刷 哈尔滨市颉升高印刷有限公司
开　　本 787 mm×1 092 mm 1/16 印张 21.5 字数 510 千字
版　　次 2024 年 4 月第 1 版 2024 年 4 月第 1 次印刷
书　　号 ISBN 978－7－5767－1321－3
定　　价 59.80 元

# 前　言

党的二十大报告提出，推进新型工业化，加快建设制造强国、质量强国、航天强国、交通强国、网络强国、数字中国。数控加工技术作为现代制造业的核心，其地位日益凸显。本书承载数字化加工技术，为制造设备的大规模数控化，培养制造企业紧缺的数控技术高技能型人才提供理论与技术工具。

本书作为高职高专教育的教学改革教材，全书以职业岗位要求的知识、技能为基本出发点，对标数控加工高级工职业标准，以汽车零部件为项目载体完成每个项目的工作任务作驱动，基于工作过程进行系统化内容设计。主要内容有轴类零件的数控加工，箱体类零件的数控加工，以及盘、套类零件的数控加工。本书中的各个项目具有相对独立性，全书完整且具备系统性。为鼓励读者敢于尝试、勇于创新，不断探索数控加工技术的新领域和新应用，一些基础性的知识有所取舍。本书列举了大量的案例分析和实践操作，读者能够在实际操作中掌握数控加工技术的精髓，提升解决实际问题的能力。同时希望读者在完成一个个任务的过程中，能够深刻理解工匠精神的内涵，爱岗敬业，以劳模的高度责任感和使命感为榜样，在数控加工领域培养争创一流的精神，成为未来制造业的佼佼者。本书的项目考核注重专业能力与职业素养相结合。

本书有丰富的配套教学资源，是江西省精品在线开放课程（网址：https://www.xueyinonline.com/detail/236125037）配套教材，书中的二维码也可直接观看对应视频或动画。课程平台除了有完善的微视频、教学文件、大量习题、加工案例等专业课程资源外，还有较丰富的劳模事迹、新技术发展等素材，可为实施课程思政提供资源。

本书由高校联合、生产企业参与完成编写。江西应用技术职业学院龙永莲、金华职业技术学院章跃洪、江西环境工程职业学院胡书文、赣州职业技术学院卢培文担任主编，赣州澳克泰工具技术有限公司彭发福、宁波旭升汽车技术股份有限公司谢彩霞、江西应用技术职业学院欧阳玲玉担任副主编。具体编写分工如下：龙永莲编写项目 1 任务 1.2、任务 1.3 和项目 2 任务 2.4，章跃洪编写项目 3 任务 3.1、任务 3.2 和任务 3.3，胡书文编写项目 2 任务 2.2，卢培文编写项目 2 任务 2.1，彭发福编写项目 1 任务 1.1，谢彩霞编写项目 3 任务 3.4，钟炜华编写项目 1 任务 1.4，戴晓莉编写项目 1 任务 2.3。全书由龙永莲组稿和统稿，由江西应用技术职业学院宋志良教授担任主审。教材配套在线课程建设由龙永莲负责，与彭发福、谢彩霞、戴晓莉、欧阳玲玉共同完成。

本书在编写过程中参阅了国内外有关的资料、文献和教材，得到了许多专家和同行的支持与帮助，在此表示衷心的感谢！

由于编者的水平有限，书中难免有疏漏和不足之处，敬请读者批评指正。

所有意见和建议请发至：longyonglian@jxyy.edu.cn

**编　者**

**2024 年 3 月**

# 目　录

# 项目 1　轴类零件的数控加工

【知识目标】掌握轴类零件数控车削加工工艺知识；掌握轴类零件车削编程指令和编程方法。

【技能目标】能够熟练操作数控车床；能够加工轴类零件；能够应用量具检验加工轴类零件。

【价值目标】具备严谨细致的工作作风；具备爱岗敬业的工匠精神；具备创新精神和现场处置问题的能力。

## 任务 1.1　一般轴的数控车削加工

### 任务导入

一般轴实体图如图 1.1 所示，其零件图如图 1.2 所示，毛坯材料为 45 钢，单件生产。

图 1.1　一般轴实体图

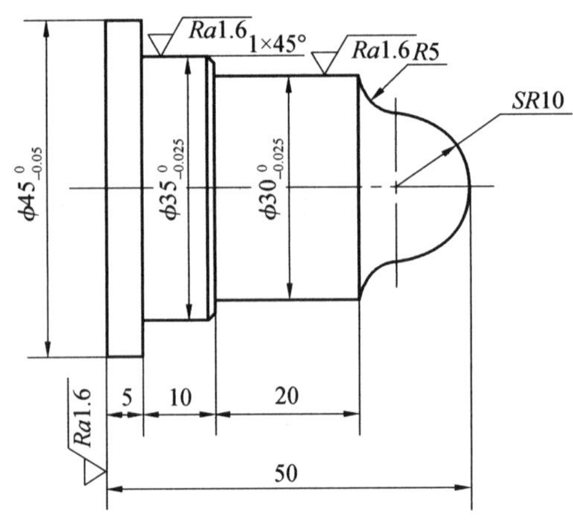


图 1.2　一般轴零件图

知识链接

## 1.1.1　轴类零件数控车削加工的相关工艺一

数控车削加工的相关工艺

### 1. 数控车削加工零件的定位与装夹

在确定定位和夹紧方案时应注意以下几个问题。

(1) 尽可能做到设计基准、工艺基准与编程计算基准的统一。

(2) 尽量将工序集中，减少装夹次数，尽可能在一次装夹后能加工出全部待加工表面。

(3) 避免采用占机人工调整时间长的装夹方案。

(4) 夹紧力的作用点应落在工件刚性较好的部位。

数控车削加工零件的装夹主要有以下几种。

(1) 三爪定心卡盘。

三爪定心卡盘是车床上应用最广泛的通用夹具，如图 1.3 所示，适用于装夹圆形和正六边形截面的短工件。在使用过程中，能自动定心，装夹方便迅速，但定心精度不高，一般误差为 0.05 ～ 0.15 mm。其定心精度受卡盘本身制造精度和使用后磨损程度的影响，故工件上同轴度要求较高的表面，应尽可能在一次装夹中车出。卡爪的行程范围在 10 ～ 100 mm 之间(工件过长需要用顶尖)。

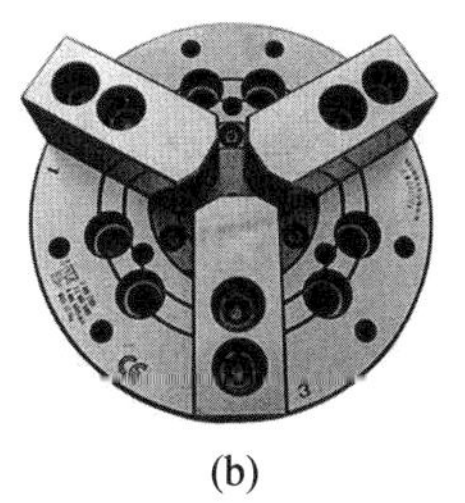

(a) (b)

图 1.3 三爪定心卡盘

（2）四爪单动卡盘。

四爪单动卡盘如图 1.4 所示，4 个单动卡爪用扳手分别调整，因此适用于装夹方形、椭圆形等偏心或不规则形状的工件。四爪单动卡盘的夹紧力大，也可用于夹持尺寸较大的圆形工件。四爪单动卡盘夹持工件时，可根据工件的加工精度要求，将工件调整至所需的加工位置。但精确找正很费时间，精度较低时，用划针盘找正；精度高时，用百分表或千分表找正。

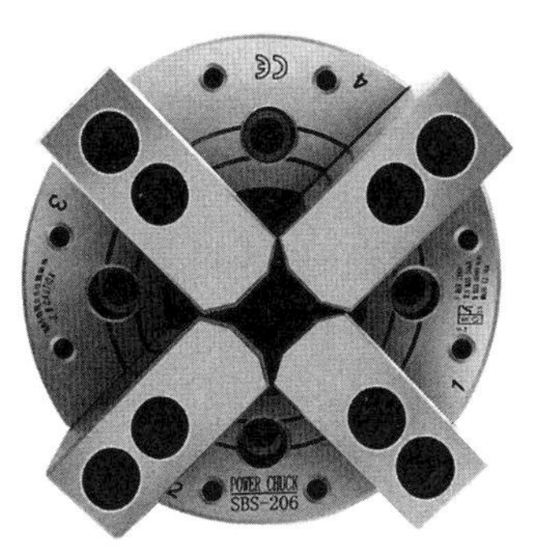

图 1.4 四爪单动卡盘

### 2. 零件表面数控车削加工方案的确定

数控车削外回转表面及端面加工方案的确定，一般根据零件的加工精度、表面粗糙度、材料、结构形状、尺寸及生产类型确定零件表面的数控车削加工方法和加工方案。

（1）加工精度为 IT7 ～ IT8 级、$Ra\,0.8 \sim 1.6\ \mu m$ 的除淬火钢以外的常用金属，可采用普通型数控车床，按粗车、半精车、精车的方案加工。

（2）加工精度为 IT5 ～ IT6 级、$Ra\,0.2 \sim 0.63\ \mu m$ 的除淬火钢以外的常用金属，可采用精密型数控车床，按粗车、半精车、精车、细车的方案加工。

（3）加工精度高于 IT5 级、$Ra < 0.08\ \mu m$ 的除淬火钢以外的常用金属，可采用高档精密型数控车床，按粗车、半精车、精车、精密车的方案加工。

（4）对淬火钢等难车削材料，其淬火前可采用粗车、半精车的方法，淬火后安排磨削加工。

### 3. 背吃刀量的确定

背吃刀量是根据余量确定的。在工艺系统刚性和机床功率允许的条件下，尽可能选取较大的背吃刀量，以减少进给次数。一般当毛坯直径余量小于 6 mm 时，根据加工精度考虑是否留出半精车和精车余量，剩下的余量可一次切除。当零件的精度要求较高时，应留出半精车、精车余量，半精车余量一般为 0.5 ～ 2 mm，所留精车余量一般比普通车削时所留余量少，常取 0.1 ～ 0.5 mm，具体数值可查《金属切削手册》。

### 4. 主轴转速的确定

光车时主轴转速应根据零件上被加工部位的直径($d$)，并按零件和刀具的材料及加工性质等条件所允许的切削速度($v_C$) 来确定。切削速度除了计算和查《金属切削手册》选取外，还可根据实践经验确定。

切削速度确定之后，主轴转速 $S$ 为

$$S = \frac{1\,000 v_C}{\pi d} \tag{1.1}$$

### 5. 进给速度的确定

(1) 确定进给速度的原则。

① 当工件的质量要求能够得到保证时，为提高生产率，可选择较高的进给速度。

② 切断、车削深孔或精车削时，宜选择较低的进给速度。

③ 刀具空行程，特别是远距离“回零”时，可以设定尽量高的进给速度。

④ 进给速度应与主轴转速和背吃刀量相适应。

(2) 进给速度的计算。

进给速度包括纵向进给速度和横向进给速度，其值为

$$F = Sf \tag{1.2}$$

式中　$f$—— 进给量。

编程人员在确定切削用量时，要根据被加工工件材料、硬度、切削状态、背吃刀量、进给量、刀具耐用度选择合适的切削速度。表 1.1 为车削加工时的切削速度。

**表 1.1　车削加工的切削速度**　m/min

| 被切削材料名称 | | 轻切削(切深为 0.5 ～ 1 mm，进给量为 0.05 ～ 0.3 mm/r) | 一般切削(切深为 1 ～ 4 mm，进给量为 0.2 ～ 0.5 mm/r) | 重切削(切深为 5 ～ 12 mm，进给量为 0.4 ～ 0.8 mm/r) |
|---|---|---|---|---|
| 优质碳素结构钢 | 10 钢 | 100 ～ 250 | 150 ～ 250 | 80 ～ 220 |
| | 45 钢 | 60 ～ 230 | 70 ～ 220 | 80 ～ 180 |
| 合金钢 | $\sigma_b \leqslant 750$ MPa | 100 ～ 220 | 100 ～ 230 | 70 ～ 220 |
| | $\sigma_b > 750$ MPa | 70 ～ 220 | 80 ～ 220 | 80 ～ 200 |

## 1.1.2　轴类零件数控车削的相关编程一

### 1. 数控车床的编程特点

(数控车床)建立工件坐标系

(1) 加工坐标系。

加工坐标系应与数控车床坐标系的坐标方向一致，$X$ 轴对应径向，$Z$ 轴对应轴向，$C$ 轴(主轴)的运动方向则从机床尾架向主轴看，以逆时针为 $+C$ 向，顺时针为 $-C$ 向，加工坐标系如图 1.5 所示。

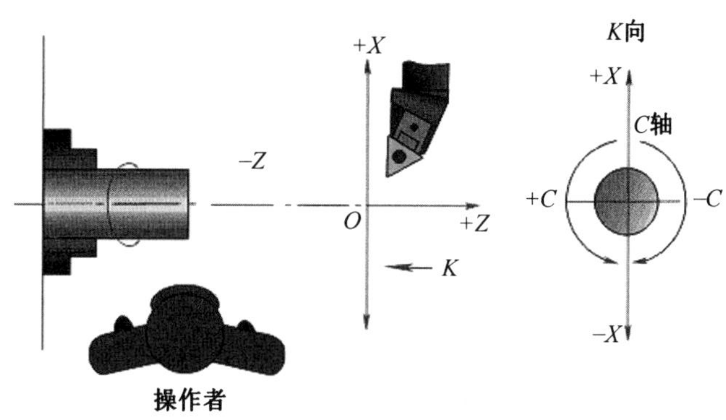

图 1.5　加工坐标系

加工坐标系的原点选在便于测量或对刀的基准位置，一般在工件的右端面或左端面上。

(2) 直径编程方式。

在车削加工的数控程序中，$X$ 轴的坐标值取为零件图样上的直径值，如图 1.6 所示。图 1.6 中，$A$ 点的坐标值为(30,80)，$B$ 点的坐标值为(40,60)。采用直径尺寸编程与零件图样中的尺寸标注一致，这样可避免尺寸换算过程中可能造成的错误，给编程带来很大方便。

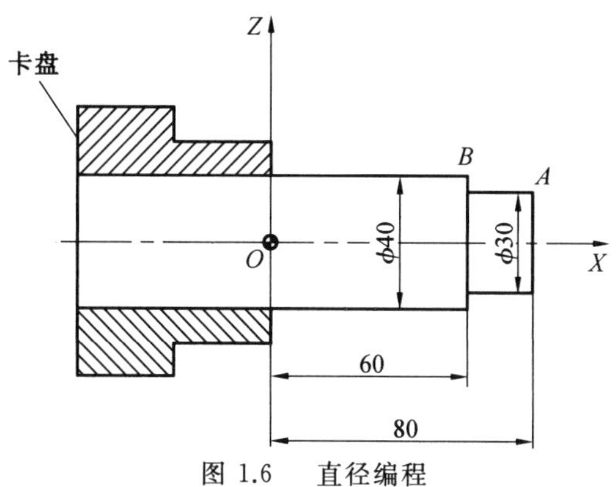


图 1.6　直径编程

(3) 进刀和退刀方式。

对于车削加工，进刀时采用快速走刀接近工件切削起始点附近的某个点，再改用切削进给，以减少空走刀的时间，提高加工效率。切削起始点的确定与工件毛坯余量的大小有关，应以刀具快速走到该点时刀尖不与工件发生碰撞为原则，如图 1.7 所示。

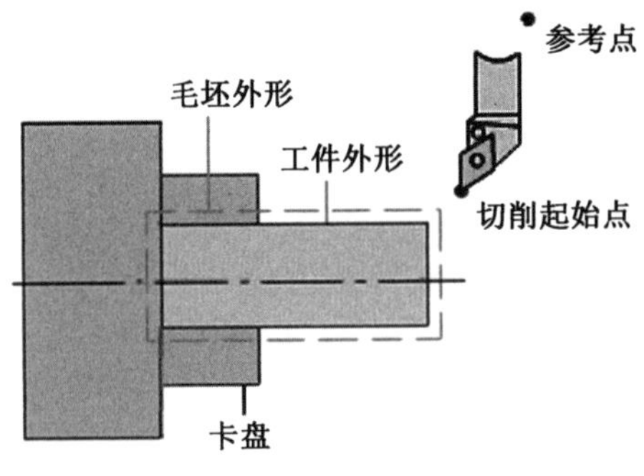


图 1.7　切削起始点的确定

（数控车床）倒角、倒圆编程（G00、G01 指令）

2. **相关编程方法**

(1) 倒角、倒圆编程。

① 45°倒角。

由轴向切削向端面切削倒角，即由 $Z$ 轴向 $X$ 轴倒角，$i$ 的正负根据倒角是向 $X$ 轴正向还是负向，如图 1.8(a) 所示。其编程格式为 G01 Z(W) ～ I ± i。

由端面切削向轴向切削倒角，即由 $X$ 轴向 $Z$ 轴倒角，$k$ 的正负根据倒角是向 $Z$ 轴正向还是负向，如图 1.8(b) 所示。其编程格式为 G01 X(U) ～ K ± k。

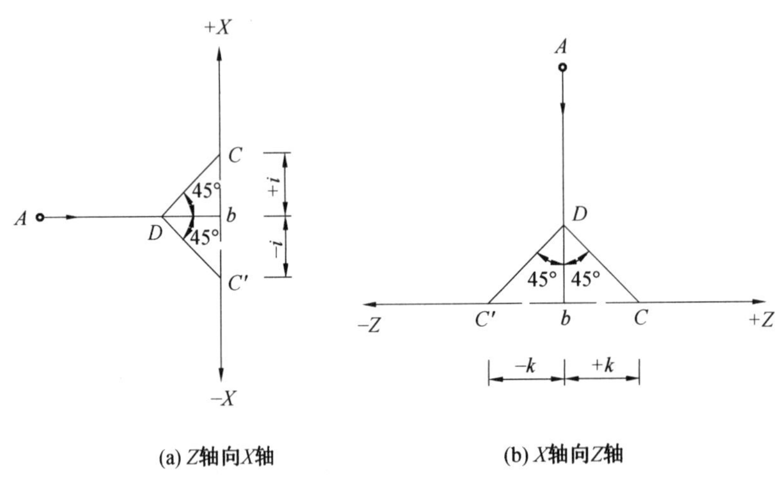


图 1.8　倒角

② 任意角度倒角。

在直线进给程序段尾部加上 C ～，可自动插入任意角度的倒角。C 后的数值是从假设没有倒角的拐角交点到倒角起点或与终点之间的距离，如图 1.9 所示。

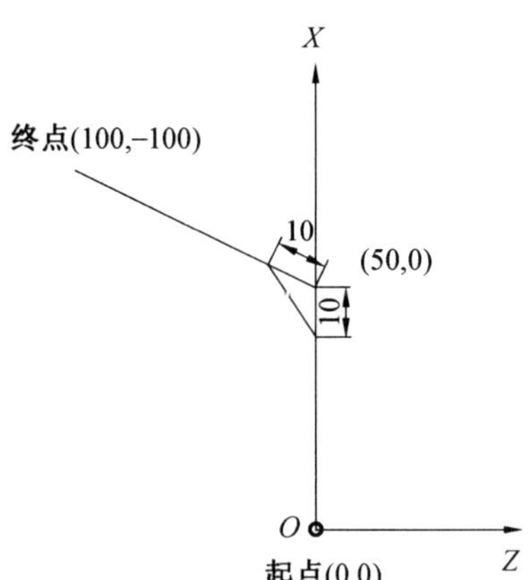


图 1.9 任意角度倒角

例:G01 X50 C10;

X100 Z－100;

③ 倒圆角。

编程格式为 G01 Z(W) ～ R±r 时,圆弧倒角情况如图 1.10(a) 所示。

编程格式为 G01 X(U) ～ R±r 时,圆弧倒角情况如图 1.10(b) 所示。

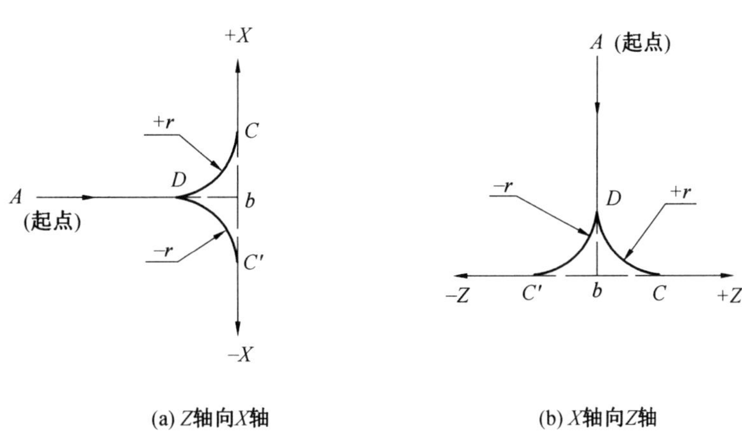


图 1.10 倒圆角

④ 任意角度倒圆角。

若程序为

G01 X50 R10 F0.2;

X100 Z－100;

则加工情况如图 1.11 所示。

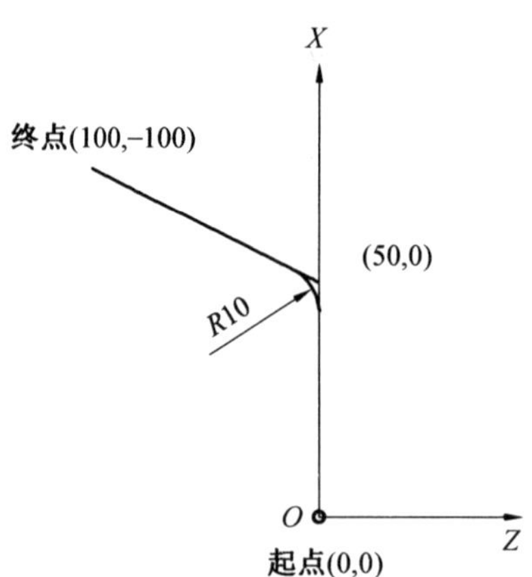


图 1.11　任意角度倒圆角

例:加工图 1.12 所示零件的轮廓,程序如下:

G00 X10 Z22;

G01 Z10 R5 F0.2;

X38 K－4;

Z0;

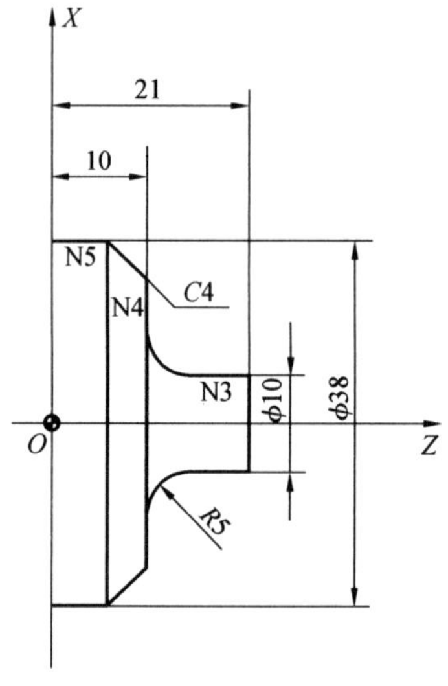


图 1.12　应用例图

(2) 复合固定循环。

在复合固定循环中,对零件的轮廓定义之后,即可完成从粗加工到精加工的全过程,使程序得到进一步简化。

① 外圆粗切循环。

外圆粗切循环是一种复合固定循环,适用于外圆柱面需多次走刀才能完成的粗加工,如图 1.13 所示。

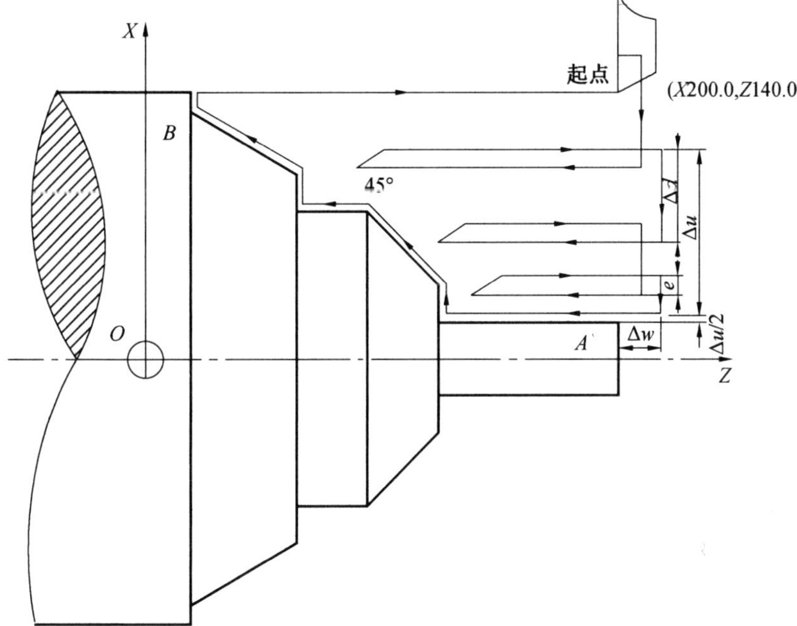


图 1.13 外圆粗切循环

外圆粗切循环（G71、G70）

编程格式为

G71 U(Δd) R(e);

G71 P(ns) Q(nf) U(Δu) W(Δw) F(f) S(s) T(t);

式中 Δd—— 背吃刀量；

e—— 退刀量；

ns—— 精加工轮廓程序段中开始程序段的段号；

nf—— 精加工轮廓程序段中结束程序段的段号；

Δu——*X* 轴方向精加工余量；

Δw——*Z* 轴主向精加工余量；

f、s、t——F、S、T 代码。

注意：

a.ns → nf 程序段中的 F、S、T 功能，即使被指定也对粗车循环无效。

b.零件轮廓必须符合 *X* 轴、*Z* 轴方向同时单调增大或单调减小；*X* 轴、*Z* 轴方向非单调时，ns → nf 程序段中第一条指令必须在 *X* 轴、*Z* 轴方向同时有运动。

例：按图 1.14 所示尺寸编写外圆粗切循环加工程序。

程序如下：

N10 G50 X200 Z140 T0101;

N20 G00 G42 X120 Z10 M08;

N30 G96 S120;

N40 G71 U2 R0.5;

N50 G71 P60 Q120 U0.2 W2 F0.25;

```
N60 G00 X40;                 //ns
N70 G01 Z-30 F0.15;
N80 X60 Z-60;
N90 Z-80;
N100 X100 Z-90;
N110 Z-110;
N120 X120 Z-130;             //nf
N130 G00 X125;
N140 X200 Z140;
N150 M02;
```

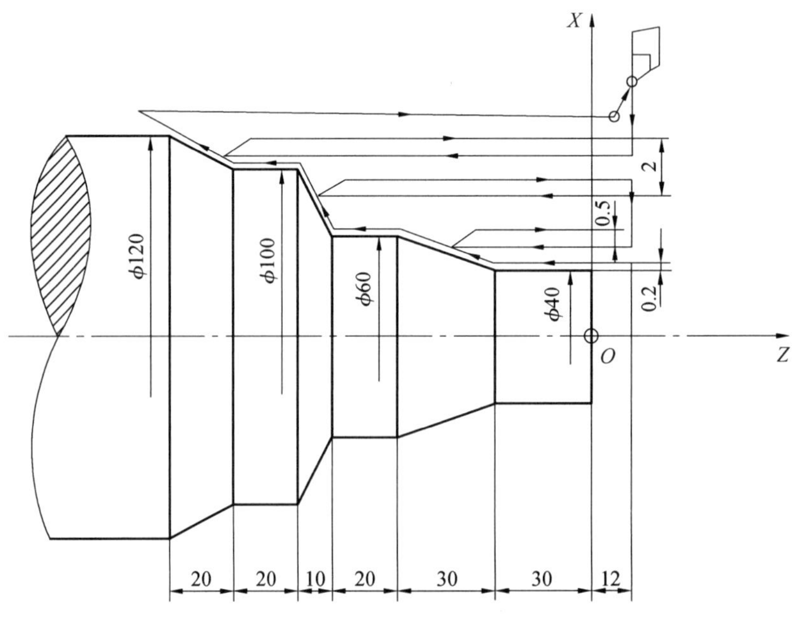


图 1.14　G71 程序例图

② 精加工循环。

由G71完成粗加工后，可以用G70进行精加工。精加工时，G71程序段中的F、S、T指令无效，只有在 ns → nf 程序段中的 F、S、T 才有效。

编程格式为

G70 P(ns) Q(nf);

式中　ns—— 精加工轮廓程序段中开始程序段的段号；

　　　nf—— 精加工轮廓程序段中结束程序段的段号。

例：在 G71、G72、G73 程序应用例中的 nf 程序段后再加上“G70 P(ns) Q(nf)”程序段，并在 ns → nf 程序段中加上精加工适用的 F、S、T，就可以完成从粗加工到精加工的全过程。

### 1.1.3　数控车床的相关操作一

#### 1. 对刀

数控车削加工中，应首先确定零件的加工原点，以建立准确的加工坐标系，同时考虑刀具的不同尺寸对加工的影响。这些都需要通过对刀来解决。

(1) 一般对刀。

一般对刀是指在机床上使用相对位置检测手动对刀。下面以 $Z$ 轴方向对刀为例说明对刀方法，如图 1.15 所示。

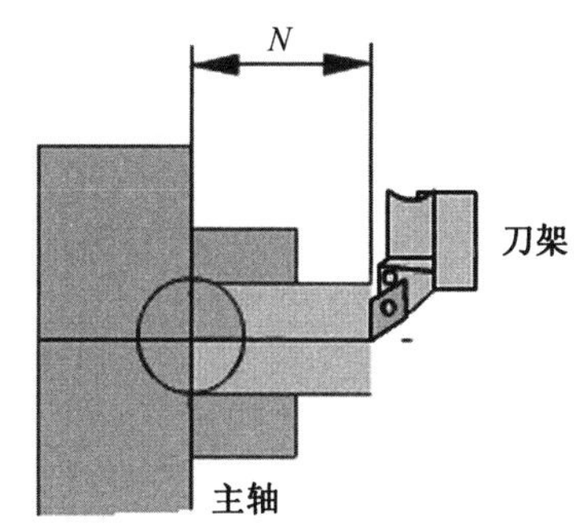

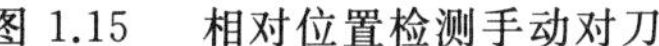
图 1.15　相对位置检测手动对刀

刀具安装后，先移动刀具手动切削工件右端面，再沿 $X$ 轴方向退刀，将右端面与加工原点距离 $N$ 输入数控系统，即完成这把刀具 $Z$ 轴方向对刀过程。

手动对刀是基本对刀方法，但它还是没跳出传统车床的"试切 — 测量 — 调整"的对刀模式，占用较多的在机床上操作的时间。此方法较为落后。

(2) 机外对刀仪对刀。

机外对刀的本质是测量出刀具假想刀尖点到刀具台基准之间 $X$ 轴及 $Z$ 轴方向的距离。利用机外对刀仪可将刀具预先在机床外校对好，以便装上机床后将对刀长度输入相应刀具补偿号即可使用，如图 1.16 所示。

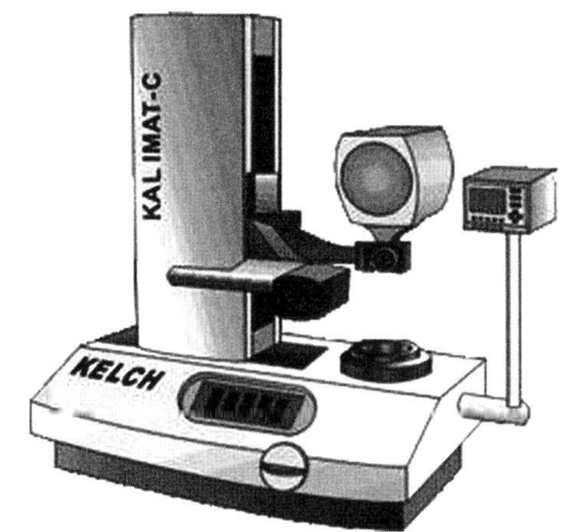

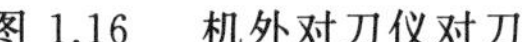
图 1.16　机外对刀仪对刀

(3) 自动对刀。

自动对刀是通过刀尖检测系统实现的，刀尖以设定的速度向接触式传感器接近，当刀尖与传感器接触并发出信号时，数控系统立即记下该瞬间的坐标值，并自动修正刀具补偿值。自动对刀如图 1.17 所示。

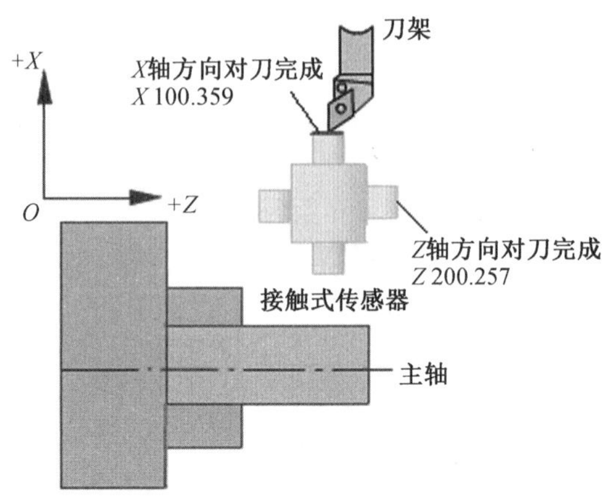


图 1.17　自动对刀

### 2. 数控车床操作

数控车床操作

(1) 机床控制操作。

① 开机。

开启机床电源开关，按下机床开关(ON 键)，旋开急停开关，将其松开。

② 机床回参考点(根据具体机床要求)。

对准模式 MODE 旋钮点击鼠标左键或右键，将旋钮拨到 ZRN 挡，如图 1.18 所示。

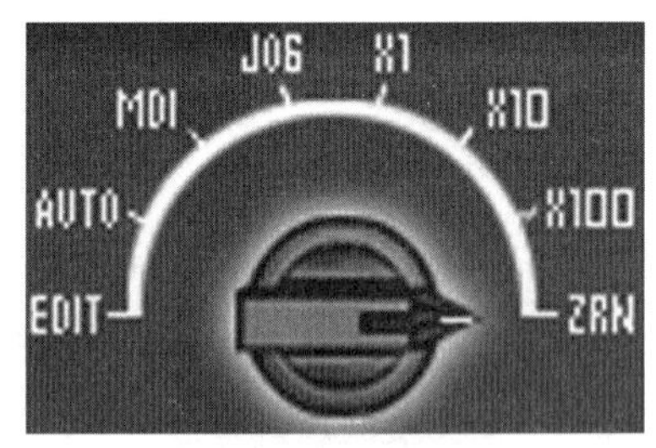


图 1.18　模式选择

先将 $X$ 轴方向回零，在回零模式下，如图 1.19 所示；点击按钮，此时 $X$ 轴将回零，相应操作面板上 $X$ 轴的指示灯亮，同时显示屏(CRT) 上的 $X$ 轴坐标变为“390.000”；再点击按钮，可以将 $Z$ 轴回零，操作面板上 $Z$ 轴的指示灯亮，此时

CRT 如图1.19 所示。

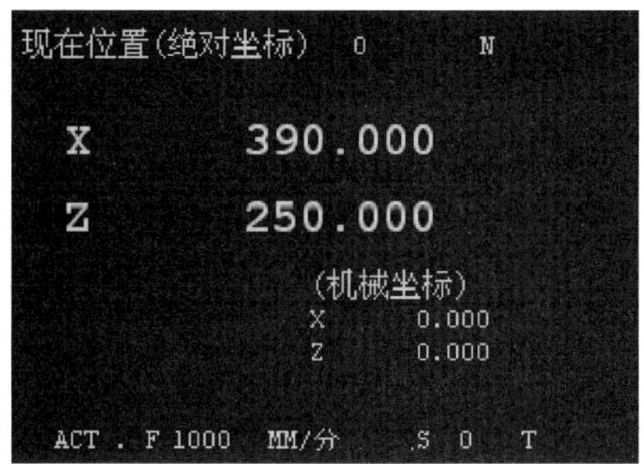


图 1.19　回参考点界面

③ 手动 / 连续方式。

将控制面板上 MODE 旋钮切换到 JOG 上，配合移动按钮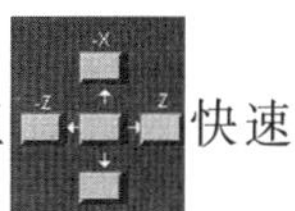快速准确地移动机床。

点击按钮，控制主轴的转动、停止。

注：刀具切削零件时，主轴需转动。加工过程中刀具与零件发生非正常碰撞后(非正常碰撞包括车刀的刀柄与零件发生碰撞，铣刀与夹具发生碰撞等)，系统弹出警告对话框，同时主轴自动停止转动，调整到适当位置，继续加工时需再次点击中的“FOR”按钮，使主轴重新转动。

④ 手动 / 增量方式。

将控制面板上 MODE 旋钮切换到手轮操作上。

配合步进量调节旋钮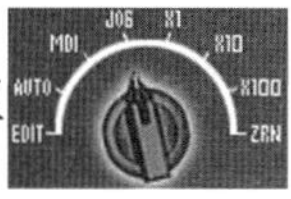，使用手轮精确调节机床。其中，×1 为0.001 mm，×10 为 0.01 mm，×100 为 0.1 mm。

点击按钮来控制主轴的转动、停止。

⑤ 手动辅助机能操作。

a.手动 / 手轮 / 单步方式下，按下按钮，刀架旋转换下一把刀。

b.冷却液开关 COOLANT。

手动 / 手轮 / 单步方式下，按下此键，进行“开 → 关 → 开 → …”切换。

c.工件夹紧开关。

按下此键，进行“夹紧 → 松开 → 夹紧 → …”工件切换。

d.主轴正转。

手动/手轮/单步方式下，按下按钮FOR，主轴正向转动启动。

e.主轴反转。

手动/手轮/单步方式下，按下按钮REV，主轴反向转动启动。

f.主轴停止。

手动/手轮/单步方式下，按下按钮SPINDLE STOP，主轴停止转动。

⑥ 关机。

压下急停开关，按下机床开关(OFF 键)关闭机床电源开关。

(2) 程序的输入与编辑。

① 通过操作面板手工输入 NC 程序。

操作步骤:将模式开关置于“EDIT”位置→按PROG键→进入程序界面→按数字/字母键输入自定义的程序名(输入的程序名不可以与已有程序名重复)→按EOB E、INSERT键→开始程序输入。程序输入界面如图 1.20 所示。

(数控车床)建立工件坐标系

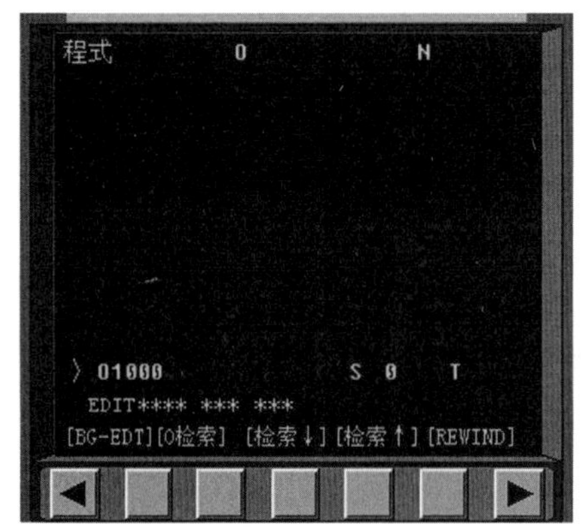


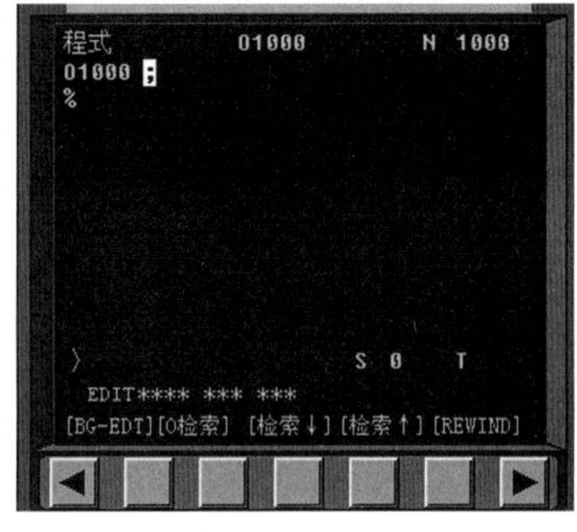


图 1.20　程序输入界面

注:

a.“EOB”为 END OF BLOCK 的首字母缩写，意为程序句结束。

b.如果屏幕出现“ALARM P/S 70”的报警信息，则表示内存容量已满，请删除无用的程序。如果屏幕出现“ALARM P/S 73”的报警信息，则表示当前输入的程序号内存中已存在，请改变输入的程序号或删除原程序号及对应程序内容即可。

② MDI 手动数据输入。

将模式开关置于“MDI”位置，按PROG键→按EOB E键→输入程序→按INSERT键，输入程序段。

注:在输入过程中，如输错，则需要重新输入，请按RESET键，上面的输入全部消失，重新

开始输入。如需取消其中某一输错的字，请按CAN键即可。

③ 编辑 NC 程序（删除、插入、替代操作）。

将模式开关置于“EDIT”位置 → 按PROG键 → 输入被编辑的 NC 程序名，如“O7” → 按INSERT键 → 移动光标到需要编辑的部位 → 对相应程序段进行删除、插入、替代操作。

注：可用↓PAGE或↑PAGE翻页，用↓、↑、←或→移动光标，也可采用搜索一个指定代码的方法移动光标。

④ 删除、插入、替代。

a.按DELETE键，删除光标所在的代码。

b.按INSERT键，把输入区的内容插入光标所在代码后面。

c.按ALTER键，用输入区的内容替代光标所在的代码。

⑤ 选择一个程序。

选择一个程序有两种方法。

a.按程序号搜索。

(a) 将模式开关置于“EDIT”位置。

(b) 按PROG键。

(c) 输入程序名（字母、数字）。

(d) 移动光标开始搜索，找到后，程序名显示在屏幕右上角程序号位置，程序内容显示在屏幕上。

b.用程序搜索。

(a) 将模式开关置于“EDIT”位置。

(b) 按PROG键，输入字母“O”。

(c) 输入程序名（字母、数字）。

(d) 按软键【操作】【O 检索】，程序显示在屏幕上，找到要查找的程序。

(e) 可继续输入程序段号，按软键【N 检索】搜索相应程序段。

⑥ 删除一个程序。

a.将模式开关置于“EDIT”位置。

b.按PROG键。

c.输入程序名（字母、数字）。

d.按DELETE键，程序被删除。

⑦ 删除全部程序。

a.将模式开关置于“EDIT”位置。

b.按PROG键。

c.输入字母“O”、数字“－9999”。

d.按DELETE键，所有程序被删除。

⑧ 显示程序内存使用量。

a.将模式开关置于“EDIT”位置。

b.将程序保护开关置为无效(OFF)。

c.按PROG键，出现画面信息。

d.按↓PAGE或↑PAGE键可进行翻页。

e.按RESET键，回到原来的程序画面。

⑨ 程序的输出。

a.连接输入/输出设备，做好输出准备。

b.将模式开关置于“EDIT”位置。

c.将程序保护开关置为无效(OFF)。

d.按PROG键。

(3) 建立工件坐标系。

试切法对刀是用所选的刀具试切零件的外圆和端面，经过测量和计算得到零件端面中心点的坐标值。

将操作面板中MODE旋钮切换到JOG上。点击MDI键盘的按钮POS，此时CRT界面上显示坐标值，利用AXIS旋钮X Z和操作面板上的按钮将机床移动到图1.21所示大致位置。

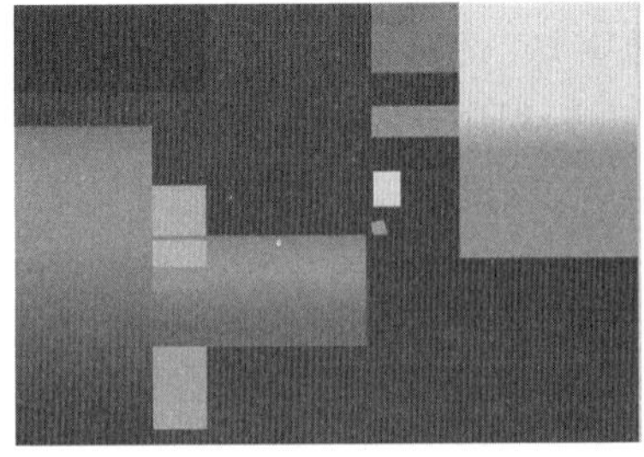

图1.21　车床对刀

点击面板中的按钮FOR，使主轴转动，将AXIS旋钮置于Z挡，在手动方式或手轮方式下沿负向移动，用所选刀具试切工件外圆，如图1.22所示。正向移动刀架，将刀具退至图

1.23 所示位置，使主轴停止转动。测量出所车削工件外圆直径，将操作面板中 MODE 旋钮切换到 MDI 模式，按下OFFSET SETTING键，按下软键【坐标系】，将光标移至要选择的坐标系，输入字母“X”，按下软键【测量】，如图 1.24 所示。点击面板中的按钮FOR，使主轴转动，将 AXIS 旋钮置于 X 挡，在手动方式或手轮方式下沿负向移动，试切工件端面，如图 1.25 所示。将操作面板中 MODE 旋钮切换到 MDI 模式，按下OFFSET SETTING键，按下软键【坐标系】，将光标移至要选择的坐标系，输入字母“Z”，按下软键【测量】。

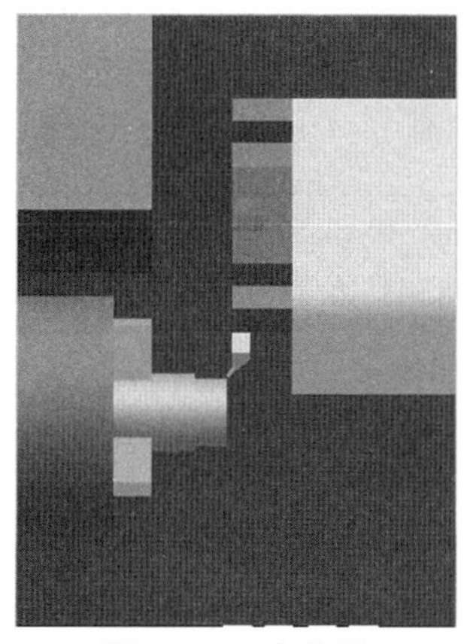
图 1.22 车外圆

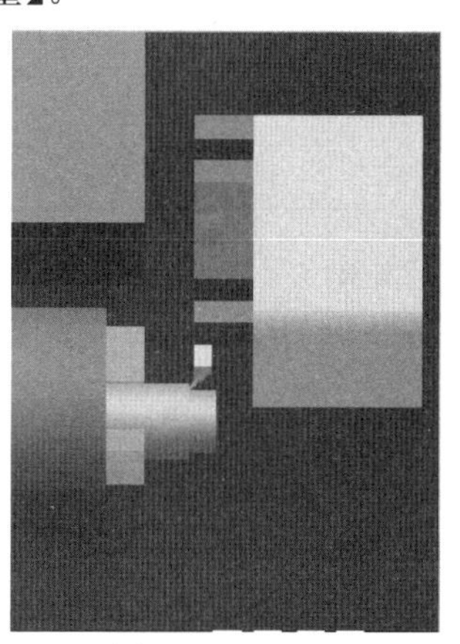
图 1.23 退刀

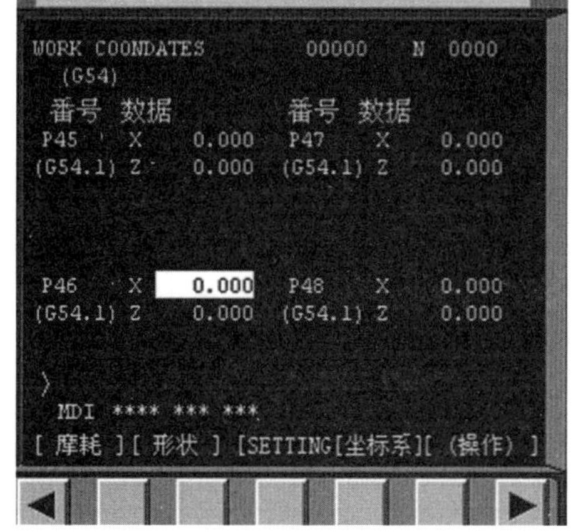

图 1.24 坐标系设置界面

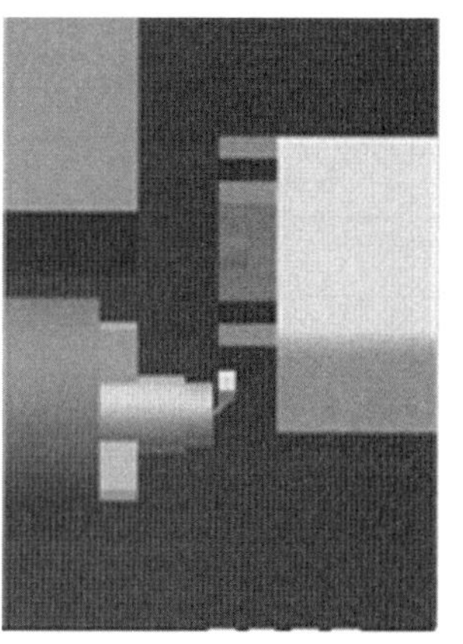
图 1.25 车端面

### 1.1.4 一般轴工艺设计

一般轴工艺设计的步骤如下。

(1) 数控车削加工工艺性分析。

(2) 数控车床的工艺装备选择。

(3) 数控车削加工工艺拟订。

(4) 工序顺序的安排。

(5) 确定走刀路线和安排工步顺序。

(6) 确定切削用量。

(7) 填写数控加工工艺文件。

一般轴各工艺文件分别见表 1.2 ～ 1.6，其各工序工艺附图如图 1.26 ～ 1.29 所示。

**表 1.2 一般轴机械加工工艺过程卡**

<table>
<tr><td colspan="2" rowspan="2">(学校)</td><td rowspan="2">机械加工<br>工艺过程卡</td><td>产品<br>型号</td><td></td><td>零部件<br>图号</td><td></td><td></td></tr>
<tr><td>产品<br>名称</td><td>一般轴</td><td>零部件<br>名称</td><td>一般轴</td><td>共 1 页 第 1 页</td></tr>
<tr><td>材料<br>牌号</td><td>45</td><td>毛坯<br>种类</td><td>圆钢</td><td>毛坯外<br>形尺寸</td><td></td><td>每个毛坯<br>可制件数</td><td>1</td><td>每台<br>件数</td><td>1</td><td>备注</td><td></td></tr>
<tr><td rowspan="2">工<br>序<br>号</td><td rowspan="2">工序<br>名称</td><td rowspan="2">工序内容</td><td rowspan="2">车间<br>工段</td><td rowspan="2">设备</td><td rowspan="2">工艺装备</td><td colspan="2">工时</td></tr>
<tr><td>准终</td><td>单件</td></tr>
<tr><td>1</td><td>粗车</td><td>粗车一端</td><td>金工</td><td>普通车床</td><td>三爪卡盘，游标卡尺</td><td></td><td></td></tr>
<tr><td>2</td><td>粗车</td><td>粗车另一端</td><td>金工</td><td>普通车床</td><td>三爪卡盘，游标卡尺</td><td></td><td></td></tr>
<tr><td>3</td><td>精车</td><td>精车大端</td><td>金工</td><td>数控车床</td><td>软爪，游标卡尺</td><td></td><td></td></tr>
<tr><td>4</td><td>精车</td><td>精车小端</td><td>金工</td><td>数控车床</td><td>软爪，游标卡尺</td><td></td><td></td></tr>
<tr><td>5</td><td>检验</td><td>检验各部尺寸</td><td>检验科</td><td></td><td>卡板，游标卡尺</td><td></td><td></td></tr>
<tr><td></td><td></td><td></td><td></td><td></td><td></td><td></td><td></td></tr>
<tr><td></td><td></td><td></td><td></td><td></td><td></td><td></td><td></td></tr>
<tr><td></td><td></td><td></td><td></td><td></td><td></td><td></td><td></td></tr>
<tr><td></td><td></td><td></td><td></td><td></td><td></td><td></td><td></td></tr>
<tr><td></td><td></td><td></td><td></td><td></td><td></td><td></td><td></td></tr>
<tr><td></td><td></td><td></td><td></td><td></td><td></td><td></td><td></td></tr>
<tr><td></td><td></td><td></td><td></td><td></td><td></td><td></td><td></td></tr>
<tr><td>编制</td><td colspan="2"></td><td>审核</td><td></td><td>批准</td><td>热处理</td><td></td></tr>
</table>

**表 1.3　一般轴工序 1 工序卡**

<table>
<tr><td colspan="2" rowspan="2">（学校）</td><td colspan="2" rowspan="2">机械加工<br>工序卡</td><td colspan="2">产品名称或代号</td><td>零件名称</td><td colspan="2">材料</td><td>零件图号</td></tr>
<tr><td colspan="2"></td><td>一般轴</td><td colspan="2">45</td><td></td></tr>
<tr><td colspan="2">工序号</td><td colspan="2">工序名称</td><td colspan="2">夹具</td><td colspan="2">使用设备</td><td colspan="2">车间</td></tr>
<tr><td colspan="2">1</td><td colspan="2">粗车</td><td colspan="2">三爪卡盘</td><td colspan="2">普通车床</td><td colspan="2">金工</td></tr>
<tr><td>工步号</td><td colspan="3">工步内容</td><td colspan="2">刀具</td><td>量具及检具</td><td>进给量/(mm·r⁻¹)</td><td>主轴转速/(r·min⁻¹)</td><td>切削速度/(m·min⁻¹)</td></tr>
<tr><td>1</td><td colspan="3">粗车一端外圆，保尺寸 $\phi$46.8±0.2，长 10<br>总长 53</td><td colspan="2">外圆车刀</td><td>游标卡尺</td><td>0.3</td><td>300</td><td></td></tr>
<tr><td>编制</td><td></td><td>审核</td><td></td><td>批准</td><td></td><td>热处理</td><td></td><td>共 4 页</td><td>第 1 页</td></tr>
</table>

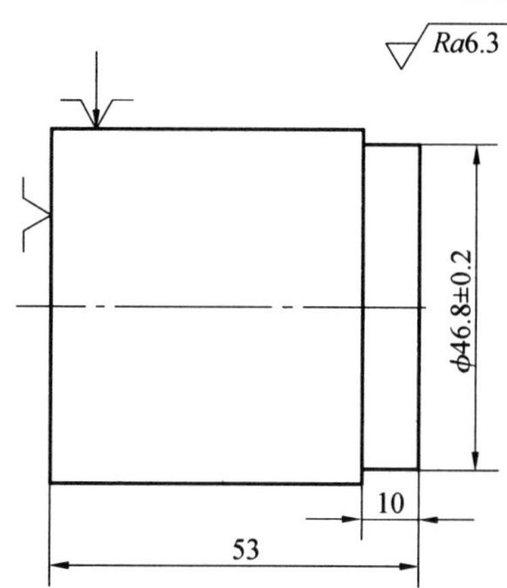


图 1.26　工序 1 工艺附图

表 1.4　一般轴工序 2 工序卡

<table>
<tr><td rowspan="2">(学校)</td><td rowspan="2">机械加工<br>工序卡</td><td>产品名称或代号</td><td>零件名称</td><td>材料</td><td colspan="2">零件图号</td></tr>
<tr><td></td><td>一般轴</td><td>45</td><td colspan="2"></td></tr>
<tr><td>工序号</td><td>工序名称</td><td>夹具</td><td colspan="2">使用设备</td><td colspan="2">车间</td></tr>
<tr><td>2</td><td>粗车</td><td>三爪卡盘</td><td colspan="2">普通车床</td><td colspan="2">金工</td></tr>
<tr><td>工步号</td><td>工步内容</td><td>刀具</td><td>量具及检具</td><td>进给量/(mm·r<sup>-1</sup>)</td><td>主轴转速/(r·min<sup>-1</sup>)</td><td>切削速度/(m·min<sup>-1</sup>)</td></tr>
<tr><td>1</td><td>粗车外圆,$\phi$36.6(+ 0.3/0),长 45</td><td>外圆车刀</td><td>游标卡尺</td><td>0.3</td><td>300</td><td></td></tr>
<tr><td>2</td><td>粗车外圆,$\phi$31.6(+ 0.4/0),长 35</td><td>外圆车刀</td><td>游标卡尺</td><td>0.3</td><td>300</td><td></td></tr>
<tr><td>3</td><td>粗车外锥 30°,长 15</td><td>外圆车刀</td><td>游标卡尺</td><td>0.3</td><td>300</td><td></td></tr>
<tr><td>4</td><td>粗车端面,长 52</td><td>外圆车刀</td><td>游标卡尺</td><td>0.3</td><td>300</td><td></td></tr>
<tr><td>编制</td><td>审核</td><td>批准</td><td>热处理</td><td></td><td>共 4 页</td><td>第 2 页</td></tr>
</table>

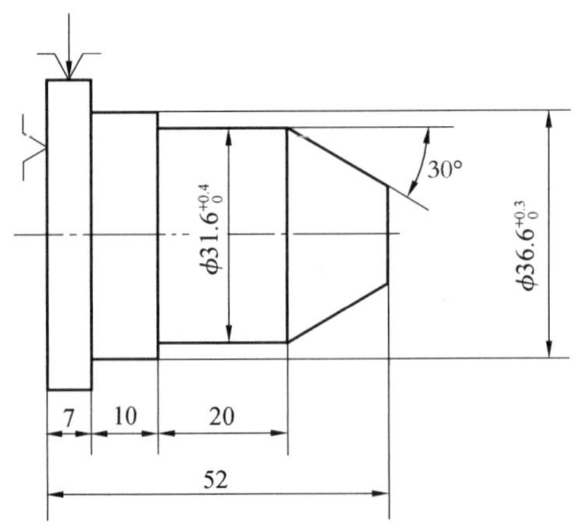


图 1.27　工序 2 工艺附图

表 1.5 一般轴工序 3 工序卡

<table>
<tr><td rowspan="2">（学校）</td><td rowspan="2">机械加工工序卡</td><td>产品名称或代号</td><td colspan="2">零件名称</td><td colspan="2">材料</td><td colspan="3">零件图号</td></tr>
<tr><td></td><td colspan="2">一般轴</td><td colspan="2">45</td><td colspan="3"></td></tr>
<tr><td>工序号</td><td>工序名称</td><td>夹具</td><td colspan="3">使用设备</td><td colspan="4">车间</td></tr>
<tr><td>3</td><td>精车</td><td>软爪</td><td colspan="3">数控车床</td><td colspan="4">金工</td></tr>
<tr><td>工步号</td><td>工步内容</td><td>刀具</td><td>量具及检具</td><td colspan="2">进给量/(mm·r$^{-1}$)</td><td colspan="2">主轴转速/(r·min$^{-1}$)</td><td colspan="2">切削速度/(m·min$^{-1}$)</td></tr>
<tr><td>1</td><td>精车大端，保尺寸 $\phi$45(0/−0.05)，保长 6</td><td rowspan="2">车刀 PCLNR2525M12 刀片 CNMG120408</td><td>游标卡尺</td><td colspan="2">0.3</td><td colspan="2">1 200</td><td colspan="2"></td></tr>
<tr><td>2</td><td>倒角 0.5×45°</td><td></td><td colspan="2">0.3</td><td colspan="2">1 200</td><td colspan="2"></td></tr>
<tr><td>编制</td><td></td><td>审核</td><td></td><td>批准</td><td></td><td>热处理</td><td></td><td>共 4 页</td><td>第 3 页</td></tr>
</table>

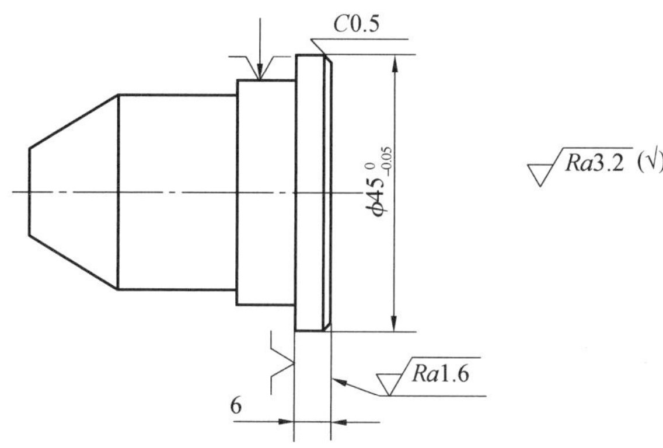


图 1.28 工序 3 工艺附图

表 1.6　一般轴工序 4 工序卡

<table>
<tr><td colspan="2" rowspan="2">(学校)</td><td colspan="2" rowspan="2">机械加工<br>工序卡</td><td colspan="2">产品名称或代号</td><td colspan="2">零件名称</td><td colspan="2">材料</td><td colspan="2">零件图号</td></tr>
<tr><td colspan="2"></td><td colspan="2">一般轴</td><td colspan="2">45</td><td colspan="2"></td></tr>
<tr><td colspan="2">工序号</td><td colspan="2">工序名称</td><td colspan="2">夹具</td><td colspan="3">使用设备</td><td colspan="3">车间</td></tr>
<tr><td colspan="2">4</td><td colspan="2">精车</td><td colspan="2">软爪</td><td colspan="3">数控车床</td><td colspan="3">金工</td></tr>
<tr><td>工步号</td><td colspan="3">工步内容</td><td colspan="2">刀具</td><td>量具及检具</td><td colspan="2">进给量/(mm·r<sup>-1</sup>)</td><td>主轴转速/(r·min<sup>-1</sup>)</td><td colspan="2">切削速度/(m·min<sup>-1</sup>)</td></tr>
<tr><td>1</td><td colspan="3">精车外圆 φ35(0/−0.025),长 5</td><td colspan="2" rowspan="3">车刀<br>PCLNR2525M12<br>刀片<br>CNMG120408</td><td>游标卡尺</td><td colspan="2">0.2</td><td>1 200</td><td colspan="2"></td></tr>
<tr><td>2</td><td colspan="3">精车外圆 φ30(0/−0.025),长 20</td><td>千分尺</td><td colspan="2">0.2</td><td>1 200</td><td colspan="2"></td></tr>
<tr><td>3</td><td colspan="3">车球头 SR10 和过渡圆弧 R5</td><td>圆弧样板</td><td colspan="2">0.2</td><td>1 200</td><td colspan="2"></td></tr>
<tr><td>编制</td><td></td><td>审核</td><td></td><td>批准</td><td></td><td>热处理</td><td colspan="2"></td><td></td><td>共 4 页</td><td>第 4 页</td></tr>
</table>

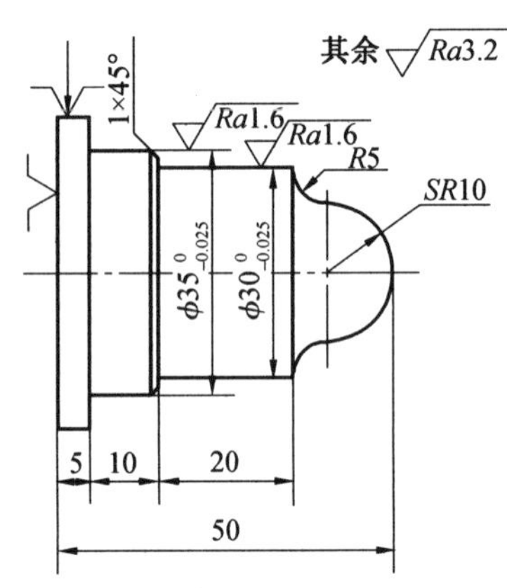


图 1.29　工序 4 工艺附图

## 1.1.5　一般轴程序编制

数学处理

### 1. 数学处理

(1) 建立编程坐标系。

(2) 基点(节点) 坐标计算。

① 精度高的尺寸的处理:将基本尺寸换算成平均尺寸。

② 几何关系的处理:保持原重要的几何关系,如角度、相切等不变。

③ 精度低的尺寸的调整:修改一般尺寸,保持零件原有几何关系,使之协调。

④ 节点坐标尺寸的计算:按调整后的尺寸计算有关未知节点的坐标尺寸。

⑤ 编程尺寸的修正。

### 2. 一般轴加工程序编写

本项目外表面轮廓是单调的，因而用 G71 粗车循环指令进行粗车，程序如下：

```
O0001;
G98 G97 G40 G00 X100.Z100.;
T0101 M03 S800;
G00 X50.Z3.;
G71 U1.5 R1;
G71 P10 Q20 U0.3 W0 F0.2;
N10 G00 X0;
G01 Z0 F0.08;
G03 X20.Z－10.R10 F0.05;
G02 X30.Z－15.R5;
G01 Z－35.;
X33.;
X35.Z－36.;
Z－45.;
X45.;
N20 Z－58.;
G00 X100.;
Z100.;
M05;
T0202 M03 S1200;
G70 P10 Q20;
G00 X100.;
Z100.;
M30;
```

## 1.1.6 一般轴零件加工

### 1. 加工准备

加工前刀具准备、装刀，夹具准备、装工件，机床准备（开机）。加工准备步骤如下。

(1) 开机。

(2) 机床回参考点。

(3) 装刀。

① 装刀规则。

a.车刀刀杆不能伸出刀架过长。

b.车刀的垫片要平整、数量少。

c.车刀刀尖高度要适当。

(a) 车端面、锥面、成形面时，刀尖应与工件轴线等高。

(b) 粗车外圆时，刀尖一般应比工件轴线稍高。

(c) 精车细长轴时，刀尖一般应比工件轴线稍低。

d.车刀刀杆装刀方向要正确。

车刀刀杆中心线应与走刀方向垂直，否则影响车刀工作主、副偏角。

② 外圆车刀刀尖与工件中心线等高的装刀方法。

a.根据尾座顶尖的高度装刀，使外圆车刀刀尖与尾座顶尖的高度等高。

b.把车刀靠近工件端面，用目测估计车刀的高低，然后紧固车刀试车端面，再根据工件端面的中心装准车刀。

c.根据车床主轴中心高度，用钢直尺测量方法装刀。

③ 紧固方法。

车刀装上后，要紧固刀架螺钉。紧固时要轮流拧紧螺钉，一定要使用专用扳手，不允许再加套管等加力工具，以免螺钉受力过大而损坏。

(4) 装工件。

(数控车床)
程序录入

### 2. 程序录入(FANUC)

通过操作面板，将编写好的加工程序输入数控机床数控系统中。

(1) 操作面板介绍。

FANUC 数控车床操作面板如图 1.30 所示。

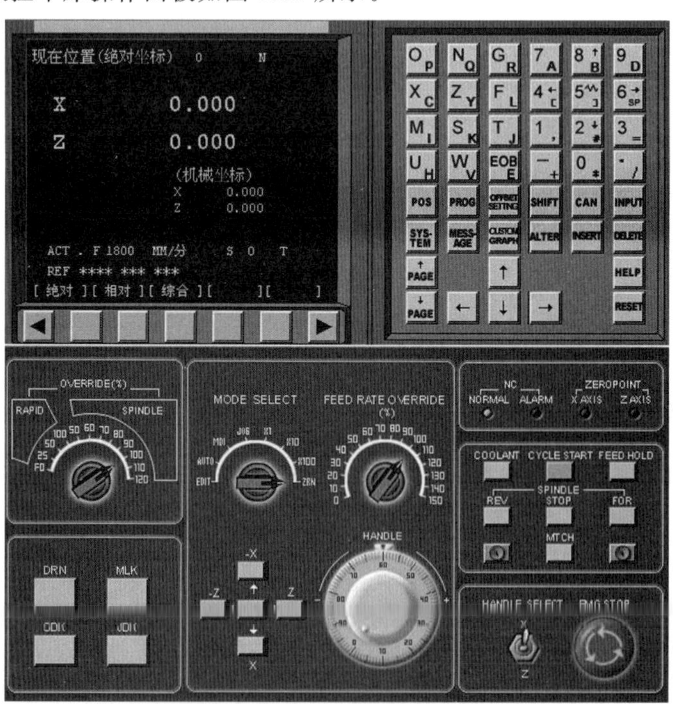


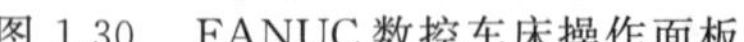
图 1.30 FANUC 数控车床操作面板

(2) 程序录入步骤。

① 将模式旋钮旋至“EDIT”。

② 按下“PROG”键。

③ 输入程序名,以“O”开头,后为四位数字,按下“EOB”键或按下“INSERT”键。

④ 在输入行,依据程序内容,按下相应的按键,分号为“EOB”。

⑤ 一段程序录入之后,按下“INSERT”键。

3. **对刀**

采用试切对刀方法,建立加工坐标系,为零件加工做准备。

试切法对刀是用所选的刀具试切零件的外圆和端面,经过测量和计算得到零件端面中心点的坐标值。

将操作面板中MODE旋钮切换到JOG上。点击MDI键盘的“POS”键,此时,CRT界面上显示坐标值。

点击主轴正转按钮,使主轴转动,将AXIS旋钮置于Z挡,在手动方式或手轮方式下沿负向移动,用所选刀具试切工件外圆,如图1.31所示。正向移动刀架,将刀具退至如图1.32所示位置,使主轴停止转动。测量出所车削工件的外圆直径。

图 1.31 试切工件外圆

图 1.32 退刀

将操作面板中MODE旋钮切换到MDI模式,按下“OFFSET SETTING”键,按下软键【坐标系】,将光标移至要选择的坐标系,输入X,按下软键【测量】,如图1.31所示。

点击面板中的按钮 FOR ,使主轴转动,将AXIS旋钮置于X挡,在手动方式或手轮方式

下沿负向移动,试切工件端面,如图1.32所示。将操作面板中MODE旋钮切换到MDI模式,按下“OFFSET SETTING”键,按下软键【坐标系】,将光标移至要选择的坐标系,输入Z,按下软键【测量】。

4. **自动加工**

自动运行程序,加工零件,并对加工过程进行监控。

自动加工流程如下。

(数控车床)
自动加工

(1) 检查机床是否回零。若未回零,先将机床回零。

(2) 导入数控程序或自行编写一段程序。

(3) 将操作面板中 MODE 旋钮旋至 AUTO 上,进入自动加工模式。

(4) 点击“循环启动”按钮,数控程序开始运行。

## 1.1.7　一般轴零件检验

### 1. 检验准备

清洗干净工件,准备好游标卡尺,准备好检验记录单。

### 2. 项目检验与考核

依据项目考核评分标准,对完成项目的零件加工的各个表面进行检验,并对整个加工过程进行考核。项目 1 任务 1.1 考核评分标准见表 1.7。

**表 1.7　项目 1 任务 1.1 考核评分标准**

| 考核项目 | | | 考核内容 | | 配分 | 实测 | 检验员 | 评分 | 总分 |
|---|---|---|---|---|---|---|---|---|---|
| 零件加工质量 | 1 | 外圆 | $\phi 30_{-0.025}^{0}$ | IT | 7 | | | | |
| | | | | $Ra\,1.6$ | 5 | | | | |
| | | | $\phi 35_{-0.025}^{0}$ | IT | 7 | | | | |
| | | | | $Ra\,1.6$ | 5 | | | | |
| | | | $\phi 45_{-0.05}^{0}$ | IT | 6 | | | | |
| | | | | $Ra\,3.2$ | 5 | | | | |
| | 2 | 长度 | 5 | | 5 | | | | |
| | | | 10 | | 5 | | | | |
| | | | 20 | | 5 | | | | |
| | | | 50 | | 5 | | | | |
| | 3 | 球面 | $SR10$ | IT | 10 | | | | |
| | | | | $Ra\,3.2$ | 5 | | | | |
| | 4 | 圆弧 | $R5$ | IT | 5 | | | | |
| | | | | $Ra\,3.2$ | 5 | | | | |
| | 5 | 倒角 | $C1$(1 处) | | 5 | | | | |
| 职业素养 | 1 | 文明生产 | | | 10 | | | | |
| | 2 | 安全意识 | | | 5 | | | | |

## 知识拓展

452ASG 变速器及装配该变速器的汽车如图 1.33 所示，5MTT200L 变速器及装配该变速器的汽车如图 1.34 所示。

(a)

(b)

图 1.33　452ASG 变速器及装配该变速器的汽车

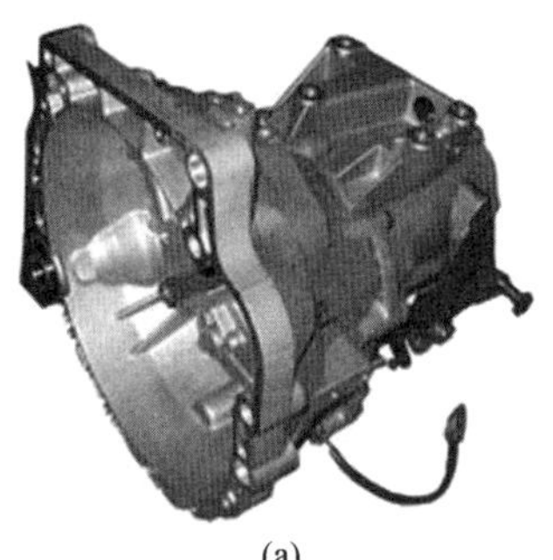

(a)

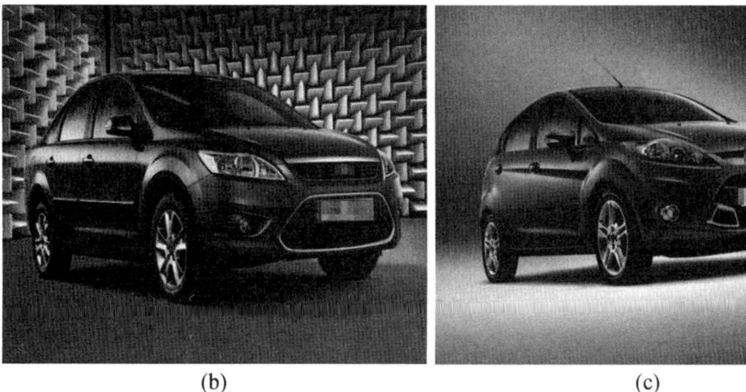

(b)　(c)

图 1.34　5MTT200L 变速器及装配该变速器的汽车

## 习题训练

选择加工图 1.35 所示零件所需刀具，并编制数控加工程序。

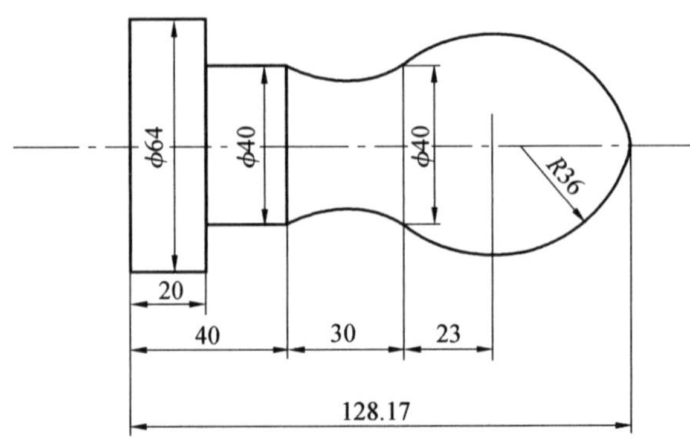


图 1.35　习题图

# 任务 1.2　螺纹轴的数控车削加工

## 任务导入

螺纹轴实体图如图 1.36 所示，其零件图如图 1.37 所示，零件材料为 45 圆钢，毛坯为 $\phi$50 mm×110 mm，单件生产。

图 1.36　螺纹轴实体图

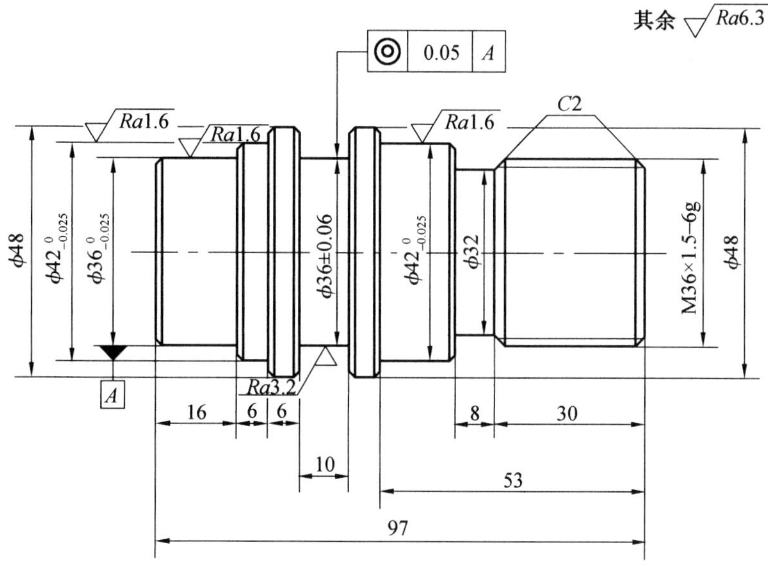


图 1.37　螺纹轴零件图

**知识链接**

## 1.2.1　轴类零件数控车削加工的相关工艺二

### 1. 工序顺序的安排

(1) 工序的划分。

根据数控加工的特点，数控加工工序的划分一般可按下列方法进行。

① 以一次安装、加工作为一道工序。这种方法适合加工内容较少的零件，加工完成后就能达到待检状态。

② 以同一把刀具加工的内容划分工序。有些零件虽然能在一次安装中加工出很多待加工表面，但考虑到程序太长，会受到某些限制，如控制系统的限制(主要是内存容量)、机床连续工作时间的限制(如一道工序在一个工作班内不能结束)等。此外，程序太长会增加出错与检索的困难。因此，程序不能太长，一道工序的内容不能太多。

③ 以加工部位划分工序。对于加工内容很多的工件，可按其结构特点将加工部位分成几个部分，如内腔、外形、曲面或平面，并将每一部分的加工作为一道工序。

④ 以粗、精加工划分工序。对于经加工后易发生变形的工件，由于需要对粗加工后可能发生的变形进行校形，故一般来说，凡要进行粗、精加工的过程，都要将工序分开。

(2) 顺序的安排。

顺序的安排应根据零件的结构和毛坯状况，以及定位、安装与夹紧的需要来考虑。顺序安排一般应按以下原则进行。

① 上道工序的加工不能影响下道工序的定位与夹紧，中间穿插有通用机床加工工序的也应综合考虑。

② 先进行内腔加工，后进行外形加工。

③ 以相同定位、夹紧方式加工或用同一把刀具加工的工序，最好连续加工，以减少重复定位次数、换刀次数与挪动压板次数。

### 2. 工步顺序的安排

工步顺序安排的一般原则。

(1) 先粗后精原则。

对粗、精加工在一道工序内进行的，先对各表面进行粗加工，全部粗加工结束后，再进行半精加工和精加工，逐步提高加工精度。此工步顺序安排的原则要求粗车在较短的时间内将工件各表面上的大部分加工余量切掉，一方面提高金属切除率，另一方面满足精车的余量均匀性要求。若粗车后所留余量的均匀性满足不了精加工的要求，则要安排半精车，以此为精车做准备。此原则实质是在一个工序内分阶段加工，这样有利于保证零件的加工精度，适用于精度要求高的场合，但可能增加换刀的次数和加工路线的长度。

(2) 先近后远原则。

这里所说的远与近，是按加工部位相对于对刀点(起刀点) 的距离远近而言的。在一般情况下，离对刀点远的部位后加工，以便缩短刀具移动距离，减少空行程时间。

(3) 内外交叉原则。

对既有内表面(内型、腔) 又有外表面需加工的回转体零件，安排加工顺序时，应先进行内、外表面粗加工，后进行外、内表面精加工。切不可将零件上一部分表面(外表面或内表面) 加工后，再加工其他表面。

(4) 保证工件加工刚度原则。

在一道工序中进行的多工步加工，应先安排对工件刚性破坏较小的工步，后安排对工件刚性破坏较大的工步，以保证工件加工时的刚度要求。即一般先加工离装夹部位较远的、在后续工步中不受力或受力小的部位，本身刚性差、又在后续工步中受力的部位一定要后加工。

(5) 同一把刀能加工内容连续加工原则。

此原则的含义是用同一把刀把能加工的内容连续加工出来，以减少换刀次数，缩短刀具移动距离，特别是精加工同一表面一定要连续切削。该原则与先粗后精原则有时矛盾，能否选用以能否满足加工精度要求为准。

上述工步顺序安排的一般原则同样适用于其他类型的数控加工工步顺序的安排。

## 1.2.2 轴类零件数控车削的相关编程二

外径切槽循环(G74、G75指令)

### 1. 外径切槽循环

外径切削循环功能适合在外圆面上切削沟槽或切断加工。

编程格式为

G75 R(e)；

G75 X(U) P(Δi) F ～；

式中　e—— 退刀量；

X(U)—— 槽深；

Δi—— 每次循环切削量。

例：试编写进行图 1.38 所示零件切断加工的程序。

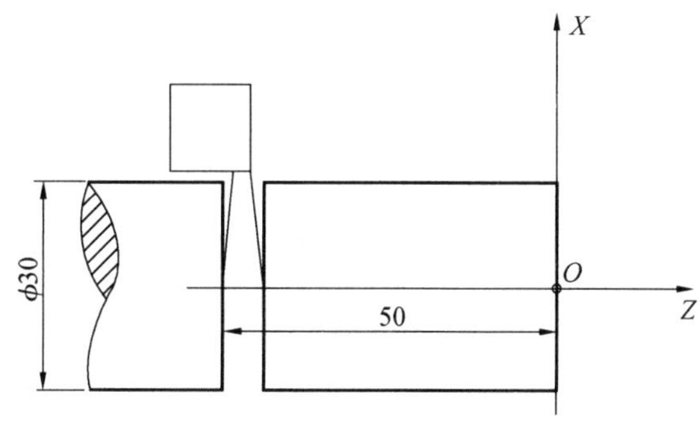


图 1.38　切槽加工

程序如下：

G50 X200 Z100 T0202；

M03 S600；

G00 X35 Z－50；

G75 R1；

G75 X－1 P5 F0.1；

G00 X200 Z100；

M30；

### 2. 螺纹切削指令

螺纹切削指令(G32、G92指令)

螺纹切削指令用于螺纹切削加工。

(1) 基本螺纹切削指令。

基本螺纹切削如图 1.39 所示。

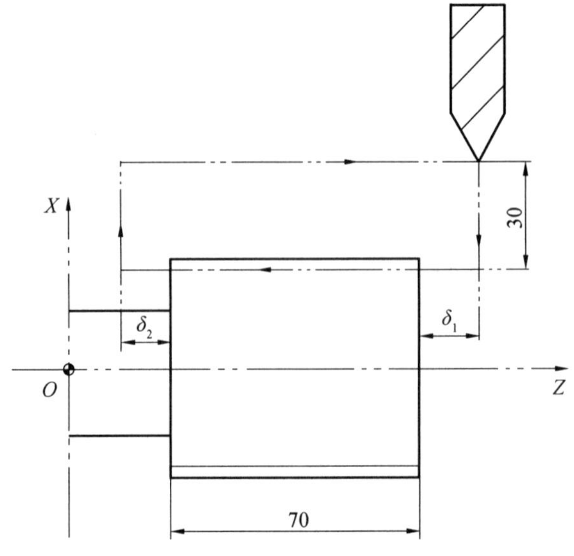


图 1.39　圆柱螺纹切削

编程格式为

G32 X(U) ~ Z(W) ~ F ~;

式中　X(U)、Z(W)——螺纹切削的终点坐标值，X省略时为圆柱螺纹切削，Z省略时为端面螺纹切削，X、Z均不省略时为锥螺纹切削（*X*轴坐标值依据《机械设计手册》查表确定）；

F——螺纹导程。

螺纹切削应注意在两端设置足够的升速进刀段 $\delta_1$ 和降速退刀段 $\delta_2$。

例：试编写图1.39所示圆柱螺纹的加工程序（螺纹导程为4 mm，升速进刀段 $\delta_1=3$ mm，降速退刀段 $\delta_2=1.5$ mm，螺纹深度为2.165 mm）。

程序如下：

```
…
G00 U-62;
G32 W-74.5 F4;
G00 U62;
W74.5;
U-64;
G32 W-74.5;
G00 U64;
W74.5;
…
```

例：试编写图1.40所示圆锥螺纹的加工程序（螺纹导程为3.5 mm，升速进刀段 $\delta_1=$

2 mm,降速退刀段 $\delta_2=1$ mm,螺纹深度为 1.082 5 mm)。

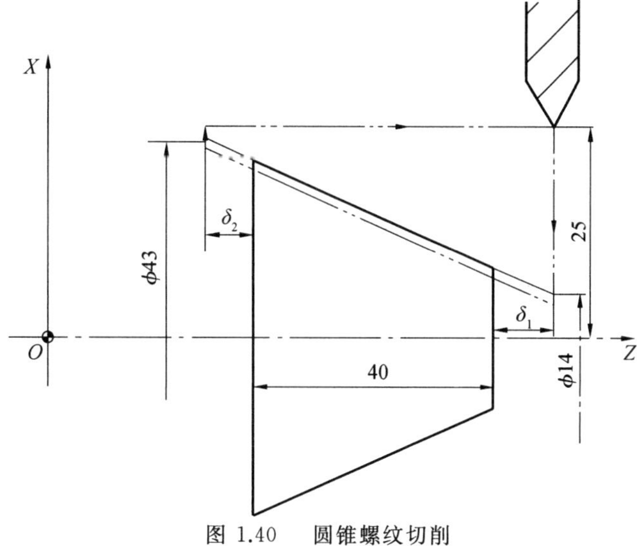


图 1.40 圆锥螺纹切削

程序如下:

G00 X12;

G32 X41 W－43 F3.5;

G00 X50;

W43;

X10;

G32 X39 W－43;

G00 X50;

W43;

(2) 螺纹切削循环指令。

螺纹切削循环指令把“切入－螺纹切削－退刀－返回”四个动作作为一个循环(图 1.41),用一个程序指令来控制循环。

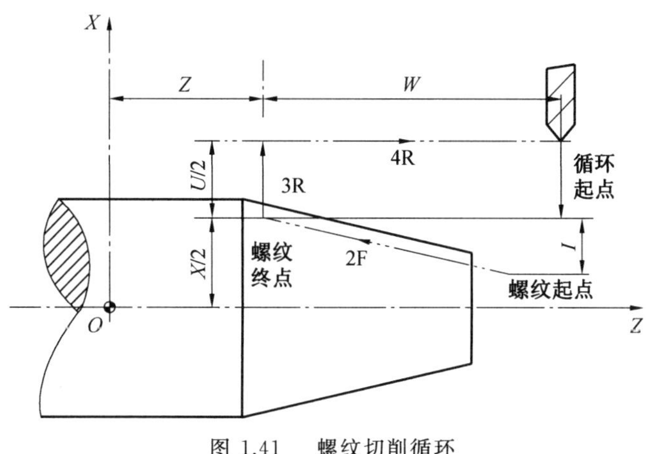


图 1.41 螺纹切削循环

编程格式为

G92 X(U) ~ Z(W) ~ I ~ F ~;

式中　X(U)、Z(W)—— 螺纹切削的终点坐标值;

I—— 螺纹部分半径之差,即螺纹切削起点与切削终点的半径差,加工圆柱螺纹时,I=0,加工圆锥螺纹时,当 $X$ 轴方向切削起点坐标小于切削终点坐标时,I 为负,反之为正。

例:试编写图 1.42 所示圆柱螺纹的加工程序。

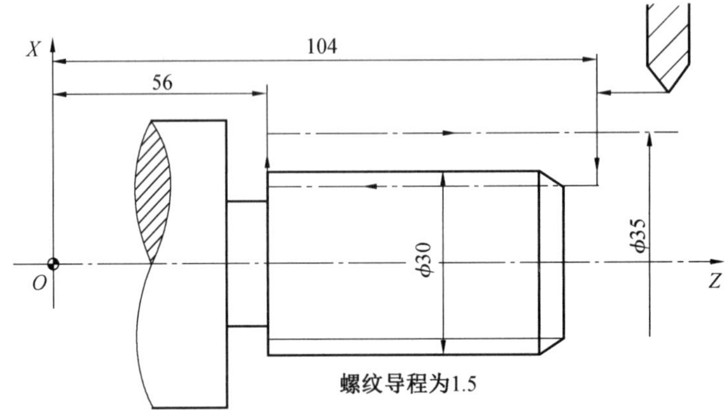


图 1.42　圆柱螺纹切削循环

程序如下:

```
…
G00 X35 Z104;
G92 X29.2 Z53 F1.5;
X28.6;
X28.2;
X28.04;
G00 X200 Z200;
…
```

例：试编写图 1.43 所示圆锥螺纹的加工程序。

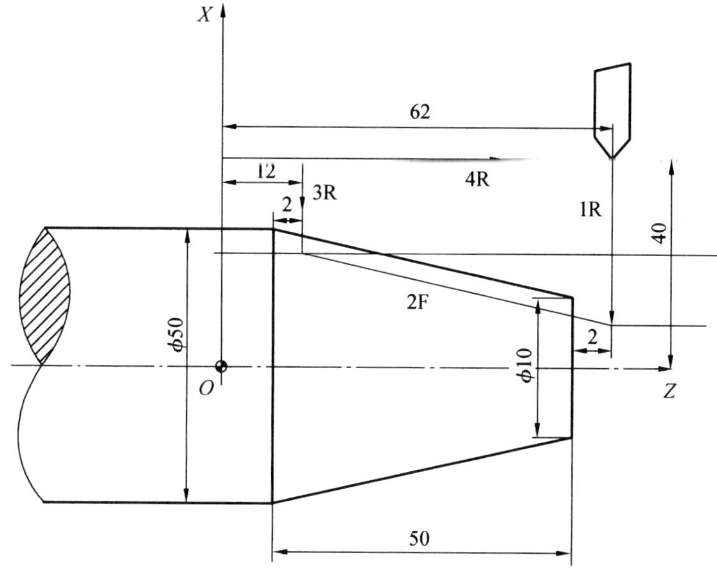


图 1.43　圆锥螺纹切削循环

程序如下：

```
…
G00 X80 Z62;
G92 X49.6 Z12 I－5 F2;
X48.7;
X48.1;
X47.5;
X47;
G00 X200 Z200;
…
```

(3) 复合螺纹切削循环指令。

复合螺纹切削循环指令(G76 指令)

复合螺纹切削循环指令可以完成一个螺纹段的全部加工任务。它的进刀方法有利于改善刀具的切削条件，在编程中应优先考虑使用该指令，如图 1.44 所示。

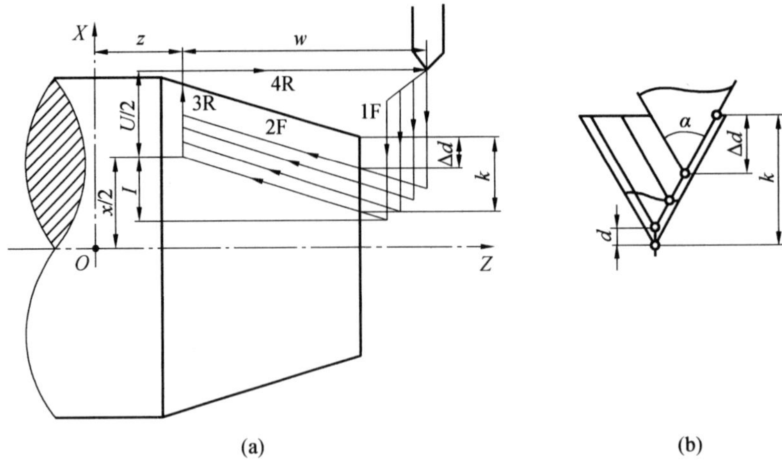


图 1.44　复合螺纹切削循环与进刀法

编程格式为

G76 P (m) (r) (α) Q(Δ dmin) R(d)；

G76 X(U) Z(W) R(I) F(f) P(k) Q(Δ d) ；

式中　m—— 精加工重复次数；

r—— 倒角量；

α—— 刀尖角；

Δ dmin—— 最小切入量；

d—— 精加工余量；

X(U) Z(W)—— 终点坐标；

I—— 螺纹部分半径之差，即螺纹切削起点与切削终点的半径差，加工圆柱螺纹时，I＝0，加工圆锥螺纹时，当 *X* 轴方向切削起点坐标小于切削终点坐标时，I 为负，反之为正；

k—— 螺牙的高度（*X* 轴方向的半径值）；

Δ d—— 第一次切入量(*X* 轴方向的半径值)；

f—— 螺纹导程。

例：试编写图 1.45 所示圆柱螺纹的加工程序，螺距为 6 mm。

程序如下：

```
…
G76 P 02 12 60 Q0.1 R0.1;
G76 X60.64 Z23 R0 F6 P3.68 Q1.8;
…
```

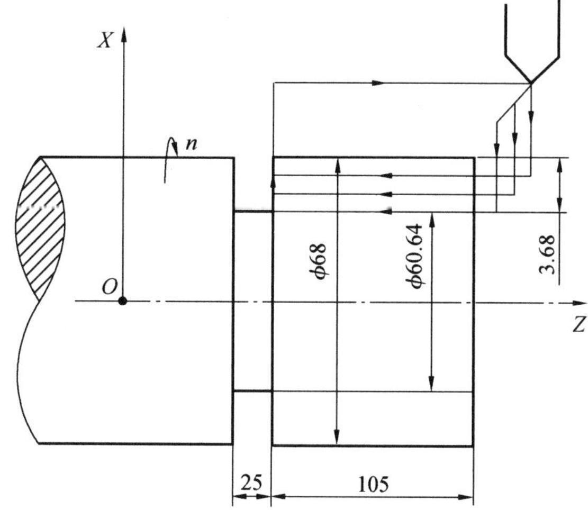


图 1.45　复合螺纹切削循环应用

## 1.2.3　数控车床的相关操作二

（数控车床）设置刀具补偿

车床的刀架上可以同时放置多把刀具，选择其中一把刀作为标准刀具，采用试切法或自动设置坐标系法完成对刀后，可通过设置偏置值完成其他刀具的对刀，下面介绍刀具偏置值的获取办法。

按 POS 键，使 CRT 界面显示坐标值。

按软键【相对坐标】，切换到显示相对坐标系，相对坐标界面如图 1.46 所示。

选定标准刀试切工件端面，将刀具当前的 $Z$ 轴位置设为相对零点（设零点前不得有 $Z$ 轴位移）；输入字母“W”，再按下软键【起源】，则当前 $Z$ 轴位置设为相对零点。

标准刀试切零件外圆，将刀具在当前 $X$ 轴的位置设为相对零点（设零点前不得有 $X$ 轴的位移）；输入字母“U”，再按下软键【起源】，则当前 $X$ 轴位置设为相对原点。此时，CRT 界面如图1.47 所示。

退出后换刀，将下一把刀的刀尖分别与标准刀切削的表面接触，记录此时显示的相对值，即为该刀相对于标刀的偏置值 $\Delta X$、$\Delta Z$（为保证刀尖准确接触，可采用增量进给方式或手轮进给方式）。此时，CRT 界面如图 1.48 所示，所显示的值即为偏置值。

（1）绝对值输入。直接将偏置值输入形状参数补偿表内，即把光标移至相应刀具号对应的刀具补偿号处，分别输入 $X$ 轴、$Z$ 轴的偏置值后按下 INPUT 键。

（2）自动设置刀具补偿值。分别输入当前刀具所在位置的试切工件直径值、$Z$ 轴方向尺寸值，按下软键【测量】。即输入 X ××（当前工件直径），按下软键【测量】，输入 Z ××（当前工件 $Z$ 轴方向尺寸），按下软键【测量】。系统自动计算刀具补偿值，图 1.49 为刀具补偿值设置界面。

注意：在设置刀具补偿值之前，先将所有刀具的补偿值清零！如果出现乱刀，则将机床回参考点后再对刀进行设置!

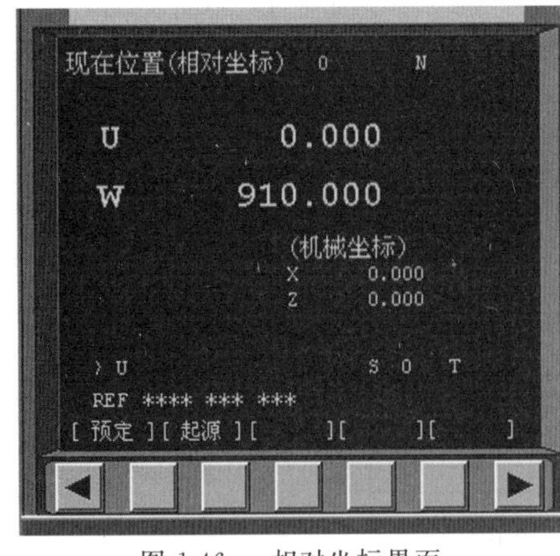


图 1.46 相对坐标界面

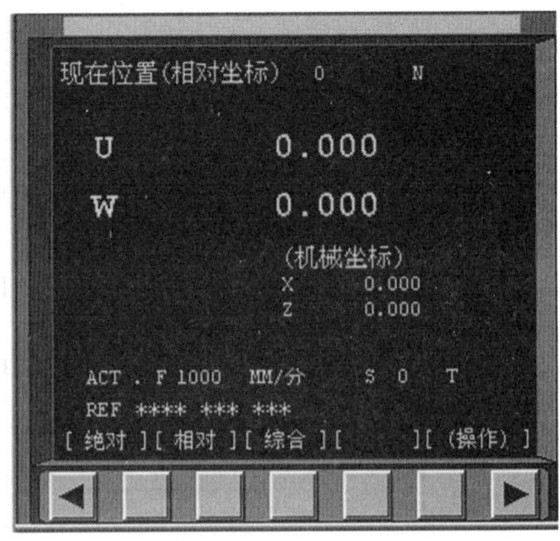


图 1.47 相对坐标设为零点界面

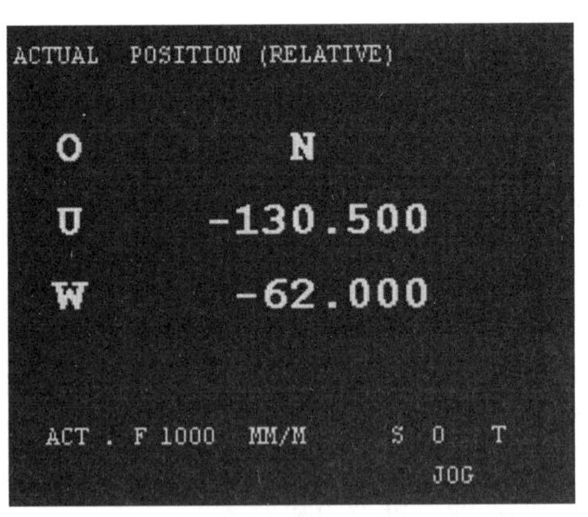


图 1.48 刀具相对位置偏置值

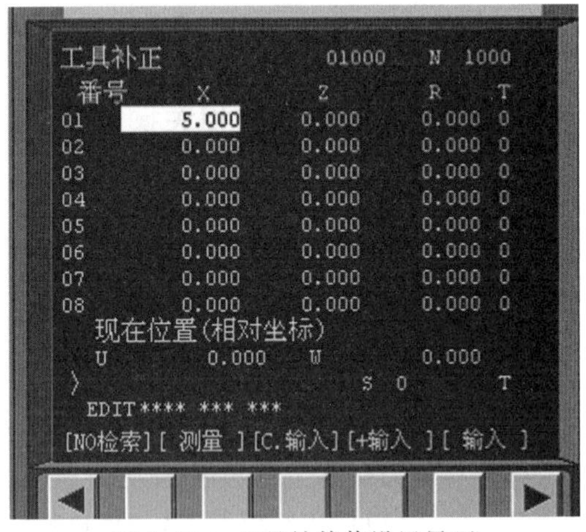


图 1.49 刀具补偿值设置界面

## 任务实施

### 1.2.4 螺纹轴工艺设计

螺纹轴工艺设计的步骤如下。

(1) 零件的工艺性分析。

(2) 加工工艺装备选择。

根据螺纹类型、牙型选择成形螺纹刀具。

(3) 零件加工工艺拟订。

典型数控车削螺纹的加工方案为车外圆 — 粗车螺纹 — 半精车螺纹 — 精车螺纹。

(4) 工序顺序安排。

(5) 走刀路线确定和工步顺序安排。

(6) 切削用量确定。

(7) 数控加工工艺文件填写。

螺纹轴各工艺文件分别见表 1.8 ～ 1.12,其各工序工艺附图如图 1.50 ～ 1.53 所示。

**表 1.8　螺纹轴机械加工工艺过程卡**

| (学校) | 机械加工工艺过程卡 | 产品型号 | | 零部件图号 | | | |
|---|---|---|---|---|---|---|---|
| | | 产品名称 | | 零部件名称 | 螺纹轴 | 共 1 页 第 1 页 | |
| 材料牌号 45 | 毛坯种类 圆钢 | 毛坯外形尺寸 | | 每个毛坯可制件数 1 | 每台件数 1 | 备注 | |
| 工序号 | 工序名称 | 工序内容 | 车间工段 | 设备 | 工艺装备 | 工时 | |
| | | | | | | 准终 | 单件 |
| 1 | 粗车 | 粗车一端外圆 | 金工 | 普通车床 | 三爪卡盘,游标卡尺 | | |
| 2 | 粗车 | 粗车另一端外圆 | 金工 | 普通车床 | 三爪卡盘,游标卡尺 | | |
| 3 | 精车 | 精车外圆和螺纹 | 金工 | 数控车床 | 软爪,外径千分尺 | | |
| 4 | 精车 | 精车另一端外圆 | 金工 | 数控车床 | 软爪,外径千分尺 | | |
| 5 | 检验 | 检验各部尺寸 | 检验科 | | 外径千分尺 | | |
| | | | | | | | |
| | | | | | | | |
| | | | | | | | |
| | | | | | | | |
| | | | | | | | |
| | | | | | | | |
| | | | | | | | |
| | | | | | | | |
| | | | | | | | |
| | | | | | | | |
| | | | | | | | |
| | | | | | | | |
| | | | | | | | |
| 编制 | | 审核 | | 批准 | | 热处理 | |

表 1.9 螺纹轴加工工序 1 工序卡

| （学校） | 机械加工工序卡 | 产品名称或代号 | 零件名称 | 材料 | 零件图号 | |
|---|---|---|---|---|---|---|
| | | | 螺纹轴 | 45 | | |
| 工序号 | 工序名称 | 夹具 | 使用设备 | | 车间 | |
| 1 | 粗车 | 三爪卡盘 | 普通车床 | | 金工 | |
| 工步号 | 工步内容 | 刀具 | 量具及检具 | 进给量/(mm·$r^{-1}$) | 主轴转速/(r·$min^{-1}$) | 切削速度/(m·$min^{-1}$) |
| 1 | 车端面，取总长 100 | 外圆车刀 | 游标卡尺 | 0.3 | 300 | |
| 2 | 车外圆 $\phi$37.4 ± 0.15，长 31.6 | 外圆车刀 | 游标卡尺 | 0.3 | 300 | |
| 3 | 车外圆 $\phi$33.5，长 6.4 | 外圆车刀 | 游标卡尺 | 0.3 | 300 | |
| 4 | 车外圆 $\phi$43.5 ± 0.15，长 53 | 外圆车刀 | 游标卡尺 | 0.3 | 300 | |
| 5 | 车外圆 $\phi$49 ± 0.15，长 7.6 | 外圆车刀 | 游标卡尺 | 0.3 | 300 | |
| 6 | 切槽 $\phi$37.6 ± 0.15，长 8.4 | 切槽刀 | 游标卡尺 | 0.3 | 300 | |
| 7 | 倒角 1 × 45° 和 2 × 45° | 外圆车刀 | 游标卡尺 | 0.3 | 300 | |
| | | | | | | |
| | | | | | | |
| | | | | | | |
| | | | | | | |
| | | | | | | |
| 编制 | | 审核 | | 批准 | | 热处理 | | 共 4 页 | 第 1 页 |

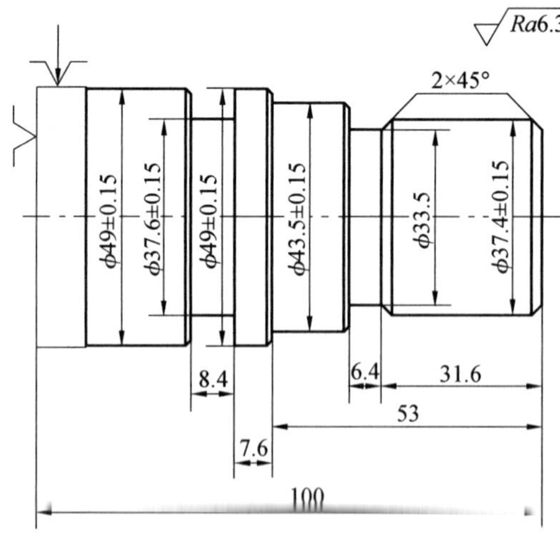


图 1.50 工序 1 工艺附图

表 1.10 螺纹轴加工工序 2 工序卡

<table>
<tr><td colspan="2" rowspan="2">（学校）</td><td rowspan="2">机械加工<br>工序卡</td><td>产品名称或代号</td><td>零件名称</td><td>材料</td><td>零件图号</td></tr>
<tr><td></td><td>螺纹轴</td><td>45</td><td></td></tr>
<tr><td colspan="2">工序号</td><td>工序名称</td><td>夹具</td><td colspan="2">使用设备</td><td>车间</td></tr>
<tr><td colspan="2">2</td><td>粗车</td><td>三爪卡盘</td><td colspan="2">普通车床</td><td>金工</td></tr>
<tr><td>工步号</td><td colspan="2">工步内容</td><td>刀具</td><td>量具及检具</td><td>进给量/(mm · r⁻¹)</td><td>主轴转速/(r · min⁻¹)</td><td>切削速度/(m · min⁻¹)</td></tr>
<tr><td>1</td><td colspan="2">粗车端面，长 45.6</td><td>外圆车刀</td><td>游标卡尺</td><td>0.3</td><td>300</td><td></td></tr>
<tr><td>2</td><td colspan="2">车外圆 $\phi$37.5 ± 0.15，长 16</td><td>外圆车刀</td><td>游标卡尺</td><td>0.3</td><td>300</td><td></td></tr>
<tr><td>3</td><td colspan="2">车外圆 $\phi$43.5 ± 0.15，长 6</td><td>外圆车刀</td><td>游标卡尺</td><td>0.3</td><td>300</td><td></td></tr>
<tr><td>4</td><td colspan="2">倒角 1 × 45°</td><td>外圆车刀</td><td>游标卡尺</td><td>0.3</td><td>300</td><td></td></tr>
<tr><td>编制</td><td></td><td>审核</td><td></td><td>批准</td><td></td><td>热处理</td><td>共 4 页 第 2 页</td></tr>
</table>

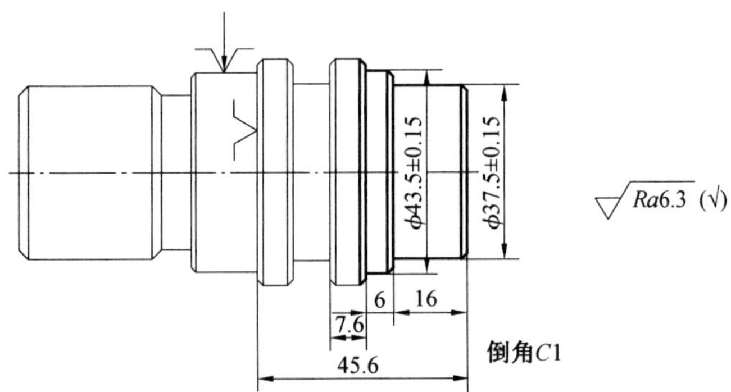


图 1.51 工序 2 工艺附图

表 1.11　螺纹轴加工工序 3 工序卡

| (学校) | 机械加工工序卡 | 产品名称或代号 | 零件名称 | 材料 | 零件图号 | |
|---|---|---|---|---|---|---|
| | | | 螺纹轴 | 45 | | |
| 工序号 | 工序名称 | 夹具 | 使用设备 | | 车间 | |
| 3 | 精车 | 软爪 | 数控车床 | | 金工 | |
| 工步号 | 工步内容 | 刀具 | 量具及检具 | 进给量/(mm·r$^{-1}$) | 主轴转速/(r·min$^{-1}$) | 切削速度/(m·min$^{-1}$) |
| 1 | 精车外圆 $\phi$42(0/−0.025) | | 千分尺 | 0.2 | 1 200 | |
| 2 | 精车外圆 $\phi$48 | 车刀 PDJNR2525M15 刀片 DNMG150408 | 游标卡尺 | 0.2 | 1 200 | |
| 3 | 精车螺纹处外圆 $\phi$35.8 ± 0.1，长 30 | | 游标卡尺 | 0.2 | 1 200 | |
| 4 | 精车外圆 $\phi$32，长 8 | | 游标卡尺 | 0.2 | 1 200 | |
| 5 | 车螺纹 M36 × 1.5 − 6g | 车刀 SWR2525M16 刀片 RT16.01W-1.50GM | 螺纹规 | 0.08 ～ 0.2 | 400 | |
| 编制 | 审核 | 批准 | 热处理 | | 共 4 页 | 第 3 页 |

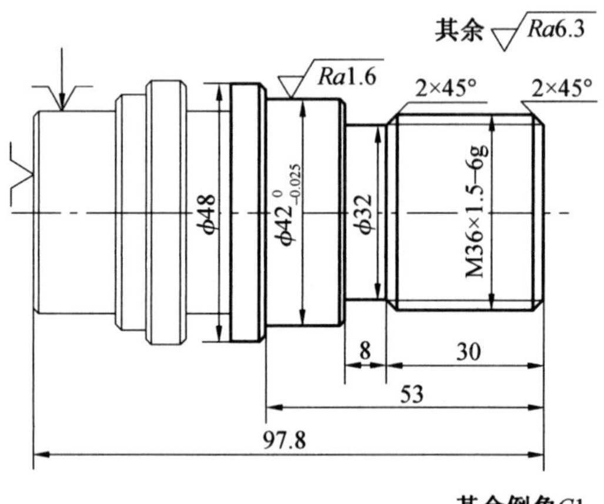


图 1.52　工序 3 工艺附图

**表 1.12 螺纹轴加工工序 4 工序卡**

| (学校) | | 机械加工工序卡 | 产品名称或代号 | 零件名称 | 材料 | 零件图号 |
|---|---|---|---|---|---|---|
| | | | | 螺纹轴 | 45 | |
| 工序号 | | 工序名称 | 夹具 | 使用设备 | | 车间 |
| 3 | | 精车 | 软爪 | 数控车床 | | 金工 |
| 工步号 | 工步内容 | 刀具 | 量具及检具 | 进给量/(mm·r$^{-1}$) | 主轴转速/(r·min$^{-1}$) | 切削速度/(m·min$^{-1}$) |
| 1 | 精车外圆 $\phi$36(0/－0.025)，长 16 | 车刀 PCLNR2525M12 刀片 CNMG120408 | 千分尺 | 0.2 | 1 200 | |
| 2 | 精车外圆 $\phi$42(0/－0.025)，长 6 | | 千分尺 | 0.2 | 1 200 | |
| 3 | 精车外圆 $\phi$48 | | 千分尺 | 0.2 | 1 200 | |
| 4 | 切槽 $\phi$36±0.06，长 10 | 车刀 QZQ2525R06 刀片 ZQMX6N11-1E | 千分尺 | 0.1 | 800 | |
| 5 | 倒角 1×45° | 车刀 PCLNR2525M12 刀片 CNMG120408 | 千分尺 | 0.2 | 1 200 | |
| 编制 | | 审核 | 批准 | 热处理 | 共 4 页 | 第 4 页 |

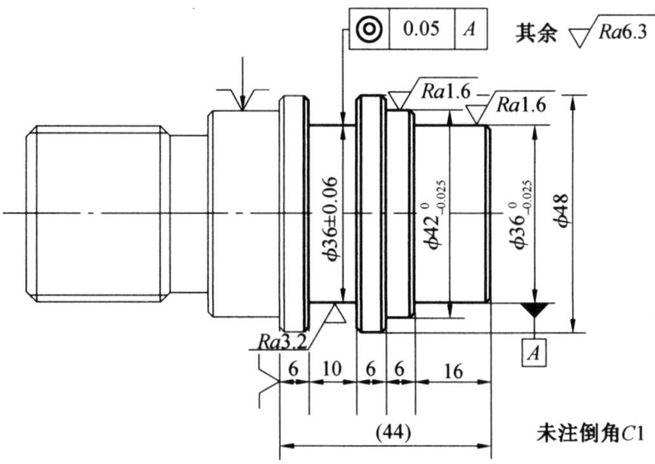


图 1.53 工序 4 工艺附图

## 1.2.5 螺纹轴程序编制

### 1. 数学处理

(1) 建立编程坐标系。
(2) 基点(节点) 坐标计算。

### 2. 螺纹轴加工程序编写

程序如下：

```
O0001(加工左端)；
G98 G97 G40 G00 X100.Z100.T0101;
M03 S800;
G00 X53.Z3.;
G71 U1.2 R1;
G71 P10 Q20 U0.4 W0 F0.2;
N10 G0 X36.;
G01 Z－16.F0.08;
X42.;
Z－22.;
X48.;
N20 Z－52.;
G00 X100.;
Z100.;
T0202 S1200;
G70 P10 Q20;
G00 X100.;
T0303 M03 S450;
G00 X49.Z－32.;
G01 X36.5 F0.06;
G00 X49.;
Z－36.;
G01 X36.5 F0.06;
G00 X49.;
Z－38.;
G01 X36 F0.06;
Z－32.F0.1;
G04 X2.;
G00 X100.;
```

```
Z100.;
M30;

O0002(加工右端);
G98 G97 G40 G00 X100.Z100.T0101;
M03 S800;
G00 X53.Z3.;
G71 U1.5 R1;
G71 P10 Q20 U0.2 W0.2 F0.2;
N10 G00 X34.;
G01 Z0 F0.08;
X37.8 Z-2.;
Z-38.;
X42.;
Z-53.;
N20 X50.;
G00 X100.;
Z100.;
M05;
T0202 M03 S1200;
G70 P10 Q20;
G00 X100.;
Z100.;
M05;
T0303 M03 S450;
G00 X45.Z-38.;
G01 X34.F0.06;
G04 X2.;
G00 X45.;
Z-34.;
G01 X34.F0.06;
G04 X2.;
G01 X37.8 F0.06;
Z-32.;
G00 X100.;
Z100.;
M05;
T0404 M03 S600;
```

```
G00 X37.8 Z5.;
G92 X37.Z-36.F1.5;
X36.4;
X35.8;
X35.64;
G00 X100.;
Z100.;
M30;
```

## 1.2.6 螺纹轴零件加工

### 1. 加工准备

(1) 开机。
(2) 机床回参考点。
(3) 装刀。
螺纹车刀装刀方法如下。
① 螺纹车刀刀尖安装高度。
螺纹车刀刀尖安装高度应与工件轴线等高。为防止硬质合金车刀高速切削时扎刀，刀尖允许高于螺纹百分之一螺纹大径;而低速切削的高速钢螺纹车刀的刀尖,则允许稍低于工件轴线。
② 螺纹车刀装刀方向。
螺纹车刀刃形角的平分线应垂直螺纹轴线。
(4) 装工件。

### 2. 程序录入(FANUC)

操作同前,此处不再赘述。

### 3. 对刀

(1) 建立工件坐标系。
(2) 设置刀具补偿。

### 4. 自动加工

操作同前,此处不再赘述。

## 1.2.7 螺纹轴零件检验

### 1. 检验准备

(1) 工件准备。清洗干净工件。

(2) 量/检具准备。准备好游标卡尺、螺纹量规，准备好检验记录单。

### 2. 项目检验与考核

(1) 零件检验。依据项目考核表零件的检验项目对加工零件进行检验和测量，填写检验记录单。

(2) 项目考核。依据项目考核评分标准，对完成项目的零件加工的各个表面进行检验，对零件加工质量进行评分，并对整个加工过程进行考核。项目1任务1.2考核评分标准见表1.13。

**表1.13　项目1任务1.2考核评分标准**

| 考核项目 | | | 考核内容 | | 配分 | 实测 | 检验员 | 评分 | 总分 |
|---|---|---|---|---|---|---|---|---|---|
| 零件加工质量 | 1 | 外圆 | $\phi 42_{-0.025}^{0}$ 两处 | IT | 5/处 | | | | |
| | | | | $Ra1.6$ | 5/处 | | | | |
| | | | $\phi 36 \pm 0.06$ | IT | 5 | | | | |
| | | | | $Ra3.2$ | 5 | | | | |
| | | | $\phi 36_{-0.025}^{0}$ | IT | 5 | | | | |
| | | | | $Ra1.6$ | 5 | | | | |
| | 2 | 长度 | 30 | | 5 | | | | |
| | | | 53 | | 5 | | | | |
| | | | 16 | | 5 | | | | |
| | | | 97 | | 5 | | | | |
| | 3 | 螺纹 | M36×1.5－6g | IT | 10 | | | | |
| | | | | $Ra6.3$ | 10 | | | | |
| | 4 | 倒角 | C2两处 | | 5 | | | | |
| 职业素养 | 1 | 文明生产 | | | 10 | | | | |
| | 2 | 安全意识 | | | 5 | | | | |

**知识拓展**

## 1.2.8　螺纹环规的使用

### 1. 通规

使用前：应经相关检验计量机构检验计量合格后，方可投入生产现场使用。

使用时：应注意被测螺纹公差等级及偏差代号与环规标识的公差等级、偏差代号相同（如M24×1.5－6h与M24×1.5－5g两种环规外形相同，其螺纹公差带不相同，错用后将产生批量不合格品)。

检验测量过程:首先要清理干净被测螺纹油污及杂质,然后在环规与被测螺纹对正后,用大拇指与食指转动环规,使其在自由状态下旋合,通过螺纹全部长度则判定合格,否则,判为不合格。

2. **止规**

使用前:应经相关检验计量机构检验计量合格后,方可投入生产现场使用。

使用时:应注意被测螺纹公差等级及偏差代号与环规标识公差等级、偏差代号相同。

检验测量过程:首先要清理干净被测螺纹油污及杂质,然后在环规与被测螺纹对正后,用大拇指与食指转动环规,旋入螺纹长度在2个螺距之内为合格,否则判为不合格。

**习题训练**

选择加工图1.54所示零件所需刀具,并编制数控加工程序。

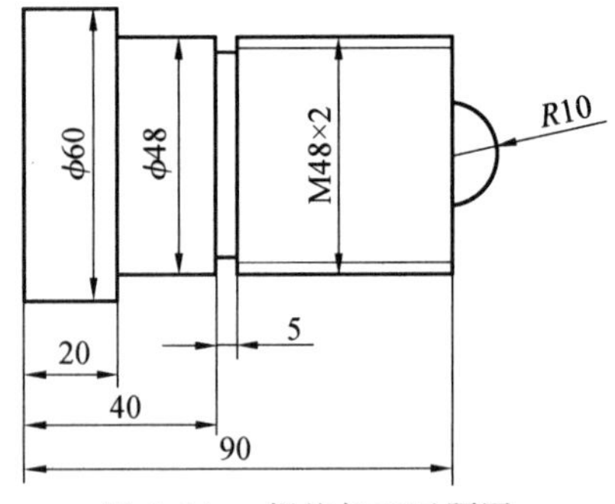


图 1.54　螺纹加工习题图

# 任务 1.3　内轮廓轴的数控车削加工

**任务导入**

内轮廓轴实体图如图1.55所示,其零件图如图1.56所示,零件材料为45钢,毛坯为$\phi$150 mm×150 mm,单件生产。

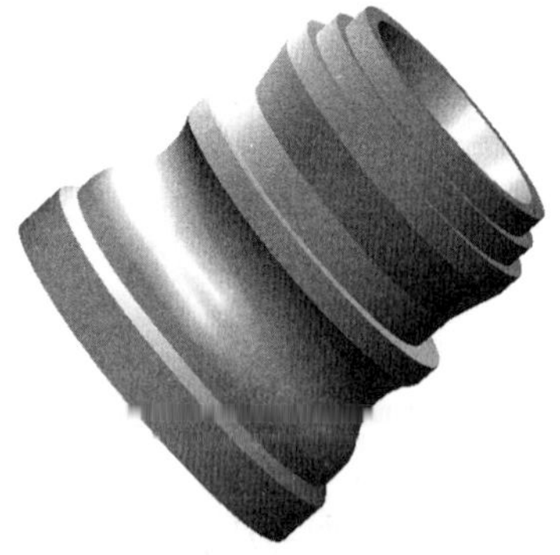

图 1.55　内轮廓轴实体图

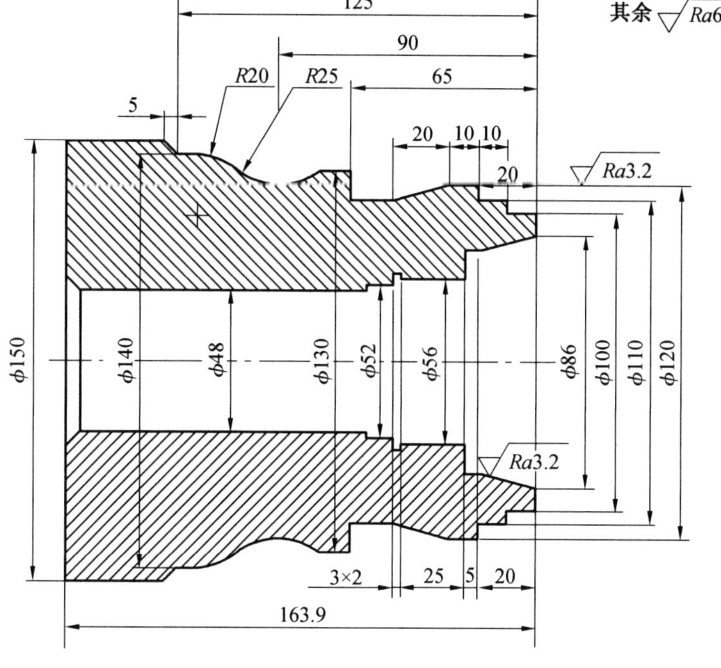


图 1.56 内轮廓轴零件图

知识链接

## 1.3.1 轴类零件数控车削加工的相关工艺三

内轮廓加工方案的确定如下。

一般根据零件的加工精度、表面粗糙度、材料、结构形状、尺寸及生产类型确定零件表面的数控车削加工方法和加工方案。

数控车削内回转表面的加工方案的确定如下。

(1) 加工精度为 IT8 ～ IT9 级、$Ra\,0.8 \sim 1.6\ \mu m$ 的除淬火钢以外的常用金属，可采用普通型数控车床，按粗车、半精车、精车的方案加工。

(2) 加工精度为 IT6 ～ IT7 级、$Ra\,0.2 \sim 0.63\ \mu m$ 的除淬火钢以外的常用金属，可采用精密型数控车床，按粗车、半精车、精车、细车的方案加工。

(3) 加工精度高于 IT5 级、$Ra < 0.2\ \mu m$ 的除淬火钢以外的常用金属，可采用高档精密型数控车床，按粗车、半精车、精车、精密车的方案加工。

(4) 对淬火钢等难车削材料，其淬火前可采用粗车、半精车的方法，淬火后安排磨削加工。

## 1.3.2 轴类零件数控车削的相关编程三

### 1. 端面粗切循环

端面粗切循环是一种复合固定循环。端面粗切循环适用于 Z 轴方向余量小、X 轴方向余量大的棒料粗加工，如图 1.57 所示。

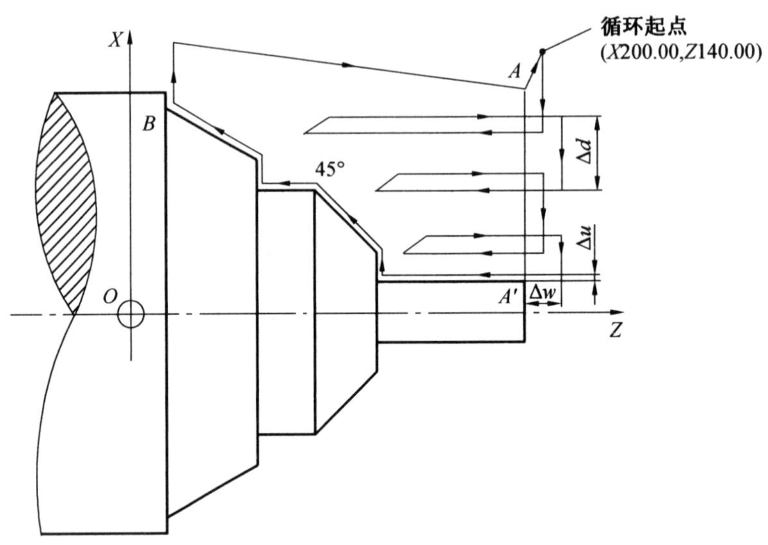


图 1.57 端面粗切循环

编程格式为

G72 U(Δd) R(e)；

G72 P(ns) Q(nf) U(Δu) W(Δw) F(f) S(s) T(t)；

式中 Δd—— 背吃刀量；

e—— 退刀量；

ns—— 精加工轮廓程序段中开始程序段的段号；

nf—— 精加工轮廓程序段中结束程序段的段号；

Δu——X 轴方向精加工余量；

Δw——Z 轴方向精加工余量；

f、s、t——F、S、T 代码。

注意：

①ns→nf 程序段中的 F、S、T 功能，即使被指定，对粗车循环也无效。

② 零件轮廓必须符合 X 轴、Z 轴方向同时单调增大或单调减小。

例：按图 1.58 所示尺寸编写端面粗切循环加工程序。

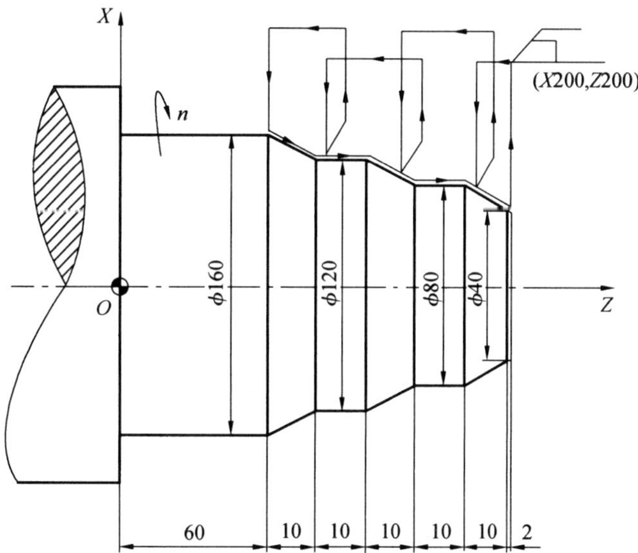


图 1.58 G72 程序例图

端面粗切循环(G72、G73车削指令)

程序如下：

```
O1000;
N10 G54 G00 X200 Z200 T0101;
N20 M03 S800;
N30 G41 X176 Z2 M08;
N40 G96 S120;
N50 G72 W3 R0.5;
N60 G72 P70 Q150 U2 W0.5 F0.2;
N70 G00 Z－110;
N80 X160;
N90 Z－50;
N100 X120 Z－40;
N110 Z－30;
N120 X80 Z－20;
N130 Z－10;
N140 X40 Z0;
N150 Z5;
N160 G40 X200 Z200;
N170 M30;
```

### 2. 封闭切削循环

封闭切削循环是一种复合固定循环，如图 1.59 所示。封闭切削循环适用于对铸、锻毛坯进行切削，对零件轮廓的单调性则没有要求。

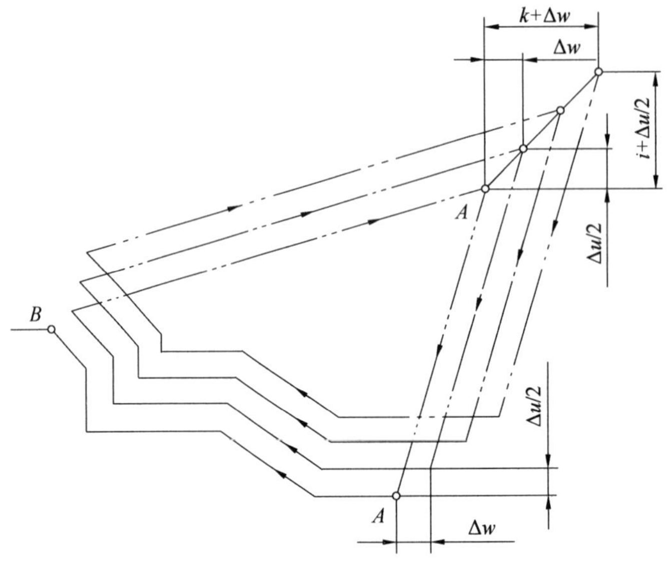


图 1.59　封闭切削循环

编程格式为

G73 U(i) W(k) R(d);

G73 P(ns) Q(nf) U(Δ u) W(Δ w) F(f);

式中　i——*X* 轴方向总退刀量；

k——*Z* 轴方向总退刀量(半径值)；

d—— 重复加工次数；

ns—— 精加工轮廓程序段中开始程序段的段号；

nf—— 精加工轮廓程序段中结束程序段的段号；

Δ u——*X* 轴方向精加工余量；

Δ w——*Z* 轴方向精加工余量；

f、s、t——F、S、T 代码。

例：按图 1.60 所示尺寸编写封闭切削循环加工程序。

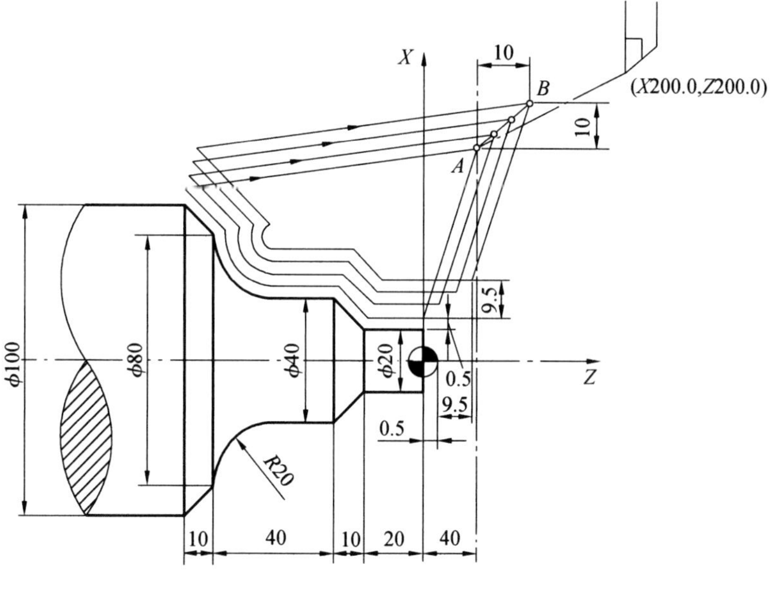


图 1.60 G73 程序例图

程序如下：

```
O1001;
N01 G54 X200 Z200 T0101;
N20 M03 S2000;
N30 G00 G42 X140 Z40 M08;
N40 G96 S150;
N50 G73 U9.5 W9.5 R3;
N60 G73 P70 Q130 U1 W0.5 F0.3;
N70 G00 X20 Z0;  //ns
N80 G01 Z－20 F0.15;
N90 X40 Z－30;
N100 Z－50;
N110 G02 X80 Z－70 R20;
N120 G01 X100 Z－80;
N130 X105;        //nf
N140 G00 X200 Z200 G40;
N150 M30;
```

注：由 G71、G72、G73 完成粗加工后，可以用 G70 进行精加工。

3. **深孔钻削循环**

深孔钻削循环功能适用于深孔钻削加工，如图 1.61 所示。

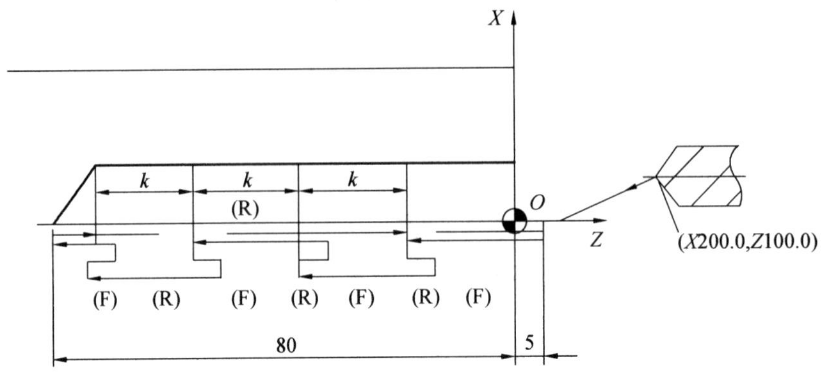


图 1.61　深孔钻削循环

编程格式为

G74 R(e)；

G74 Z(W) Q(Δk) F；

式中　e—— 退刀量；

Z(W)—— 钻削深度；

Δk—— 每次钻削长度(不加符号)。

例：采用深孔钻削循环功能加工图 1.61 所示深孔，试编写加工程序。其中：e＝1，Δk＝20，F＝0.1。

程序如下：

```
O1002；
N10 G50 X200 Z100 T0202；
N20 M03 S600；
N30 G00 X0 Z1；
N40 G74 R1；
N50 G74 Z－80 Q20 F0.1；
N60 G00 X200 Z100；
N70 M30；
```

### 1.3.3 数控车床的相关操作三

检查运行轨迹步骤如下。

NC 程序导入后，可检查运行轨迹。

将操作面板中旋钮置于“自动”挡，点击控制面板中的命令，转入检查运行轨迹模式；再点击操作面板上的按钮，即可观察数控程序的运行轨迹。此时，也可通过“视图”菜单中的动态旋转、动态放缩、动态平移等方式对三维运行轨迹进行全方位的动态观察。

注：检查运行轨迹时，暂停运行、停止运行、单段执行等同样有效。

NC 程序导入后，可检查运行轨迹。

点击操作面板上的按钮，进入“自动”模式，点击控制面板中的命令，转入检查运行轨迹模式；再点击操作面板上的程式启动按钮，即可观察数控程序的运行轨迹。此时，也可通过“视图”菜单中的动态旋转、动态放缩、动态平移等方式对三维运行轨迹进行全方位的动态观察。

注：检查运行轨迹时，暂停运行、停止运行、单段执行等同样有效。

## 任务实施

### 1.3.4 内轮廓轴工艺设计

内轮廓轴工艺设计的步骤如下。

(1) 分析数控车削加工工艺性。

(2) 选择数控车床的工艺装备。

(3) 拟订数控车削加工工艺。

(4) 安排工序顺序。

(5) 确定走刀路线和安排工步顺序。

(6) 确定切削用量。

(7) 填写数控加工工艺文件。

内轮廓轴各工艺文件见表 1.14 ～ 1.18。

表 1.14　内轮廓轴机械加工工艺过程卡

| (学校) | 机械加工<br>工艺过程卡 | 产品<br>型号 | | 零部件<br>图号 | | |
|---|---|---|---|---|---|---|
| | | 产品<br>名称 | | 零部件<br>名称 | 内轮廓轴 | 共 1 页 第 1 页 |

| 材料<br>牌号 | 45 | 毛坯<br>种类 | 模锻<br>件 | 毛坯外<br>形尺寸 | | 每个毛坯<br>可制件数 | 1 | 每台<br>件数 | 1 | 备注 | |
|---|---|---|---|---|---|---|---|---|---|---|---|

| 工序号 | 工序<br>名称 | 工序<br>内容 | 车间<br>工段 | 设备 | 工艺<br>装备 | 工时 | |
|---|---|---|---|---|---|---|---|
| | | | | | | 准终 | 单件 |
| 1 | 粗车 | 粗车一端外圆 | 金工 | 普通车床 | 三爪卡盘,游标卡尺 | | |
| 2 | 粗车 | 粗车另一端外圆 | 金工 | 普通车床 | 三爪卡盘,游标卡尺 | | |
| 3 | 精车 | 精车大端 | 金工 | 数控车床 | 软爪,游标卡尺 | | |
| 4 | 精车 | 精车小端各部 | 金工 | 数控车床 | 软爪,外径千分尺,<br>内径千分尺,深度尺 | | |
| 5 | 检验 | 检验各部尺寸 | 检验科 | | 外径千分尺,<br>内径千分尺,深度尺 | | |
| | | | | | | | |
| | | | | | | | |
| | | | | | | | |
| | | | | | | | |
| | | | | | | | |
| | | | | | | | |
| | | | | | | | |
| | | | | | | | |

| 编制 | | 审核 | | 批准 | | 热处理 | |
|---|---|---|---|---|---|---|---|

**表 1.15 内轮廓轴工序 1 工序卡**

<table>
<tr><td rowspan="2" colspan="2">(学校)</td><td rowspan="2" colspan="2">机械加工<br>工序卡</td><td>产品名称或代号</td><td colspan="2">零件名称</td><td colspan="2">材料</td><td colspan="2">零件图号</td></tr>
<tr><td></td><td colspan="2">内轮廓轴</td><td colspan="2">45</td><td colspan="2"></td></tr>
<tr><td colspan="2">工序号</td><td colspan="2">工序名称</td><td>夹具</td><td colspan="3">使用设备</td><td colspan="3">车间</td></tr>
<tr><td colspan="2">1</td><td colspan="2">粗车</td><td>三爪卡盘</td><td colspan="3">普通车床</td><td colspan="3">金工</td></tr>
<tr><td>工步号</td><td colspan="3">工步内容</td><td>刀具</td><td>量具及检具</td><td colspan="2">进给量/(mm·$r^{-1}$)</td><td colspan="2">主轴转速/(r·$min^{-1}$)</td><td>切削速度/(m·$min^{-1}$)</td></tr>
<tr><td>1</td><td colspan="3">粗车一端外圆，保尺寸$\phi$150.5</td><td>外圆车刀</td><td>游标卡尺</td><td colspan="2">0.3</td><td colspan="2">300</td><td></td></tr>
<tr><td></td><td colspan="3"></td><td></td><td></td><td colspan="2"></td><td colspan="2"></td><td></td></tr>
<tr><td></td><td colspan="3"></td><td></td><td></td><td colspan="2"></td><td colspan="2"></td><td></td></tr>
<tr><td>编制</td><td></td><td>审核</td><td></td><td>批准</td><td></td><td>热处理</td><td colspan="2"></td><td>共 4 页</td><td>第 1 页</td></tr>
</table>

**表 1.16 内轮廓轴工序 2 工序卡**

<table>
<tr><td rowspan="2" colspan="2">(学校)</td><td rowspan="2" colspan="2">机械加工<br>工序卡</td><td>产品名称或代号</td><td colspan="2">零件名称</td><td colspan="2">材料</td><td colspan="2">零件图号</td></tr>
<tr><td></td><td colspan="2">内轮廓轴</td><td colspan="2">45</td><td colspan="2"></td></tr>
<tr><td colspan="2">工序号</td><td colspan="2">工序名称</td><td>夹具</td><td colspan="3">使用设备</td><td colspan="3">车间</td></tr>
<tr><td colspan="2">2</td><td colspan="2">粗车</td><td>三爪卡盘</td><td colspan="3">普通车床</td><td colspan="3">金工</td></tr>
<tr><td>工步号</td><td colspan="3">工步内容</td><td>刀具</td><td>量具及检具</td><td colspan="2">进给量/(mm·$r^{-1}$)</td><td colspan="2">主轴转速/(r·$min^{-1}$)</td><td>切削速度/(m·$min^{-1}$)</td></tr>
<tr><td>1</td><td colspan="3">粗车另一端外圆，保尺寸$\phi$150.5，长 165</td><td>外圆车刀</td><td>游标卡尺</td><td colspan="2">0.3</td><td colspan="2">300</td><td></td></tr>
<tr><td>2</td><td colspan="3">扩孔至$\phi$39</td><td>扩孔刀</td><td>游标卡尺</td><td colspan="2">0.3</td><td colspan="2">300</td><td></td></tr>
<tr><td></td><td colspan="3"></td><td></td><td></td><td colspan="2"></td><td colspan="2"></td><td></td></tr>
<tr><td></td><td colspan="3"></td><td></td><td></td><td colspan="2"></td><td colspan="2"></td><td></td></tr>
<tr><td>编制</td><td></td><td>审核</td><td></td><td>批准</td><td></td><td>热处理</td><td colspan="2"></td><td>共 4 页</td><td>第 2 页</td></tr>
</table>

表 1.17　内轮廓轴工序 3 工序卡

<table>
<tr><td rowspan="2">（学校）</td><td rowspan="2">机械加工<br>工序卡</td><td>产品名称或代号</td><td>零件名称</td><td>材料</td><td colspan="2">零件图号</td></tr>
<tr><td></td><td>内轮廓轴</td><td>45</td><td colspan="2"></td></tr>
<tr><td>工序号</td><td>工序名称</td><td>夹具</td><td colspan="2">使用设备</td><td colspan="2">车间</td></tr>
<tr><td>3</td><td>精车</td><td>软爪</td><td colspan="2">数控车床</td><td colspan="2">金工</td></tr>
<tr><td>工步号</td><td>工步内容</td><td>刀具</td><td>量具及检具</td><td>进给量/($mm \cdot r^{-1}$)</td><td>主轴转速/($r \cdot min^{-1}$)</td><td>切削速度/($m \cdot min^{-1}$)</td></tr>
<tr><td>1</td><td>精车大端，保尺寸 $\phi150$，长 40，$Ra3.2$，倒角 $1.5\times45°$</td><td>车刀<br>PCLNR2525M12<br>刀片<br>CNMG120408</td><td>游标卡尺</td><td>0.2</td><td>850</td><td></td></tr>
<tr><td>2</td><td>镗孔 $\phi48$，$Ra3.2$</td><td>车刀<br>S20S-SCLR09<br>刀片<br>CCMT09T308</td><td>游标卡尺</td><td>0.2</td><td>850</td><td></td></tr>
<tr><td>3</td><td>倒角</td><td>外圆车刀</td><td></td><td>0.3</td><td>300</td><td></td></tr>
<tr><td></td><td></td><td></td><td></td><td></td><td></td><td></td></tr>
<tr><td></td><td></td><td></td><td></td><td></td><td></td><td></td></tr>
<tr><td></td><td></td><td></td><td></td><td></td><td></td><td></td></tr>
<tr><td></td><td></td><td></td><td></td><td></td><td></td><td></td></tr>
<tr><td></td><td></td><td></td><td></td><td></td><td></td><td></td></tr>
<tr><td></td><td></td><td></td><td></td><td></td><td></td><td></td></tr>
<tr><td></td><td></td><td></td><td></td><td></td><td></td><td></td></tr>
<tr><td colspan="7">编制　　审核　　批准　　热处理　　共 4 页　第 3 页</td></tr>
</table>

表 1.18 内轮廓轴工序 4 工序卡

| (学校) | 机械加工工序卡 | 产品名称或代号 | 零件名称 | 材料 | 零件图号 |
|---|---|---|---|---|---|
| | | | 内轮廓轴 | 45 | |
| 工序号 | 工序名称 | 夹具 | 使用设备 | 车间 | |
| 4 | 精车 | 软爪 | 数控车床 | 金工 | |

| 工步号 | 工步内容 | 刀具 | 量具及检具 | 进给量/(mm·r$^{-1}$) | 主轴转速/(r·min$^{-1}$) | 切削速度/(m·min$^{-1}$) |
|---|---|---|---|---|---|---|
| 1 | 精车小端各部，保尺寸 $\phi$100、$\phi$110、$\phi$120、$\phi$130、$\phi$140，长 10、20、65、75、125，*Ra* 3.2 | 车刀 PCLNR2525M12 刀片 CNMG120408 | 100 ～ 150 外径千分尺 | 0.2 | 1 500 | |
| 2 | 车内轮廓 $\phi$52、$\phi$56、$\phi$86，长 25、50、60 | 车刀 S20S-SCLR09 刀片 CCMT09T308 | 25 ～ 50 内径千分尺，深度尺 | 1.5 | 1 000 | |
| 3 | 车内槽 3 × 2 | 车刀 C25R-QZSR5 刀片 ZSNF3185L | 样板 | 0.1 | 1 000 | |
| 4 | 倒角 | 外圆车刀 | | 0.3 | 300 | |
| | | | | | | |
| | | | | | | |
| | | | | | | |
| | | | | | | |
| | | | | | | |
| | | | | | | |

| 编制 | | 审核 | | 批准 | | 热处理 | | 共 4 页 | 第 4 页 |
|---|---|---|---|---|---|---|---|---|---|

### 1.3.5 内轮廓轴程序编制

#### 1. 数学处理

(1) 建立编程坐标系。
(2) 基点(节点) 坐标计算。

#### 2. 内轮廓轴加工程序编写

程序如下：

```
O0031(外轮廓加工);
G98 G97 G00 X100.Z100.;
T0101 M03 S800;
G00 X155.Z3.;
G71 U1.2 R0.5;
G71 P10 Q20 U0.4 W0 F0.2;
N10 G0 X100.;
G01 Z－10.F0.08;
X110.;
Z－20.;
X120.;
Z－30.;
X110.Z－60.;
Z－65.;
X130.;
G02 X83.11 Z－105.71 R25;
G03 X140.Z118.28 R20;
G01 Z－125.;
X150.Z－130.;
Z－163.9;
G00 X100.;
Z100.;
T0202 M03 S1200;
G70 P10 Q20;
G00 X100.;
Z100.;
M30;
```

```
O0032(内轮廓加工)；
G98 G97 G40 G00 X100.Z100.；
T0101 M03 S800；
G00 X25.Z3.；
G71 U1.2 R0.5；
G71 P10 Q20 U－0.4 W0 F0.2；
N10 G00 X86.；
G01 Z0 F0.08；
X76.Z－20.；
Z－25.；
X56.；
Z－50.；
X52.；
Z－60.；
X48.；
Z－165.；
N40 X45.；
G00 Z100.；
X100.；
T0202 M03 S1200；
G70 P10 Q20；
G00 Z100.；
X100.；
T0303；
M03 S450；
G00 X50.Z5.；
G01 Z－50.F0.08；
X60.；
G04 X4.；
G01 X50.；
G00 Z100.；
X100.；
M30；
```

### 1.3.6 内轮廓轴零件加工

#### 1. 加工准备

(1) 开机。
(2) 机床回参考点。
(3) 装刀。
① 内孔车刀装刀原则。
a.伸出长度。

内孔车刀伸出长度要根据加工孔的深度确定，既要保证能够加工到要求的孔深，刀架不与工件相碰，又不能悬出刀架太长，减弱刀杆刚性。一般车到要求孔深后，刀架与工件还有 5 ～ 10 mm 间隙即可。

b.装刀高度。
(a) 粗车孔时，刀尖一般应比工件轴线稍低。
(b) 精车孔时，刀尖 ·般应比工件轴线稍高。
c.装刀方向。

孔加工车刀刀杆中心线应与走刀方向平行，否则也会影响车刀工作的主、副偏角。

② 内孔车刀装刀方法。

内孔车刀刀尖应按加工内容装得与工件中心线稍高或稍低。如果在车床方刀架上直接装内孔车刀，则其保证装刀高度的方法与外圆车刀装刀方法相似；如果在车床刀盘装内孔车刀的孔内装刀，则按尺寸要求选择合适刀杆直径的内孔车刀装刀并拧紧螺钉即可；如果采用刀夹装内孔车刀，则连同刀夹一起装刀，并保证内孔车刀刀尖高度满足要求。

(4) 装工件。

#### 2. 程序录入(FANUC)

操作同前，此处不再赘述。

#### 3. 对刀

(1) 建立工件坐标系。
(2) 设置刀具补偿。

#### 4. 自动加工

操作同前，此处不再赘述。

### 1.3.7 内轮廓轴零件检验

#### 1. 检验准备

(1) 工件准备。清洗干净工件。

(2) 量 / 检具准备。准备好游标卡尺。

## 2. 项目检验与考核

(1) 零件检验。依据项目考核表中零件考核项目对加工后的零件进行检验和测量，填写检验记录单。

(2) 项目考核。依据项目考核评分标准，对零件加工质量进行评分，并对整个加工过程进行考核。项目 1 任务 1.3 考核评分标准见表 1.19。

**表 1.19 项目 1 任务 1.3 考核评分标准**

| 考核项目 | | | 考核内容 | | 配分 | 实测 | 检验员 | 评分 | 总分 |
|---|---|---|---|---|---|---|---|---|---|
| 零件加工质量 | 1 | 外圆 | $\phi100$ | IT | 5 | | | | |
| | | | | $Ra\,3.2$ | 5 | | | | |
| | | | $\phi110$ | IT | 5 | | | | |
| | | | | $Ra\,3.2$ | 5 | | | | |
| | | | $\phi120$ | IT | 5 | | | | |
| | | | | $Ra\,3.2$ | 5 | | | | |
| | | 长度 | 20 | | 4 | | | | |
| | | | 65 | | 4 | | | | |
| | | | 90 | | 4 | | | | |
| | 2 | 内孔 | $\phi56$ | IT | 5 | | | | |
| | | | | $Ra\,1.6$ | 5 | | | | |
| | | | $\phi52$ | IT | 5 | | | | |
| | | | | $Ra\,1.6$ | 5 | | | | |
| | | | $\phi48$ | IT | 5 | | | | |
| | | | | $Ra\,1.6$ | 4 | | | | |
| | | 长度 | 20 | | 4 | | | | |
| | | | 65 | | 4 | | | | |
| | | | 125 | | 4 | | | | |
| | 3 | 内槽 | 3×2 | | 2 | | | | |
| 职业素养 | 1 | 文明生产 | | | 10 | | | | |
| | 2 | 安全意识 | | | 5 | | | | |

知识拓展

## 1.3.8 外径千分尺、内径千分尺的使用

### 1. 外径千分尺

外径千分尺(图 1.62) 常简称为千分尺,它是比游标卡尺更精密的长度测量仪器,外径千分尺的结构由固定的尺架、测砧、测微螺杆、固定套管、微分筒、测力装置、锁紧装置等组成。固定套管上有一条水平线,这条线上、下各有一列间距为 1 mm 的刻度线,上面的刻度线恰好在下面两相邻刻度线中间。微分筒上的刻度线是将圆周分为 50 等份的水平线,它是旋转运动的。读数时,先以微分筒的端面为准线,读出固定套管下刻度线的分度值(只读出以 mm 为单位的整数),再以固定套管上的水平横线作为读数准线,读出可动刻度上的分度值,读数时应估读到最小刻度的十分之一,即 0.001 mm。如果微分筒的端面与固定刻度的下刻度线之间无上刻度线,则测量结果为下刻度线的数值加可动刻度的数值;如果微分筒端面与下刻度线之间有一条上刻度线,则测量结果应为下刻度线的数值加上 0.5 mm,再加上可动刻度的数值。

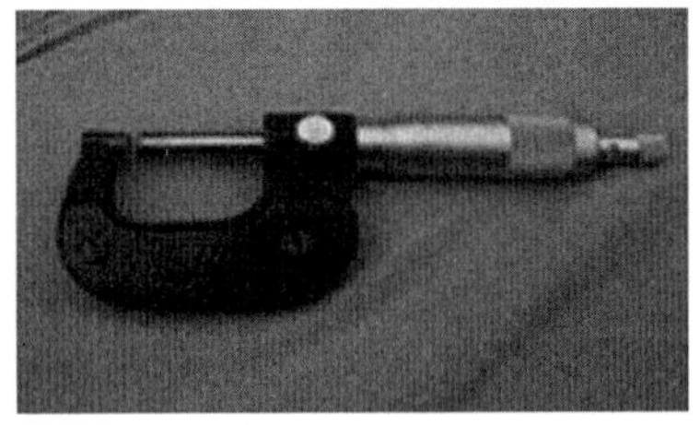

图 1.62　外径千分尺

### 2. 内径千分尺

内径千分尺(图 1.63),只能测量孔口试车的直径。这种千分尺刻线方向与外径千分尺相反,当微分筒顺时针旋转时,活动量爪向右移动,量值增大。

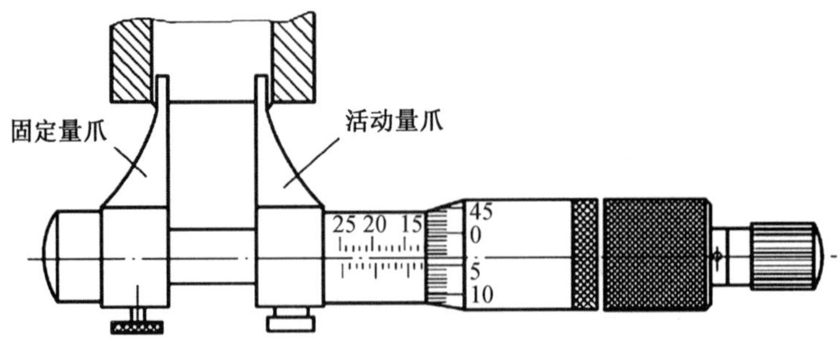


图 1.63　内径千分尺

## 习题训练

选择加工图 1.64 所示零件所需刀具，并编制数控加工程序。

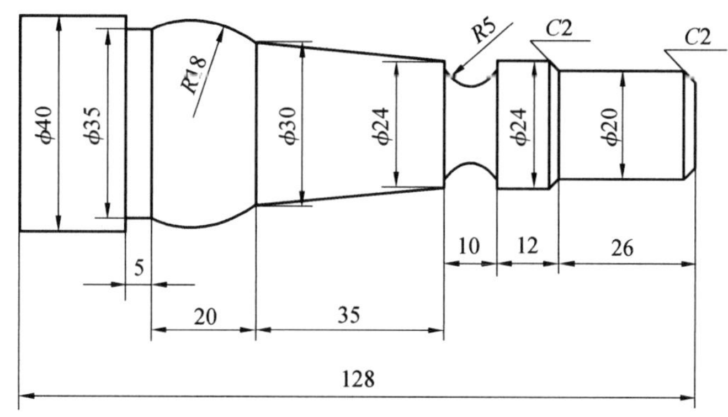


图 1.64　圆弧轴习题图

# 任务 1.4　变速器一轴的数控车削加工

## 任务导入

变速器一轴材料为 20CrMoH，毛坯为模锻件，硬度为 156 ～ 207HBS，是国内某型号汽车变速器上的零件，为大量生产类型产品。该零件为由齿轮、渐开线花键、径向孔、内孔、外圆柱面、外圆锥面、过渡圆角、内外环槽等表面组成的轴类零件，加工表面较多，适合在数控车床上加工。变速器一轴实体图如图 1.65 所示，其零件图如图 1.66 所示。

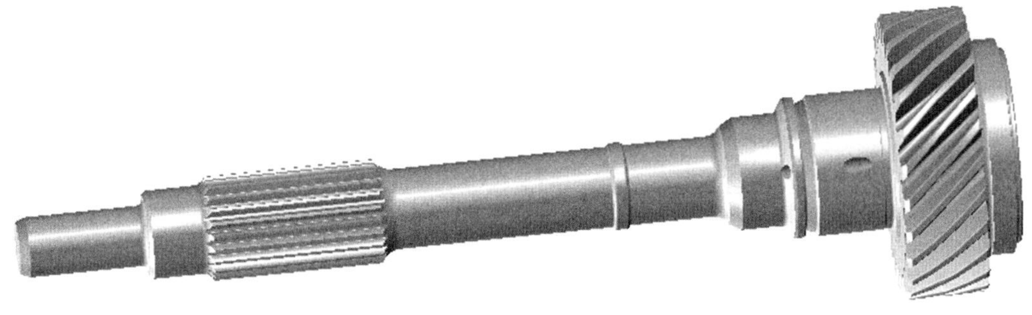

图 1.65　变速器一轴实体图

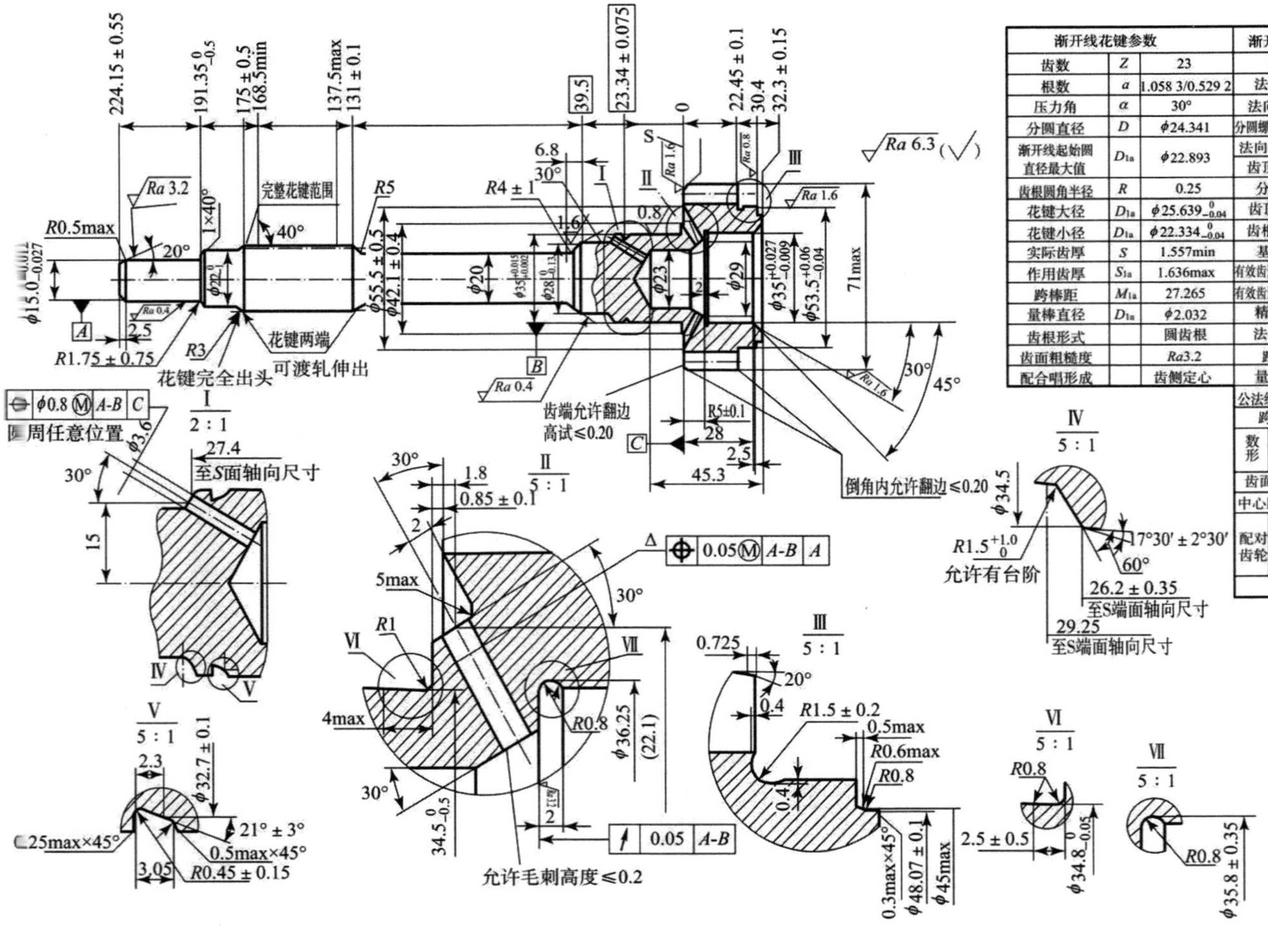

| 渐开线花键参数 | | | 渐开线圆柱斜齿轮参数 | | |
|---|---|---|---|---|---|
| 齿数 | $Z$ | 23 | 齿数 | $Z$ | 25 |
| 根数 | $a$ | 1.058 3/0.529 2 | 法向模数 | $a$ | 2.15 |
| 压力角 | $\alpha$ | 30° | 法向压力角 | $\alpha$ | 17° |
| 分圆直径 | $D$ | $\phi$24.341 | 分圆螺旋角及旋向 | $S$ | 33°L |
| 渐开线起始圆直径最大值 | $D_{1a}$ | $\phi$22.893 | 法向变位系数 | $x$ | 0.2 |
| | | | 齿顶修缘角 | | 45.5° ± 1° |
| 齿根圆角半径 | $R$ | 0.25 | 分圆直径 | $d$ | $\phi$64.089 527 |
| 花键大径 | $D_{1a}$ | $\phi 25.639_{-0.04}^{0}$ | 齿顶圆直径 | $d_a$ | $\phi$71.0max |
| 花键小径 | $D_{1a}$ | $\phi 22.334_{-0.04}^{0}$ | 齿根圆直径 | $d_f$ | $\phi 57.5_{-0.4}^{0}$ |
| 实际齿厚 | $S$ | 1.557min | 基圆直径 | $D$ | $\phi$60.213 382 |
| 作用齿厚 | $S_{1a}$ | 1.636max | 有效齿形起始圆直径 | $d_{nf}$ | $\phi$60.9max |
| 跨棒距 | $M_{1a}$ | 27.265 | 有效齿形终止圆直径 | $d_{Na}$ | $\phi$69.8min |
| 量棒直径 | $D_{1a}$ | $\phi$2.032 | 精度等级 | | CE10095–88 |
| 齿根形式 | | 圆齿根 | 法向齿厚 | $S_a$ | $3.615_{-0.04}^{0}$ |
| 齿面粗糙度 | | $Ra$3.2 | 跨棒距 | $M$ | $70.921_{-0.04}^{0}$ |
| 配合唱形成 | | 齿侧定心 | 量球直径 | $d_a$ | $S\phi$4.0 ± 0.005 |
| | | | 公法线平均长度 | $W$ | |
| | | | 跨齿数 | $K$ | |
| | | | 数形 齿形 | | 0.005 ± 0.003 |
| | | | 数形 齿向 | | 0.005 ± 0.003 |
| | | | 齿面粗糙度 | | $Ra$0.8 |
| | | | 中心距及偏差 | $a$ | |
| | | | 配对齿轮 齿数 | | |
| | | | 配对齿轮 法向变位系数 | $X_a$ | |
| | | | 配对齿轮 图号 | | |
| | | | | | |

图 1.66 变速器一轴零件图

知识链接

## 1.4.1 轴类零件数控车削加工的相关工艺四

### 1. 回转类零件非数控车削加工工序的安排

(1) 零件上有不适合数控车削加工的表面,如渐开线齿形、键槽、花键表面等,必须安排相应的非数控车削加工工序。

(2) 零件表面硬度及精度要求均高,热处理需安排在数控车削加工之后,则热处理之后一般安排磨削加工。

(3) 零件要求特殊,不能用数控车削加工完成全部加工要求,则必须安排其他非数控车削加工工序,如喷丸、滚压加工、抛光等。

(4) 零件上有些表面根据工厂条件采用非数控车削加工更合理,这时可适当安排这些非数控车削加工工序,如铣端面、打中心孔等。

### 2. 数控加工工序与普通加工工序的衔接

数控加工工序前后一般都穿插有其他普通加工工序,如果衔接得不好,就容易产生矛盾。因此在熟悉整个加工工艺内容的同时,要清楚数控加工工序与普通加工工序各自的技术要求、加工目的和加工特点,如要不要留加工余量,留多少;定位面与孔的精度要求及形位公差;对校形工序的技术要求;对毛坯的热处理状态等,这样才能使各工序达到相互交接,满足加工需要,且达到质量目标及技术要求。

### 3. 细长轴加工方案的确定

一般根据零件的加工精度、表面粗糙度、材料、结构形状、尺寸及生产类型确定零件表面的数控车削加工方法及加工方案。

细长轴车削方法为车细长轴时,轴装夹于两顶尖之间,为了增加装夹刚度,使用中心架作辅助支承。细长轴装夹示意图如图 1.67 所示。

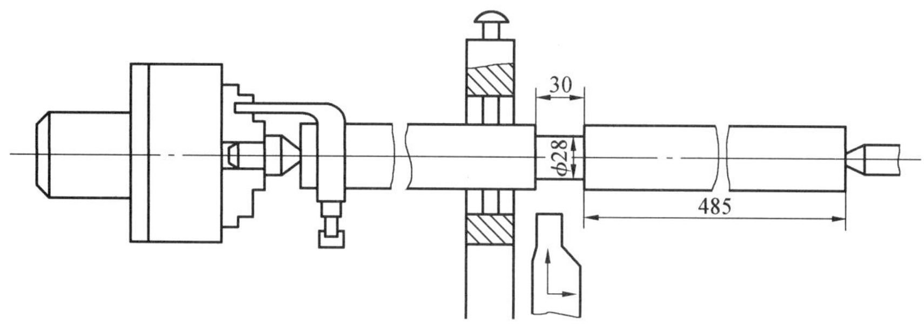


图 1.67 细长轴装夹示意图

4. 填写数控加工工艺文件

填写数控加工技术文件是数控加工工艺设计的内容之一。这些技术文件既是数控加工、产品验收的依据,也是操作者遵守、执行的规程。数控加工技术文件是对数控加工的具体说明,目的是让操作者更明确加工程序的内容、装夹方式、各个加工部位所选用的刀具及其他技术问题。数控加工技术文件的格式可根据企业实际情况自行设计。数控加工技术文件主要有如下几种。

(1) 数控加工机械加工工艺过程卡。

数控加工的机械加工工艺过程卡和普通机械加工过程卡一样。

(2) 数控加工工序卡。

数控加工工序卡与普通加工工序卡有许多相似之处,所不同的是:工序草图中应注明编程原点与对刀点,要进行简要编程说明(如所用机床型号、程序编号、刀具对称加工方式等)及削切参数(即程序编入的主轴转速、进给速度、最大背吃刀量或宽度等)的选择。

(3) 数控加工走刀路线图。

在数控加工中,要常常注意并防止刀具在运动过程中与夹具或工件发生意外碰撞,为此必须设法告诉操作者关于编程中的刀具运动路线(如从哪里下刀、在哪里抬刀、哪里是斜下刀等)。为简化走刀路线图,不同的机床可以采用不同的图例与格式。

(4) 数控刀具卡。

数控加工时对刀具要求十分严格,一般要求在机外对刀仪上预先调整刀具直径和长度。数控刀具卡反映了刀具编号、刀具结构、尾柄规格、组合件名称代号、刀片型号和材料等,它是组装刀具和调整刀具的依据。

(5) 检验工序卡。

检验工序卡用来指导检验员对零件进行检验,也是判定零件合格与否的根据。

不同的机床或不同的加工目的可能会需要不同形式的数控加工技术文件。在工作中,可根据具体情况设计文件格式。

### 1.4.2 轴类零件数控车削的相关编程四

编程时,通常将车刀刀尖作为一点来考虑,但实际上刀尖处存在圆角,如图 1.68 所示。当用按理论刀尖点编出的程序进行端面、外径、内径等与轴线平行或垂直的表面加工时,是不会产生误差的。但在进行倒角、锥面及圆弧切削时,则会产生少切或过切现象,如图 1.69 所示。具有刀尖圆弧自动补偿功能的数控系统能根据刀尖圆弧半径计算出补偿量,避免少切或过切现象的产生。

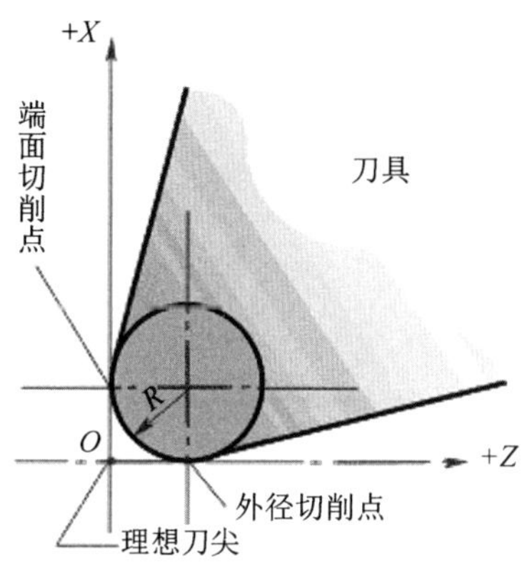


图 1.68　刀尖圆角

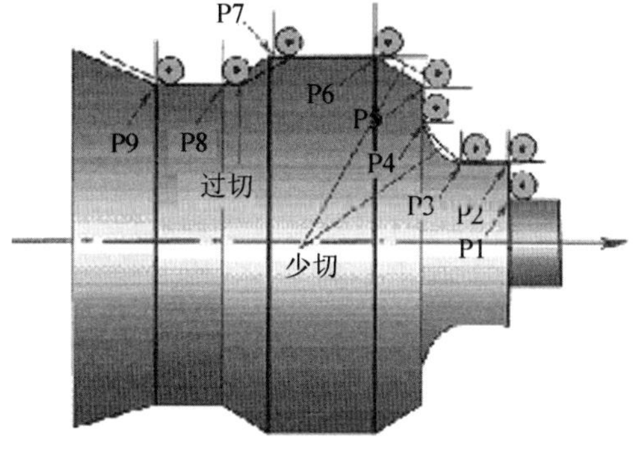


图 1.69　刀尖圆角造成的少切与过切现象

刀具补偿程序有：

G40—— 取消刀具半径补偿，按程序路径进给。

G41—— 左偏刀具半径补偿，按程序路径前进方向刀具偏在零件左侧进给。

G42—— 右偏刀具半径补偿，按程序路径前进方向刀具偏在零件右侧进给。

例：应用刀尖圆弧自动补偿功能加工图 1.70 所示零件。

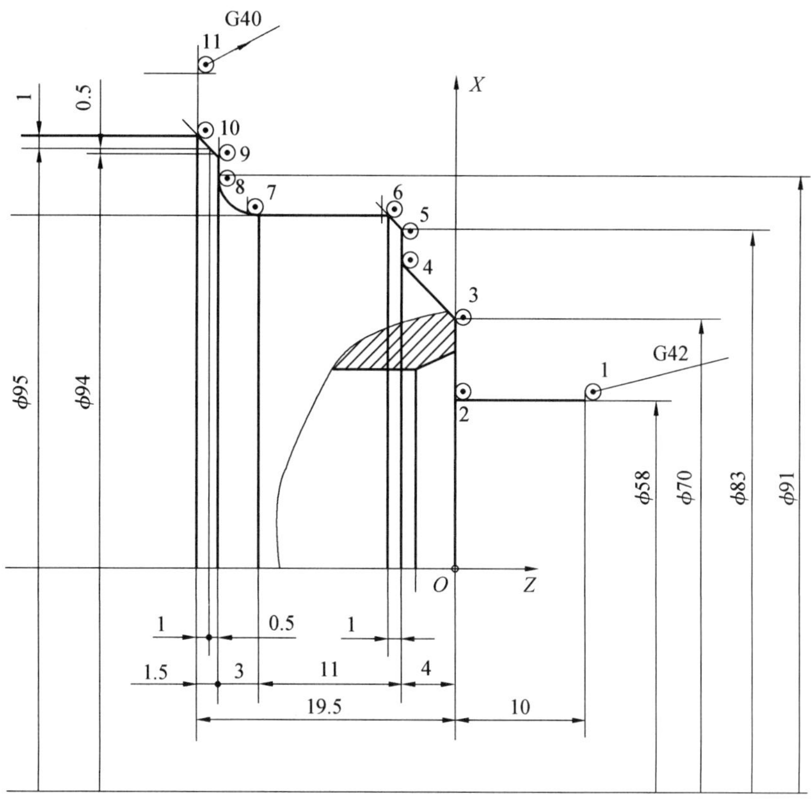


图 1.70　刀具补偿编程

程序如下：

```
O1000；
N10 G50 X200 Z175 T0101；
N20 M03 S1500；
N30 G00 G42 X58 Z10 M08；
N40 G96 S200；
N50 G01 Z0 F1.5；
N60 X70 F0.2；
N70 X78 Z－4；
N80 X83；
N90 X85 Z－5；
N100 G02 X91 Z－18 R3 F0.15；
N110 G01 X94；
N120 X97 Z－19.5；
N130 X100；
N140 G00 G40 G97 X200 Z175 S1000；
N150 M30；
```

### 1.4.3 数控车床的相关操作四

#### 1. SIEMENS 802D 标准车床面板操作

SIEMENS 802D 标准车床操作面板如图 1.71 所示，SIEMENS 802D 系统面板如图 1.72 所示，SIEMENS 802D 面板介绍见表 1.20。

图 1.71 SIEMENS 802D 车床操作面板

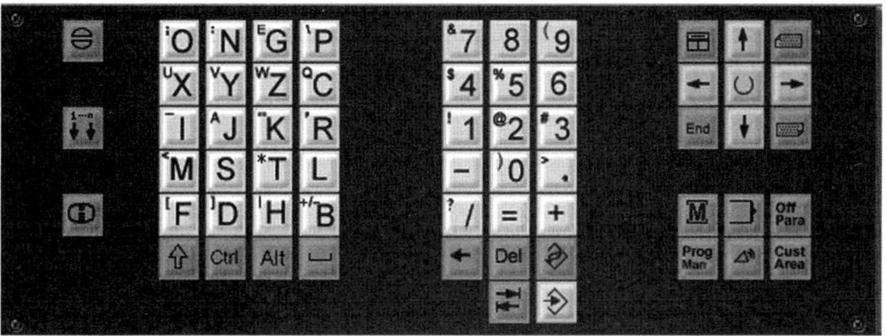

图 1.72　SIEMENS 802D 系统面板

**表** 1.20　SIEMENS 802D **面板介绍**

| 按钮 | 名称 | 功能简介 |
| --- | --- | --- |
| | 紧急停止 | 按下急停按钮，使机床移动立即停止，并且所有的输出(如主轴的转动等)都会关闭 |
| | 点动距离选择按钮 | 在单步或手轮方式下，用于选择移动距离 |
| | 手动方式 | 手动方式，连续移动 |
| | 回零方式 | 机床回零；机床必须首先执行回零操作，然后才可以运行 |
| | 自动方式 | 进入自动加工模式 |
| | 单段 | 当此按钮被按下后，运行程序时每次执行一条数控指令 |
| | 手动数据输入(MDA) | 单程序段执行模式 |
| | 主轴正转 | 按下此按钮，主轴开始正转 |
| | 主轴停止 | 按下此按钮，主轴停止转动 |
| | 主轴反转 | 按下此按钮，主轴开始反转 |
| | 快速按钮 | 在手动方式下，按下此按钮后，再按下移动按钮，则可以快速移动机床 |

续表1.20

| 按钮 | 名称 | 功能简介 |
| --- | --- | --- |
| +Z -Z +Y -Y +X -X | 移动按钮 | |
| | 复位 | 按下此键，复位 CNC 系统，包括取消报警、主轴故障复位、中途退出自动操作循环和输入、输出过程等 |
| | 循环保持 | 程序运行暂停，在程序运行过程中，按下此按钮运行暂停；按下按钮恢复运行 |
| | 运行开始 | 程序运行开始 |
| | 主轴倍率修调 | 将光标移至此旋钮上后，通过点击鼠标的左键或右键来调节主轴倍率 |
| | 进给倍率修调 | 调节数控程序自动运行时的进给速度倍率，调节范围为 0 ～ 120%；置光标于旋钮上，点击鼠标左键，旋钮逆时针转动，点击鼠标右键，旋钮顺时针转动 |
| | 报警应答键 | |
| | 通道转换键 | |
| | 信息键 | |
| | 上挡键 | 对键上的两种功能进行转换；用了上挡键，当按下字符键时，该键上行的字符(除了光标键）就被输出 |
| | 空格键 | |

续表1.20

| 按钮 | 名称 | 功能简介 |
| --- | --- | --- |
|  | 删除键(退格键) | 自右向左删除字符 |
| Del | 删除键 | 自左向右删除字符 |
|  | 取消键 |  |
|  | 制表键 |  |
|  | 回车/输入键 | (1) 接受一个编辑值<br>(2) 打开、关闭一个文件目录<br>(3) 打开文件 |
|  | 翻页键 |  |
| M | 加工操作区域键 | 按此键,进入机床操作区域 |
|  | 程序操作区域键 |  |
| Off Para | 参数操作区域键 | 按此键,进入参数操作区域 |
| Prog Man | 程序管理操作区域键 | 按此键,进入程序管理操作区域 |
|  | 报警/系统操作区域键 |  |
|  | 选择转换键 | 一般用于单选、多选框 |

## 2. 对刀

(1) 单把刀具对刀。

准备:创建刀具、设置当前刀具。具体过程如下。

在系统面板上点击 Off Para 进入参数设置界面,点击 刀具表 软键打开刀具列表,检查当前是否有需要的刀具参数,如果没有,则需要创建新刀具。

点击进入手动操作界面，如图 1.73 所示。

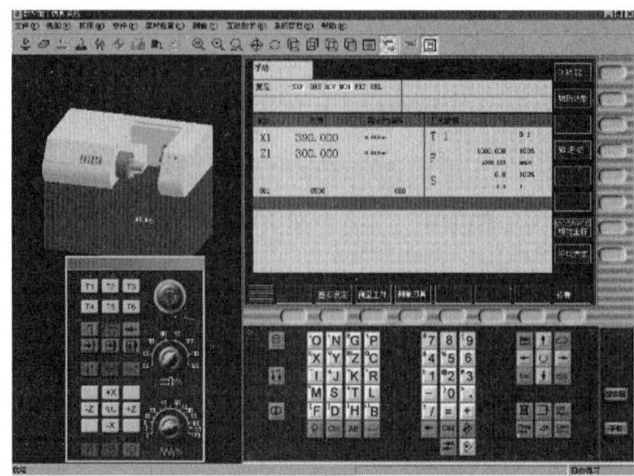

图 1.73　手动操作界面

此时，通过点击按钮进入 MDA 方式，在如图 1.74 所示的换刀界面中输入换刀指令“T01D01”，然后依次点击和来运行 MDA 程序。

执行完毕后，1 号刀被设成了当前刀具，显示如图 1.75、图 1.76 所示内容。

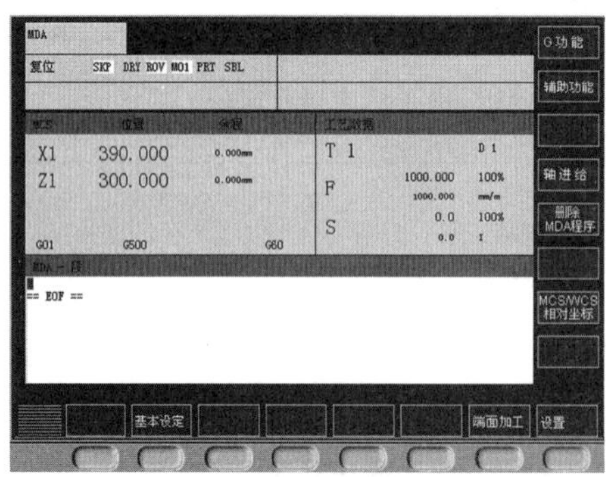


图 1.74　换刀界面

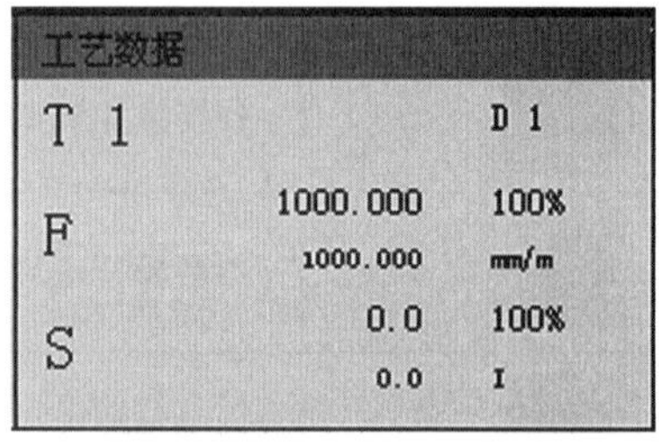


图 1.75　当前刀位置

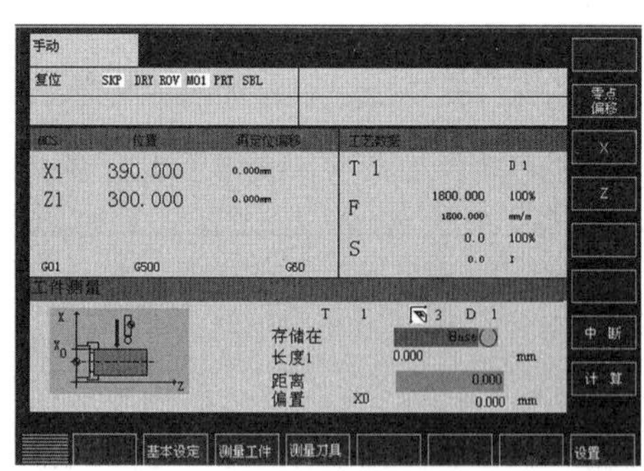


图 1.76　当前刀显示

① 用测量工件方式对刀。

用测量工件方式对刀是用所选的刀具试切零件的外圆和端面，经过测量和计算得到零件端面中心点的坐标值。具体操作过程如下。

a.点击操作面板中的按钮,切换到手动状态,适当点击-X、+X、+Z、-Z按钮,使刀具移动到可切削零件的大致位置,如图 1.77 所示。

b.点击操作面板上的或按钮,控制主轴的转动。

c.点击-Z按钮,用所选刀具试切工件外圆,点击+Z按钮,将刀具退至工件外部,如图 1.78 所示,点击操作面板上的,使主轴停止转动。

d. 点击选择存储工件坐标原点的位置(可选 Base、G54、G55、G56、G57、G58、G59)。

e.点击软键测量工件,进入"车床工件测量"对话框,如图 1.79 所示。

f.点击"工艺分析 / 测量"菜单,点击刀具试切外圆时所切线段(选中的线段会由红色变为黄色)。记下下面对话框中对应的X的值,记为X2;将X2填入对应的文本框中,并按下键。

g.点击软键计 算,即可得到工件坐标原点的 $X$ 轴分量在机床坐标系中的坐标。

h.点击-X按钮试切工件端面,如图 1.80 所示,然后点击+X将刀具退出到工件外部;点击操作面板上的,使主轴停止转动。

i.点击软键Z,继续测量工件坐标原点的 $Z$ 轴分量,如图 1.81 所示。

j.在"距离"文本框中填入"0",并按下按键。

k.点击软键计 算,即可得到工件坐标原点的 $Z$ 轴分量在机床坐标系中的坐标。

至此,使用测量工件方式对刀的操作已经完成。

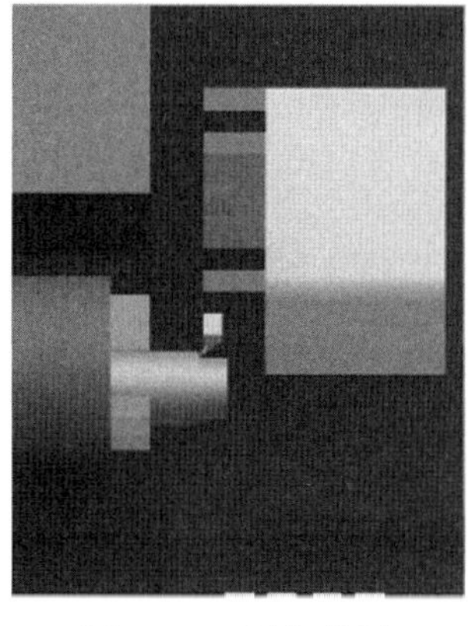

图 1.77　试切外圆

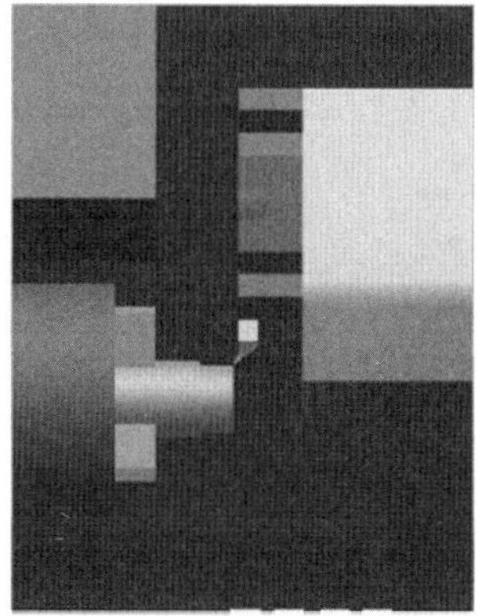

图 1.78　退刀

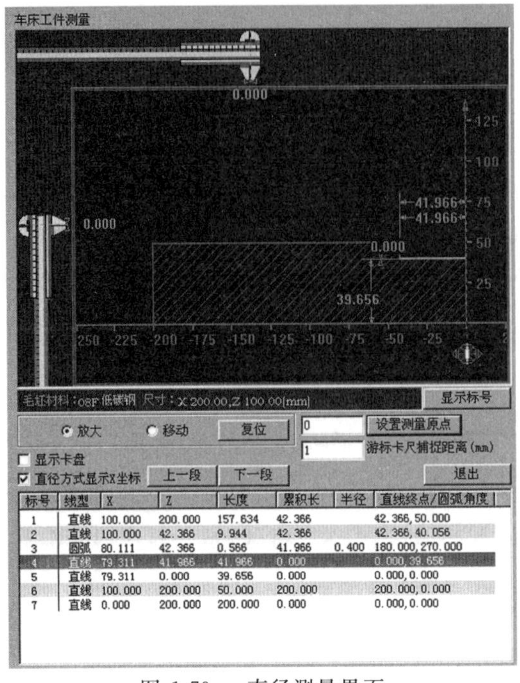


图 1.79　直径测量界面

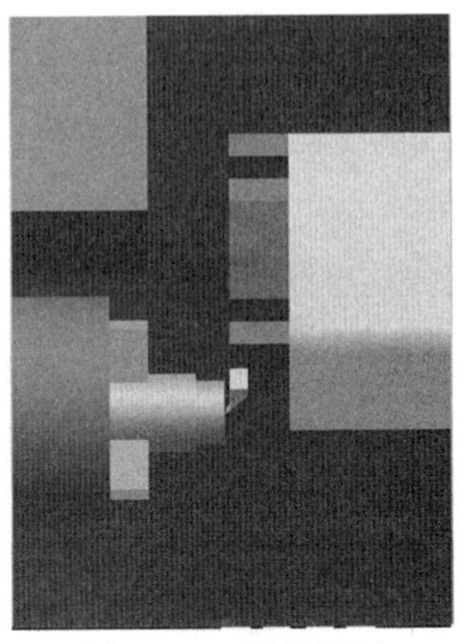

图 1.80　试切端面

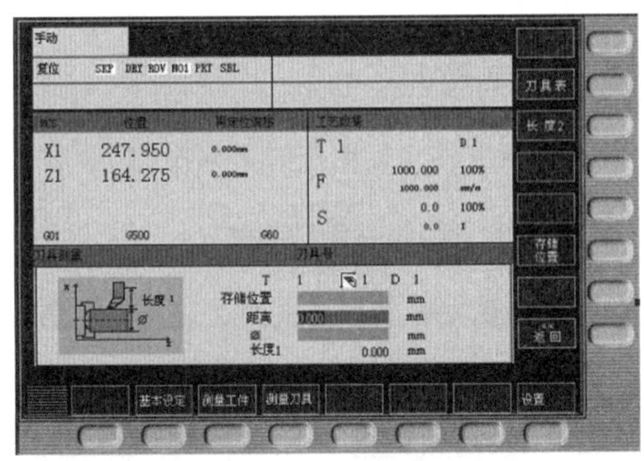


图 1.81　长度测量界面

② 长度偏移法。

a.单击［测量刀具］，切换到“测量刀具界面”，然后点击［手动测量］软键，进入如图 1.79 所示界面。

b.点击操作面板上的［手动］按钮，进入手动状态。

c.类似图 1.77 的方法试切零件外圆，并测量被切的外圆的直径，如图 1.79 所示。

d.将所测得的直径值写入［Ø］后的输入框内，按下［输入］键，依次单击［存储位置］、［设置长度1］，此时界面如图 1.82 所示，系统自动将刀具长度 1 记入“刀具表”。

e.类似于图 1.80 的方法试切端面。

f.点击 长度2 ，切换到测量 Z 的界面，在“Z0”后的输入框中填入“0”，按下 键，单击 设置长度2 软键。

至此，完成了 Z 轴方向上的刀具参数设置，并且刀具表中信息类似图 1.83。

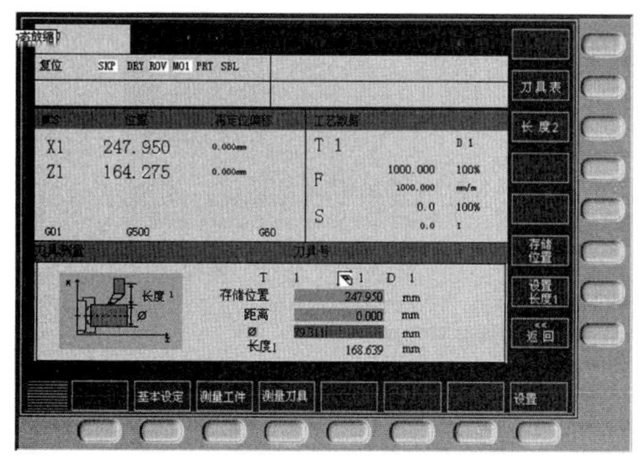


图 1.82 Z 轴方向对刀设置界面

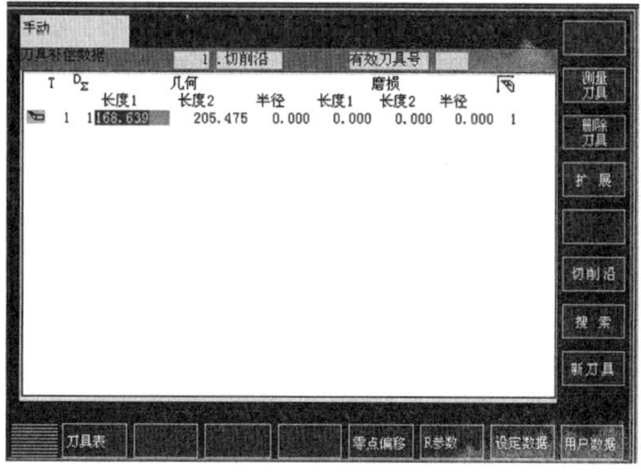


图 1.83 刀具表信息

此时，即用长度偏移法完成了对一把刀的对刀。

(2) 多把刀对刀。

第一把刀的对刀方法同单把刀对刀，其他刀具按照如下的步骤进行对刀（以 2 号刀为例）。

将 2 号刀切换为当前刀具，换刀的具体过程如下。

点击 按钮，进入 MDA 模式，然后点击 键，进入如图 1.84 所示的界面。

输入换刀指令“T02D01”，然后依次点击 和 来运行 MDA 程序；运行完毕之后，第二把刀被换为当前刀具。

用类似于单把刀对刀的方法试切零件外圆，并且测量被切削的外圆的直径；设置“长度 1”。

X 轴方向对完之后，在手动方式下，将刀具移动到如图 1.85 所示的位置（在 Z 轴方向上，不能用试切端面的方法来设置，以免破坏第一把刀的坐标系）。

依次点击 

、 

，使系统进入图 1.86 所示的界面。

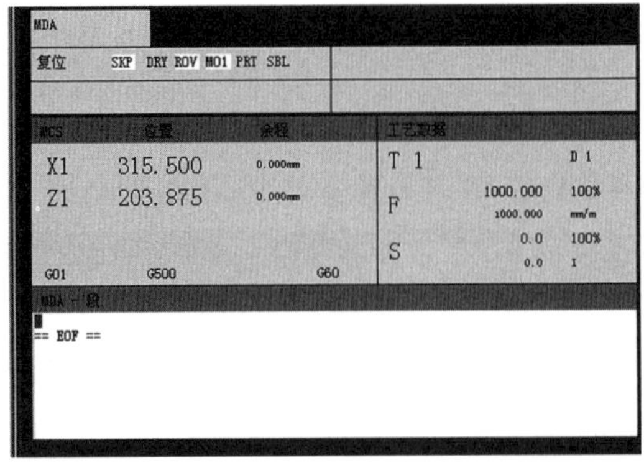

图 1.84 换刀界面

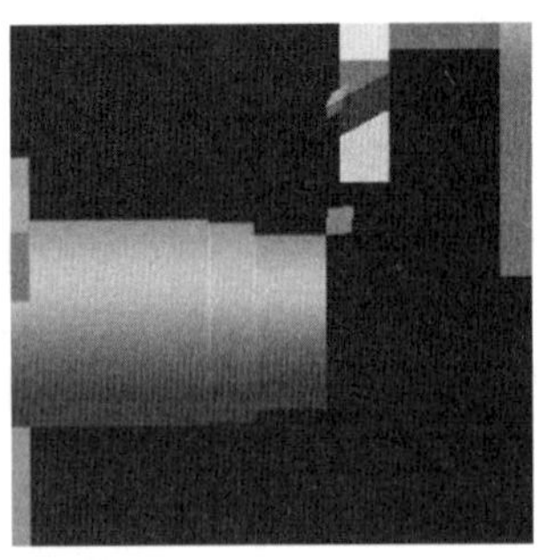

图 1.85 试切端面

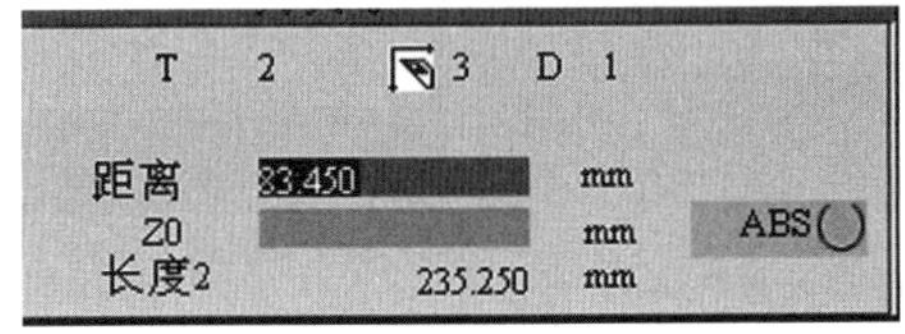


图 1.86 长度测量界面

将光标停在"距离"栏中输入"0",并按下[键图标]键,单击[设置长度2]软键;至此,已完成了2号刀的对刀,并且刀具表中信息类似于图1.81所示。

其他刀具都可以使用上述方法进行对刀。

### 3. 数控程序处理

数控程序可以通过记事本或写字板等编辑软件输入并保存为文本格式文件,也可直接用 SIEMENS 802D 系统内部的编辑器直接输入程序。

(1) 新建一个数控程序。

① 在系统面板上按下[Prog Man],进入程序管理界面如图1.87所示。

按下新建程序键,则弹出对话框,如图1.88所示。

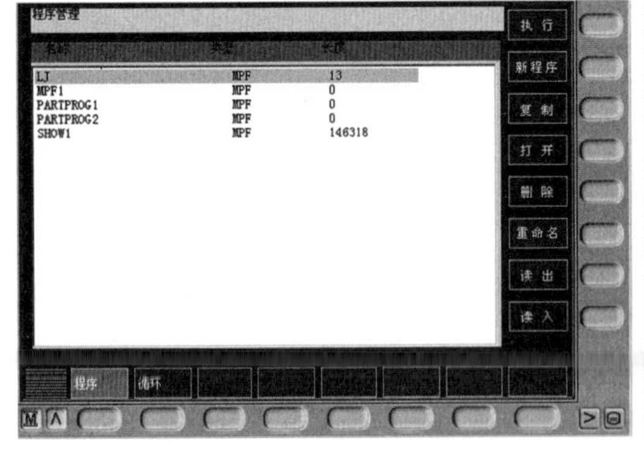

图 1.87 程序管理界面

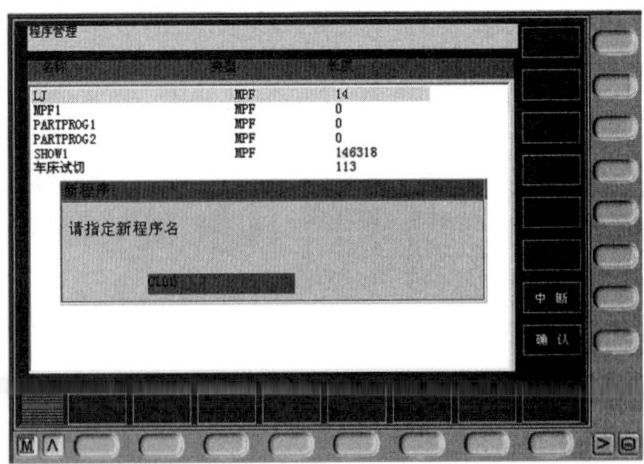

图 1.88 新建程序

② 输入程序名，若没有扩展名，则自动添加“.MPF”为扩展名，而子程序扩展名“.SPF”需随文件名一起输入。

③ 按“确认”键，生成新程序文件，并进入编辑界面，如图 1.89 所示。

④ 若按下软键【中断】，则关闭此对话框并到程序管理主界面。

注：输入新程序名必须遵循的原则为开始的两个符号必须是字母，其后的符号可以是字母、数字或下画线，最多为 16 个字符，不得使用分隔符。

(2) 数控程序传送。

① 读入程序。

先利用记事本或写字板方式编辑好加工程序并保存为文本格式文件，文本文件的前两行必须是如下的内容。

%_N_ 复制进数控系统之后的文件名 _MPF

$PATH = /_N_MPF_DIR

打开键盘，按下 Prog Man，进入程序管理界面。

点击软键 读 入 。

在菜单栏中选择“机床 /DNC 传送”，选择事先编辑好的程序，此程序将被自动复制进数控系统。

② 读出程序。

打开键盘，按下 Prog Man，进入程序管理界面。

用 ↑、↓ 或 [翻页键]、[翻页键] 选择要读出的程序。

按下软键【读出】，显示如图 1.90 所示的对话框。

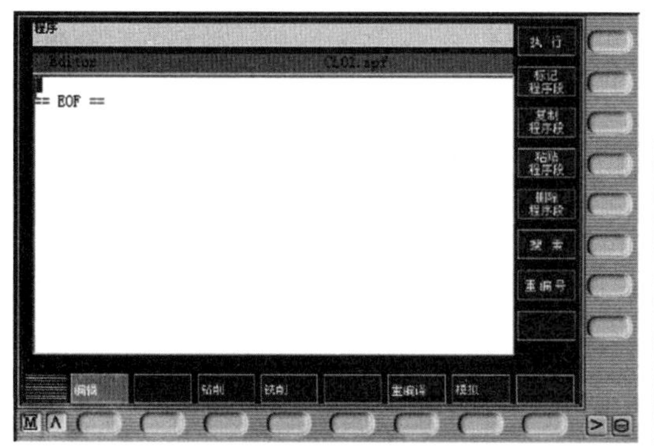

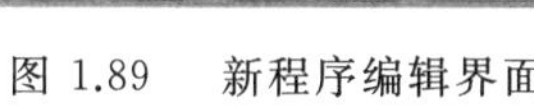
图 1.89　新程序编辑界面

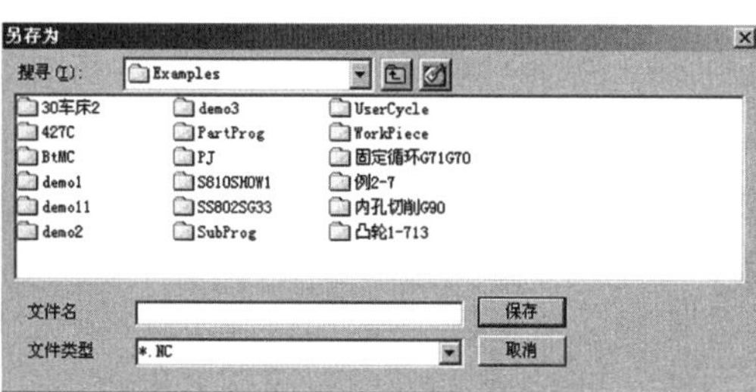

图 1.90　保存文件位置

选择好需要保存的路径，输入文件名，按保存键保存。

(3) 选择待执行的程序。

① 在系统面板上按程序管理器(program manager) 键 Prog Man，系统将进入如图 1.91 所示的界面，显示已有程序的程序列表。

② 用光标键  、 移动选择条，在目录中选择要执行的程序，按下软键【执行】，选择的程序将被作为运行程序，在 POSITION 域中右上角将显示此程序的名称，如图 1.92 所示。

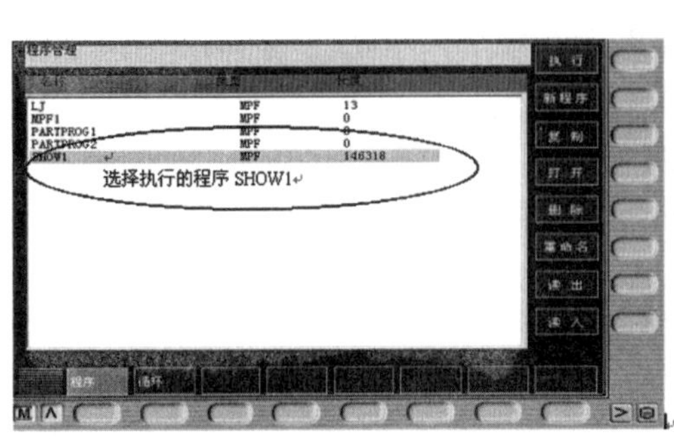


图 1.91　程序列表

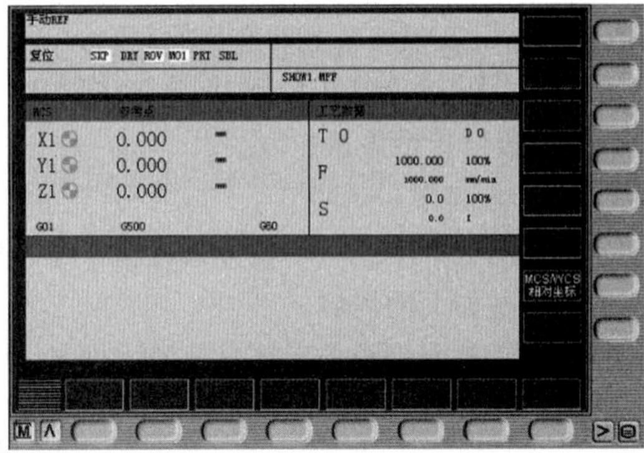

图 1.92　运行程序显示

③ 按其他主域键(如 POSITION 或 PARAMTER 等)，切换到其他界面。

(4) 程序复制。

① 进入程序管理主界面的“程序”界面如图 1.87 所示。

② 使用光标选择一个要复制的程序。

③ 按下软键【复制】，系统出现如图 1.93 所示的复制对话框，标题上显示要复制的程序。

输入程序名，若没有扩展名，则自动添加“.MPF”为扩展名，而子程序扩展名“.SPF”需随文件名一起输入。文件名必须以两个字母开头。

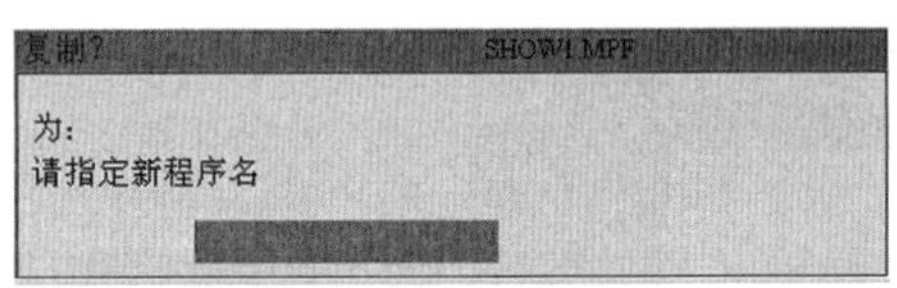


图 1.93　复制对话框

④ 按“确认”键，复制原程序到指定的新程序名，关闭对话框并返回到程序管理界面。

若按下软键【中断】，则将关闭此对话框并到程序管理主界面。

注：若输入的程序与源程序名相同或输入的程序名与一已存在的程序名相同时，将不能创建程序。

可以复制正在执行或选择的程序。

(5) 删除程序。

① 进入程序管理主界面的“程序”界面如图 1.87 所示。

② 按光标键选择要删除的程序。

③ 按下软键【删除】，系统出现如图 1.94 所示的删除对话框。

图 1.94　删除对话框

按光标键选择选项,第一项为刚才选择的程序名,表示删除这一个文件,第二项“删除全部文件”表示要删除程序列表中所有文件。

按“确认”键,将根据选择删除类型删除文件并返回程序管理界面。

若按下软键【中断】,则将关闭此对话框并到程序管理主界面。

注:若没有运行机床,则可以删除当前选择的程序,但不能删除当前正在运行的程序。

(6) 重命名程序。

① 进入程序管理主界面的“程序”界面如图 1.87 所示。

② 按光标键选择要重命名的程序。

③ 按下软键【重命名】,系统出现如图 1.95 所示的重命名对话框。

输入新的程序名,若没有扩展名,则自动添加“.MPF”为扩展名,而子程序扩展名“.SPF”需随文件名一起输入。

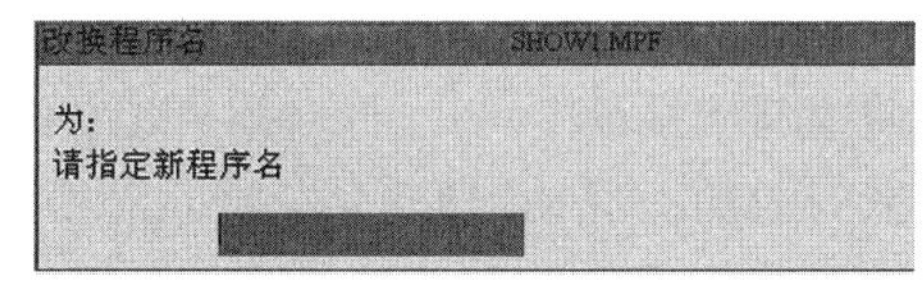

图 1.95　重命名对话框

④ 按“确认”键,源文件名更改为新的文件名并返回到程序管理界面。

若按下软键【中断】,则将关闭此对话框并到程序管理主界面。

注:若文件名不合法(应以两个字母开头)、新名与旧名相同或文件名与一个已存在的文件相同,则弹出警告对话框。

若在机床停止时重命名当前选择的程序,则当前程序变为空程序,显示同删除当前选择程序相同的警告。

可以重命名当前运行的程序,改名后,当前显示的运行程序名也随之改变。

(7) 程序编辑。

① 编辑程序。

在程序管理主界面,选中一个程序,按下软键【打开】或按【INPUT】 进入如图 1.96 所示的编辑主界面,编辑程序为选中的程序。在其他主界面下,按下系统面板的 键,也可进入编辑主界面,其中程序为以前载入的程序。

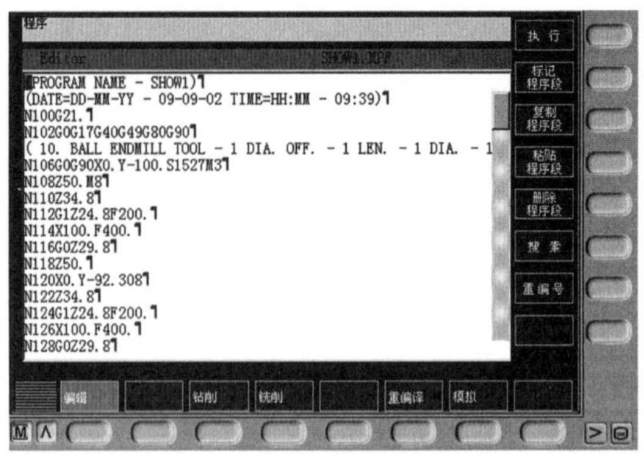


图 1.96　打开程序

a.输入程序,程序立即被存储。

b.按下软键【执行】选择当前编辑程序为运行程序。

c.按下软键【标记程序段】开始标记程序段,按“复制”或“删除”或输入新的字符时将取消标记。

d.按下软键【复制程序段】,将当前选中的一段程序拷贝到剪切板。

e.按下软键【粘贴程序段】,当前剪切板上的文本粘贴到当前的光标位置。

f.按下软键【删除程序段】可以删除当前选择的程序段。

g.按下软键【重编号】将重新编排行号。

注:软键【钻削】【车削】及铣床中的【铣削】暂不支持。

若编辑的程序是当前正在执行的程序,则不能输入任何字符。

② 搜索程序。

a.切换到程序编辑界面,参考编辑程序。

b.按下软键【搜索】,系统弹出如图 1.97 所示的搜索文本对话框。若需按行号搜索,按下软键【行号】,则对话框变为如图 1.98 所示对话框。

图 1.97　搜索文本对话框

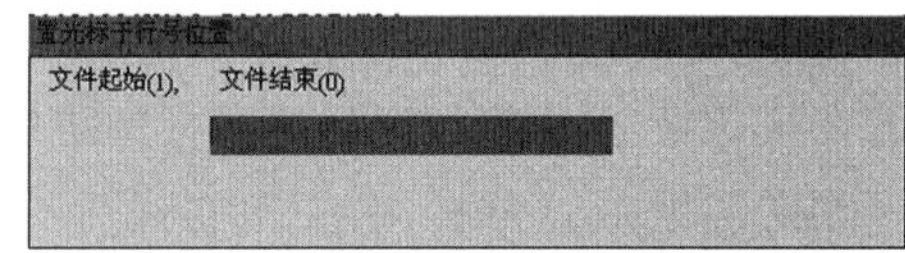


图 1.98　行号文本对话框

c.按“确认”后,若找到了要搜索的字符串或行号,则将光标停到此字符串的前面或对应行的行首。

搜索文本时,若搜索不到,则主界面无变化,在底部显示“未搜索到字符串”。

搜索行号时,若搜索不到,则光标停到程序尾。

③ 程序段搜索。

使用程序段搜索功能查找所需要的零件程序中的指定行,且从此行开始执行程序。

a.按下控制面板上的自动方式键 ,切换到如图 1.99 所示的自动加工主界面。

b.按软键【程序段搜索】切换到如图 1.100 所示的程序段搜索窗口,若不满足前置条件，则此软键按下无效。

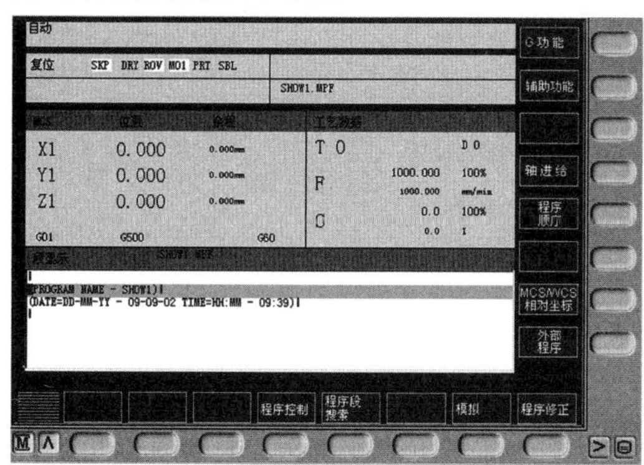


图 1.99 自动加工主界面

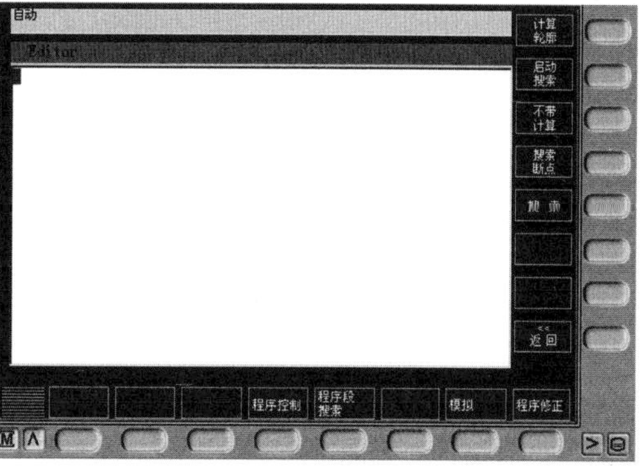


图 1.100 程序段搜索窗口

c.按下软键【搜索断点】，光标移动到上次执行程序中止时的行上。

按下软键【搜索】，可从当前光标位置开始搜索或从程序头开始，输入数据后确认，则跳到搜索到的位置。

d.按下【启动搜索】软键，界面回到自动加工主界面下，并把搜索到的行设置为运行行。

使用“计算轮廓”可使机床返回到中断点，并返回到自动加工主界面。

注：若已使用过一次【启动搜索】，则按【启动搜索】时，会弹出对话框，警告不能启动搜索，需按 RESET 键后才可再次使用【启动搜索】。

**任务实施**

### 1.4.4 变速器一轴工艺设计

变速器一轴工艺设计步骤如下。

(1) 数控车削加工工艺性分析。

(2) 数控车床的工艺装备选择。

该零件先在铣端面钻中心孔机床上完成两端面及中心孔的加工，为下道工序的加工提供了定位基准，大端钻、车孔后，则以大端内孔倒角和小端中心孔为该零件的大多数工序的定位基准；另外，有些工序的轴向定位基准为大齿轮左端面，径向定位基准为 $\phi36$ 外圆轴颈。

(3) 数控车削加工工艺拟订。

(4) 工序顺序的安排。

(5) 确定走刀路线和安排工步顺序。

(6) 确定切削用量。

(7) 填写数控加工工艺文件。

确定加工工艺路线，制订工艺流程，设计工艺及工序。变速器一轴各工艺文件见表 1.21 ~1.35，其各工序工艺附图如图 1.101 ~ 1.113 所示。

**表 1.21　变速器一轴机械加工工艺过程卡**

<table>
<tr><td colspan="2" rowspan="2">（学校）</td><td colspan="3" rowspan="2">机械加工<br>工艺过程卡</td><td>产品<br>型号</td><td colspan="2"></td><td>零部件<br>图号</td><td colspan="2"></td><td colspan="3"></td></tr>
<tr><td>产品<br>名称</td><td colspan="2">汽车变速器</td><td>零部件<br>名称</td><td colspan="2">变速器一轴</td><td colspan="3">共 1 页 第 1 页</td></tr>
<tr><td>材料<br>牌号</td><td>20Cr<br>MoH</td><td>毛坯<br>种类</td><td>模锻<br>件</td><td>毛坯外<br>形尺寸</td><td></td><td>每个毛坯<br>可制件数</td><td>1</td><td colspan="2">每台<br>件数</td><td>1</td><td>备注</td><td colspan="2"></td></tr>
<tr><td rowspan="2">工<br>序<br>号</td><td rowspan="2">工序<br>名称</td><td rowspan="2" colspan="3">工序<br>内容</td><td rowspan="2">车间<br>工段</td><td rowspan="2" colspan="2">设备</td><td rowspan="2" colspan="3">工艺<br>装备</td><td colspan="3">工时</td></tr>
<tr><td>准终</td><td colspan="2">单件</td></tr>
<tr><td>1</td><td>铣</td><td colspan="3">铣端面，打中心孔</td><td>金工</td><td colspan="2">铣端面，打中<br>心孔机床</td><td colspan="3">专用夹具</td><td></td><td colspan="2"></td></tr>
<tr><td>2</td><td>车</td><td colspan="3">精车夹位</td><td>金工</td><td colspan="2">数控车床</td><td colspan="3">顶尖，游标卡尺</td><td></td><td colspan="2"></td></tr>
<tr><td>3</td><td>钻</td><td colspan="3">钻、扩大头孔</td><td>金工</td><td colspan="2">立式钻床</td><td colspan="3">专用夹具</td><td></td><td colspan="2"></td></tr>
<tr><td>4</td><td>精车</td><td colspan="3">精车大头</td><td>金工</td><td colspan="2">数控车床</td><td colspan="3">塞规，千分尺</td><td></td><td colspan="2"></td></tr>
<tr><td>5</td><td>精车</td><td colspan="3">精车小头</td><td>金工</td><td colspan="2">数控车床</td><td colspan="3">专用夹具，卡板，<br>千分尺</td><td></td><td colspan="2"></td></tr>
<tr><td>6</td><td>钻</td><td colspan="3">钻 2－$\phi$2.5 孔</td><td>金工</td><td colspan="2">台钻</td><td colspan="3">专用夹具</td><td></td><td colspan="2"></td></tr>
<tr><td>7</td><td>钻</td><td colspan="3">钻 $\phi3.5\pm0.2$ 孔</td><td>金工</td><td colspan="2">台钻</td><td colspan="3">专用夹具</td><td></td><td colspan="2"></td></tr>
<tr><td>8</td><td>磨</td><td colspan="3">磨工艺外圆</td><td>金工</td><td colspan="2">数控外圆磨床</td><td colspan="3">千分尺</td><td></td><td colspan="2"></td></tr>
<tr><td>9</td><td>滚齿</td><td colspan="3">滚齿</td><td>齿形</td><td colspan="2">数控滚齿机</td><td colspan="3">专用夹具，量棒</td><td></td><td colspan="2"></td></tr>
<tr><td>10</td><td>倒角</td><td colspan="3">齿轮端面倒角</td><td>齿形</td><td colspan="2">齿形倒角机</td><td colspan="3">专用夹具</td><td></td><td colspan="2"></td></tr>
<tr><td>11</td><td>剃齿</td><td colspan="3">剃齿</td><td>齿形</td><td colspan="2">数控万能剃齿机</td><td colspan="3">专用顶尖</td><td></td><td colspan="2"></td></tr>
<tr><td>12</td><td>清洗</td><td colspan="3">清洗</td><td>齿形</td><td colspan="2">清洗机</td><td colspan="3"></td><td></td><td colspan="2"></td></tr>
<tr><td>13</td><td>滚轧</td><td colspan="3">滚轧花键</td><td>齿形</td><td colspan="2">花键滚轧机</td><td colspan="3">专用夹具</td><td></td><td colspan="2"></td></tr>
<tr><td>14</td><td>清洗</td><td colspan="3">清洗</td><td>齿形</td><td colspan="2">清洗机</td><td colspan="3"></td><td></td><td colspan="2"></td></tr>
<tr><td>15</td><td>检验</td><td colspan="3">焊前检查</td><td>检验科</td><td colspan="2"></td><td colspan="3"></td><td></td><td colspan="2"></td></tr>
<tr><td></td><td></td><td colspan="3"></td><td></td><td colspan="2"></td><td colspan="3"></td><td></td><td colspan="2"></td></tr>
<tr><td>编制</td><td colspan="2"></td><td>审核</td><td colspan="2"></td><td>批准</td><td colspan="2"></td><td>热处理</td><td colspan="4"></td></tr>
</table>

表 1.22　变速器一轴工序 1 工序卡

<table>
<tr><td colspan="2" rowspan="2">（学校）</td><td rowspan="2">机械加工工序卡</td><td>产品名称或代号</td><td colspan="2">零件名称</td><td colspan="2">材料</td><td colspan="2">零件图号</td></tr>
<tr><td></td><td colspan="2">变速器一轴</td><td colspan="2">20CrMoH</td><td colspan="2"></td></tr>
<tr><td colspan="2">工序号</td><td>工序名称</td><td>夹具</td><td colspan="3">使用设备</td><td colspan="3">车间</td></tr>
<tr><td colspan="2">1</td><td>铣</td><td>专用夹具</td><td colspan="3">铣端面，打中心孔机床</td><td colspan="3">金工</td></tr>
<tr><td>工步号</td><td colspan="2">工步内容</td><td>刀具</td><td>量具及检具</td><td>进给量/(mm·r⁻¹)</td><td colspan="2">主轴转速/(r·min⁻¹)</td><td colspan="2">切削速度/(m·min⁻¹)</td></tr>
<tr><td>1</td><td colspan="2">铣端面，保证轴向尺寸34(＋0.5/0)、257.05±0.2</td><td>圆盘铣刀</td><td>游标卡尺</td><td>0.3</td><td colspan="2">300</td><td colspan="2"></td></tr>
<tr><td>2</td><td colspan="2">打中心孔，保证尺寸2.17±0.05、$S\phi6$</td><td>中心孔钻</td><td></td><td>0.15</td><td colspan="2">1 200</td><td colspan="2"></td></tr>
<tr><td>编制</td><td></td><td>审核 ｜ 批准</td><td></td><td>热处理</td><td></td><td colspan="2">共 14 页</td><td colspan="2">第 1 页</td></tr>
</table>

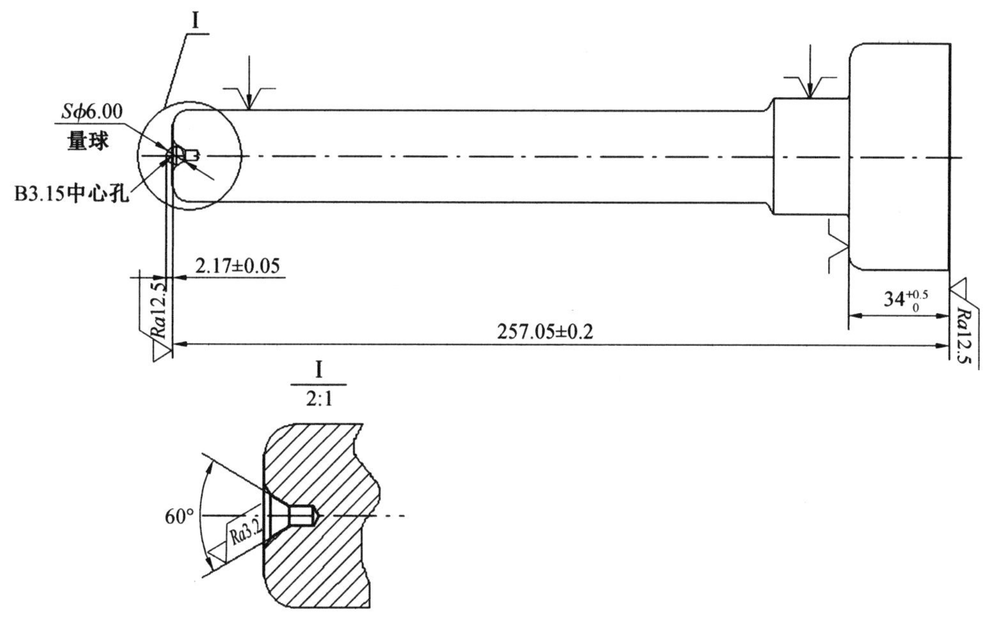


图 1.101　工序 1 工艺附图

表 1.23　变速器一轴工序 2 工序卡

<table>
<tr><td colspan="2" rowspan="2">（学校）</td><td rowspan="2">机械加工<br>工序卡</td><td>产品名称或代号</td><td colspan="2">零件名称</td><td colspan="2">材料</td><td>零件图号</td></tr>
<tr><td></td><td colspan="2">变速器一轴</td><td colspan="2">20CrMoH</td><td></td></tr>
<tr><td colspan="2">工序号</td><td>工序名称</td><td>夹具</td><td colspan="3">使用设备</td><td colspan="2">车间</td></tr>
<tr><td colspan="2">2</td><td>精车</td><td>专用夹具</td><td colspan="3">数控车床</td><td colspan="2">金工</td></tr>
<tr><td>工步号</td><td colspan="2">工步内容</td><td>刀具</td><td>量具及检具</td><td>进给量/(mm·r⁻¹)</td><td colspan="2">主轴转速/(r·min⁻¹)</td><td>切削速度/(m·min⁻¹)</td></tr>
<tr><td>1</td><td colspan="2">精车夹位 ϕ36.8(＋0.2/0)，长 22.8(＋0.2/0)</td><td>外圆车刀</td><td>游标卡尺</td><td>0.3</td><td colspan="2">800</td><td></td></tr>
<tr><td>编制</td><td></td><td>审核</td><td>批准</td><td>热处理</td><td></td><td colspan="2">共 14 页</td><td>第 2 页</td></tr>
</table>

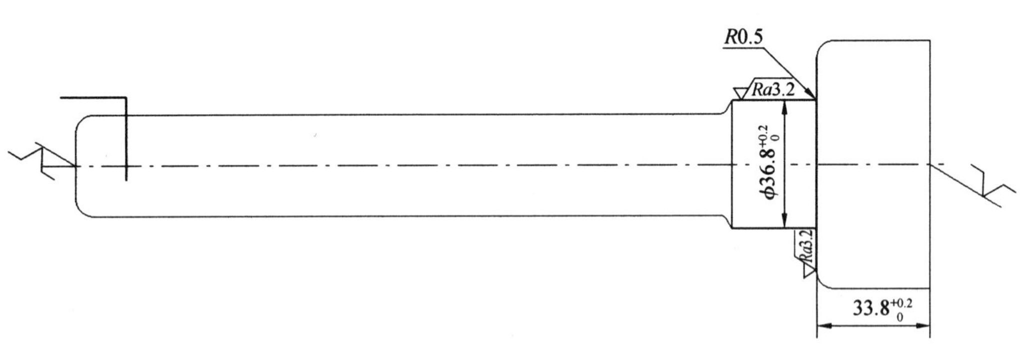


图 1.102　工序 2 工艺附图

表 1.24 变速器一轴工序 3 工序卡

| (学校) | 机械加工工序卡 | 产品名称或代号 | 零件名称 | 材料 | 零件图号 | |
|---|---|---|---|---|---|---|
| | | | 变速器一轴 | 20CrMoH | | |
| 工序号 | 工序名称 | 夹具 | 使用设备 | | 车间 | |
| 3 | 钻 | 专用夹具 | 立式钻床 | | 金工 | |
| 工步号 | 工步内容 | 刀具 | 量具及检具 | 进给量/(mm·r$^{-1}$) | 主轴转速/(r·min$^{-1}$) | 切削速度/(m·min$^{-1}$) |
| 1 | 钻孔,保尺寸 46±0.25,孔径 $\phi$23 | 麻花钻 $\phi$23 | 深度尺,游标卡尺 | 0.2 | 180 | |
| 2 | 车,保尺寸 $\phi$33,长 20±0.3 | 内孔车刀 | 深度尺,游标卡尺 | 0.3 | 800 | |
| 编制 | | 审核 | | 批准 | | 热处理 |
| | | | | | 共 14 页 | 第 3 页 |

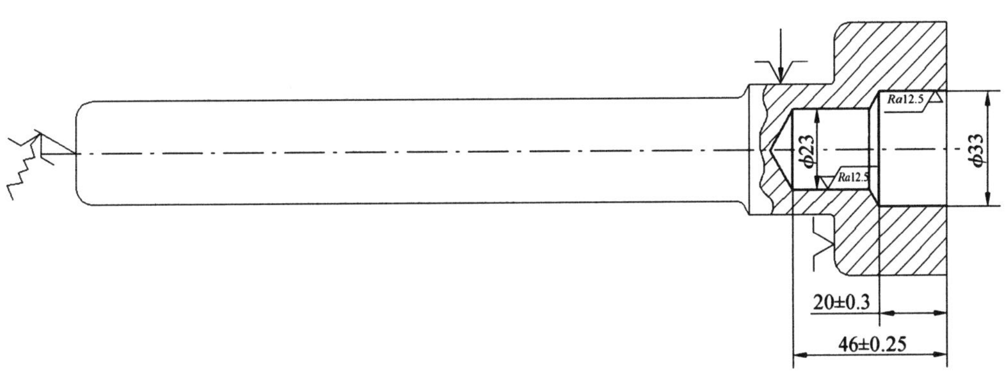


图 1.103 工序 3 工艺附图

表 1.25　变速器一轴工序 4 工序卡

<table>
<tr><td colspan="2" rowspan="2">（学校）</td><td rowspan="2">机械加工<br>工序卡</td><td>产品名称或代号</td><td>零件名称</td><td colspan="2">材料</td><td>零件图号</td></tr>
<tr><td></td><td>变速器一轴</td><td colspan="2">20CrMoH</td><td></td></tr>
<tr><td colspan="2">工序号</td><td>工序名称</td><td>夹具</td><td colspan="2">使用设备</td><td colspan="2">车间</td></tr>
<tr><td colspan="2">4</td><td>精车</td><td>专用夹具</td><td colspan="2">数控车床</td><td colspan="2">金工</td></tr>
<tr><td>工步号</td><td colspan="2">工步内容</td><td>刀具</td><td>量具及检具</td><td>进给量/(mm • r<sup>-1</sup>)</td><td>主轴转速/(r • min<sup>-1</sup>)</td><td>切削速度/(m • min<sup>-1</sup>)</td></tr>
<tr><td>1</td><td colspan="2">车端面 33±0.10</td><td rowspan="4">车刀<br>PCLNR2525M12<br>刀片<br>CNMG120408</td><td>游标卡尺</td><td>0.1</td><td>2 000</td><td></td></tr>
<tr><td>2</td><td colspan="2">车外圆 ϕ48.7±0.10，长 1.9±0.2</td><td>游标卡尺</td><td>0.2</td><td>2 000</td><td></td></tr>
<tr><td>3</td><td colspan="2">车外圆 ϕ53.5(+0.06/−0.04)，长 7.95±0.03</td><td>千分尺</td><td>0.2</td><td>2 000</td><td></td></tr>
<tr><td>4</td><td colspan="2">车外圆 ϕ71.0(−0.05/−0.20)</td><td>千分尺</td><td>0.25</td><td>2 000</td><td></td></tr>
<tr><td>5</td><td colspan="2">车内孔 ϕ34.8(+0.02/−0.03)，深 23.8±0.10，车内槽</td><td rowspan="2">内圆车刀<br>S20S-SCLR09<br>刀片<br>CCMT09T308</td><td>深度尺，塞规</td><td>0.2</td><td>2 000</td><td></td></tr>
<tr><td>6</td><td colspan="2">车内倒角 4.47×30°，1.9±0.1×45°(+5°/0°)</td><td></td><td>0.2</td><td>2 000</td><td></td></tr>
<tr><td>7</td><td colspan="2">车外凹槽 ϕ52.5(+0.2/0)</td><td>车刀<br>PDJNR2525M15<br>刀片<br>DNMG150408</td><td></td><td>0.2</td><td>2 000</td><td></td></tr>
<tr><td></td><td colspan="2"></td><td></td><td></td><td></td><td></td><td></td></tr>
<tr><td></td><td colspan="2"></td><td></td><td></td><td></td><td></td><td></td></tr>
<tr><td></td><td colspan="2"></td><td></td><td></td><td></td><td></td><td></td></tr>
<tr><td>编制</td><td></td><td>审核</td><td>批准</td><td>热处理</td><td></td><td>共 14 页</td><td>第 4 页</td></tr>
</table>

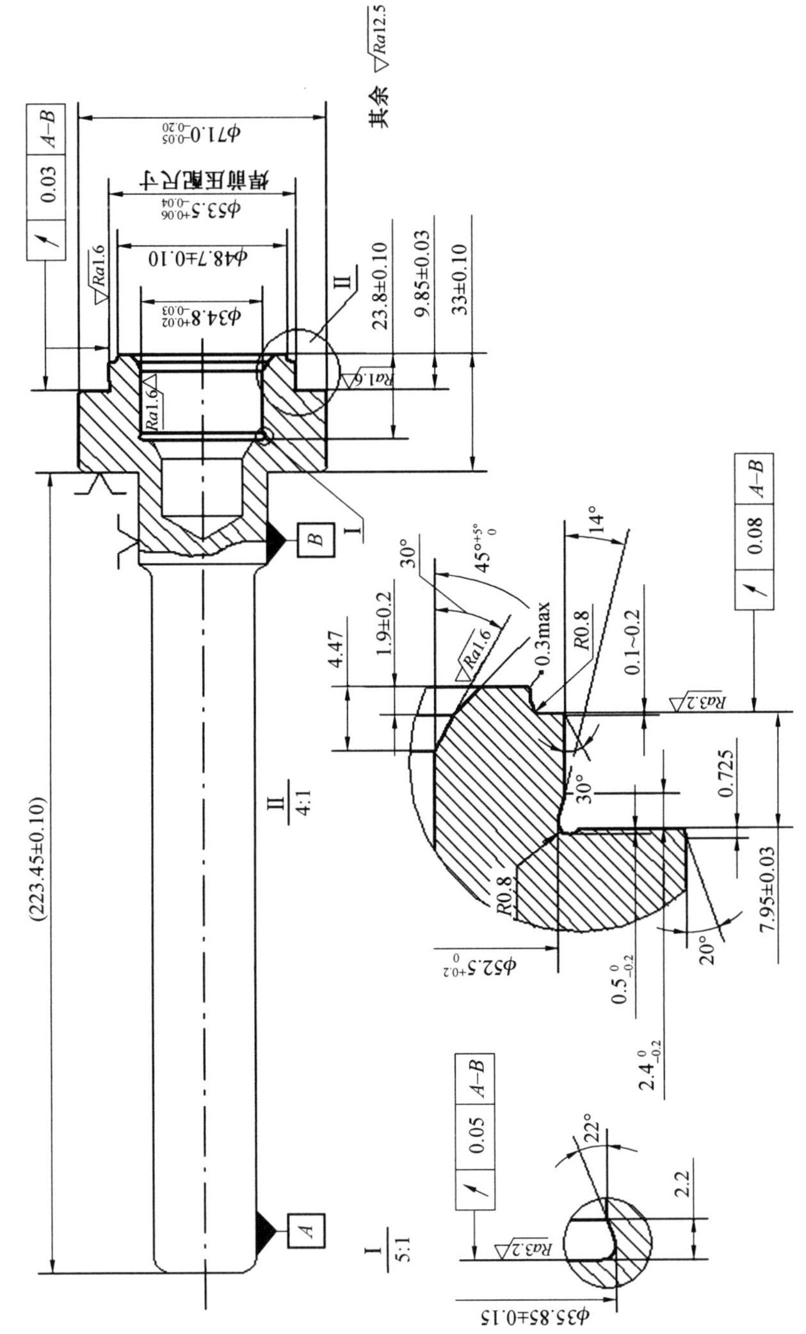

图 1.104 工序4工艺附图

表 1.26　变速器一轴工序 5 工序卡

<table>
<tr><td rowspan="2">(学校)</td><td rowspan="2">机械加工<br>工序卡</td><td>产品名称或代号</td><td>零件名称</td><td>材料</td><td colspan="2">零件图号</td></tr>
<tr><td></td><td>变速器一轴</td><td>20CrMoH</td><td colspan="2"></td></tr>
<tr><td>工序号</td><td>工序名称</td><td>夹具</td><td colspan="2">使用设备</td><td colspan="2">车间</td></tr>
<tr><td>5</td><td>精车</td><td>专用夹具</td><td colspan="2">数控车床</td><td colspan="2">金工</td></tr>
<tr><td>工步号</td><td>工步内容</td><td>刀具</td><td>量具及检具</td><td>进给量/(mm·r⁻¹)</td><td>主轴转速/(r·min⁻¹)</td><td>切削速度/(m·min⁻¹)</td></tr>
<tr><td>1</td><td>车端面 22.5±0.05</td><td>车刀<br>PDJNR2525M15<br>刀片<br>DNMG150408</td><td>千分尺</td><td>0.1</td><td>2 000</td><td></td></tr>
<tr><td>2</td><td>车外圆 ϕ15.2±0.03，长 191.1±0.15</td><td rowspan="6">车刀<br>PCLNR2525M12<br>刀片<br>CNMG120408</td><td>千分尺</td><td>0.2</td><td>2 000</td><td></td></tr>
<tr><td>3</td><td>车外圆 ϕ22(0/－0.1)，长 175(＋0.1/－0.3)</td><td>千分尺</td><td>0.2</td><td>2 000</td><td></td></tr>
<tr><td>4</td><td>车外圆 ϕ24.18±0.03，长 131(0/－0.3)</td><td>千分尺</td><td>0.2</td><td>2 000</td><td></td></tr>
<tr><td>5</td><td>车外圆 ϕ20±0.1，长 39.5±0.10</td><td>千分尺</td><td>0.2</td><td>2 000</td><td></td></tr>
<tr><td>6</td><td>车外圆 ϕ28.2(＋0.03/－0.05),长 26.15±0.15</td><td>千分尺</td><td>0.2</td><td>2 000</td><td></td></tr>
<tr><td>7</td><td>车外圆 ϕ35.35(＋0.05/－0.03),挖凹槽</td><td>千分尺</td><td>0.2</td><td>2 000</td><td></td></tr>
<tr><td>8</td><td>车端面,ϕ42.0±0.30，长 0.95±0.05</td><td rowspan="2">车刀<br>PDJNR2525M15<br>刀片<br>DNMG150408</td><td>深度尺</td><td>0.2</td><td>2 000</td><td></td></tr>
<tr><td>9</td><td>挖凹槽 ϕ42.0±0.30</td><td></td><td>0.15</td><td>2 000</td><td></td></tr>
<tr><td>10</td><td>切槽,长 23.29±0.02</td><td>专用切槽刀</td><td>卡板</td><td>0.15</td><td>2 000</td><td></td></tr>
<tr><td></td><td></td><td></td><td></td><td></td><td></td><td></td></tr>
</table>

| 编制 | | 审核 | | 批准 | | 热处理 | | 共 14 页 | 第 5 页 |
|---|---|---|---|---|---|---|---|---|---|

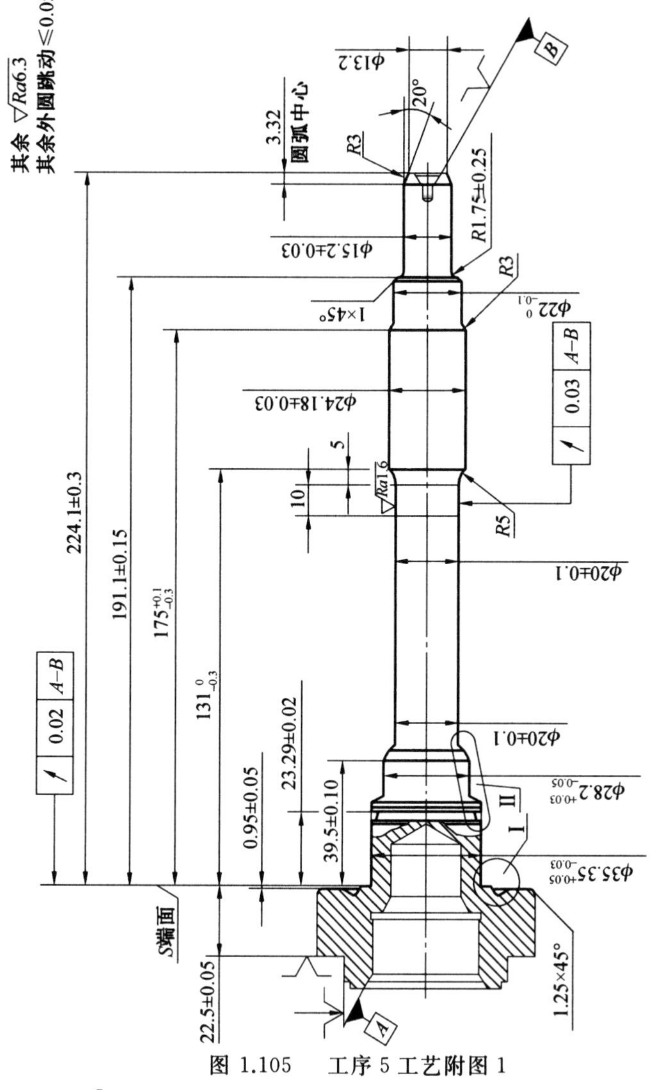

图 1.105　工序 5 工艺附图 1

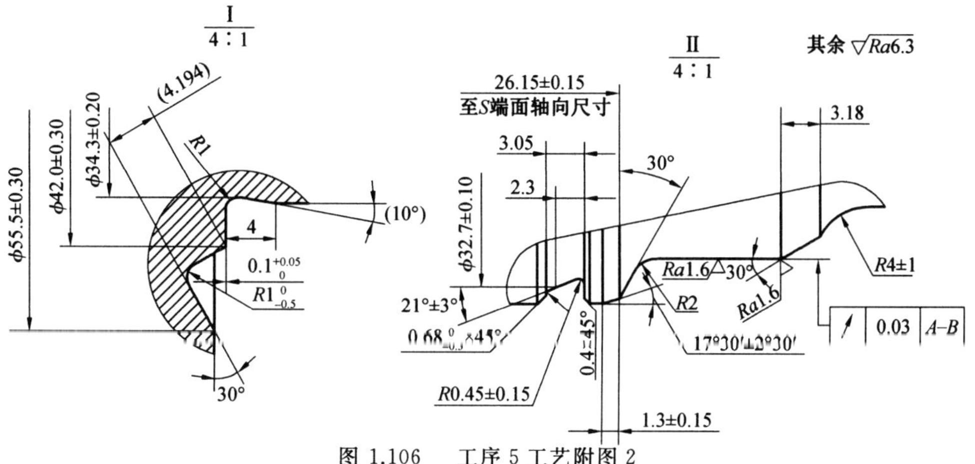

图 1.106　工序 5 工艺附图 2

**表 1.27　变速器一轴工序 6 工序卡**

| (学校) | | 机械加工工序卡 | | 产品名称或代号 | 零件名称 | | 材料 | | 零件图号 |
|---|---|---|---|---|---|---|---|---|---|
| | | | | | 变速器一轴 | | 20CrMoH | | |
| 工序号 | | 工序名称 | | 夹具 | 使用设备 | | 车间 | | |
| 6 | | 钻 | | 专用夹具 | 台钻 | | 金工 | | |
| 工步号 | 工步内容 | | | 刀具 | 量具及检具 | 进给量/(mm·r$^{-1}$) | 主轴转速/(r·min$^{-1}$) | | 切削速度/(m·min$^{-1}$) |
| 1 | 钻 2－$\phi$2.5 孔 | | | 麻花钻 | 游标卡尺 | 0.15 | 315 | | |
| 2 | 去毛刺 | | | 旋转锉刀 | | | | | |
| 编制 | | 审核 | | 批准 | | 热处理 | | 共 14 页 | 第 6 页 |

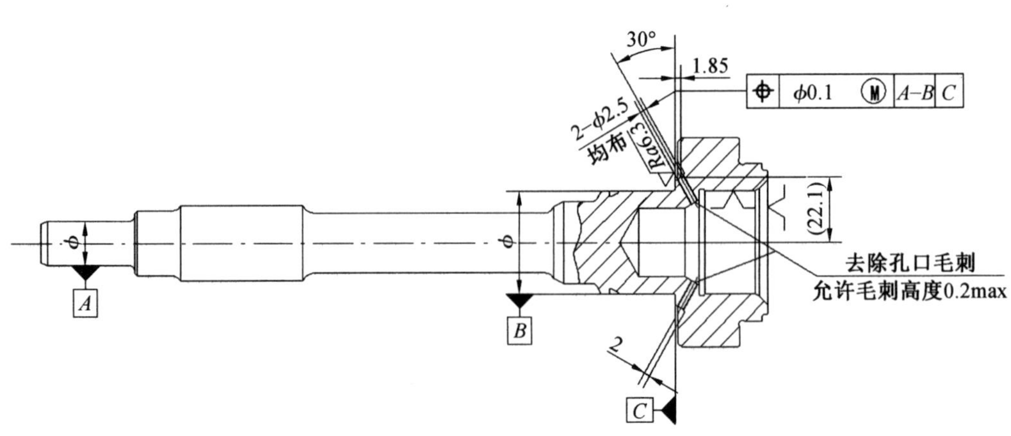


图 1.107　工序 6 工艺附图

表 1.28　变速器一轴工序 7 工序卡

| (学校) | 机械加工工序卡 | 产品名称或代号 | 零件名称 | | 材料 | | 零件图号 |
|---|---|---|---|---|---|---|---|
| | | | 变速器一轴 | | 20CrMoH | | |
| 工序号 | 工序名称 | 夹具 | 使用设备 | | | 车间 | |
| 7 | 钻 | 专用夹具 | 台钻 | | | 金工 | |
| 工步号 | 工步内容 | 刀具 | 量具及检具 | 进给量/(mm·r$^{-1}$) | 主轴转速/(r·min$^{-1}$) | 切削速度/(m·min$^{-1}$) | |
| 1 | 钻 $\phi$3.5±0.2 孔 | 麻花钻 | 游标卡尺 | 0.15 | 315 | | |
| 2 | 去毛刺 | 旋转锉刀 | | | | | |
| 编制 | | 审核 | | 批准 | | 热处理 | 共 14 页　第 7 页 |

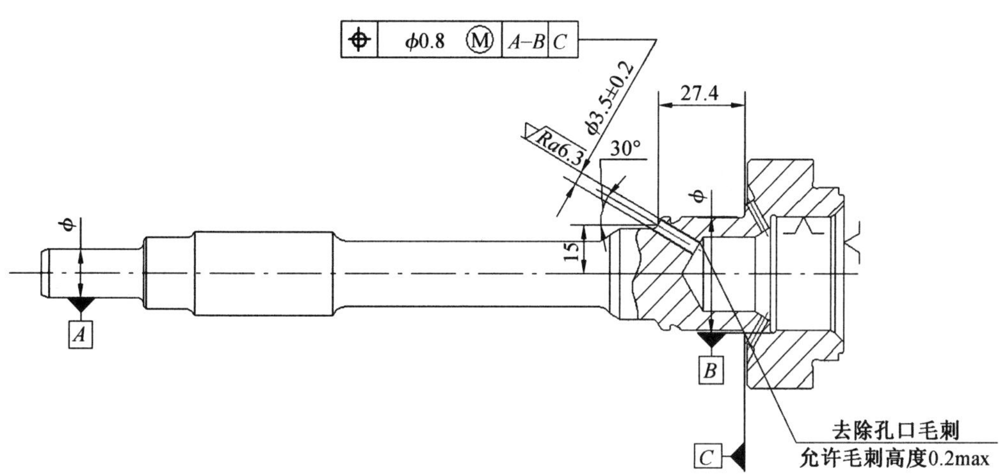


图 1.108　工序 7 工艺附图

表 1.29 变速器一轴工序 8 工序卡

| (学校) | 机械加工工序卡 | 产品名称或代号 | 零件名称 | | 材料 | | 零件图号 | |
|---|---|---|---|---|---|---|---|---|
| | | | 变速器一轴 | | 20CrMoH | | | |
| 工序号 | 工序名称 | 夹具 | 使用设备 | | | 车间 | | |
| 8 | 磨 | 专用夹具 | 数控外圆磨床 | | | 金工 | | |
| 工步号 | 工步内容 | 刀具 | 量具及检具 | 进给量 /(mm·r$^{-1}$) | | 主轴转速 /(r·min$^{-1}$) | 切削速度 /(m·min$^{-1}$) | |
| 1 | 磨外圆 $\phi$35.2(+0.01/0) | 砂轮 | 千分尺 | 0.02 | | 1 750 | | |
| 2 | 磨外圆 $\phi$24.04±0.01 | 砂轮 | 千分尺 | 0.02 | | 1 750 | | |
| 编制 | | 审核 | | 批准 | | 热处理 | 共 14 页 | 第 8 页 |

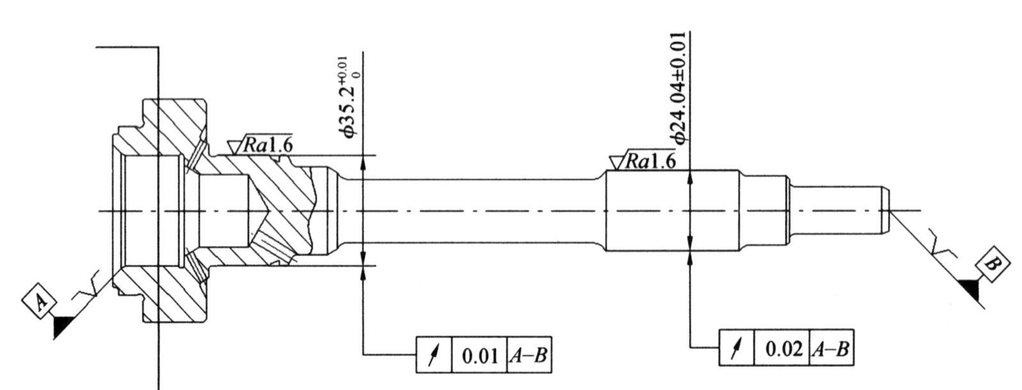


图 1.109 工序 8 工艺附图

表 1.30 变速器一轴工序 9 工序卡

<table>
<tr><td colspan="2" rowspan="2">（学校）</td><td colspan="2" rowspan="2">机械加工工序卡</td><td colspan="3">产品名称或代号</td><td colspan="2">零件名称</td><td>材料</td><td colspan="2">零件图号</td></tr>
<tr><td colspan="3"></td><td colspan="2">变速器一轴</td><td>20CrMoH</td><td colspan="2"></td></tr>
<tr><td colspan="2">工序号</td><td colspan="2">工序名称</td><td colspan="3">夹具</td><td colspan="3">使用设备</td><td colspan="2">车间</td></tr>
<tr><td colspan="2">9</td><td colspan="2">滚齿</td><td colspan="3">专用夹具</td><td colspan="3">数控滚齿机</td><td colspan="2">齿形</td></tr>
<tr><td>工步号</td><td colspan="3">工步内容</td><td colspan="3">刀具</td><td>量具及检具</td><td>进给量/(mm·r$^{-1}$)</td><td colspan="2">主轴转速/(r·min$^{-1}$)</td><td>切削速度/(m·min$^{-1}$)</td></tr>
<tr><td>1</td><td colspan="3">滚齿</td><td colspan="3">滚刀</td><td>外径千分尺，公法线千分尺，M值测量台，跳动仪，齿形齿向，测量机</td><td>2.5</td><td colspan="2">500</td><td></td></tr>
<tr><td>编制</td><td></td><td>审核</td><td></td><td>批准</td><td></td><td>热处理</td><td></td><td colspan="2"></td><td>共 14 页</td><td>第 9 页</td></tr>
</table>

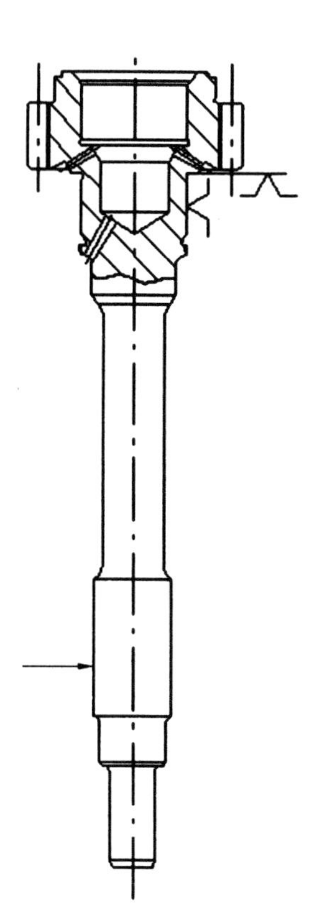

| 齿轮及滚齿基本参数 | |
|---|---|
| 齿数$Z$ | 25 |
| 法向模数$M_n$ | 2.15 |
| 法向压力角$\alpha_n$ | 17° |
| 分度螺旋角及旋向$\beta$ | 33° L(左旋) |
| 有效齿形起始圆直径$\phi D_{nf}$ | $\phi$60.9max |
| 分度圆直径$\phi d$ | $\phi$64.089 527 |
| 齿顶圆直径$\phi d_a$ | $\phi$71.0max |
| 齿根圆直径$\phi d_f$ | $\phi 57.5_{-0.4}^{0}$ |
| 有效齿形终止圆直径$\phi D_{Sa}$ | $\phi$69.8min |
| 齿全高$h$ | 6.75 |
| 跨棒距$M$/量球直径$\phi d_p$ | 73.683±0.02/$S\phi$4.764 |
| 公法线长$W$/跨齿数$n$ | 23.64±0.008/跨4齿 |
| 公法线变动量$F_w$ | 0.028 |
| 齿圈径跳$F_r$ | 0.029 |
| 齿形$F_\alpha$ | 0.016 |
| 齿向$F_\beta$ | 0.017 |
| 齿面粗糙度$Ra$ | $Ra$3.2 |
| 滚齿夹具 | −721−01 |
| 剃前滚刀 | 251−535 |
| 跨距测量台 | 069 01 |
| 设备型号 | YKX3132M |

图 1.110 工序 9 工艺附图

表 1.31　变速器一轴工序 10 工序卡

<table>
<tr><td colspan="2" rowspan="2">(学校)</td><td rowspan="2">机械加工<br>工序卡</td><td>产品名称或代号</td><td colspan="2">零件名称</td><td colspan="2">材料</td><td>零件图号</td></tr>
<tr><td></td><td colspan="2">变速器一轴</td><td colspan="2">20CrMoH</td><td></td></tr>
<tr><td colspan="2">工序号</td><td>工序名称</td><td>夹具</td><td colspan="3">使用设备</td><td colspan="2">车间</td></tr>
<tr><td colspan="2">10</td><td>倒角</td><td>专用夹具</td><td colspan="3">齿形倒角机</td><td colspan="2">齿形</td></tr>
<tr><td>工步号</td><td colspan="2">工步内容</td><td>刀具</td><td>量具及检具</td><td>进给量/(mm·r$^{-1}$)</td><td colspan="2">主轴转速/(r·min$^{-1}$)</td><td>切削速度/(m·min$^{-1}$)</td></tr>
<tr><td>1</td><td colspan="2">倒齿形角</td><td>倒棱刀</td><td></td><td></td><td colspan="2"></td><td></td></tr>
<tr><td>编制</td><td></td><td>审核</td><td>批准</td><td></td><td>热处理</td><td></td><td>共 14 页</td><td>第 10 页</td></tr>
</table>

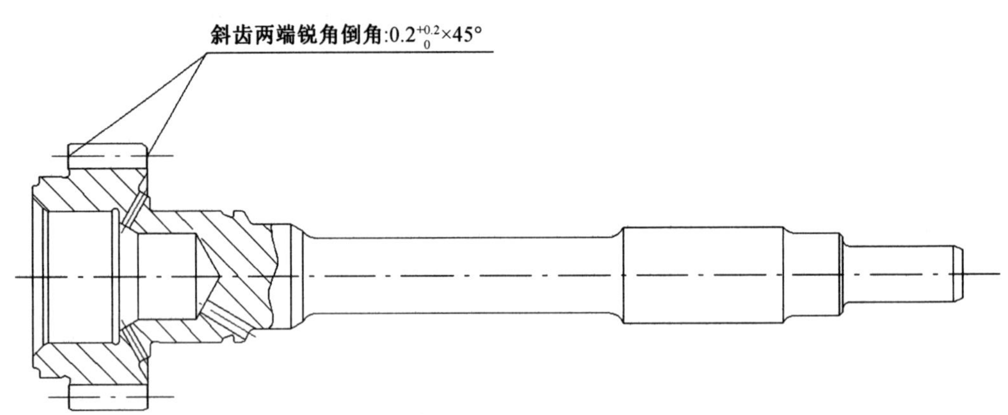


图 1.111　工序 10 工艺附图

表 1.32 变速器一轴工序 11 工序卡

| （学校） | 机械加工工序卡 | 产品名称或代号 | 零件名称 | 材料 | 零件图号 | |
|---|---|---|---|---|---|---|
| | | | 变速器一轴 | 20CrMoH | | |
| 工序号 | 工序名称 | 夹具 | 使用设备 | | 车间 | |
| 11 | 剃齿 | 专用顶尖 | 数控万能剃齿机 | | 齿形 | |
| 工步号 | 工步内容 | 刀具 | 量具及检具 | 进给量/(mm • r$^{-1}$) | 主轴转速/(r • min$^{-1}$) | 切削速度/(m • min$^{-1}$) |
| 1 | 剃齿 | 专用剃齿刀 | 外径千分尺，公法线千分尺，*M* 值测量台，跳动仪，齿形齿向，测量机 | 0.04 粗剃<br>0.01 精剃 | 702 | |
| 编制 | | 审核 | 批准 | 热处理 | 共 14 页 | 第 11 页 |

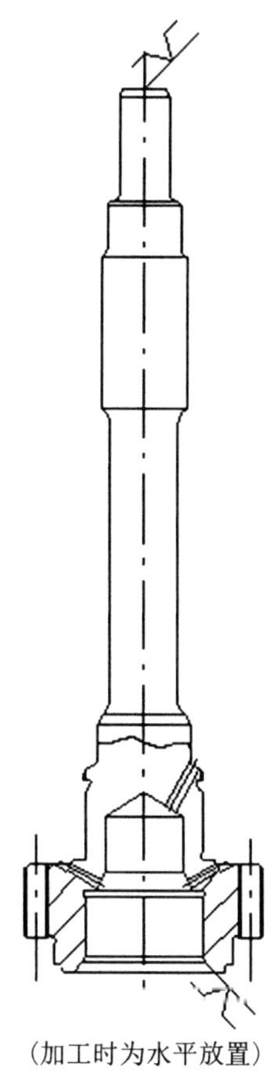
（加工时为水平放置）

| 齿轮及剃齿基本参数 | |
|---|---|
| 齿数$Z$ | 25 |
| 法向模数$M_n$ | 2.15 |
| 法向压力角$\alpha_n$ | 17° |
| 分度螺旋角及旋向$\beta$ | 33° L(左旋) |
| 有效齿形起始圆直径$\phi D_{nf}$ | $\phi$60.9max |
| 分度圆直径$\phi d$ | $\phi$64.089 527 |
| 齿顶圆直径$\phi d_a$ | $\phi$71.0max |
| 齿根圆直径$\phi d_f$ | $\phi 57.5_{-0.4}^{0}$ |
| 有效齿形终止圆直径$\phi D_{Sa}$ | $\phi$69.8min |
| 齿全高$h$ | 6.75 |
| 跨棒距$M$/量球直径$\phi d_p$ | 73.534±0.02/$S\phi$4.764 |
| 公法线长$W$/跨齿数$k$ | 23.58±0.008/跨4齿 |
| 公法线变动量$F_w$ | 0.02 |
| 齿圈径跳$F_r$ | 0.011 |
| 齿形$F_\alpha$ | 0.011 |
| 齿向$F_\beta$ | 0.012 |
| 齿面粗糙度$Ra$ | $Ra$0.8 |
| 剃齿辅具 | 专用大头顶尖 |
| 剃齿刀 | 252-535 |
| 跨距测量台 | 869 01 |
| 设备型号 | Y4220CNC |

图 1.112 工序 11 工艺附图

表 1.33 变速器一轴工序 12 工序卡

| （学校） | | 机械加工工序卡 | 产品名称或代号 | 零件名称 | | 材料 | | 零件图号 |
|---|---|---|---|---|---|---|---|---|
| | | | | 变速器一轴 | | 20CrMoH | | |
| 工序号 | | 工序名称 | 夹具 | 使用设备 | | | 车间 | |
| 12 | | 清洗 | | 清洗机 | | | 齿形 | |
| 工步号 | 工步内容 | | 刀具 | 量具及检具 | 进给量/(mm·$r^{-1}$) | | 主轴转速/(r·$min^{-1}$) | 切削速度/(m·$min^{-1}$) |
| 1 | 清洗<br>在温度大于等于 70 ℃，浓度为 1% ～ 3% 金属清洗剂的水溶液中清洗<br>要求：去除油污、清洗干净、吹干 | | | | | | | |
| | | | | | | | | |
| 编制 | | 审核 | 批准 | 热处理 | | | 共 14 页 | 第 12 页 |

**表 1.34　变速器一轴工序 13 工序卡**

| （学校） | 机械加工工序卡 | 产品名称或代号 | 零件名称 | | 材料 | | 零件图号 |
|---|---|---|---|---|---|---|---|
| | | | 变速器一轴 | | 20CrMoH | | |
| 工序号 | 工序名称 | 夹具 | 使用设备 | | | 车间 | |
| 13 | 滚轧 | 专用夹具 | 花键滚轧机 | | | 齿形 | |
| 工步号 | 工步内容 | 刀具 | 量具及检具 | 进给量/(mm·r$^{-1}$) | | 主轴转速/(r·min$^{-1}$) | 切削速度/(m·min$^{-1}$) |
| 1 | 滚轧花键 | 花键轧刀 | 千分尺，卡规，公法线，千分尺，花键环规 | | | | |
| 编制 | | 审核 | | 批准 | | 热处理 | 共 14 页　第 13 页 |

注:滚轧花键前100%检查轧前直径:$\phi$24.04±0.01

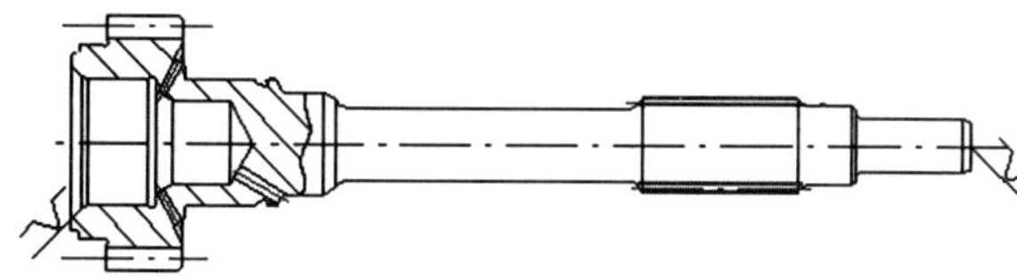

| 花键及滚轧花键基本参数 | |
|---|---|
| 齿数$Z$ | 23 |
| 模数$M$ | 1.058 33 |
| 压力角$\alpha$ | 30° |
| 分度圆直径$\phi d$ | $\phi$24.341 |
| 有效齿形起始圆直径$\phi D_{nf}$ | $\phi$22.893max |
| 齿根圆角直径$R$ | $R$0.25 |
| 花键大径$D_{ee}$ | $\phi 25.639_{-0.229}^{0}$ |
| 花键大径$D_{ie}$ | $\phi 22.334_{-0.228}^{0}$ |
| 跨棒距$M$/量球直径$\phi d_p$ | $27.153_{-0.02}^{+0.01}/\phi 1.992$ |
| 公法线长$W$/跨齿数$k$ | 13.999 1/跨5齿 |
| 公法线变动量$F_w$ | 0.04 |
| 齿圈径跳$F_r$ | 0.03 |
| 齿形$F_\alpha$ | 0.045 |
| 齿向$F_\beta$ | 0.022 |
| 齿面粗糙度$Ra$ | $Ra$1.6 |
| 滚轧机尾座顶尖 | MT4A-$\phi$48 |
| 卡规 | 815-017 |
| 花键环规 | 833-015 |
| 测量环 | 838-03 |
| 滚轧刀 | EXL3282-2 |
| 设备型号 | WT1225X |

图 1.113　工序 13 工艺附图

表 1.35　变速器一轴工序 14 工序卡

| （学校） | | 机械加工工序卡 | 产品名称或代号 | 零件名称 | | 材料 | | 零件图号 |
|---|---|---|---|---|---|---|---|---|
| | | | | 变速器一轴 | | 20CrMoH | | |
| 工序号 | | 工序名称 | 夹具 | 使用设备 | | | 车间 | |
| 14 | | 清洗 | | 清洗机 | | | 齿形 | |
| 工步号 | 工步内容 | | 刀具 | 量具及检具 | 进给量/(mm·r$^{-1}$) | | 主轴转速/(r·min$^{-1}$) | 切削速度/(m·min$^{-1}$) |
| 1 | 清洗<br>在温度大于等于 70 ℃，浓度为 1% ～ 3% 金属清洗剂的水溶液中清洗<br>要求：去除油污、清洗干净、吹干 | | | | | | | |
| | | | | | | | | |
| | | | | | | | | |
| | | | | | | | | |
| | | | | | | | | |
| | | | | | | | | |
| | | | | | | | | |
| | | | | | | | | |
| | | | | | | | | |
| | | | | | | | | |
| 编制 | | 审核 | | 批准 | | 热处理 | 共 14 页 | 第 14 页 |

## 1.4.5 变速器一轴程序编制

### 1. 数学处理

(1) 建立编程坐标系。
(2) 基点(节点)坐标计算。

### 2. 变速器一轴加工程序编写

程序如下：

```
O0041(左端外轮廓)；
G98 G97 G40；
G00 X100.Z100.；
T0101；
M03 S800；
G00 X80.Z3.；
G71 U1.2 R1；
G71 P10 Q20 U0.416 W0 F0.2；
N10 G00 X13.168 ；
G01 Z0 F0.08；
X15.Z－2.5；
Z－31.05；
G02 X18.5 Z－32.8 R1.75 F0.06；
G01 X20.；
X22.Z－33.8；
Z－46.15；
G02 X25.693 Z－49.15 R3 F0.06；
G01 Z－93.15；
G03 X20.Z－98.15 R5 F0.06；
G01 Z－151.747；
G03 X21.5 Z－152.547 R0.8 F0.06；
G01 Z－156.119；
G03 X20.Z－156.919 R0.8 F0.06；
G01 Z－177.85；
X28.Z－184.65；
Z－195.208；
X35.Z－200.56；
Z－200.81；
X32.464；
```

```
X35.Z-205.81;
Z-224.15;
X42.;
X44.Z-225.15;
X68.5;
N20 X71.Z-226.4;
G00 X100.;
Z100.;
M05;
T002 M03 S1200;
G70 P10 Q20;
G00 X100.;
Z100.;
M05;
M30;
```

```
O0042(右端外轮廓);
G98 G97 G40 G00 X100.Z100.;
T0101 M03 S800;
G00 X75.Z3.;
G71 U1.2 R1;
G71 P10 Q20 U0.4 W0 F0.2;
N10 G00 X48.4;
G01 Z0 F0.08;
X49.Z-0.6;
Z-1.1;
G02 X50.15 Z-1.9 R0.8 F0.06;
G01 X53.5;
Z-7.85;
G02 X57.5 Z-9.85 R2 F0.06;
X70.508;
X71 Z-101.114;
N20 Z-30.05;
G00 X100.;
Z100.;
M05;
T0202 M03 S1200;
G70 P10 Q20;
```

```
G00 X100.;
Z100.;
M30;

O0043(车内轮廓);
G98 G97 G40 G00 X100.Z100.;
T0202 M03 S800;
G00 X25.Z3.;
G71 U1.2 R0.5;
G71 P10 Q20 U-0.3 W0 F0.2;
N10 G00 X42.;
G01 Z0 F0.08;
X36.72 Z-2.5;
X35.Z-4.;
Z-21.5;
G03 X36.25 Z-22.281 R0.8 F0.06;
G01 Z-22.7;
G03 X35.Z-23.5 R0.8 F0.06;
G01 X29.;
X23.Z-29.268;
Z-45.;
N20 X0 Z-51.94;
G00 Z100.;
X100.;
M05;
T0202 M03 S1200;
G70 P10 Q20;
G00 Z100.;
X100.;
M30;
```

### 1.4.6 变速器一轴零件加工

#### 1. 加工准备

(1) 开机。
(2) 机床回参考点。

(3) 切槽、切断刀装刀。

① 伸出长度。

切槽、切断刀安装时，不宜伸出过长，以防止切断时刀头颤动。装刀时确保切到槽底或切断不发生碰撞而刀杆伸出长度最小。

② 装刀方向。

切槽、切断刀的中心线必须与工件轴线垂直，以保证两副偏角对称。

③ 安装底面。

切断刀安装部位的底面要修磨平直，否则安装时会引起副后角的变化，故在刃磨切断刀之前，先把底面磨平，刃磨后用直角尺检查两侧副后角的大小。

④ 装刀高度。

a.切槽或切实心工件时，切槽、切断刀的主切削刃不能高于或低于工件中心，否则会使工件中心形成凸台，并损坏刀头。

b.切断空心工件时，切断刀主切削刃一般应比工件轴线稍低。

(4) 装工件。

#### 2. 程序录入(FANUC)

操作同前，此处不再赘述。

#### 3. 对刀

(1) 建立工件坐标系。

(2) 设置刀具补偿。

#### 4. 自动加工

操作同前，此处不再赘述。

### 1.4.7 变速器一轴零件检验

#### 1. 检验准备

(1) 工件准备。清洗干净工件。

(2) 量 / 检具准备。准备好游标卡尺。

#### 2. 项目检验与考核

(1) 零件检验。依据项目考核表零件考核项目对加工零件进行检验和测量，填写检验记录单。

(2) 项目考核。依据项目考核评分标准对零件加工质量进行评分，并对整个加工过程进行考核。项目 1 任务 1.4 考核评分标准见表 1.36。

表 1.36 项目 1 任务 1.4 考核评分标准

| 考核项目 | | | 考核内容 | | 配分 | 实测 | 检验员 | 评分 | 总分 |
|---|---|---|---|---|---|---|---|---|---|
| 零件加工质量 | 1 | 外圆 | $\phi\ 53.5^{+0.06}_{-0.04}$ | IT | 10 | | | | |
| | | | | $Ra\,1.6$ | 5 | | | | |
| | | | $\phi\ 35^{+0.015}_{-0.002}$ | IT | 10 | | | | |
| | | | | $Ra\,6.3$ | 5 | | | | |
| | | | $\phi\ 28^{\ 0}_{-0.13}$ | IT | 8 | | | | |
| | | | | $Ra\,1.6$ | 3 | | | | |
| | | | $\phi\ 22^{\ 0}_{-1}$ | IT | 3 | | | | |
| | | | | $Ra\,6.3$ | 2 | | | | |
| | | | $\phi 15.2^{-0.012}_{-0.027}$ | IT | 10 | | | | |
| | | | | $Ra\,6.3$ | 4 | | | | |
| | 2 | 长度 | $9.85 \pm 0.03$ | | 5 | | | | |
| | | | $23.29 \pm 0.02$ | | 5 | | | | |
| | | | $191.1 \pm 0.15$ | | 5 | | | | |
| | 3 | 内孔 | $\phi\ 35^{+0.027}_{-0.009}$ | IT | 5 | | | | |
| | | | | $Ra\,1.6$ | 5 | | | | |
| 职业素养 | 1 | 文明生产 | | | 10 | | | | |
| | 2 | 安全意识 | | | 5 | | | | |

## 知识拓展

## 1.4.8 常见的液压卡盘和各种顶尖

### 1. 常见的液压卡盘

常见的液压软爪、电动卡盘如图 1.114 所示。

(a)

(b)

图 1.114　常见的液压软爪、电动卡盘

2. 各种顶尖

生产中常用各种顶尖如图 1.115 所示。

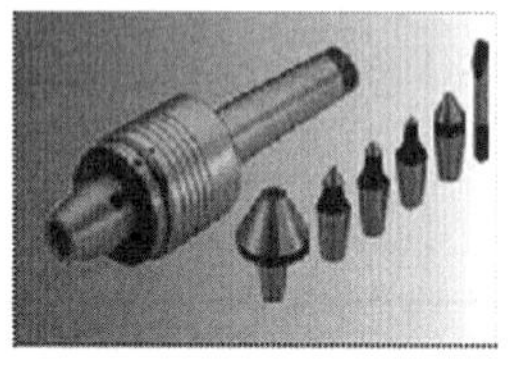

(a) 超高转速替换回转顶针

(b) 超高转速标准型回转顶针

(c) 超高转速细物回转顶针

(d) 超重负荷回转顶针

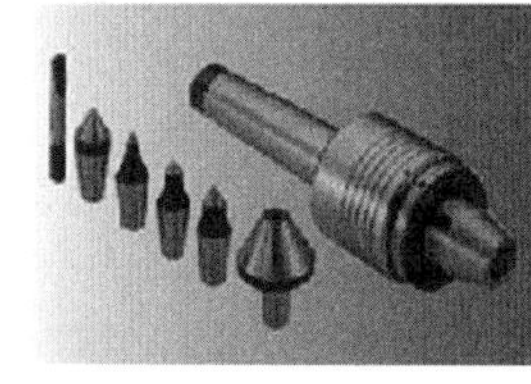

(e) 高转速替换回转顶针

(f) 高转速重切削回转顶针

(g) 高转速细物回转顶针

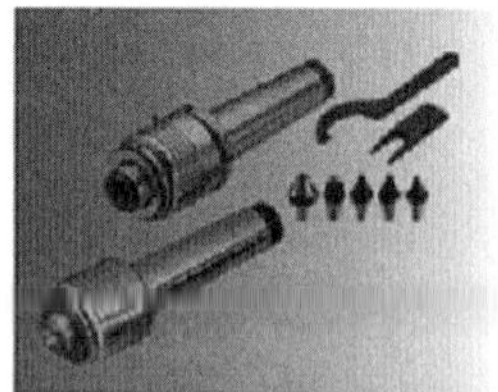

(h) 重切削替换回转顶针

(i) 端面自动调传动顶针

图 1.115　生产中常用各种顶尖

## 习题训练

1. G96 S150 表示切削点线速度控制在________。

A. 150 m/min　　B. 150 r/min　　C. 150 mm/min　　D.150 mm/r

2. 程序停止，程序复位到起点位置的指令为________。

A. M00　　B. M01　　C. M02　　D. M30

3. 圆锥切削循环的指令是________。

A. G90　　B. G92　　C. G94　　D. G96

4. 从提高刀具耐用度的角度考虑，螺纹加工应优先选用________。

A. G32　　B. G92　　C. G76　　D. G85

5. 编程题：用固定循环指令加工如图 1.116 所示零件，编写加工程序。

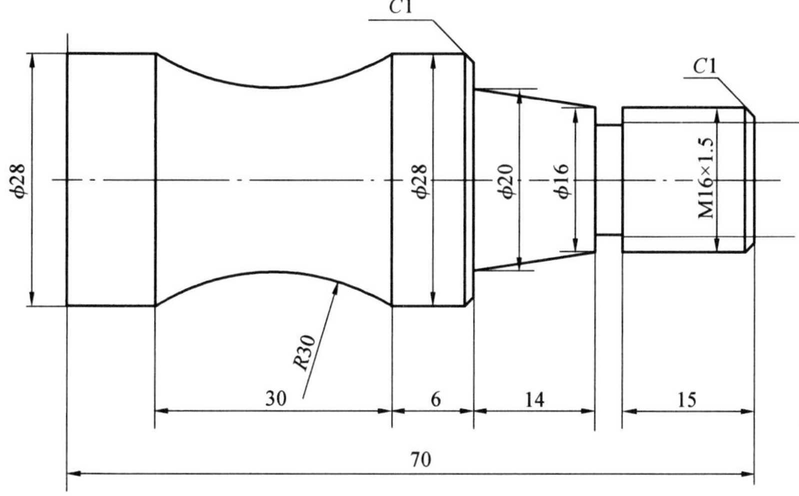


图 1.116　G73 循环习题图

# 项目 2　箱体类零件的数控加工

【知识目标】掌握箱体类零件数控铣削加工工艺知识；掌握箱体类零件铣削编程指令和编程方法。

【技能目标】能够熟练操作数控加工中心；能够加工箱体类零件；能够应用量具检验箱体类零件。

【价值目标】具备严谨细致的工作作风；具备爱岗敬业的工匠精神；具备创新精神和现场处置问题能力。

## 任务 2.1　盖板加工

### 任务导入

盖板实体图如图 2.1 所示，其零件图如图 2.2 所示，零件材料为 HT200，单件生产。

图 2.1　盖板实体图

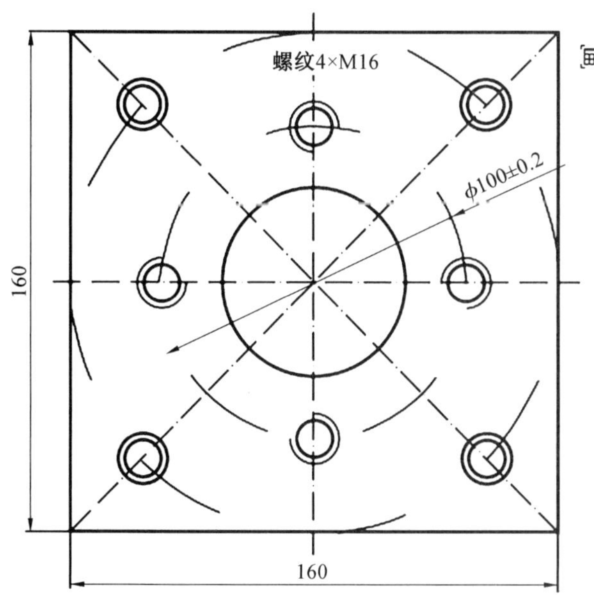


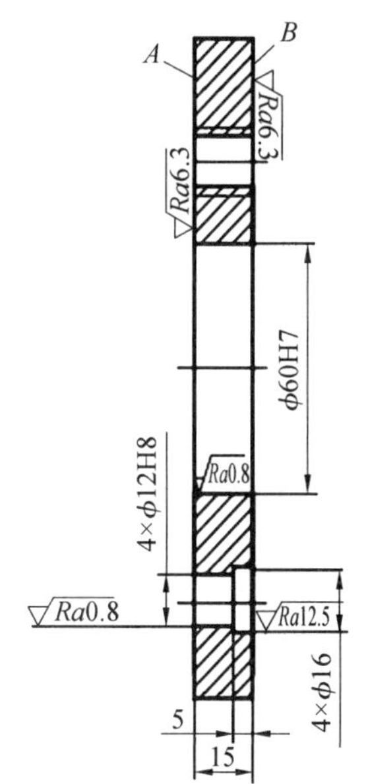


图 2.2 盖板零件图



知识链接

## 2.1.1 加工中心加工的相关工艺一

### 1. 数控铣床及加工中心工艺装备选择

数控铣床的工艺装备较多，这里主要分析夹具和刀具。

(1) 夹具。

① 定位基准的选择。

在加工中心加工时，零件的定位仍应遵循六点定位原则。同时，还应特别注意以下几点。

a.进行多工位加工时，定位基准的选择应考虑一次定位装夹能完成尽可能多的加工内容，即便于各个表面都能被加工的定位方式。例如，对于箱体零件，应尽可能采用一面两销的组合定位方式。

b.当零件的定位基准与设计基准难以重合时，应认真分析装配图样，明确该零件设计基准的设计功能，通过尺寸链的计算，严格规定定位基准与设计基准间的尺寸位置精度要求，确保加工精度。

c.编程原点与零件定位基准可以不重合，但两者之间必须要有确定的几何关系。编程原点的选择主要考虑便于编程和测量。例如，图 2.3 中的零件在加工中心上加工 $\phi$80H7 孔和 4－$\phi$25H7 孔，其中，4－$\phi$25H7 都以 $\phi$80H7 孔为基准，编程原点应选择在 $\phi$80H7 孔的中心线上。当零件定位基准为 $A$、$B$ 两面时，定位基准与编程原点不重合，但同样能保证加工精度。

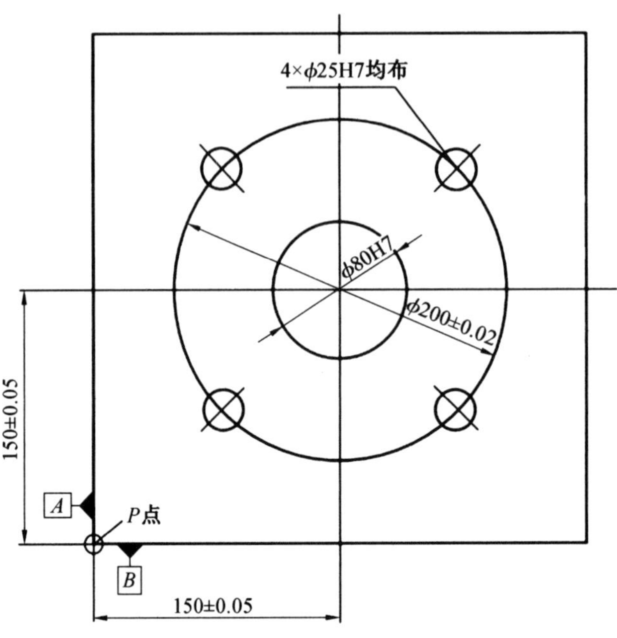


图 2.3　编程原点与定位基准重合



② 夹具的选用。

在加工中心上，夹具的任务不仅是装夹零件，还要以定位基准为参考基准，确定零件的加工原点。因此，定位基准要准确可靠。

加工中心对刀具的基本要求如下。

a.良好的切削性能。刀具能承受高速切削和强力切削，并且性能稳定。

b.较高的精度。刀具的精度指刀具的形状精度和刀具与装卡装置的位置精度。

c.配备完善的工具系统。满足多刀连续加工的要求。

③ 零件的夹紧。

在考虑夹紧方案时，应保证夹紧可靠，并尽量减少夹紧变形。

数控机床主要用于加工形状复杂的零件，但所使用夹具的结构往往并不复杂，数控铣床夹具的选用可首先根据生产零件的批量来确定。对单件、小批量、工作量较大的模具加工来说，一般可直接在机床工作台面上通过调整实现定位与夹紧，然后通过加工坐标系的设定来确定零件的位置。

对有一定批量的零件来说，可选用结构较简单的夹具。例如，加工图 2.4 所示的凸轮零件的凸轮曲面时，可采用图 2.5 所示的凸轮夹具。其中，两个定位销 3、5 与定位块 4 组成一面两销的六点定位，压板 6 与夹紧螺母 7 实现夹紧。

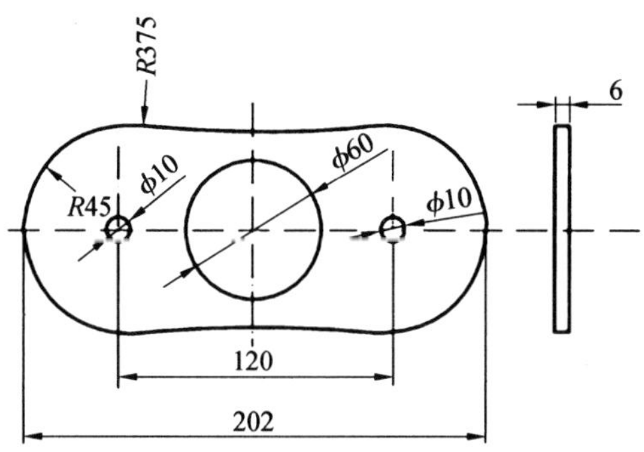


图 2.4 凸轮零件图



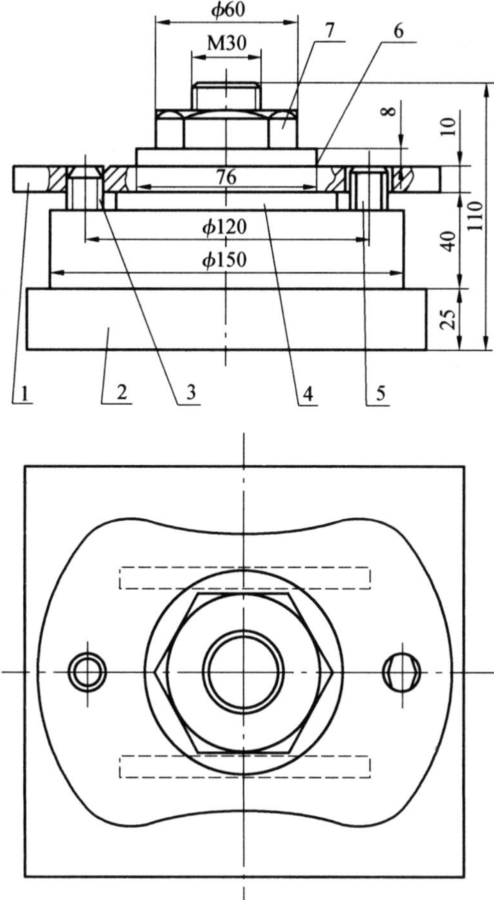


注:本图无须标注尺寸,所注尺寸作绘图参考

图 2.5 凸轮夹具

1— 凸轮零件;2— 夹具体;3— 圆柱定位销;4— 定位块;

5— 菱形定位销;6— 压板;7— 夹紧螺母

(2) 刀具。

(数控铣削加工)刀具

数控铣床上所采用的刀具要根据被加工零件的材料、几何形状、表面质量要求、热处理状态、切削性能及加工余量等，选择刚性好、耐用度高的刀具。常见刀具如图 2.6 所示。

图 2.6 常见刀具

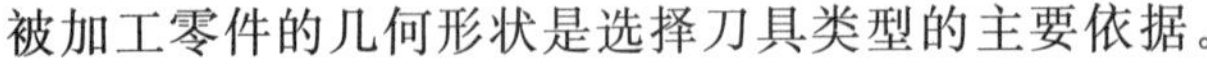

被加工零件的几何形状是选择刀具类型的主要依据。

① 加工曲面类零件时，为了保证刀具切削刃与加工轮廓在切削点相切，而避免刀刃与工件轮廓发生干涉，一般采用球头刀，粗加工用两刃球头铣刀，半精加工和精加工用四刃球头铣刀，如图 2.7 所示。

(a) 两刃球头铣刀

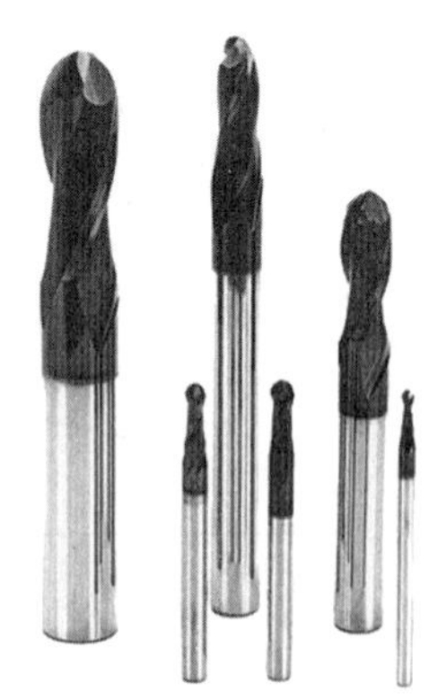

(b) 四刃球头铣刀

图 2.7 加工曲面铣刀

② 铣较大平面时，为了提高生产效率和加工表面粗糙度，一般采用刀片镶嵌式盘形铣刀，如图 2.8 所示。

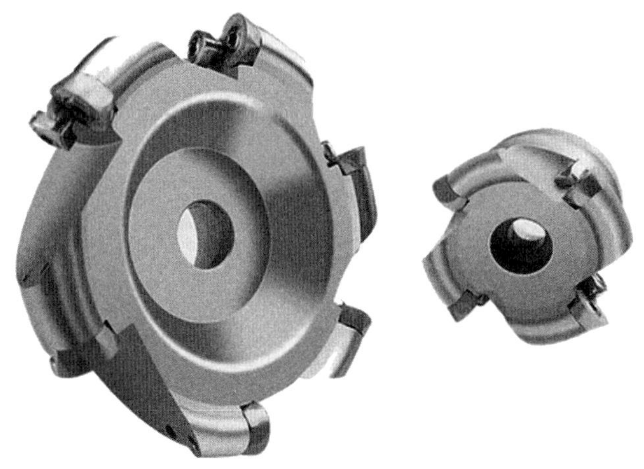

图 2.8　加工大平面铣刀

③ 铣小平面或台阶面时，一般采用立铣刀，如图 2.9 所示。

图 2.9　加工台阶面铣刀

④ 铣键槽时，为了保证槽的尺寸精度，一般用两刃键槽铣刀，如图 2.10 所示。

图 2.10　加工槽铣刀

⑤ 孔加工时，可采用钻头、镗刀等孔加工刀具，如图 2.11 所示。

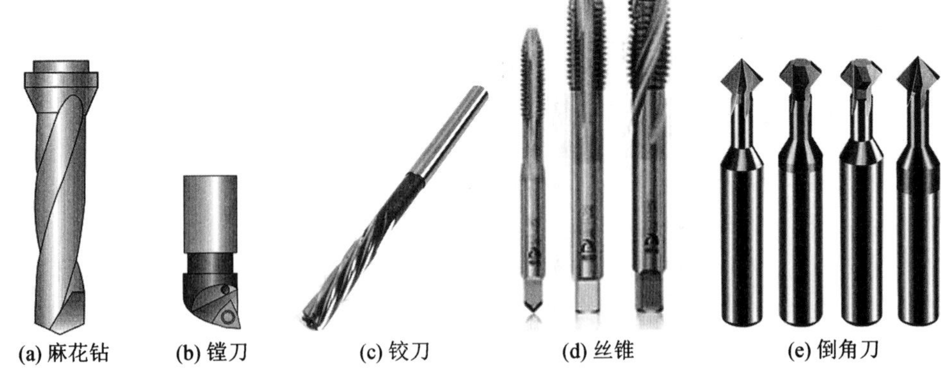

(a) 麻花钻　(b) 镗刀　(c) 铰刀　(d) 丝锥　(e) 倒角刀

图 2.11　孔加工刀具

## 2. 确定加工工艺方案

(1) 加工方法的选择。

① 平面—平面轮廓及曲面加工方法为铣削加工，根据表面精度确定具体的粗铣、精铣方案。

② 孔加工方法。

a.所有孔系都先完成全部孔的粗加工，再进行精加工。

b.对于直径大于 $\phi$30 mm 的已铸出或锻出毛坯孔的孔加工，加工方法为“粗镗—半精镗—孔端倒角—精镗”。

c.对于直径小于 $\phi$30 mm 的孔，可以不铸出毛坯孔，全部加工都在加工中心上完成。

d.在孔系加工中，先加工大孔，再加工小孔。

e.对于跨距较大的箱体的同轴孔，应尽量采取调头加工的方法。

f.对于螺纹加工，应根据孔径大小采取不同的处理方式。

(2) 工艺过程设计。

工艺过程设计时，主要考虑精度和效率两个方面，一般遵循先面后孔、先基准后其他、先粗后精的原则。加工中心在一次装夹中，应尽可能完成所有能够加工表面的加工。对位置精度要求较高的孔系加工，要特别注意安排孔的加工顺序，如果安排不当，就有可能将传动副的反向间隙带入，直接影响位置精度。例如，安排图 2.12(a) 所示零件的孔系加工顺序时，若按图 2.12(b) 的路线加工，由于 5、6 孔与 1、2、3、4 孔在 $Y$ 轴方向的定位方向相反，因此 $Y$ 轴方向反向间隙会使误差增加，从而影响 5、6 孔与其他孔的位置精度。若按图 2.12(c) 所示路线，则可避免反向间隙的引入。

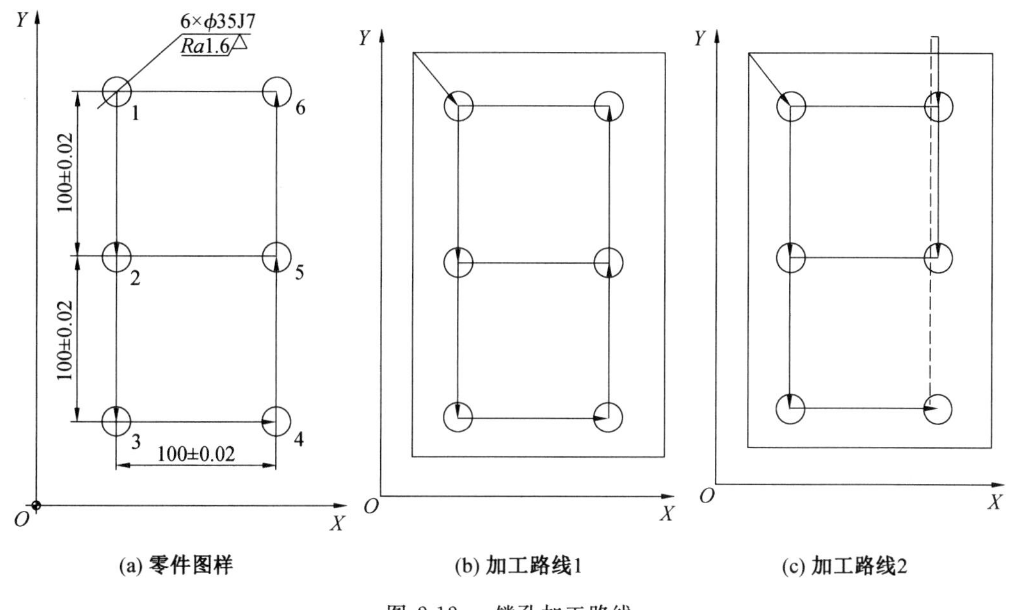


图 2.12　镗孔加工路线

加工过程中，为了减少换刀次数，可采用刀具集中工序，即用同一把刀具把零件上相应的部位都加工完，再换第二把刀具继续加工。但是，对于精度要求很高的孔系，若零件是通过工作台回转确定相应的加工部位时，则因存在重复定位误差，不能采取这种方法。

### 3. 加工中心加工的工步设计

设计加工中心的加工工艺实际就是设计各表面的加工工步。在设计加工中心工步时，主要从精度和效率两方面考虑。下面是加工中心加工工步设计的主要原则。

(1) 加工表面按粗加工、半精加工、精加工的次序完成，或全部加工表面按先粗、后半精、精加工分开进行。

(2) 对于既有铣面又有镗孔的零件，可以先铣后镗。

(3) 当一个设计基准和孔加工的位置精度与机床定位精度、重复定位精度相接近时，应采用相同设计基准集中加工的原则。

(4) 相同工位集中加工时，应尽量按就近位置加工，以缩短刀具移动距离，减少空运行时间。

(5) 按所用刀具划分工步。

(6) 考虑到加工中存在着重复定位误差，对于同轴度要求很高的孔系，就不能采取原则(5)。

(7) 在一次定位装夹中，应尽可能完成所有能够加工的表面。

### 4. 确定走刀路线

(1) 铣削加工进给路线的确定。



① 铣削轮廓表面。

在铣削轮廓表面时，一般采用立铣刀侧面刃口进行切削。对于二维轮廓加工，通常采用的加工路线如下。

a.从起刀点下刀到下刀点。

b.沿切向切入工件。

c.轮廓切削。

d.刀具向上抬刀，退离工件。

e.返回起刀点。

② 顺铣和逆铣对加工的影响。

在铣削加工中，采用顺铣还是逆铣方式是影响加工表面粗糙度的重要因素之一。逆铣时，切削力 $F$ 的水平分力 $F_x$ 的方向与进给运动 $v_f$ 的方向相反，顺铣时，切削力 $F$ 的水平分力 $F_x$ 的方向与进给运动 $v_f$ 的方向相同。铣削方式的选择应视零件图样的加工要求，工件材料的性质、特点，以及机床、刀具等条件综合考虑。通常，由于数控机床传动采用滚珠丝杠结构，因此其进给传动间隙很小，顺铣的工艺性就优于逆铣。

如图 2.13(a) 所示为采用顺铣切削方式精铣外轮廓，图 2.13(b) 所示为采用逆铣切削方式精铣型腔轮廓。

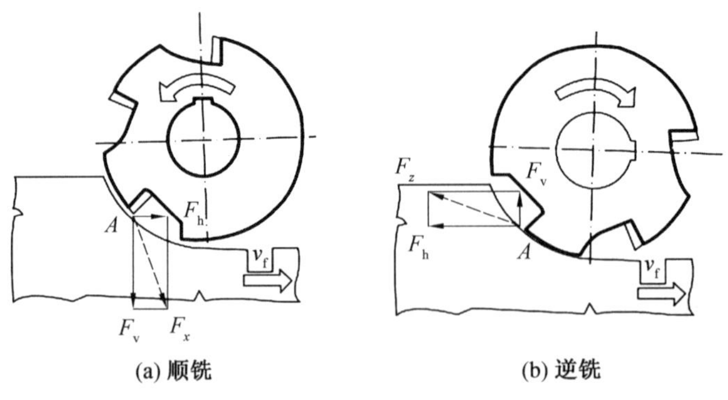


图 2.13　顺铣和逆铣切削方式

同时，为了降低表面粗糙度值，提高刀具耐用度，对于铝镁合金、钛合金和耐热合金等材料，应尽量采用顺铣加工。如果零件毛坯为黑色金属锻件或铸件，表皮硬且余量一般较

大，则这时采用逆铣较为合理。

③ 进刀、退刀方式及进刀(引入)、退刀(引出)线的确定。

a.进刀、退刀方式及进刀、退刀线的概念。

进刀方式是指加工零件前，刀具接近工件表面的运动方式；退刀方式是指零件加工结束后，刀具离开工件表面的运动方式。

进刀、退刀线是为了防止过切、碰撞和飞边在切入前和切出后设置的引入到切入点和从切出点引出的线。

b.进刀、退刀方式及进刀、退刀线的具体方式。

(a) 沿坐标轴的 $Z$ 轴方向直接进行进刀、退刀。

(b) 沿给定的矢量方向进行进刀或退刀。

(c) 沿曲面的切矢方向以直线进刀或退刀。

(d) 沿曲面的法矢方向进刀或退刀。

(e) 沿圆弧段方向进刀或退刀。

(f) 沿螺旋线或斜线进刀或退刀。

加工中心加工进给路线的确定

(2) 加工中心加工进给路线的确定。

① 确定 $X$、$Y$ 平面内的进给路线。

$X$、$Y$ 平面内的进给路线确定原则为：

a.定位要迅速。

b.定位要准确。

安排进给路线时，要避免机械进给系统反向间隙对孔位精度的影响。

② 确定 $Z$ 轴方向进给路线。

刀具在 $Z$ 轴方向的进给路线分为快速移动进给路线和工作进给路线。刀具先从起始平面快速运动到距工件加工表面一定距离的 $R$ 平面(工件加工表面到切入平面的距离)上，然后按工作进给速度运动进行加工。

对多孔加工，为减少刀具空行程进给时间，加工中间孔时，刀具不必退回到初始平面，只要退到 $R$ 平面上即可。

### 2.1.2 加工中心的相关编程一

孔加工固定循环

#### 1. 常用的固定循环基本操作动作

FANUC 0i 系统设计有固定循环功能，它规定对于一些典型孔加工中的固定、连续的动作，用一个 G 指令表达，即用固定循环指令来选择孔加工方式。

常用的固定循环指令能完成的工作有钻孔、攻螺纹和镗孔等。这些循环通常包括下列六个基本操作动作。

(1) 在 $X$、$Y$ 平面定位。

(2) 快速移动到 $R$ 平面。

(3) 孔的切削加工。

(4) 孔底动作。

(5) 返回 $R$ 平面。

(6) 返回起始点。

图 2.14 中,实线表示切削进给,虚线表示快速运动。$R$ 平面为在孔口时,快速运动与进给运动转换。

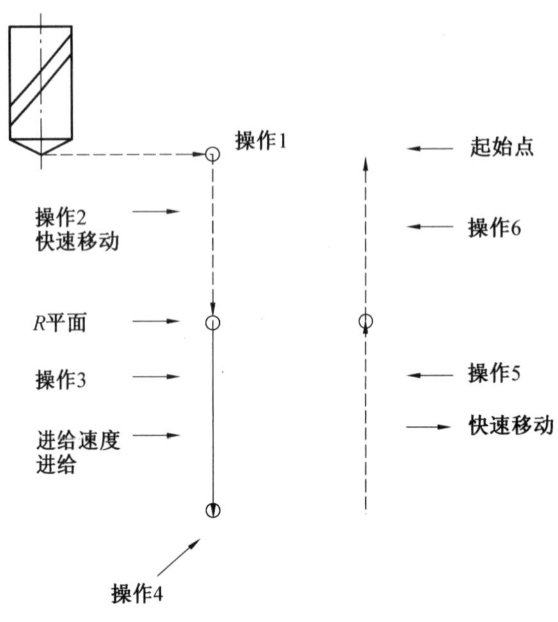


图 2.14 固定循环的基本动作

### 2. 常用的固定循环编程格式

常用的固定循环有高速深孔钻循环、螺纹切削循环、精镗循环等。

编程格式为

G90/G91 G98/G99 G73 ~ G89 X ~ Y ~ Z ~ R ~ Q ~ P ~ F ~ K ~

式中 G90 /G91—— 绝对坐标编程或增量坐标编程;

G98—— 返回起始点;

G99—— 返回 $R$ 平面;

G73 ~ G89—— 孔加工方式,如钻孔加工、高速深孔钻加工、镗孔加工等;

X、Y—— 孔的位置坐标;

Z—— 孔底坐标;

R—— 安全面($R$ 面)的坐标,在增量方式时,为起始点到 $R$ 面的增量距离,在绝对方式时,为 $R$ 面的绝对坐标;

Q—— 每次切削的深度;

P—— 孔底的暂停时间;

F—— 切削进给速度;

K—— 规定重复加工次数。

固定循环由 G80 或 01 组 G 代码撤销。

## 2.1.3　加工中心的相关操作一

加工中心的相关操作

### 1. 加工准备

(1) 激活机床。

点击启动按钮，此时机床电机和伺服控制的指示灯变亮。

检查急停按钮是否松开至状态，若未松开，则点击急停按钮，将其松开。

(2) 机床回参考点。

检查操作面板上回原点指示灯是否变亮，若指示灯变亮，则已进入回原点模式；若指示灯不亮，则点击按钮，转入回原点模式。

在回原点模式下，先将 $X$ 轴回原点，点击操作面板上的 X 按钮，使 $X$ 轴方向移动指示灯变亮，点击 +，此时 $X$ 轴将回原点，$X$ 轴回原点灯变亮，CRT 上的 $X$ 轴坐标变为“0.000”(车床变为 390.00)。同样，再分别点击 $Y$ 轴、$Z$ 轴方向移动按钮 Y、Z，使指示灯变亮，点击 +，此时 $Y$ 轴、$Z$ 轴将回原点，$Y$ 轴、$Z$ 轴回原点灯变亮。此时，CRT 界面如图 2.15 所示。



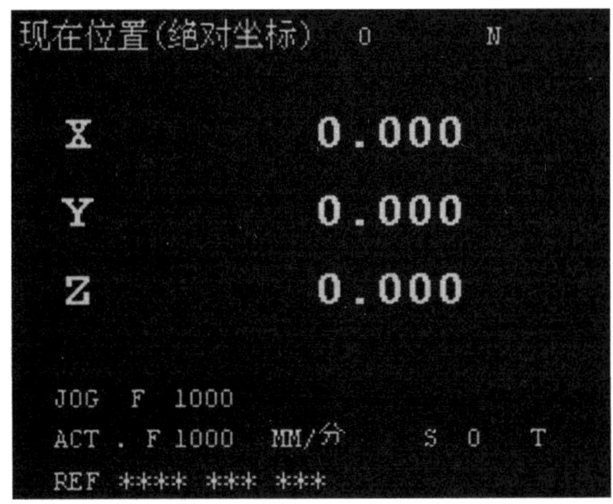


图 2.15　CRT 界面(回原点后位置状态)

## 2. 对刀

(加工中心)对刀

(1)$X$ 轴、$Y$ 轴对刀。

一般铣床及加工中心在 $X$ 轴、$Y$ 轴方向对刀时使用的基准工具包括刚性靠棒和寻边器两种。

点击菜单“机床/基准工具…”，弹出的基准工具对话框中，左边的是刚性靠棒基准工具(图 2.16)，右边的是寻边器。

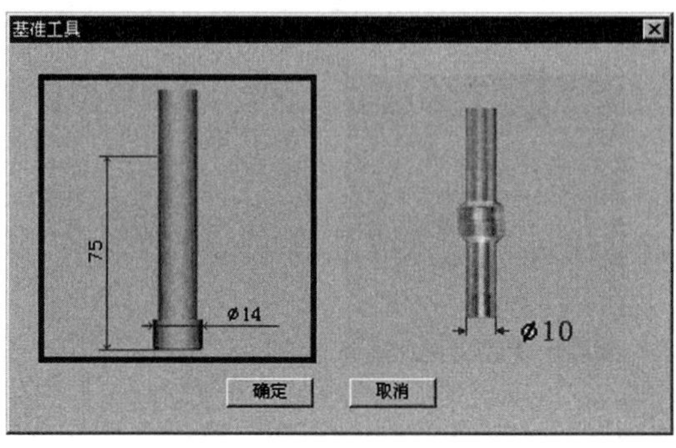


图 2.16　刚性靠棒

① 刚性靠棒。

刚性靠棒采用检查塞尺松紧的方式对刀，具体过程如下(采用将零件放置在基准工具的左侧(正面视图)的方式)。

a.$X$ 轴方向对刀。

(a) 点击操作面板中的按钮进入手动方式。

(b) 点击 MDI 键盘上的 POS，使 CRT 界面上显示坐标值；借助“视图”菜单中的动态旋转、动态放缩、动态平移等工具，适当点击 X、Y、Z 按钮和 +、− 按钮，将机床移动到如图 2.17 所示的大致位置。

图 2.17　刚性靠棒对刀

（c）移动到大致位置后，可以采用手轮调节方式移动机床，点击菜单“塞尺检查 / 1 mm”，基准工具和零件之间被插入塞尺。在机床下方显示如图 2.18 所示的局部放大图（紧贴零件的红色物件为塞尺）。

（d）点击操作面板上的手动脉冲按钮或，使手动脉冲指示灯变亮，采用手动脉冲方式精确移动机床，点击显示手轮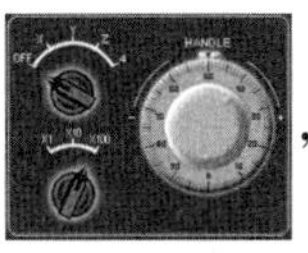，将手轮对应轴旋钮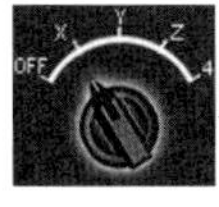置于 X 挡，调节手轮进给速度旋钮，在手轮上点击鼠标左键或右键精确移动靠棒，使得提示信息对话框显示“塞尺检查的结果：合适”，如图 2.18 所示。



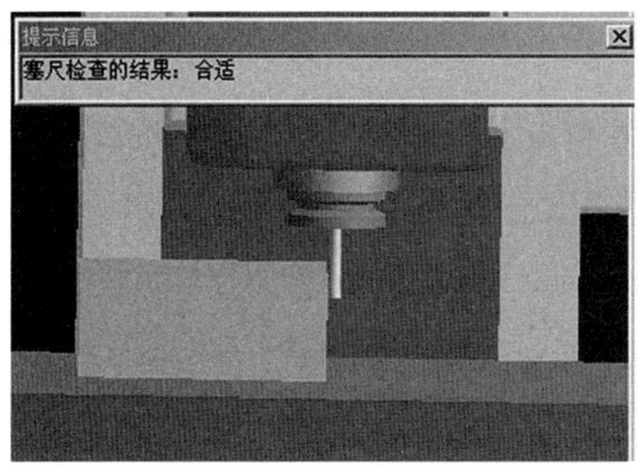

图 2.18 塞尺检查

（e）记下塞尺检查结果为“合适”时 CRT 界面中的 $X$ 轴坐标值，此为基准工具中心的 $X$ 轴坐标，记为 $X_1$；将定义毛坯数据时设定的零件的长度记为 $X_2$；将塞尺厚度记为 $X_3$；将基准工件直径记为 $X_4$（可在选择基准工具时读出），则工件上表面中心的 $X$ 轴的坐标为基准工具中心的 $X$ 轴的坐标 − 零件长度的一半 − 塞尺厚度 − 基准工具半径，即 $X_1 - X_2/2 - X_3 - X_4/2$，结果记为 $X$。

b.$Y$ 轴方向对刀采用同样的方法，得到工件中心的 $Y$ 轴坐标，记为 $Y$。

c.完成 $X$ 轴、$Y$ 轴方向对刀后，点击菜单“塞尺检查 / 收回塞尺”将塞尺收回，点击，机床转入手动操作状态，点击 Z 和 + 按钮，将 $Z$ 轴提起，再点击菜单“机床 / 拆除工具”拆除基准工具。

注：塞尺有各种不同尺寸，可以根据需要调用。本系统提供的塞尺尺寸有0.05 mm、0.1 mm、0.2 mm、1 mm、2 mm、3 mm、100 mm（量块）。

② 寻边器。

寻边器由固定端和测量端两部分组成。固定端由刀具夹头夹持在机床主轴上，中心线与主轴轴线重合。在测量时，主轴以 400 r/min 旋转。采用手动方式使寻边器向工件基准面移动靠近，让测量端接触基准面。在测量端未接触工件时，固定端与测量端的中心线不重合，两者呈偏心状态。当测量端与工件接触后，偏心距减小，这时使用点动方式或手轮方式微调进给，寻边器继续向工件移动，偏心距逐渐减小。当测量端和固定端的中心线重合的瞬间，测量端会明显地偏出，出现明显的偏心状态。这时主轴中心位置距离工件基准面的距离等于测量端的半径。



a.$X$ 轴方向对刀。

(a) 点击操作面板中的按钮，进入手动方式。

(b) 点击 MDI 键盘上的 POS，使 CRT 界面显示坐标值；借助“视图”菜单中的动态旋转、动态放缩、动态平移等工具，适当点击操作面板上的 X、Y、Z 按钮和 +、- 按钮，将机床移动到如图 2.19 所示的大致位置。

(c) 在手动状态下，点击操作面板上的或按钮，使主轴转动。未与工件接触时，寻边器测量端大幅度晃动。

(d) 移动到大致位置后，可采用手动脉冲方式移动机床，点击操作面板上的手动脉冲按钮或，使手动脉冲指示灯变亮，采用手动脉冲方式精确移动机床，点击显示手轮，将手轮对应轴旋钮置于 X 挡，调节手轮进给速度旋钮，在手轮上点击鼠标左键或右键精确移动寻边器。寻边器测量端晃动幅度逐渐减小，直至固定端与测量端的中心线重合，如图 2.19 所示。若此时用增量或手轮方式以最小脉冲当量进给，则寻边器的测量端突然大幅度偏移，如图 2.20 所示，即认为此时寻边器与工件恰好吻合。

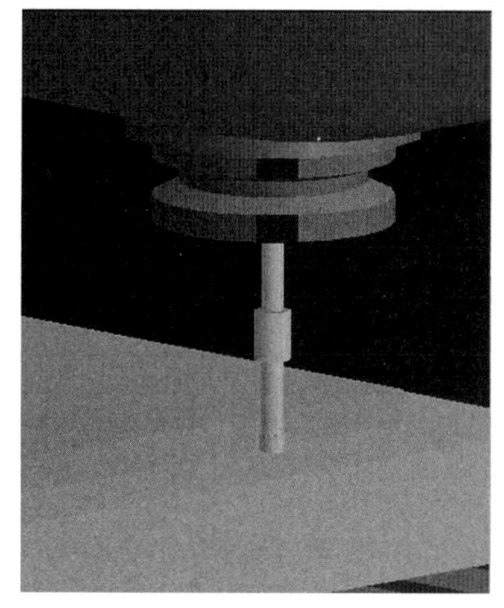

图 2.19 固定端与测量端的中心线重合

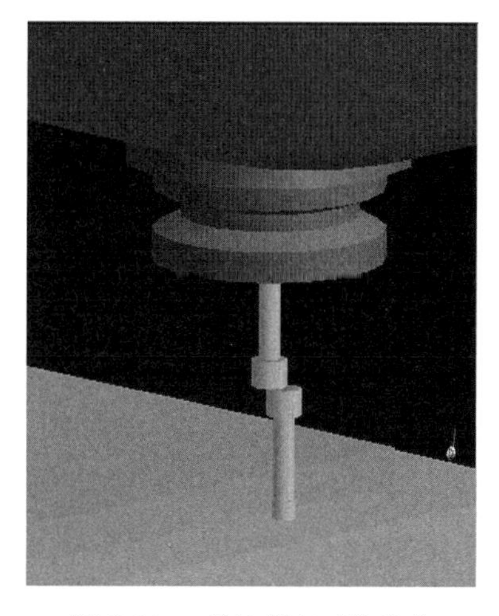

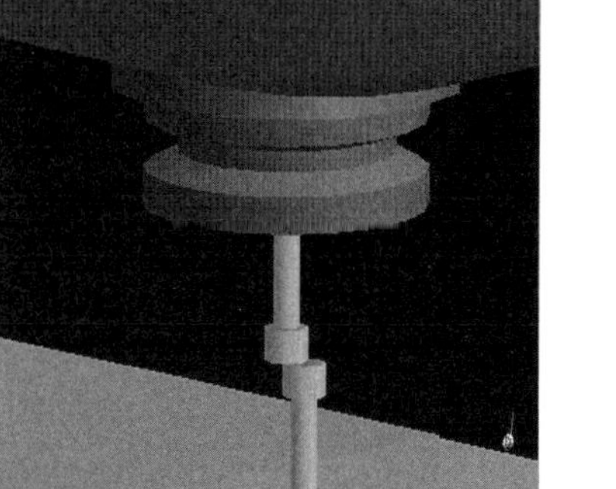

图 2.20 寻边器与工作吻合

(e) 记下寻边器与工件恰好吻合时 CRT 界面中的 $X$ 轴坐标，此为基准工具中心的 $X$ 轴坐标，记为 $X_1$；将定义毛坯数据时设定的零件的长度记为 $X_2$；将基准工件直径记为 $X_3$(可在选择基准工具时读出)，则工件上表面中心的 $X$ 轴的坐标为基准工具中心的 $X$ 轴的坐标 − 零件长度的一半 − 基准工具半径，即 $X_1-X_2/2-X_3/2$，结果记为 $X$。

b.$Y$ 轴方向对刀采用同样的方法，得到工件中心的 $Y$ 轴坐标，记为 $Y$。

c.完成 $X$ 轴、$Y$ 轴方向对刀后，点击 Z 和 + 按钮，将 $Z$ 轴提起，停止主轴转动，再点击菜单“机床 / 拆除工具”拆除基准工具。

(2)$Z$ 轴对刀。

$Z$ 轴对刀可采用实际加工时所要使用的刀具来对刀。

a.点击菜单“机床 / 选择刀具”或点击工具条上的小图标，选择所需刀具。

b.装好刀具后，点击操作面板中的按钮，进入手动方式。

c.利用操作面板上的 X 、 Y 、 Z 按钮和 + 、 − 按钮，将机床移到如图 2.22 所示所示的大致位置。

d.类似在 $X$ 轴、$Y$ 轴方向对刀的方法进行塞尺检查，得到“塞尺检查:合适”时 $Z$ 轴的坐标值，记为 $Z_1$，如图 2.21 所示。则工件中心的 $Z$ 轴坐标值为 $Z_1$ − 塞尺厚度，得到工件表面一点处 $Z$ 轴的坐标值，记为 $Z$。

e.点击菜单“机床 / 选择刀具”或点击工具条上的小图标，选择所需刀具。

f.装好刀具后，利用操作面板上的 X 、 Y 、 Z 按钮和 + 、 − 按钮，将机床移到如图 2.22 所示的大致位置。

图 2.21　$Z$ 轴向对刀

图 2.22　塞尺检查

g.打开菜单“视图 / 选项 …”中“声音开”和“铁屑开”选项。

h.点击操作面板上或，使主轴转动；点击操作面板上的 Z 和 – ，切削零件的声音刚响起时停止，使铣刀将零件切削小部分，记下此时 $Z$ 轴的坐标值，记为 $Z$，此为工件表面一点处 $Z$ 轴的坐标值。

通过对刀得到的坐标值($X$、$Y$、$Z$)，即为工件坐标系原点在机床坐标系中的坐标值。

## 任务实施

### 2.1.4　盖板工艺设计

盖板工艺设计步骤如下。

(1) 零件的工艺性分析。

(2) 加工工艺装备选择。

(3) 零件加工工艺拟订。

(4) 工序顺序安排。

(5) 走刀路线确定和工步顺序安排。

(6) 切削用量确定。

(7) 数控加工工艺文件填写。

确定加工工艺路线，制订工艺流程，设计工艺及工序。盖板各工艺文件见表 2.1 ～ 2.4。

**表 2.1　盖板机械加工工艺过程卡**

| (学校) | | 机械加工<br>工艺过程卡 | 产品型号 | | 零部件图号 | | | |
|---|---|---|---|---|---|---|---|---|
| | | | 产品名称 | | 零部件名称 | 盖板 | 共1页 第1页 | |
| 材料牌号 | HT200 | 毛坯种类 铸件 | 毛坯外形尺寸 | 每个毛坯可制件数 1 | | 每台件数 1 | 备注 | |
| 工序号 | 工序名称 | 工序内容 | 车间工段 | 设备 | | 工艺装备 | 工时 | |
| | | | | | | | 准终 | 单件 |
| 1 | 铣 | 粗铣底面 | 金工 | 立式铣床 | | 专用夹具 | | |
| 2 | 铣 | 铣四周 | 金工 | 立式铣床 | | 专用夹具 | | |
| 3 | 铣、钻、镗 | (1) 粗精铣上表面<br>(2) 各孔粗、精加工 | 金工 | 加工中心 | | 专用夹具 | | |
| 4 | 清洗 | 清洗 | 金工 | 清洗机 | | | | |
| 5 | 检验 | 检查 | 检验科 | | | | | |
| | | | | | | | | |
| | | | | | | | | |
| | | | | | | | | |
| | | | | | | | | |
| | | | | | | | | |
| | | | | | | | | |
| | | | | | | | | |
| | | | | | | | | |
| | | | | | | | | |
| | | | | | | | | |
| | | | | | | | | |
| 编制 | | 审核 | | 批准 | | 热处理 | | |

**表 2.2　盖板工序 1 工序卡**

<table>
<tr><td colspan="2" rowspan="2">(学校)</td><td rowspan="2">机械加工<br>工序卡</td><td>产品名称或代号</td><td>零件名称</td><td>材料</td><td>零件图号</td></tr>
<tr><td></td><td>盖板</td><td>HT200</td><td></td></tr>
<tr><td colspan="2">工序号</td><td>工序名称</td><td>夹具</td><td colspan="2">使用设备</td><td>车间</td></tr>
<tr><td colspan="2">1</td><td>铣</td><td>专用夹具</td><td colspan="2">立式铣床</td><td>金工</td></tr>
<tr><td>工步号</td><td>工步内容</td><td>刀具</td><td>量具及检具</td><td>进给量/(mm·r⁻¹)</td><td>主轴转速/(r·min⁻¹)</td><td>切削速度/(m·min⁻¹)</td></tr>
<tr><td>1</td><td>粗铣底面</td><td>铣刀<br>SPCM60416YG8<br>机夹刀片(19)</td><td>游标卡尺</td><td>0.2</td><td>644</td><td></td></tr>
<tr><td></td><td></td><td></td><td></td><td></td><td></td><td></td></tr>
<tr><td></td><td></td><td></td><td></td><td></td><td></td><td></td></tr>
<tr><td>编制</td><td></td><td>审核</td><td></td><td>批准</td><td></td><td>热处理</td><td></td><td>共 3 页</td><td>第 1 页</td></tr>
</table>

**表 2.3　盖板工序 2 工序卡**

<table>
<tr><td colspan="2" rowspan="2">(学校)</td><td rowspan="2">机械加工<br>工序卡</td><td>产品名称或代号</td><td>零件名称</td><td>材料</td><td>零件图号</td></tr>
<tr><td></td><td>盖板</td><td>HT200</td><td></td></tr>
<tr><td colspan="2">工序号</td><td>工序名称</td><td>夹具</td><td colspan="2">使用设备</td><td>车间</td></tr>
<tr><td colspan="2">2</td><td>铣</td><td>专用夹具</td><td colspan="2">立式铣床</td><td>金工</td></tr>
<tr><td>工步号</td><td>工步内容</td><td>刀具</td><td>量具及检具</td><td>进给量/(mm·r⁻¹)</td><td>主轴转速/(r·min⁻¹)</td><td>切削速度/(m·min⁻¹)</td></tr>
<tr><td>1</td><td>铣四周,保证尺寸<br>160 ×160</td><td>铣刀<br>SPCN160416<br>机夹刀(19)</td><td>游标卡尺</td><td>0.25</td><td>600</td><td></td></tr>
<tr><td>编制</td><td></td><td>审核</td><td></td><td>批准</td><td></td><td>热处理</td><td></td><td>共 3 页</td><td>第 2 页</td></tr>
</table>

**表 2.4　盖板工序 3 工序卡**

| (学校) | 机械加工工序卡 | 产品名称或代号 | 零件名称 | | 材料 | | 零件图号 |
|---|---|---|---|---|---|---|---|
| | | | 盖板 | | HT200 | | |
| 工序号 | 工序名称 | 夹具 | 使用设备 | | | 车间 | |
| 3 | 铣、钻、镗 | 专用夹具 | 加工中心 | | | 金工 | |

| 工步号 | 工步内容 | 刀具 | 量具及检具 | 进给量/(mm·r⁻¹) | 主轴转速/(r·min⁻¹) | 切削速度/(m·min⁻¹) |
|---|---|---|---|---|---|---|
| 1 | 粗精铣上表面，保证尺寸 15 | 125B12R-F453 E12 F-03 铣刀 | 深度尺 | 0.3 | 325 | |
| 2 | 粗镗 $\phi$60H7 孔至 $\phi$58 | 镗刀 $\phi$58 | 游标卡尺 | 0.2 | 1 200 | |
| 3 | 半精镗 $\phi$60H7 孔至 $\phi$59.92 | 镗刀 $\phi$59.92 | 内径千分尺 | 0.2 | 1 000 | |
| 4 | 精镗 $\phi$60H7 孔至 $\phi$60H7 | 镗刀 $\phi$60H7 | 内径千分尺 | 0.1 | 100 | |
| 5 | 钻 4－$\phi$12H8 及 4×M16 的中心孔 | 中心钻 $\phi$3 | | 0.2 | 400 | |
| 6 | 钻 4－$\phi$12H8 至 $\phi$11 | 麻花钻 $\phi$11 | 塞规，孔用量规 | 0.08 | 500 | |
| 7 | 扩 4－$\phi$12H8 至 $\phi$11.85 | 扩孔钻 $\phi$11.85 | 孔用量规 | | | |
| 8 | 锪 4－$\phi$16 孔至尺寸 | 锪钻 $\phi$16 | 游标卡尺 | 0.35 | 325 | |
| 9 | 铰 4－$\phi$12H8 至尺寸 | 铰刀 $\phi$12H8 | 孔用量规 | 0.15 | 450 | |
| 10 | 钻 4×M16 底孔至 $\phi$14 | 麻花钻 $\phi$14 | 孔用量规 | 0.1 | 350 | |
| 11 | 倒 4×M16 孔口倒角 | 麻花钻 $\phi$18 | | 0.25 | 500 | |
| 12 | 攻 4×M16 螺纹 | 丝锥 M16 | 螺纹塞规 | 0.08 | 600 | |

| 编制 | | 审核 | | 批准 | | 热处理 | | 共 3 页 | 第 3 页 |
|---|---|---|---|---|---|---|---|---|---|

### 2.1.5 盖板加工程序编制

#### 1. 数学处理

(1) 建立编程坐标系。

(2) 基点(节点) 坐标计算。

确定编程尺寸值的步骤如下。

① 精度高的尺寸的处理。将基本尺寸换算成平均尺寸。

② 几何关系的处理。保持原重要的几何关系，如角度、相切等不变。

③ 精度低的尺寸的调整。修改一般尺寸保持零件原有几何关系，使之协调。

④ 节点坐标尺寸的计算。按调整后的尺寸计算有关未知节点的坐标尺寸。

⑤ 编程尺寸的修正。

#### 2. 盖板加工程序编写

程序如下：

```
O1000(主程序);
G28 G91 X0 Y0 Z0;
M06 T01;                              //粗铣平面
G54 G40 G90 G49 G69 G80;
G00 Z100.;
X0 Y0;
M03 S800;
G00 G43 Z10.H01;
X－135 Y45;
G01 Z0.5 F120;
X135;
Y－45;
X－135;
G00 Z100.;
X0 Y0;
M05;
G28 G91 X0 Y0 Z0;
M06 T02;                              //精铣平面
G90 G43 G00 Z10.H02;
X0 Y0;
M03 S800;
```

```
G00 X－135 Y45;
G01 Z0 F120;
X135;
Y－45;
X－135;
G00 Z100.;
X0 Y0;
M05;
G28 G91 X0 Y0 Z0;
M06 T03;                    //粗镗孔
G90 G43 G00 Z100.H03;
M03 S500;
G98 G90 G86 X0 Y0 Z－18 R3 F80;
M05;
G28 G91 X0 Y0 Z0;
M06 T04;                    //精镗孔
G90 G43 G00 Z100.H04;
G98 G76 X0 Y0 Z－18 Q0.3 R3 F80;
M05;
G28 G91 X0 Y0 Z0;
M06 T05;                    //钻中心孔
G90 G43 G00 Z100.H05;
G99 G81 X－66 Y66 Z－2 R3 F200;
M98 P101;
G99 G81 X－50 Y0 Z－2 R3 F200;
M98 P102;
M05;
G28 G91 X0 Y0 Z0;
M06 T06;                    //钻4－φ11孔
G90 G43 G00 Z100.H06;
G99 G81 X－66 Y66 Z－18 R3 F200;
M98 P101;
M05;
G28 G91 X0 Y0 Z0;
M06 T07;                    //扩4－φ11.85孔
G90 G43 G00 Z100.H07;
```

```
G99 G81 X－66 Y66 Z－18 R3 F200;
M98 P101;
M08;
G28 G91 X0 Y0 Z0;
M06 T08;                        //锪 4－φ16 孔
G90 G43 G00 Z100.H08;
G99 G82 X－66 Y66 Z－5 P200 R3 F200;
M98 P101;
M05;
G28 G91 X0 Y0 Z0;
M06 T09;                        //铰 4－φ12H8 孔
G90 G43 G00 Z100.H09;
G99 G85 X－66 Y66 Z－18 R3 F200;
M98 P101;
M05;
G28 G91 X0 Y0 Z0;
M06 T10;                        //钻 4×M16 底孔
G90 G43 G00 Z100.H10;
G99 G81 X－50 Y0 Z－18 R3 F200;
M98 P102;
M05;
G28 G91 X0 Y0 Z0;
M06 T11;                        //4×M16 孔口倒角
G90 G43 G00 Z100.H11;
G99 G82 X－50 Y0 Z－3 R3 F200;
M98 P102;
M05;
G28 G91 X0 Y0 Z0;
M06 T12;                        //攻 4×M16 螺纹
G90 G43 G00 Z100.H12;
G99 G84 X－50 Y0 Z－18 R3 F200;
M98 P102;
M05;
M30;
```

O101(孔位子程序);
X66;
Y－66;
G98 X－66;
M99;

O102(螺纹孔位子程序);
X0 Y50;
X50 Y0;
G98 X0 Y－50;
M99;

## 2.1.6 盖板零件加工

### 1. 加工准备

(1) 开机。
(2) 机床回参考点。
(3) 装刀。

加工前刀具准备、装刀,夹具准备、装工件,机床准备(开机)。将刀具按编号准备好,按顺序依次装到主轴上,再依次换到刀库存放,方法是在MDI模式下输入如下程序:

G28 G91 X0 Y0 Z0;
MO6 TO2;

按循环启动,机床自动将刀具放到刀库中对应刀号里。

### 2. 程序录入(FANUC)

(数控铣、加工中心)程序录入

通过操作面板,将编写好的加工程序输入数控机床数控系统中,加工中心操作面板如图2.23所示。其步骤如下。

(1) 按下编辑按钮。
(2) 按下“PROG”键。
(3) 输入程序名,以“O”开头,后为四位数字,按“EOB”或按下“INSERT”键。
(4) 在输入行,依据程序内容,按下相应的按键,分号为“EOB”。
(5) 一段程序录入之后,按下“INSERT”键。

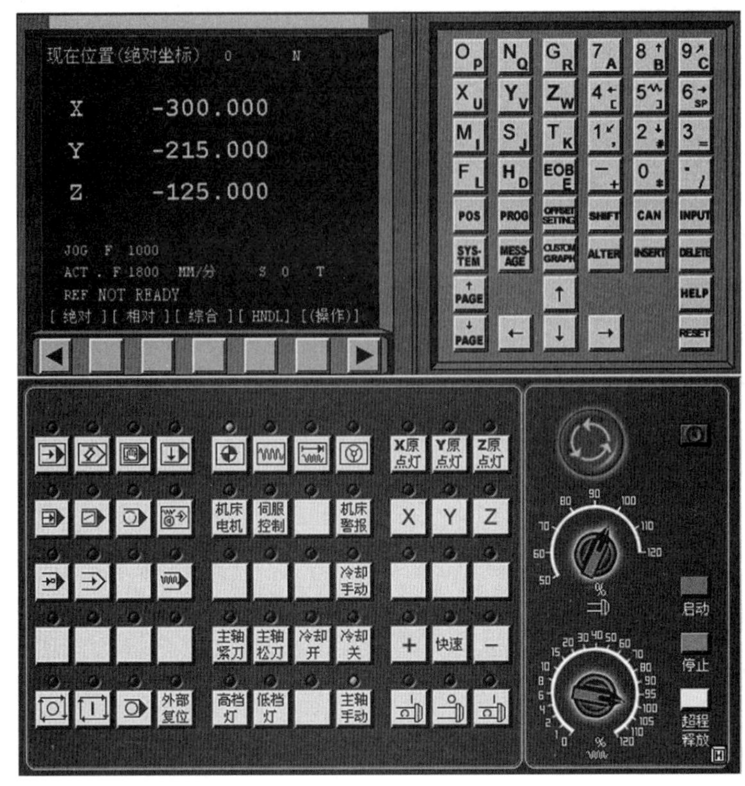


图 2.23　加工中心操作面板

### 3. 对刀

(1) 建立工件坐标系。

(2) 设置刀具补偿。

### 4. 自动加工

自动加工流程如下。

(1) 检查机床是否回零。若未回零,先将机床回零。

(2) 导入数控程序或自行编写一段程序。

(3) 将操作面板中 MODE 旋钮切换到“AUTO”上,进入自动加工模式。

(4) 点击“循环启动”按钮,数控程序开始运行。

## 2.1.7　盖板零件检验

### 1. 检验准备

(1) 工件准备。清洗干净工件。

(2) 量/检具准备。准备好游标卡尺。

### 2. 项目检验与考核

(1) 零件检验。依据项目考核表中零件考核项目对加工零件进行检验和测量，填写检验记录单。

(2) 项目考核。依据项目考核评分标准对零件加工质量进行评分，并对整个加工过程进行考核。项目 2 任务 2.1 考核评分标准见表 2.5。

**表 2.5 项目 2 任务 2.1 考核评分标准**

| 考核项目 | | | 考核内容 | | 配分 | 实测 | 检验员 | 评分 | 总分 |
|---|---|---|---|---|---|---|---|---|---|
| 零件加工质量 | 1 | 孔 | $\phi$60H7 | IT | 3 | | | | |
| | | | | $Ra$0.8 | 2 | | | | |
| | | | 4×$\phi$16(4 处) | IT | 3/处 | | | | |
| | | | | $Ra$12.5 | 2/处 | | | | |
| | 2 | 孔 | 4×$\phi$12H8(4 处) | IT | 3/处 | | | | |
| | | | | $Ra$0.8 | 2/处 | | | | |
| | | | 4×M16(4 处) | IT | 3/处 | | | | |
| | | | | $Ra$0.8 | 2/处 | | | | |
| | 3 | 倒角 | 4×M16 孔底(4 处) | IT | 3/处 | | | | |
| | | | | $Ra$0.8 | 2/处 | | | | |
| | 4 | 螺纹 | 4×M16 | IT | 3 | | | | |
| | | | | $Ra$0.8 | 2 | | | | |
| 职业素养 | 1 | 文明生产 | | | 5 | | | | |
| | 2 | 安全意识 | | | 5 | | | | |

**知识拓展**

## 2.1.8 SIEMENS 系统固定循环功能

### 1. 主要参数

SIEMENS 系统固定循环中使用的主要参数见表 2.6。

参数赋值方式：若钻底停留时间为 2 s，则 R105＝2。

表 2.6　主要参数

| 参数 | 含义 |
| --- | --- |
| R101 | 起始平面 |
| R102 | 安全间隙 |
| R103 | 参考平面 |
| R104 | 最后钻深(绝对值) |
| R105 | 钻底停留时间 |
| R106 | 螺距 |
| R107 | 钻削进给量 |
| R108 | 退刀进给量 |



### 2. 钻削循环

调用格式为

LCYC82

功能:刀具以编程的主轴转速和进给速度钻孔,到达最后钻深后,可实现孔底停留,退刀时以快速退刀。钻削循环过程及参数如图 2.24 所示。

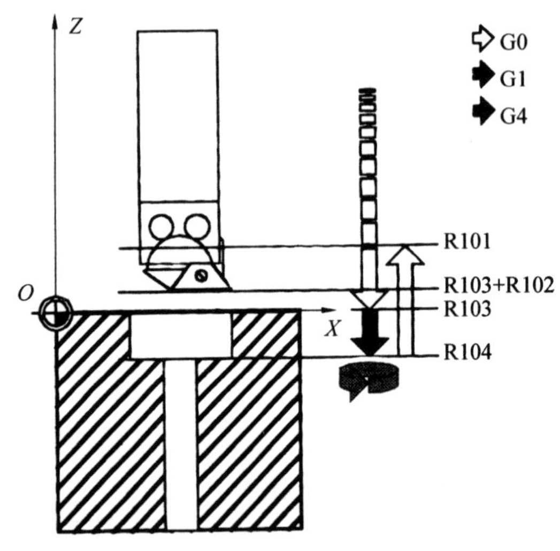


图 2.24　钻削循环过程及参数

参数:R101、R102、R103、R104、R105。

例:用钻削循环 LCYC82 加工图 2.25 所示孔,孔底停留时间为 2 s,安全间隙为 4 mm。试编制程序。

程序如下:

N10 G0 G17 G90 F100 T2 D2 S500 M3;

N20 X24 Y15；

N30 R101＝110 R102＝4 R103＝102 R104＝75 R105＝2；

N40 LCYC82；

N50 M2；

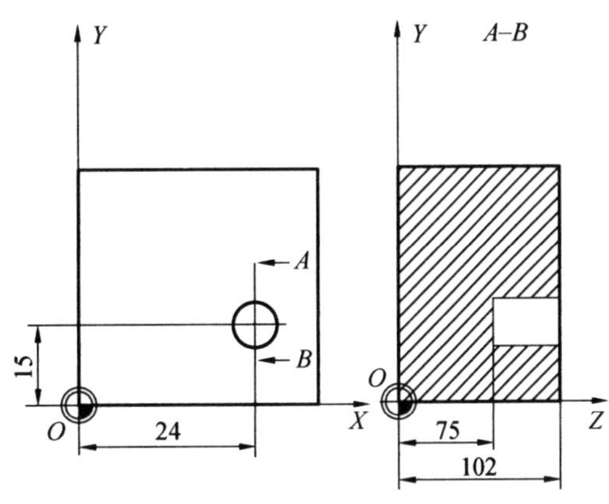


图 2.25 钻削循环应用

3. **镗削循环**

调用格式为

LCYC85

功能：刀具以编程的主轴转速和进给速度镗孔，到达最后镗深后，可实现孔底停留，进刀及退刀时分别以参数指定速度退刀。镗削循环过程及参数如图 2.26 所示。

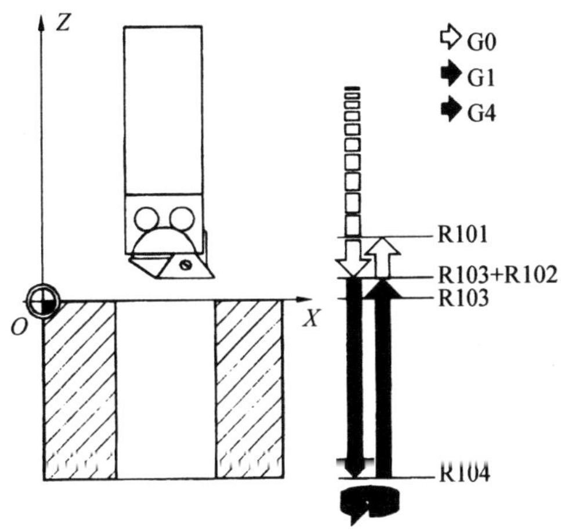


图 2.26 镗削循环过程及参数

参数:R101、R102、R103、R104、R105、R107、R108。

例:用镗削循环 LCYC85 加工图 2.27 所示孔,无孔底停留时间,安全间隙为 2 mm。试编写程序。

程序如下:

N10 G0 G18 G90 F1000 T2 D2 S500 M3;

N20 X50 Y105 Z70;

N30 R101＝105 R102＝2 R103＝102 R104＝77 R105＝0 R107＝200 R108＝100;

N40 LCYC85;

N50 M2;



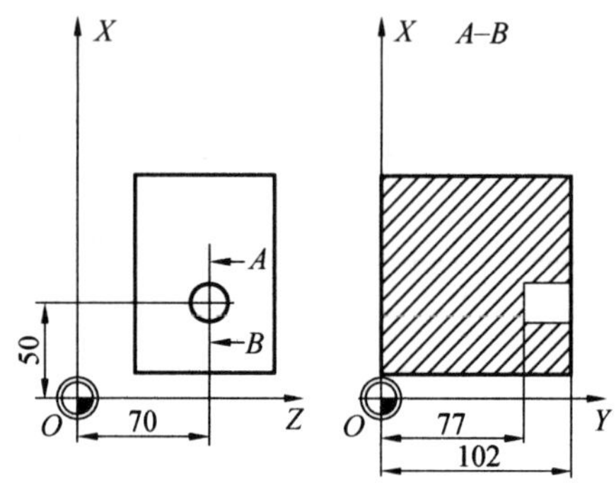


图 2.27　镗削循环应用

4. **线性孔排列钻削**

调用格式为

LCYC60

功能:加工线性排列孔如图 2.28 所示,孔加工循环类型用参数 R115 指定。

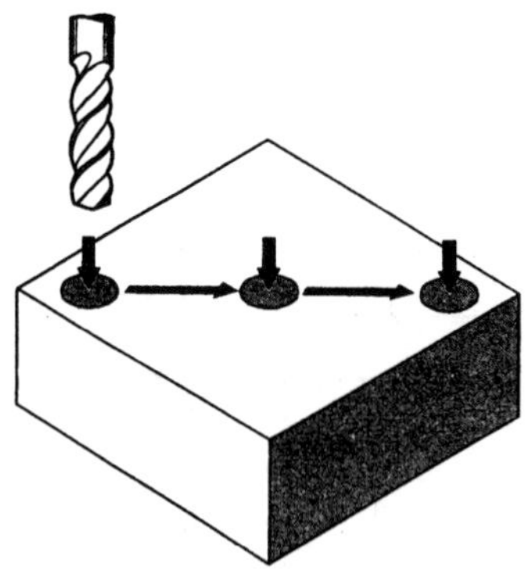

图 2.28　线性孔排列钻削功能

## 习题训练

采用 XH714 加工中心加工图 2.29 所示零件，加工内容：各孔，深 5 mm；外轮廓表面，深 5 mm。试编写加工程序。

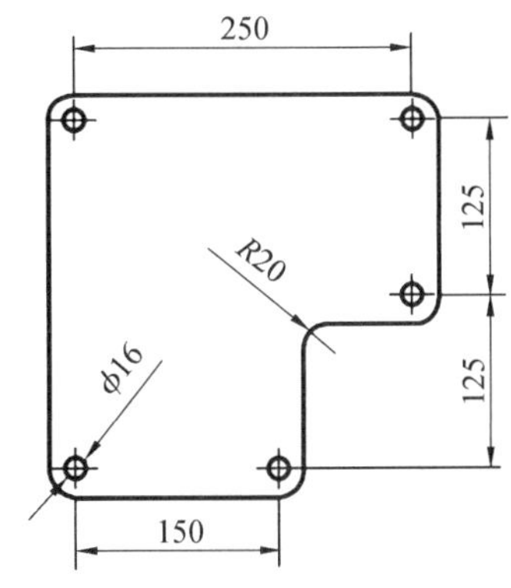

图 2.29　板类零件加工习题图



# 任务 2.2　蝶阀阀体加工

## 任务导入

蝶阀阀体实体图如图 2.30 所示，其零件图如图 2.31 所示，零件材料为 HT200，小批量生产。

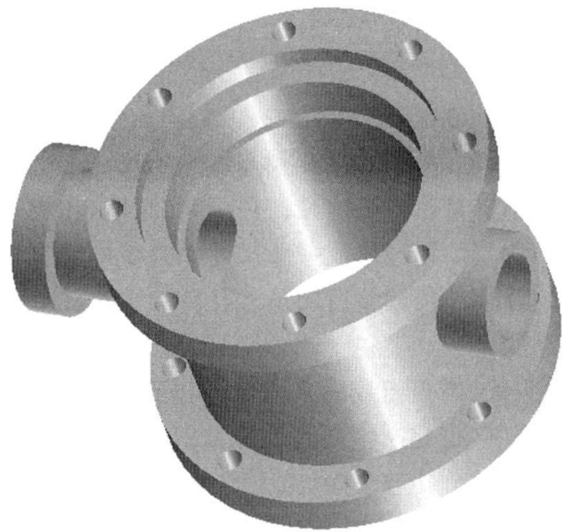
图 2.30　蝶阀阀体实体图

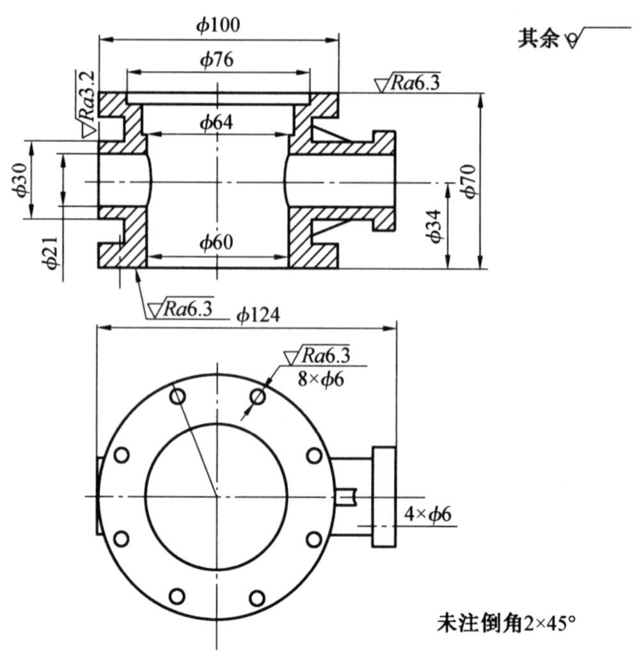


图 2.31　蝶阀阀体零件图



知识链接

## 2.2.1　加工中心加工的相关工艺二

### 1. 图形的数学处理

编程尺寸值的确定按以下步骤进行。

(1) 精度高的尺寸的处理。将基本尺寸换算成平均尺寸。

(2) 几何关系的处理。保持原重要的几何关系，如角度、相切等不变。

(3) 精度低的尺寸的调整。通过修改一般尺寸保持零件原有几何关系，使之协调。

(4) 节点坐标尺寸的计算。按调整后的尺寸计算有关未知节点的坐标尺寸。

(5) 编程尺寸的修正。

在程序编制前，对由直线、圆弧组成的平面轮廓进行铣削，所需的数学处理一般较简单，但由于某些工艺条件限制，也会产生一些特殊情况需要处理。非圆曲线、空间曲线和曲面的轮廓铣削加工的数学处理比较复杂，这一部分将主要研究轮廓的数学处理问题。

### 2. 加工余量的确定

加工余量的大小，对零件的加工质量、生产率及经济性均有较大的影响。正确规定加工余量的数值是制订工艺堆积的重要任务之一，特别是对加工中心，所有刀具的尺寸都是按各工步加工余量调整的，因此选好加工余量就显得尤为重要，若余量过小，则会由于上

道工序与加工中心工序的安装找正误差，不能保证切去金属表面的缺陷层而产生废品，有时还会使刀具处于恶劣的工作条件，如切削很硬的夹砂表层会导致刀具迅速磨损等；若加工余量过大，则浪费工时，增加工具损耗，浪费金属材料。

表 2.7、表 2.8 列出了 IT7、IT8 级孔的加工方式及其工序间的加工余量，供参考。

**表 2.7 在实体材料上的孔加工方式及加工尺寸** mm

| 加工直径 | 直径 | | | | | | | |
|---|---|---|---|---|---|---|---|---|
| | 钻 | | 粗加工 | | 半精加工 | | 精加工(H7、H8) | |
| | 第一次 | 第二次 | 粗镗 | 扩孔 | 粗铰 | 半精镗 | 精铰 | 精镗 |
| 3 | 2.9 | — | — | — | — | — | 3 | — |
| 4 | 3.9 | — | — | — | — | — | 4 | — |
| 5 | 4.8 | — | — | — | — | — | 5 | — |
| 6 | 5 | — | — | 5.85 | — | — | 6 | — |
| 8 | 7 | — | — | 7.85 | — | — | 8 | — |
| 10 | 9 | — | — | 9.85 | — | — | 10 | — |
| 12 | 11 | — | — | 11.85 | 11.95 | — | 12 | — |
| 13 | 12 | — | — | 12.85 | 12.95 | — | 13 | — |
| 14 | 13 | — | — | 13.85 | 13.95 | — | 14 | — |
| 15 | 14 | — | — | 14.85 | 14.95 | — | 15 | — |
| 16 | 15 | — | — | 15.85 | 15.95 | — | 16 | — |
| 18 | 17 | — | — | 17.85 | 17.95 | — | 18 | — |
| 20 | 18 | — | 19.8 | 19.8 | 19.95 | 19.9 | 20 | 20 |
| 22 | 20 | — | 21.8 | 21.8 | 21.95 | 21.9 | 22 | 22 |
| 24 | 22 | — | 23.8 | 23.8 | 23.95 | 23.9 | 24 | 24 |
| 25 | 23 | — | 24.8 | 24.8 | 24.95 | 24.9 | 25 | 25 |
| 26 | 24 | — | 25.8 | 25.8 | 25.95 | 25.9 | 26 | 26 |
| 28 | 26 | — | 27.8 | 27.8 | 27.95 | 27.9 | 28 | 28 |
| 30 | 15 | 28 | 29.8 | 29.8 | 29.95 | 29.9 | 30 | 30 |
| 32 | 15 | 30 | 31.7 | 31.75 | 31.93 | 31.9 | 32 | 32 |
| 35 | 20 | 33 | 34.7 | 34.75 | 34.93 | 34.9 | 35 | 35 |
| 38 | 20 | 36 | 37.7 | 37.75 | 37.93 | 37.9 | 38 | 38 |
| 40 | 25 | 38 | 39.7 | 39.75 | 39.93 | 39.9 | 40 | 40 |
| 42 | 25 | 40 | 41.7 | 41.75 | 41.93 | 41.9 | 42 | 42 |
| 45 | 30 | 43 | 44.7 | 44.75 | 44.93 | 44.9 | 45 | 45 |
| 48 | 36 | 46 | 47.7 | 47.75 | 47.93 | 47.9 | 48 | 48 |
| 50 | 36 | 48 | 49.7 | 49.75 | 49.93 | 49.9 | 50 | 50 |

**表 2.8　已预先铸出或热冲出孔的工序间加工尺寸**　　mm

| 加工直径 | 直径 | | | | | 加工直径 | 直径 | | | | |
|---|---|---|---|---|---|---|---|---|---|---|---|
| | 粗镗 | | 半精镗 | 粗铰或二次半精镗 | 精铰中精镗成H7、H8 | | 粗镗 | | 半精镗 | 粗铰或二次半精镗 | 精铰中精镗成H7、H8 |
| | 第一次 | 第二次 | | | | | 第一次 | 第二次 | | | |
| 30 | — | 28 | 29.8 | 29.93 | 30 | 100 | 95 | 98 | 99.3 | 99.85 | 100 |
| 32 | — | 30 | 31.7 | 31.93 | 32 | 105 | 100 | 103 | 104.3 | 104.8 | 105 |
| 35 | — | 33 | 34.7 | 34.93 | 35 | 110 | 105 | 108 | 109.3 | 109.8 | 110 |
| 38 | — | 36 | 37.7 | 37.93 | 38 | 115 | 110 | 113 | 114.3 | 114.8 | 115 |
| 40 | — | 38 | 39.7 | 39.93 | 40 | 120 | 115 | 118 | 119.3 | 119.8 | 120 |
| 42 | — | 40 | 41.7 | 41.93 | 42 | 125 | 120 | 123 | 124.3 | 124.8 | 125 |
| 45 | — | 43 | 44.7 | 44.93 | 45 | 130 | 125 | 128 | 129.3 | 129.8 | 130 |
| 48 | — | 46 | 47.7 | 47.93 | 48 | 135 | 130 | 133 | 134.3 | 134.8 | 135 |
| 50 | 45 | 48 | 49.7 | 49.93 | 50 | 140 | 135 | 138 | 139.3 | 139.8 | 140 |
| 52 | 47 | 50 | 51.5 | 51.93 | 52 | 145 | 140 | 143 | 144.3 | 144.8 | 145 |
| 55 | 51 | 53 | 54.5 | 54.92 | 55 | 150 | 145 | 148 | 149.3 | 149.8 | 150 |
| 58 | 54 | 56 | 57.5 | 57.92 | 58 | 155 | 150 | 153 | 154.3 | 154.8 | 155 |
| 60 | 56 | 58 | 59.5 | 59.92 | 60 | 160 | 155 | 158 | 159.3 | 159.8 | 160 |
| 62 | 58 | 60 | 61.5 | 61.92 | 62 | 165 | 160 | 163 | 164.3 | 164.8 | 165 |
| 65 | 61 | 63 | 64.5 | 64.92 | 65 | 170 | 165 | 168 | 169.3 | 169.8 | 170 |
| 68 | 64 | 66 | 67.5 | 67.9 | 68 | 175 | 170 | 173 | 174.3 | 174.8 | 175 |
| 70 | 66 | 68 | 69.5 | 69.9 | 70 | 180 | 175 | 178 | 179.3 | 179.8 | 180 |
| 72 | 68 | 70 | 71.5 | 71.9 | 72 | 185 | 180 | 183 | 184.3 | 184.8 | 185 |
| 75 | 71 | 73 | 74.5 | 74.9 | 75 | 190 | 185 | 188 | 189.3 | 189.8 | 190 |
| 78 | 74 | 76 | 77.5 | 77.9 | 78 | 195 | 190 | 193 | 194.3 | 194.8 | 195 |
| 80 | 75 | 78 | 79.5 | 79.9 | 80 | 200 | 194 | 197 | 199.3 | 199.8 | 200 |
| 82 | 77 | 80 | 81.3 | 81.85 | 82 | 210 | 204 | 207 | 209.3 | 209.8 | 210 |
| 85 | 80 | 83 | 84.3 | 84.85 | 85 | 220 | 214 | 217 | 219.3 | 219.8 | 220 |
| 88 | 83 | 86 | 87.3 | 87.85 | 88 | 250 | 244 | 247 | 249.3 | 249.8 | 250 |
| 90 | 85 | 88 | 89.3 | 89.85 | 90 | 280 | 274 | 277 | 279.3 | 279.8 | 280 |
| 92 | 87 | 90 | 91.3 | 91.85 | 92 | 300 | 294 | 297 | 299.3 | 299.8 | 300 |
| 95 | 90 | 93 | 94.3 | 94.85 | 95 | 320 | 314 | 317 | 319.3 | 319.8 | 320 |
| 98 | 93 | 96 | 97.3 | 97.85 | 98 | 350 | 342 | 347 | 349.3 | 349.8 | 350 |

3. **确定切削用量**

(1) 铣削加工切削用量的选择。

① 与吃刀量有关参数的确定。

a.背吃刀量 $a_p$ 和侧吃刀量 $a_e$ 的概念。

被吃刀量 $a_p$ 为平行于铣刀轴线测量的切削层尺寸，单位为 mm。端铣时，$a_p$ 为切削层深度；而圆周铣削时，$a_p$ 为被加工表面的宽度。

侧吃刀量 $a_e$ 为垂直于铣刀轴线测量的切削层尺寸，单位为 mm。端铣时，$a_e$ 为被加工表面宽度；而圆周铣削时，$a_e$ 为切削深度。

b.背吃刀量 $a_p$ 和侧吃刀量 $a_e$的确定。

切削用量的选择方法是：先选取背吃刀量或侧吃刀量，其次确定进给速度，最后确定切削速度。由于吃刀量对刀具耐用度的影响最小，因此背吃刀量 $a_p$ 和侧吃刀量 $a_e$ 的确定主要根据机床、夹具、刀具、工件的刚度和被加工零件的精度要求来决定。

(a) 在工件表面粗糙度值要求为 $Ra$12.5 ～ 25 μm 时，如果圆周铣削的加工余量小于 5 mm，端铣的加工余量小于 6 mm，则粗铣一次进给就可以达到要求。

(b) 在工件表面粗糙度值要求为 $Ra$3.2 ～ 12.5 μm时，可分粗铣和半精铣两步进行。粗铣后留 0.5 ～ 1.0 mm 余量，在半精铣时切除。

(c) 在工件表面粗糙度值要求为 0.8 ～ 3.2 μm 时，可分粗铣、半精铣、精铣三步进行。半精铣时，背吃刀量或侧吃刀量取 1.5 ～ 2 mm；精铣时，圆周铣侧吃刀量取 0.3 ～ 0.5 mm，面铣刀背吃刀量取 0.5 ～ 1 mm。

② 与进给有关参数的确定。

a.快速走刀速度(空刀进给速度)。

为了节省非切削加工时间，降低生产成本，快速走刀速度应尽可能选高一些，一般选为机床所允许的最大进给速度，即 G00 的进给速度。

b.进刀速度(接近工件表面进给速度)。

为了使刀具安全可靠地接近工件而不损坏机床、刀具和工件，接近工件的进刀速度不得选得太高，要小于或等于切削进给速度。

c.切削进给速度。

切削进给速度 $F$ 与铣刀转速 $n$(为不与行距 $S$ 混淆，转速用 $n$ 表示)、铣刀齿数 $z$ 及每齿进给量 $f_z$(mm/z) 的关系为

$$F = f_z z n \tag{2.1}$$

当具体选定某一厂家的刀具时，切削进给速度可按厂家推荐值经实验后选定。

d.行间连接速度(跨越进给速度)。

e.退刀进给速度(退刀速度)。

③ 与切削速度有关的参数确定。

a.切削速度 $v_c$。

b.主轴转速 $n$。

$$S=\frac{1\,000v_c}{\pi d} \tag{2.2}$$

(2) 加工中心切削用量的选择。

表 2.9 ～ 2.13 中列出了部分孔加工的切削用量，供选择时参考。

表 2.9　高速钢钻头加工铸铁的切削用量

| 钻孔直径 /mm | 160 ～ 200HBS | | 200 ～ 400HBS | | 300 ～ 400HBS | |
|---|---|---|---|---|---|---|
| | $v_c$ /(m · min$^{-1}$) | $f$ /(mm · r$^{-1}$) | $v_c$ /(m · min$^{-1}$) | $f$ /(mm · r$^{-1}$) | $v_c$ /(m · min$^{-1}$) | $f$ /(mm · r$^{-1}$) |
| 1 ～ 6 | 16 ～ 24 | 0.07 ～ 0.12 | 10 ～ 18 | 0.05 ～ 0.1 | 5 ～ 12 | 0.03 ～ 0.08 |
| 6 ～ 12 | 16 ～ 24 | 0.12 ～ 0.2 | 10 ～ 18 | 0.1 ～ 0.18 | 5 ～ 12 | 0.08 ～ 0.15 |
| 12 ～ 22 | 16 ～ 24 | 0.2 ～ 0.4 | 10 ～ 18 | 0.18 ～ 0.25 | 5 ～ 12 | 0.15 ～ 0.2 |
| 22 ～ 50 | 16 ～ 24 | 0.4 ～ 0.8 | 10 ～ 18 | 0.25 ～ 0.4 | 5 ～ 12 | 0.2 ～ 0.3 |



表 2.10　高速钢钻头加工钢件的切削用量

| 钻孔直径 /mm | $\sigma_b$ = 520 ～ 700 MPa (35、45 钢) | | $\sigma_b$ = 700 ～ 900 MPa (15Cr、20Cr 钢) | | $\sigma_b$ = 1 000 ～ 1 100 MPa (合金钢) | |
|---|---|---|---|---|---|---|
| | $v_c$ /(m · min$^{-1}$) | $f$ /(mm · r$^{-1}$) | $v_c$ /(m · min$^{-1}$) | $f$ /(mm · r$^{-1}$) | $v_c$ /(m · min$^{-1}$) | $f$ /(mm · r$^{-1}$) |
| 1 ～ 6 | 8 ～ 25 | 0.05 ～ 0.1 | 12 ～ 30 | 0.05 ～ 0.1 | 8 ～ 15 | 0.03 ～ 0.08 |
| 6 ～ 12 | 8 ～ 25 | 0.1 ～ 0.2 | 12 ～ 30 | 0.1 ～ 0.2 | 8 ～ 15 | 0.08 ～ 0.15 |
| 12 ～ 22 | 8 ～ 25 | 0.2 ～ 0.3 | 12 ～ 30 | 0.2 ～ 0.3 | 8 ～ 15 | 0.15 ～ 0.25 |
| 22 ～ 50 | 8 ～ 25 | 0.3 ～ 0.45 | 12 ～ 30 | 0.3 ～ 0.45 | 8 ～ 15 | 0.25 ～ 0.35 |

表 2.11　高速钢铰刀铰孔的切削用量

| 钻孔直径 /mm | 铸铁 | | 钢及合金钢 | | 铝钢及其合金 | |
|---|---|---|---|---|---|---|
| | $v_c$ /(m · min$^{-1}$) | $f$ /(mm · r$^{-1}$) | $v_c$ /(m · min$^{-1}$) | $f$ /(mm · r$^{-1}$) | $v_c$ /(m · min$^{-1}$) | $f$ /(mm · r$^{-1}$) |
| 6 ～ 10 | 2 ～ 6 | 0.3 ～ 0.5 | 1.2 ～ 5 | 0.3 ～ 0.4 | 8 ～ 12 | 0.3 ～ 0.5 |
| 10 ～ 15 | 2 ～ 6 | 0.5 ～ 1 | 1.2 ～ 5 | 0.4 ～ 0.5 | 8 ～ 12 | 0.5 ～ 1 |
| 15 ～ 25 | 2 ～ 6 | 0.8 ～ 1.5 | 1.2 ～ 5 | 0.5 ～ 0.6 | 8 ～ 12 | 0.8 ～ 1.5 |
| 25 ～ 40 | 2 ～ 6 | 0.8 ～ 1.5 | 1.2 ～ 5 | 0.4 ～ 0.6 | 8 ～ 12 | 0.8 ～ 1.5 |
| 40 ～ 60 | 2 ～ 6 | 1.2 ～ 1.8 | 1.2 ～ 5 | 0.5 ～ 0.6 | 8 ～ 12 | 1.5 ～ 2 |

表 2.12 镗孔的切削用量

| 工序 | 刀具材料 | 铸铁 $v_c$ /(m·min$^{-1}$) | 铸铁 $f$ /(mm·r$^{-1}$) | 钢及合金钢 $v_c$ /(m·min$^{-1}$) | 钢及合金钢 $f$ /(mm·r$^{-1}$) | 铝钢及其合金 $v_c$ /(m·min$^{-1}$) | 铝钢及其合金 $f$ /(mm·r$^{-1}$) |
|---|---|---|---|---|---|---|---|
| 粗镗 | 高速钢<br>硬质合金 | 20 ~ 25<br>35 ~ 50 | 0.4 ~ 1.5 | 15 ~ 30<br>50 ~ 70 | 0.35 ~ 0.7 | 100 ~ 150<br>100 ~ 250 | 0.5 ~ 1.5 |
| 半精镗 | 高速钢<br>硬质合金 | 20 ~ 35<br>50 ~ 70 | 0.15 ~ 0.45 | 15 ~ 50<br>95 ~ 135 | 0.15 ~ 0.45 | 100 ~ 200 | 0.2 ~ 0.5 |
| 精镗 | 高速钢<br>硬质合金 | 70 ~ 90 | < 0.08<br>0.12 ~ 0.15 | 100 ~ 135 | 0.12 ~ 0.15 | 150 ~ 400 | 0.06 ~ 0.1 |



表 2.13 攻螺纹的切削用量

| 加工材料 | 铸铁 | 钢及合金钢 | 铝钢及其合金 |
|---|---|---|---|
| $v_c$/(m·min$^{-1}$) | 2.5 ~ 5 | 1.5 ~ 5 | 5 ~ 15 |

## 2.2.2 加工中心的相关编程二

FANUC系统B类宏程序应用

FANUC 系统 B 类宏程序应用如下。

如何使加工中心这种高效自动化机床更好地发挥效益,其关键之一就是开发和提高数控系统的使用性能。B 类宏程序的应用是提高数控系统使用性能的有效途径。B 类宏程序与 A 类宏程序有许多相似之处,因此,下面就在 A 类宏程序的基础上,介绍 B 类宏程序的应用。

宏程序的定义:由用户编写的专用程序,它类似于子程序,可用规定的指令作为代号,以便调用。宏程序的代号称为宏指令。

宏程序的特点:宏程序可使用变量,可用变量执行相应操作;实际变量值可由宏程序指令赋给变量。

### 1. 基本指令

(1) 宏程序的简单调用格式。

宏程序的简单调用是指在主程序中,宏程序可以被单个程序段单次调用。

调用指令格式为

G65 P(宏程序号) L(重复次数)(变量分配)

其中 G65—— 宏程序调用指令;

P(宏程序号)—— 被调用的宏程序代号;

L(重复次数)—— 宏程序重复运行的次数,重复次数为 1 时,可省略不写;

(变量分配)—— 为宏程序中使用的变量赋值。

宏程序与子程序相同的一点是,一个宏程序可被另一个宏程序调用,最多可调用

4 重。

(2) 宏程序的编写格式。

宏程序的编写格式与子程序相同。其编写格式为

```
0    ～(0001 ～ 8999 为宏程序号)  // 程序名
N10  …                          // 指令
N ～ M99                        // 宏程序结束
```

上述宏程序内容中,除通常使用的编程指令外,还可使用变量、算术运算指令及其他控制指令。变量值在宏程序调用指令中赋给。

(3) 变量。

① 变量的分配类型 I。



这类变量中的文字变量与数字序号变量之间有如表 2.14 所示的关系。

**表 2.14 文字变量与数字序号变量之间的关系**

| 文字变量 | 数字序号 | 文字变量 | 数字序号 | 文字变量 | 数字序号 |
|---|---|---|---|---|---|
| A | #1 | I | #4 | T | #20 |
| B | #2 | J | #5 | U | #21 |
| C | #3 | K | #6 | V | #22 |
| D | #7 | M | #13 | W | #23 |
| E | #8 | Q | #17 | X | #24 |
| F | #9 | R | #18 | Y | #25 |
| H | #11 | S | #19 | Z | #26 |

表 2.14 中,文字变量为除 G、L、N、O、P 以外的英文字母,一般可不按字母顺序排列,但 I、J、K 例外;#1 ～ #26 为数字序号变量。

例:G65 P1000 A1.0 B2.0 I3.0;

则上述程序段为宏程序的简单调用格式,其含义为:调用宏程序号为 1000 的宏程序运行一次,并为宏程序中的变量赋值,其中,#1 为 1.0,#2 为 2.0,#4 为 3.0。

② 变量的级别。

a.本级变量 #1 ～ #33。

作用于宏程序某一级中的变量称为本级变量,即这一变量在同一程序级中调用时含义相同,若在另一级程序(如子程序) 中使用,则意义不同。本级变量主要用于变量间的相互传递,初始状态下未赋值的本级变量即为空白变量。

b.通用变量 #100 ～ #144、#500 ～ #531。

可在各级宏程序中被共同使用的变量称为通用变量,即这一变量在不同程序级中调用时含义相同。因此,一个宏程序中经计算得到的一个通用变量的数值,可以被另一个宏程序应用。

(4) 算术运算指令。

变量之间进行运算的通常表达形式为

#i =(表达式)

① 变量的定义和替换。

#i = #j

② 加减运算。

#i = #j + #k　　　　　　　　// 加

#i = #j − #k　　　　　　　　// 减

③ 乘除运算。

#i = #j × #k　　　　　　　　// 乘

#i = #j ／ #k　　　　　　　　// 除

④ 函数运算。

#i =SIN [#j]　　　　　　　　// 正弦函数(单位为度)

#i =COS [#j]　　　　　　　　// 余函数(单位为度)

#i =TANN [#j]　　　　　　　// 正切函数(单位为度)

#i =ATANN [#j] ／ #k　　　　// 反正切函数(单位为度)

#i =SQRT [#j]　　　　　　　// 平方根

#i =ABS [#j]　　　　　　　　// 取绝对值

⑤ 运算的组合。

以上算术运算和函数运算可以结合在一起使用,运算的先后顺序为函数运算、乘除运算、加减运算。

⑥ 括号的应用。

表达式中括号的运算将优先进行,连同函数中使用的括号在内,括号在表达式中最多可用 5 层。

(5) 控制指令。

编程格式为

IF [条件表达式] GOTO n

以上程序段含义如下。

a.如果条件表达式的条件得以满足,则转而执行程序中程序号为 n 的相应操作,程序段号 n 可以由变量或表达式替代。

b.如果表达式中条件未满足,则顺序执行下一段程序。

c.如果程序做无条件转移,则条件部分可以被省略。

d.表达式可按如下书写。

#j EQ #k　　　　表示 =

#j NE #k　　　　表示 ≠

#j GT #k　　　　表示 >

#j LT #k　　　　表示 <

#j GE #k　　　　表示 ≥

#j LE

编程格式为

WHILE［条件表达式］DO m（m＝1,2,3)

…

END m

上述"WHILE…END m"程序的含意如下。

a.条件表达式满足时,程序段 DO m 至 END m 即重复执行。

b.条件表达式不满足时,程序转到 END m 后处执行。

c.如果 WHILE［条件表达式］部分被省略,则程序段 DO m 至 END m 之间的部分将一直重复执行。

注意:

a.WHILE DO m 和 END m 必须成对使用。

b.DO 语句允许有 3 层嵌套,即

DO 1

DO 2

DO 3

END 3

END 2

END 1

c.DO 语句范围不允许交叉,即如下语句是错误的:

DO 1

DO 2

END 1

END 2

以上仅介绍了 B 类宏程序应用的基本问题,有关应用的详细说明,请查阅 FANUC 0i 系统说明书。

### 2. 应用举例

如图 2.32 所示的圆环点阵孔群的加工,曾经用 A 类宏程序解决过这类问题,这里再试用 B 类宏程序方法来解决问题。

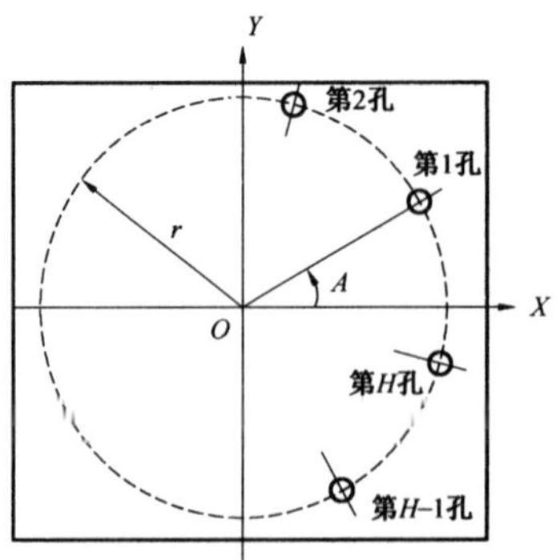


图 2.32　圆环点阵孔群的加工

宏程序中将用到下列变量：

＃1—— 第一个孔的起始角度 $A$，在主程序中用对应的文字变量 A 赋值；

＃3—— 孔加工固定循环中 $R$ 平面值 $C$，在主程序中用对应的文字变量 C 赋值；

＃9—— 孔加工的进给量值 $F$，在主程序中用对应的文字变量 F 赋值；

＃11—— 要加工孔的孔数 $H$，在主程序中用对应的文字变量 H 赋值；

＃18—— 加工孔所处的圆环半径值 $R$，在主程序中用对应的文字变量 R 赋值；

＃26—— 孔深坐标值 $Z$，在主程序中用对应的文字变量 Z 赋值；

＃30—— 基准点，即圆环形中心的 $X$ 轴坐标值 X0；

＃31—— 基准点，即圆环形中心的 $Y$ 轴坐标值 Y0；

＃32—— 当前加工孔的序号 $i$；

＃33—— 当前加工第 $i$ 孔的角度；

＃100—— 已加工孔的数量；

＃101—— 当前加工孔的 $X$ 轴坐标值，初值设置为圆环形中心的 $X$ 轴坐标值 X0；

＃102—— 当前加工孔的 $Y$ 轴坐标值，初值设置为圆环形中心的 $Y$ 轴坐标值 Y0。

用户宏程序编写如下：

```
O8000；
N8010 ＃30＝＃101；                              // 基准点保存
N8020 ＃31＝＃102；                              // 基准点保存
N8030 ＃32＝1；                                  // 计数值置 1
N8040 WHILE [＃32 LE ABS[＃11]] DO1；            // 进入孔加工循环体
N8050 ＃33＝＃1＋360×[＃32－1]/＃11；            // 计算第 i 孔的角度
N8060 ＃101＝＃30＋＃18×COS[＃33]；              // 计算第 i 孔的 X 轴坐标值
N8070 ＃102＝＃31＋＃18×SIN[＃33]；              // 计算第 i 孔的 Y 轴坐标值
N8080 G90 G81 G98 X＃101 Y＃102 Z＃26 R＃3 F＃9；// 钻削第 i 孔
N8090 ＃32＝＃32＋1；                            // 计数器对孔序号 i 计数累加
N8100 ＃100＝＃100＋1；                          // 计算已加工孔数
N8110 END1；                                     // 孔加工循环体结束
N8120 ＃101＝＃30；                              // 返回 X 轴坐标初值 X0
N8130 ＃102＝＃31；                              // 返回 Y 轴坐标初值 Y0
M99                                              // 宏程序结束
```

在主程序中调用上述宏程序的调用格式为

G65 P8000 A～C～F～H～R～Z～；

上述程序段中各文字变量后的值均应按零件图样中给定值来赋值。

### 2.2.3 加工中心的相关操作二

自动 / 单段方式操作步骤如下。

(1) 检查机床是否机床回零。若未回零，先将机床回零。

(2) 导入数控程序或自行编写一段程序。

(3) 点击操作面板中按钮,进入"自动"模式。

(4) 点击单节执行按钮,开关指示灯将变亮。

(5) 按程式启动按钮,数控程序开始运行。

操作注意事项:自动 / 单段方式执行每一行程序均需点击一次程式启动按钮。

a.点击单节删除按钮,相应指示灯亮起时,数控程序中的跳过符号"/"有效。

b.点击选择停止按钮,相应指示灯亮起时,"M01"代码有效。

c.根据需要调节进给速度调节旋钮来控制数控程序运行的进给速度,调节范围为 0 ～ 150%。



d.按 RESET 键,可使程序重置。

检查运行轨迹步骤如下。

e.NC 程序导入后,可检查运行轨迹。

f.点击操作面板中按钮,进入"自动"模式,点击控制面板中 AUX GRAPH 命令,转入检查运行轨迹模式;再点击操作面板上的程式启动按钮,即可观察数控程序的运行轨迹,此时也可通过"视图"菜单中的动态旋转、动态放缩、动态平移等方式对三维运行轨迹进行全方位的动态观察。

g.检查运行轨迹时,暂停运行、停止运行、单段执行等同样有效。

## 任务实施

### 2.2.4 蝶阀阀体工艺设计

(1) 零件的工艺性分析。
(2) 加工工艺装备选择。
(3) 零件加工工艺拟订。
(4) 工序顺序安排。
(5) 走刀路线确定和工步顺序安排。
(6) 切削用量确定。
(7) 数控加工工艺文件填写。

确定加工工艺路线,制订工艺流程,设计工艺及工序。蝶阀阀体各工艺文件分别见表 2.15 ～ 2.22。

表 2.15　蝶阀阀体机械加工工艺过程卡

<table>
<tr><td rowspan="2" colspan="2">（学校）</td><td rowspan="2" colspan="2">机械加工<br>工艺过程卡</td><td>产品<br>型号</td><td colspan="2"></td><td>零部件<br>图号</td><td colspan="2"></td><td colspan="2"></td></tr>
<tr><td>产品<br>名称</td><td colspan="2">蝶阀</td><td>零部件<br>名称</td><td colspan="2">蝶阀阀体</td><td colspan="2">共 1 页 第 1 页</td></tr>
<tr><td>材料<br>牌号</td><td>HT200</td><td>毛坯<br>种类</td><td>铸件</td><td>毛坯外<br>形尺寸</td><td></td><td>每个毛坯<br>可制件数</td><td>1</td><td>每台<br>件数</td><td>1</td><td>备注</td><td></td></tr>
<tr><td rowspan="2">工序号</td><td rowspan="2">工序<br>名称</td><td rowspan="2" colspan="2">工序<br>内容</td><td rowspan="2">车间<br>工段</td><td rowspan="2">设备</td><td rowspan="2" colspan="3">工艺<br>装备</td><td colspan="3">工时</td></tr>
<tr><td>准终</td><td colspan="2">单件</td></tr>
<tr><td>1</td><td>铣</td><td colspan="2">粗铣后法兰面</td><td>金工</td><td>立式铣床</td><td colspan="3">专用夹具</td><td></td><td colspan="2"></td></tr>
<tr><td>2</td><td>镗</td><td colspan="2">镗孔</td><td>金工</td><td>立式车床</td><td colspan="3">专用夹具</td><td></td><td colspan="2"></td></tr>
<tr><td>3</td><td>铣</td><td colspan="2">铣上端面及轴孔</td><td>金工</td><td>普通车床</td><td colspan="3">专用夹具</td><td></td><td colspan="2"></td></tr>
<tr><td>4</td><td>铣</td><td colspan="2">铣下端面及轴孔</td><td>金工</td><td>普通车床</td><td colspan="3">专用夹具</td><td></td><td colspan="2"></td></tr>
<tr><td>5</td><td>铣、钻、镗</td><td colspan="2">(1) 铣前法兰面<br>(2) 镗各孔<br>(3) 钻前法兰面孔<br>(4) 钻后法兰面孔</td><td>金工</td><td>加工中心</td><td colspan="3">专用夹具</td><td></td><td colspan="2"></td></tr>
<tr><td>6</td><td>钻</td><td colspan="2">钻上端面孔</td><td>金工</td><td>摇臂钻床</td><td colspan="3">专用夹具</td><td></td><td colspan="2"></td></tr>
<tr><td>7</td><td>钻、攻</td><td colspan="2">钻下端面孔，攻螺纹</td><td>金工</td><td>摇臂钻床</td><td colspan="3">专用夹具</td><td></td><td colspan="2"></td></tr>
<tr><td>8</td><td>清洗</td><td colspan="2">清洗</td><td>金工</td><td>清洗机</td><td colspan="3"></td><td></td><td colspan="2"></td></tr>
<tr><td>9</td><td>检验</td><td colspan="2">检查</td><td>检验科</td><td></td><td colspan="3"></td><td></td><td colspan="2"></td></tr>
<tr><td></td><td></td><td colspan="2"></td><td></td><td></td><td colspan="3"></td><td></td><td colspan="2"></td></tr>
<tr><td></td><td></td><td colspan="2"></td><td></td><td></td><td colspan="3"></td><td></td><td colspan="2"></td></tr>
<tr><td></td><td></td><td colspan="2"></td><td></td><td></td><td colspan="3"></td><td></td><td colspan="2"></td></tr>
<tr><td></td><td></td><td colspan="2"></td><td></td><td></td><td colspan="3"></td><td></td><td colspan="2"></td></tr>
<tr><td>编制</td><td colspan="2"></td><td>审核</td><td colspan="2"></td><td>批准</td><td colspan="2"></td><td>热处理</td><td colspan="2"></td></tr>
</table>

**表 2.16　蝶阀阀体工序 1 工序卡**

<table>
<tr><td rowspan="2">(学校)</td><td rowspan="2">机械加工<br>工序卡</td><td>产品名称或代号</td><td>零件名称</td><td>材料</td><td>零件图号</td></tr>
<tr><td></td><td>蝶阀阀体</td><td>HT200</td><td></td></tr>
<tr><td>工序号</td><td>工序名称</td><td>夹具</td><td colspan="2">使用设备</td><td>车间</td></tr>
<tr><td>1</td><td>铣</td><td>专用夹具</td><td colspan="2">立式铣床</td><td>金工</td></tr>
</table>

| 工步号 | 工步内容 | 刀具 | 量具及检具 | 进给量 /(mm · r$^{-1}$) | 主轴转速 /(r · min$^{-1}$) | 切削速度 /(m · min$^{-1}$) |
| --- | --- | --- | --- | --- | --- | --- |
| 1 | 铣后法兰面 | 铣刀<br>SPCM60416YG8<br>机夹刀片(19) | 游标卡尺 | 0.2 | 644 | |
| | | | | | | |

| 编制 | | 审核 | | 批准 | | 热处理 | | 共 7 页 | 第 1 页 |
| --- | --- | --- | --- | --- | --- | --- | --- | --- | --- |

**表 2.17　蝶阀阀体工序 2 工序卡**

<table>
<tr><td rowspan="2">(学校)</td><td rowspan="2">机械加工<br>工序卡</td><td>产品名称或代号</td><td>零件名称</td><td>材料</td><td>零件图号</td></tr>
<tr><td></td><td>蝶阀阀体</td><td>HT200</td><td></td></tr>
<tr><td>工序号</td><td>工序名称</td><td>夹具</td><td colspan="2">使用设备</td><td>车间</td></tr>
<tr><td>2</td><td>镗孔</td><td>专用夹具</td><td colspan="2">立式铣床</td><td>金工</td></tr>
</table>

| 工步号 | 工步内容 | 刀具 | 量具及检具 | 进给量 /(mm · r$^{-1}$) | 主轴转速 /(r · min$^{-1}$) | 切削速度 /(m · min$^{-1}$) |
| --- | --- | --- | --- | --- | --- | --- |
| 1 | 镗孔,保尺寸 $\phi 60$ | 镗刀 | 游标卡尺 | 0.25 | 600 | |
| 2 | 孔口倒角 $2\times 45^{\circ}$ | 倒角刀 | | 0.25 | 600 | |
| | | | | | | |
| | | | | | | |

| 编制 | | 审核 | | 批准 | | 热处理 | | 共 7 页 | 第 2 页 |
| --- | --- | --- | --- | --- | --- | --- | --- | --- | --- |

表 2.18 蝶阀阀体工序 3 工序卡

| （学校） | 机械加工工序卡 | 产品名称或代号 | 零件名称 | 材料 | 零件图号 |
|---|---|---|---|---|---|
| | | | 蝶阀阀体 | HT200 | |
| 工序号 | 工序名称 | 夹具 | 使用设备 | 车间 | |
| 3 | 铣上端面及轴孔 | 专用夹具 | 普通车床 | 金工 | |

| 工步号 | 工步内容 | 刀具 | 量具及检具 | 进给量/(mm·r⁻¹) | 主轴转速/(r·min⁻¹) | 切削速度/(m·min⁻¹) |
|---|---|---|---|---|---|---|
| 1 | 粗、精铣上端面，保尺寸 125 | 立铣刀 $\phi$20 | 游标卡尺 | 0.25 | 600 | |
| 2 | 扩孔至 $\phi$20 | 镗孔车刀 | 游标卡尺 | 0.25 | 600 | |
| 3 | 镗孔至 $\phi$21，孔口倒角1×45° | 镗孔车刀 | 孔用塞规 | 0.1 | 800 | |

| 编制 | | 审核 | | 批准 | | 热处理 | | 共 7 页 | 第 3 页 |
|---|---|---|---|---|---|---|---|---|---|

表 2.19 蝶阀阀体工序 4 工序卡

| （学校） | 机械加工工序卡 | 产品名称或代号 | 零件名称 | 材料 | 零件图号 |
|---|---|---|---|---|---|
| | | | 蝶阀阀体 | HT200 | |
| 工序号 | 工序名称 | 夹具 | 使用设备 | 车间 | |
| 4 | 铣下端面及轴孔 | 专用夹具 | 普通车床 | 金工 | |

| 工步号 | 工步内容 | 刀具 | 量具及检具 | 进给量/(mm·r⁻¹) | 主轴转速/(r·min⁻¹) | 切削速度/(m·min⁻¹) |
|---|---|---|---|---|---|---|
| 1 | 粗、精铣下端面，保尺寸 124 | 立铣刀 $\phi$20 | 游标卡尺 | 0.25 | 600 | |
| 2 | 扩孔至 $\phi$20 | 镗孔车刀 | 游标卡尺 | 0.25 | 600 | |
| 3 | 镗孔至 $\phi$21，孔口倒角1×45° | 镗孔车刀 | 孔用塞规 | 0.1 | 800 | |

| 编制 | | 审核 | | 批准 | | 热处理 | | 共 7 页 | 第 4 页 |
|---|---|---|---|---|---|---|---|---|---|

表 2.20　蝶阀阀体工序 5 工序卡

<table>
<tr><td rowspan="2">（学校）</td><td rowspan="2">机械加工<br>工序卡</td><td>产品名称或代号</td><td>零件名称</td><td>材料</td><td colspan="2">零件图号</td></tr>
<tr><td></td><td>蝶阀阀体</td><td>HT200</td><td colspan="2"></td></tr>
<tr><td>工序号</td><td>工序名称</td><td>夹具</td><td colspan="2">使用设备</td><td colspan="2">车间</td></tr>
<tr><td>5</td><td>铣、钻、镗</td><td>专用夹具</td><td colspan="2">加工中心</td><td colspan="2">金工</td></tr>
<tr><td>工步号</td><td>工步内容</td><td>刀具</td><td>量具及检具</td><td>进给量/$(mm\cdot r^{-1})$</td><td>主轴转速/$(r\cdot min^{-1})$</td><td>切削速度/$(m\cdot min^{-1})$</td></tr>
<tr><td>1</td><td>粗精铣前法兰面，保证尺寸 70</td><td>125B12R-F453<br>E12<br>F-03 铣刀</td><td>游标卡尺</td><td>0.3</td><td>600</td><td></td></tr>
<tr><td>2</td><td>粗镗 $\phi$76 孔至 $\phi$75</td><td>镗刀 $\phi$75</td><td>游标卡尺</td><td>0.2</td><td>1 200</td><td></td></tr>
<tr><td>3</td><td>精镗 $\phi$76 孔至 $\phi$76</td><td>镗刀 $\phi$76H9</td><td>游标卡尺</td><td>0.2</td><td>1 000</td><td></td></tr>
<tr><td>4</td><td>粗镗 $\phi$64 孔至 $\phi$63</td><td>镗刀 $\phi$63</td><td>游标卡尺</td><td>0.2</td><td>1 000</td><td></td></tr>
<tr><td>5</td><td>精镗 $\phi$64 孔至 $\phi$64</td><td>镗刀 $\phi$64H8</td><td>内径<br>千分尺</td><td>0.1</td><td>1 200</td><td></td></tr>
<tr><td>6</td><td>钻 8×$\phi$6 的中心孔</td><td>中心钻 $\phi$3</td><td></td><td>0.2</td><td>400</td><td></td></tr>
<tr><td>7</td><td>钻 8×$\phi$6</td><td>麻花钻 $\phi$6</td><td>塞规，<br>孔用量规</td><td>0.2</td><td>500</td><td></td></tr>
<tr><td>8</td><td>钻 8×$\phi$6 的中心孔</td><td>中心钻 $\phi$3</td><td></td><td>0.2</td><td>400</td><td></td></tr>
<tr><td>9</td><td>钻 8×$\phi$6</td><td>麻花钻 $\phi$6</td><td>塞规，<br>孔用量规</td><td>0.2</td><td>500</td><td></td></tr>
<tr><td></td><td></td><td></td><td></td><td></td><td></td><td></td></tr>
<tr><td></td><td></td><td></td><td></td><td></td><td></td><td></td></tr>
<tr><td colspan="7">编制　　　审核　　　批准　　　热处理　　　共 7 页　第 5 页</td></tr>
</table>

表 2.21 蝶阀阀体工序 6 工序卡

| (学校) | 机械加工工序卡 | 产品名称或代号 | 零件名称 | 材料 | 零件图号 |
| --- | --- | --- | --- | --- | --- |
| | | | 蝶阀阀体 | HT200 | |
| 工序号 | 工序名称 | 夹具 | 使用设备 | | 车间 |
| 6 | 钻 | 专用夹具 | 摇臂钻床 | | 金工 |

| 工步号 | 工步内容 | 刀具 | 量具及检具 | 进给量/(mm·r$^{-1}$) | 主轴转速/(r·min$^{-1}$) | 切削速度/(m·min$^{-1}$) |
| --- | --- | --- | --- | --- | --- | --- |
| 1 | 钻上端面孔 $\phi 6$ | 麻花钻 $\phi 6$ | 孔用塞规 | 0.25 | 500 | |

| 编制 | | 审核 | | 批准 | | 热处理 | | 共 7 页 | 第 6 页 |
| --- | --- | --- | --- | --- | --- | --- | --- | --- | --- |



表 2.22 蝶阀阀体工序 7 工序卡

| (学校) | 机械加工工序卡 | 产品名称或代号 | 零件名称 | 材料 | 零件图号 |
| --- | --- | --- | --- | --- | --- |
| | | | 蝶阀阀体 | HT200 | |
| 工序号 | 工序名称 | 夹具 | 使用设备 | | 车间 |
| 7 | 钻、攻 | 专用夹具 | 摇臂钻床 | | 金工 |

| 工步号 | 工步内容 | 刀具 | 量具及检具 | 进给量/(mm·r$^{-1}$) | 主轴转速/(r·min$^{-1}$) | 切削速度/(m·min$^{-1}$) |
| --- | --- | --- | --- | --- | --- | --- |
| 1 | 钻下端面 4 × M6 螺纹底至 $\phi 5$ | 麻花钻 $\phi 5$ | | 0.25 | 500 | |
| 2 | 攻 4 × M6 螺纹 | 丝锥 M6 | 螺纹塞规 | 0.08 | 600 | |

| 编制 | | 审核 | | 批准 | | 热处理 | | 共 7 页 | 第 7 页 |
| --- | --- | --- | --- | --- | --- | --- | --- | --- | --- |

## 2.2.5 蝶阀阀体程序编制

### 1. 数学处理

(1) 建立编程坐标系。
(2) 基点(节点)坐标计算。

### 2. 蝶阀阀体加工程序编写

程序如下:

```
O1000(铣上下端面,面铣刀);
G54 G40 G90 G49 G69 G80;
G00 Z100.;
X0 Y0;
```

```
M03 S800;
G00 Z10.;
X50.Y37.;
G01 Z-0.5 F120;
G01 X-50.;
Y7.;
X50.;
Y-23.;
X-50.;
Y-43.;
X50.;
G00 Z100.;
X0 Y0;
M05;
M30;

O2000(左右面加工);
G28 G91 X0 Y0 Z0;
T01 M06;
G54 G40 G90 G49 G69 G80;
G00 G43 Z100.H01;
X0 Y0;
M03 S800;
G00 Z10.;
G01 G42 X50.Y37.D01;
G01 Z-0.5 F120;
G01 X-50.;
Y7.;
X50.;
Y-23.;
X-50.;
Y-43.;
X50.;
G00 Z100.;
X0 Y0;
M05;
G28 G91 X0 Y0 Z0;
T02 M06;
```

```
G00 G43 Z100.H02;
X0 Y0;
M03 S800;
G00 Z10.;
G98 G81 X0 Y0 Z－75.R20.Q5.F50;// 直径为 30 mm 的钻孔
M05;
G28 G91 X0 Y0 Z0;
T03 M06;
G00 G43 Z100.H03;
M03 S600;
G98 G86 X0 Y0 Z－75.R20.F50;// 镗直径为 60 mm 的通孔
M05;
G28 G91 X0 Y0 Z0;
T04 M06;
G00 G43 Z100.H04;
M03 S500;
G86 X0 Y0 Z－16.44 R20.F50;// 镗直径为 64 mm 的孔
G28 G91 X0 Y0 Z0;
T05 M06;
G00 G43 Z100.H05;
M03 S500;
G86 X0 Y0 Z－5.R20.F50;// 镗直径为 76 mm 的孔
G28 G91 X0 Y0 Z0;
T06 M06;
G00 G43 Z100.H06;
M03 S800;
G01 Z10 F120;
G00 Z100.;
X0 Y0;
G28 G91 X0 Y0 Z0;
T07 M06;
G00 G43 Z100.H07;
M03 S500;
G00 Z100.;
X0 Y0;
G00 Z10.;
G98 G81 X16.84 Y40.65 Z－15.R5.Q5.F50;
G98 G81 X－16.84 Y40.65 Z－15.R5.Q5.F50;
```

```
G98 G81 X40.65 Y16.84 Z－15.R5.Q5.F50.;
G98 G81 X－40.65 Y16.84 Z－15.R5.Q5.F50;
G98 G81 X40.65 Y－16.84 Z－15.R5.Q5.F50;
G98 G81 X－40.65 Y－16.84 Z－15.R5.Q5.F50;
G98 G81 X16.84 Y－40.65 Z－15.R5.Q5.F50;
G98 G81 X－16.84 Y－40.65 Z－15.R5.Q5.F50;
G80;
G00 Z100.;
X0 Y0;
M05;
M30;
```

## 2.2.6 蝶阀阀体零件加工

### 1. 加工准备

(1) 开机。
(2) 机床回参考点。
(3) 装刀。
(4) 装工件。

### 2. 程序录入(FANUC)

操作同前,此处不再赘述。

### 3. 对刀

(1) 建立工件坐标系。
(2) 设置刀具补偿。

### 4. 自动加工

操作同前,此处不再赘述。

## 2.2.7 蝶阀阀体零件检验

### 1. 检验准备

(1) 工件准备。清洗干净工件。
(2) 量/检具准备。准备好游标卡尺。

### 2. 项目检验与考核

(1) 零件检验。依据项目考核表零件考核项目对加工零件进行检验和测量,填写检

验记录单。

(2) 项目考核。依据项目考核评分标准，对零件加工质量进行评分，并对整个加工过程进行考核。项目 2 任务 2.2 考核评分标准见表 2.23。

**表** 2.23　**项目** 2 **任务** 2.2 **考核评分标准**

| 考核项目 | | | 考核内容 | | 配分 | 实测 | 检验员 | 评分 | 总分 |
|---|---|---|---|---|---|---|---|---|---|
| 零件加工质量 | 1 | 孔 | $\phi$76 | IT | 10 | | | | |
| | | | | $Ra$3.2 | 5 | | | | |
| | | | $\phi$64 | IT | 7 | | | | |
| | | | | $Ra$1.6 | 3 | | | | |
| | 2 | 孔 | 8×$\phi$6H9 | IT | 5/处 | | | | |
| | | | | $Ra$0.8 | 2/处 | | | | |
| | | | $\phi$21(2 处) | IT | 3/处 | | | | |
| | | | | $Ra$0.8 | 2/处 | | | | |
| | 3 | 长度 | 70 | IT | 3/处 | | | | |
| | | | | $Ra$1.6 | 2/处 | | | | |
| | 4 | 高度 | 124 | IT | 3/处 | | | | |
| | | | | $Ra$3.2 | 2/处 | | | | |
| 职业素养 | 1 | 文明生产 | | | 10 | | | | |
| | 2 | 安全意识 | | | 5 | | | | |

**知识拓展**

## 2.2.8 SIEMENS 系统宏程序应用

### 1. 计算参数

SIEMENS 系统宏程序应用的计算参数如下：

R0 ~ R99—— 可自由使用；

R100 ~ R249—— 加工循环传递参数(如程序中没有使用加工循环，则这部分参数可自由使用)；

R250 ~ R299—— 加工循环内部计算参数(如程序中没有使用加工循环，则这部分参数可自由使用)

### 2. 赋值方式

为程序的地址字赋值时，在地址字之后应使用“=”，N、G、L 除外。

例:G00　X＝R2;

3. **控制指令**

控制指令主要有:
IF 条件 GOTOF 标号
IF 条件 GOTOB 标号
说明:
IF—— 如果满足条件,则跳转到标号处;如果不满足条件,则执行下一条指令;
条件 —— 计算表达式,通常用比较运算表达式,比较运算符如下:
EQ:"＝" 等于　LT:"＜" 小于　NE:"≠" 不等于
GE:"≥" 大于等于　GT:"＞" 大于　LE:"≤" 小于等于
GOTOF—— 向前跳转;
GOTOB—— 向后跳转;
标号 —— 目标程序段的标记符,必须要由 2～8 个字母或数字组成,其中开始两个符号必须是字母或下画线,标记符必须位于程序段首,如果程序段有顺序号字,标记符必须紧跟顺序号字,标记符后面必须为冒号。



**习题训练**

采用 XH714 加工中心加工图 2.33 各平面曲线零件,加工内容:各孔深5 mm;外轮廓表面深 5 mm。试编写加工程序。

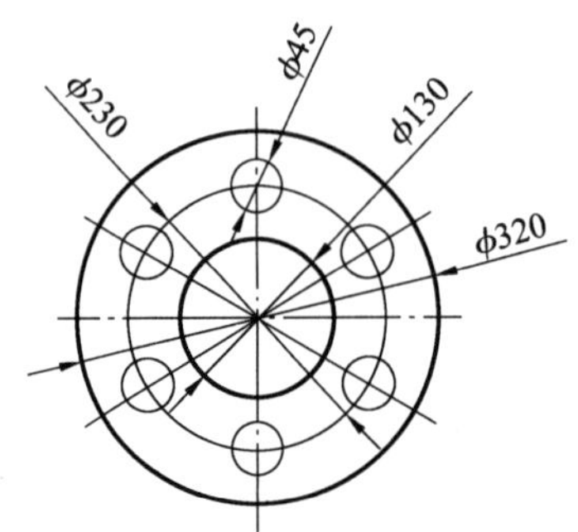


图 2.33　宏程序习题图

# 任务 2.3　油泵泵体加工

**任务导入**

油泵泵体实体图如图 2.34 所示,其零件图如图 2.35 所示,零件材料为 HT200。

图 2.34　油泵泵体实体图

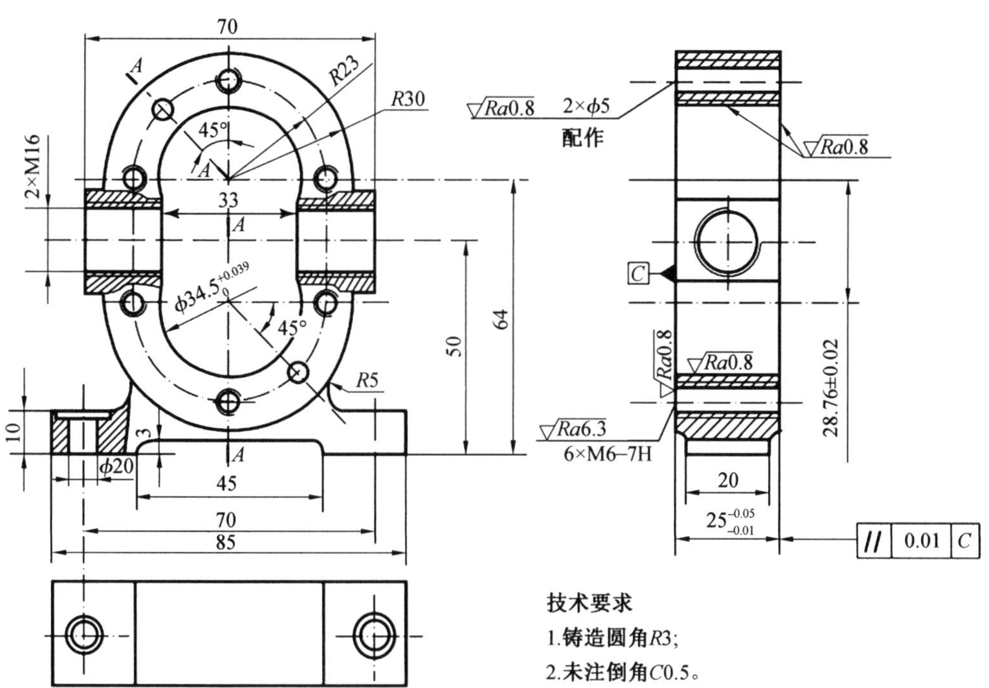


图 2.35　油泵泵体零件图

知识链接

### 2.3.1　加工中心加工的相关工艺三

零件图样的工艺性分析应根据数控铣削加工的特点，对零件图样进行工艺性分析，此时应主要分析、考虑以下问题。

(1) 零件图样尺寸的正确标注。

由于加工程序是以准确的坐标点来编制的，因此，各图形几何元素间的相互关系(如相切、相交、垂直和平行等)应明确，各种几何元素的条件要充分，应无引起矛盾的多余尺寸或者影响工序安排的封闭尺寸等。例如，零件在用同一把铣刀、同一个刀具半径补偿值编程加工时，由于零件轮廓各处尺寸公差带不同，如在图 2.36 中，就很难同时保证各处尺寸在尺寸公差范围内。这时一般采取的方法是：兼顾各处尺寸公差，在编程计算时，改变轮廓尺寸并移动公差带，改为对称公差，采用同一把铣刀和同一个刀具半径补偿值加工，对图 2.36 中括号内的尺寸，其公差带均做了相应改变，计算与编程时用括号内尺寸来进行。

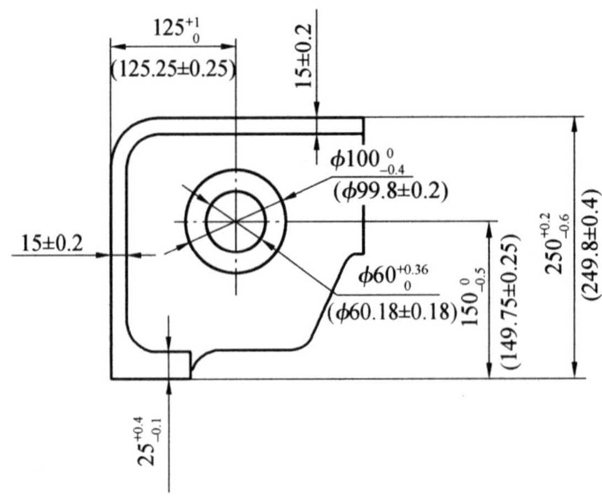


图 2.36　零件尺寸公差带的调整

(2) 统一内壁圆弧的尺寸。

加工轮廓上内壁圆弧的尺寸往往限制刀具的尺寸。

① 内壁转接圆弧半径 $R$。

如图 2.37 所示，当工件的被加工轮廓高度 $H$ 较小，内壁转接圆弧半径 $R$ 较大时，则可采用刀具切削刃长度 $L$ 较小，直径 $D$ 较大的铣刀加工。这样，底面 $A$ 的走刀次数较少，表面质量较好，因此，工艺性较好。反之，如图 2.38，铣削工艺性则较差。

通常，当 $R < 0.2H$ 时，则属工艺性较差。

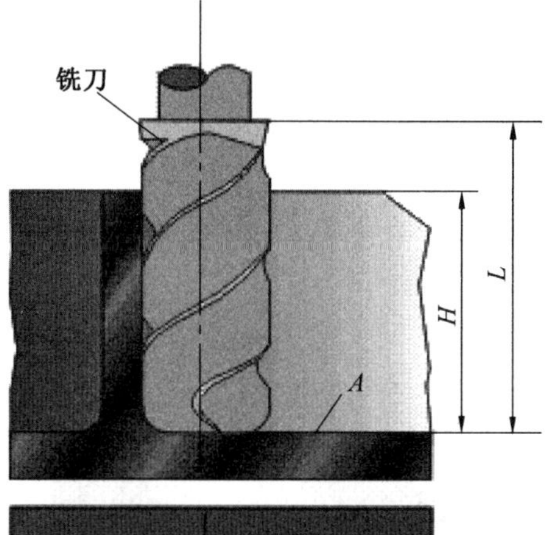


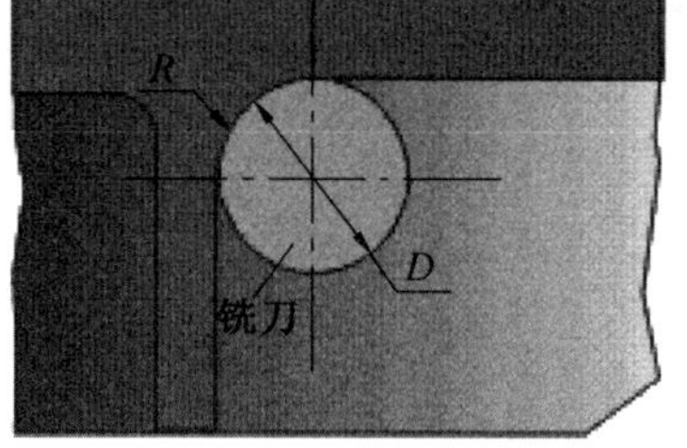


图 2.37　R 较大时

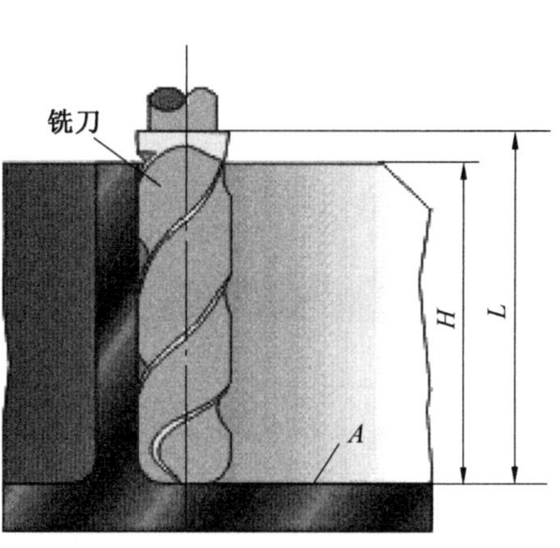


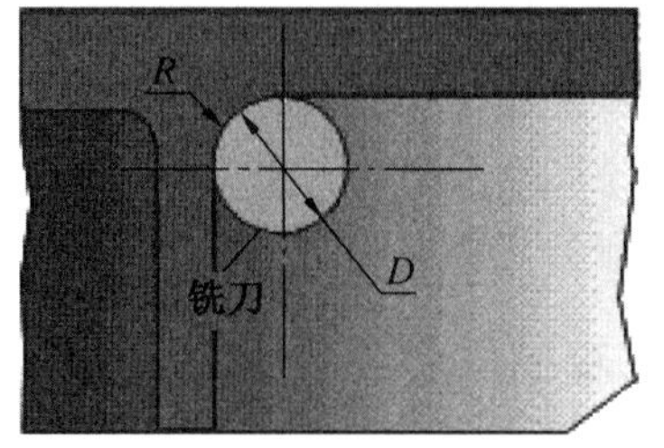

图 2.38　R 较小时

② 内壁与底面转接圆弧半径 $r$。

如图 2.39 所示，铣刀直径 $D$ 一定时，工件的内壁与底面转接圆弧半径 $r$ 越小，铣刀与铣削平面接触的最大直径 $d=D-2r$ 也越大，铣刀端刃铣削平面的面积越大，则加工平面的能力越强，因而，铣削工艺性越好。反之，工艺性越差，如图 2.40 所示。

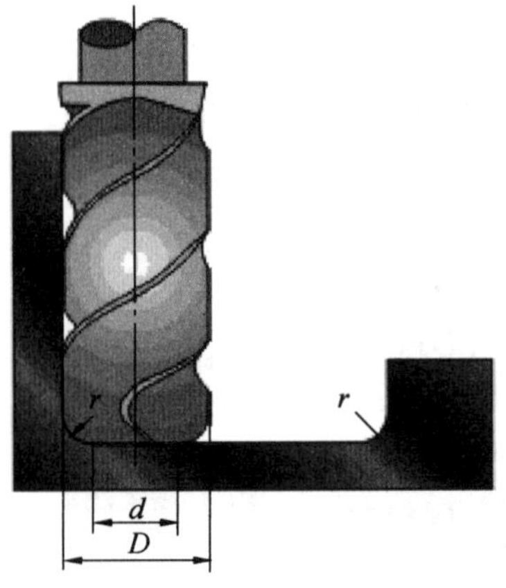


图 2.39　$r$ 较小

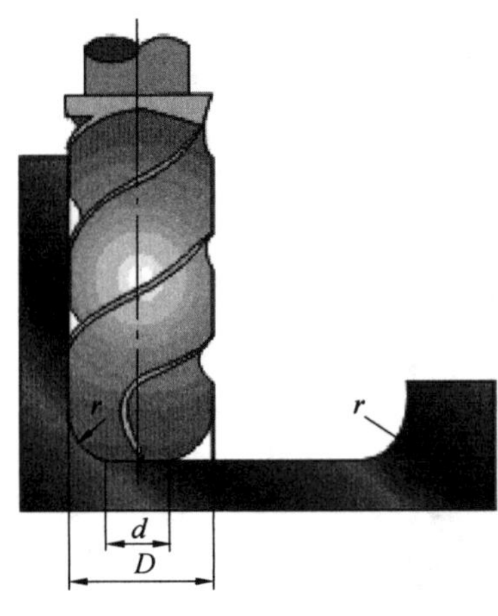


图 2.40　$r$ 较大

当底面铣削面积大，转接圆弧半径 $r$ 也较大时，只能先用一把 $r$ 较小的铣刀加工，再用符合要求 $r$ 的刀具加工，分两次完成切削。

总之，一个零件上内壁转接圆弧半径尺寸的大小和一致性影响着加工能力、加工质量和换刀次数等。因此，转接圆弧半径尺寸大小要力求合理，半径尺寸尽可能一致，至少要力求半径尺寸分组靠拢，以改善铣削工艺性。

## 2.3.2　加工中心的相关编程三

坐标系旋转功能 G68、G69

### 1. 坐标系旋转功能 G68、G69

该指令可使编程图形按照指定旋转中心及旋转方向旋转一定的角度，G68 表示开始坐标系旋转，G69 用于撤销旋转功能。

(1) 基本编程方法。

编程格式为

G68 X ～ Y ～ R ～;

…

G69;

式中　X、Y—— 旋转中心的坐标值(可以是X、Y、Z中的任意两个,它们由当前平面选择指令G17、G18、G19中的一个确定),当X、Y省略时,G68指令认为当前的位置即为旋转中心;

R—— 旋转角度,逆时针旋转定义为正方向,顺时针旋转定义为负方向。

当程序在绝对方式下时,G68程序段后的第一个程序段必须使用绝对方式移动指令,才能确定旋转中心。如果这一程序段为增量方式移动指令,那么系统将以当前位置为旋转中心,按G68给定的角度旋转坐标。

现以图2.41为例,应用旋转指令的程序如下:

O100;

N10 G92 X－5 Y－5;　　　　// 建立图2.41所示的加工坐标系

N20 G68 G90 X7 Y3 R60;　　// 开始以点(7,3)为旋转中心,逆时针旋转60°的旋转

N30 G90 G01 X0 Y0 F200;　// 按原加工坐标系描述运动,到达(0,0)点

(G91 X5 Y5);　　　　　　　// 若按括号内程序段运行,将以(－5,－5)的当前点为旋转中心旋转60°

N40 G91 X10;　　　　　　　//X轴方向进给到(10,0)

N50 G02 Y10 R10;　　　　　// 顺圆进给

N60 G03 X－10 I－5 J－5;　// 逆圆进给

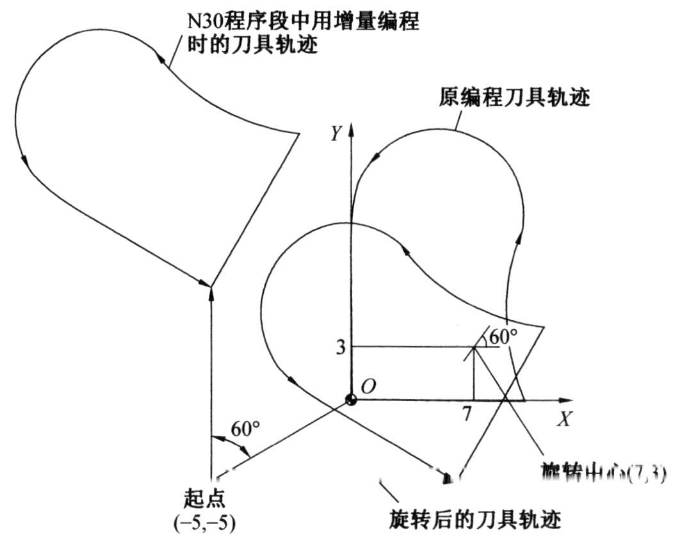


图 2.41　坐标系的旋转

N70 G01 Y－10；　　　　　　　// 回到(0,0) 点
N80 G69 G90 X－5 Y－5；　// 撤销旋转功能,回到(－5,－5) 点
M02；　　　　　　　　　　　// 结束

(2) 坐标系旋转功能与刀具半径补偿功能的关系。

旋转平面一定要包含在刀具半径补偿平面内(以图 2.42 为例)。

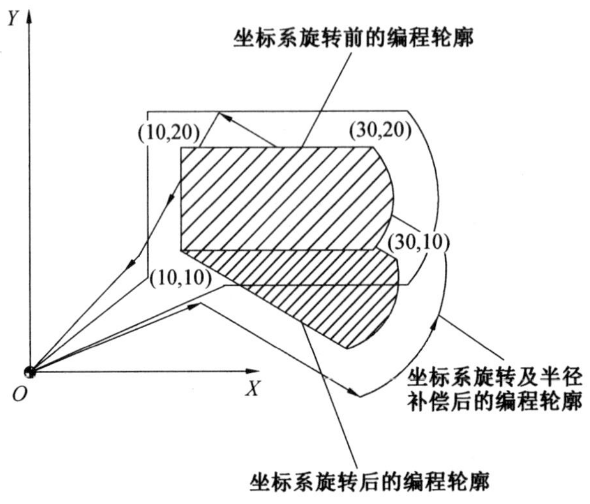


图 2.42　坐标旋转与刀具半径补偿

程序如下：

N10 G92 X0 Y0；
N20 G68G90 X10 Y10 R－30；
N30 G90 G42 G00 X10 Y10 F100 H01；
N40 G91 X20；
N50 G03 Y10 I－10 J 5；
N60 G01 X－20；
N70 Y－10；
N80 G40 G90 X0 Y0；
N90 G69 M30；

当选用半径为 $R5$ 的立铣刀时,设置 H01＝5。

(3) 与比例编程方式的关系。

在比例模式时,再执行坐标旋转指令,旋转中心坐标也执行比例操作,但旋转角度不受影响,这时各指令的排列顺序如下：

G51 …
G68 …
G41/G42 …
G40 …
G69 …

G50 …

## 2. 子程序调用

(加工中心)子程序调用

编程时，为了简化程序的编制，当一个工件上有相同的加工内容时，常用调用子程序的方法进行编程。调用子程序的程序称为主程序。子程序的编号与一般程序基本相同，只是程序结束字为 M99，表示子程序结束，并返回到调用子程序的主程序中。

调用子程序的编程格式为

M98 P～；

式中 P——表示子程序调用情况，P后共有8位数字，前四位为调用次数，省略时为调用一次，后四位为所调用的子程序号。



例：如图 2.43 所示，在一块平板上加工 6 个边长为 10 mm 的等边三角形，每边的槽深为 −2 mm，工件上表面为 $Z$ 轴方向零点。其程序的编制就可以采用调用子程序的方式来实现(编程时不考虑刀具补偿)。

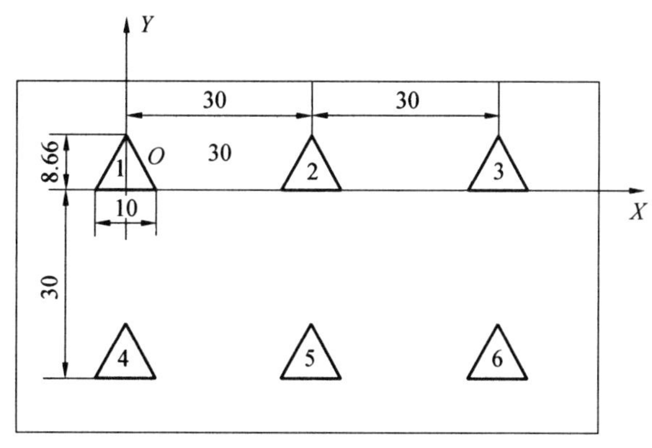


图 2.43 零件图样

主程序如下：

```
O10;
N10 G54 G90 G01 Z40 F2000;     // 进入工件加工坐标系
N20 M03 S800;                  // 主轴启动
N30 G00 Z3;                    // 快进到工件表面上方
N40 G01 X0 Y8.66;              // 到 1＃ 三角形上顶点
N50 M98 P20;                   // 调用 20 号切削子程序切削三角形
N60 G90 G01 X30 Y8.66;         // 到 2＃ 三角形上顶点
N70 M98 P20;                   // 调用 20 号切削子程序切削三角形
N80 G90 G01 X60 Y8.66;         // 到 3＃ 三角形上顶点
N90 M98 P20;                   // 调用 20 号切削子程序切削三角形
N100 G90 G01 X0 Y－21.34;      // 到 4＃ 三角形上顶点
N110 M98 P20;                  // 调用 20 号切削子程序切削三角形
```

```
N120 G90 G01 X30 Y－21.34；   // 到 5＃ 三角形上顶点
N130 M98 P20；                // 调用 20 号切削子程序切削三角形
N140 G90 G01 X60 Y－21.34；   // 到 6＃ 三角形上顶点
N150 M98 P20；                // 调用 20 号切削子程序切削三角形
N160 G90 G01 Z40 F2000；      // 抬刀
N170 M05；                    // 主轴停
N180 M30；                    // 程序结束
```

子程序如下：

```
O20；
N10 G91 G01 Z－2 F100；       // 在三角形上顶点切入(深)2 mm
N20 G01 X－5 Y－8.66；        // 切削三角形
N30 G01 X10 Y0；              // 切削三角形
N40 G01 X5 Y8.66；            // 切削三角形
N50 G01 Z5 F2000；            // 抬刀
N60 M99；                     // 子程序结束
```

设置 G54 为 X＝－400，Y＝－100，Z＝－50。

### 2.3.3　加工中心的相关操作三

铣床及加工中心的刀具补偿包括刀具的半径和长度补偿。

#### 1. 输入直径补偿参数

FANUC 0i 的刀具直径补偿包括形状直径补偿和摩耗直径补偿。

(1) 在 MDI 键盘上点击 OFFSET SETTING 键，进入刀具补偿值输入界面，如图 2.44 所示。

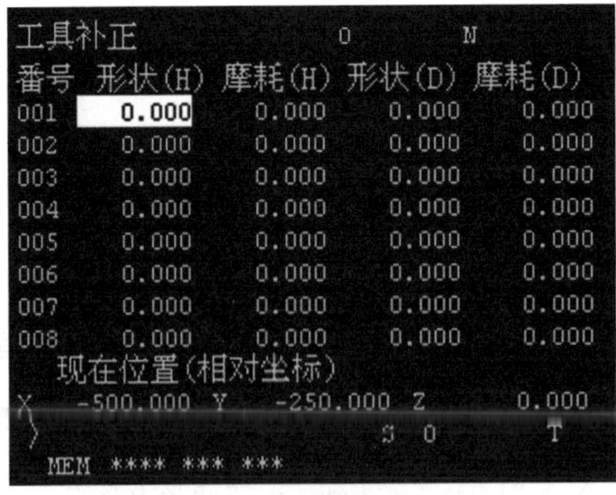

工具补正　　O　　N

| 番号 | 形状(H) | 摩耗(H) | 形状(D) | 摩耗(D) |
|---|---|---|---|---|
| 001 | 0.000 | 0.000 | 0.000 | 0.000 |
| 002 | 0.000 | 0.000 | 0.000 | 0.000 |
| 003 | 0.000 | 0.000 | 0.000 | 0.000 |
| 004 | 0.000 | 0.000 | 0.000 | 0.000 |
| 005 | 0.000 | 0.000 | 0.000 | 0.000 |
| 006 | 0.000 | 0.000 | 0.000 | 0.000 |
| 007 | 0.000 | 0.000 | 0.000 | 0.000 |
| 008 | 0.000 | 0.000 | 0.000 | 0.000 |

现在位置(相对坐标)

X　-500.000　Y　-250.000　Z　0.000

S　0　T

MEM　****　***　***

图 2.44　刀具补偿值输入界面

(2) 用方位键↑、↓选择所需的番号,并用←、→确定需要设定的直径补偿是形状补偿还是摩耗补偿,将光标移到相应的区域。

(3) 点击 MDI 键盘上的数字 / 字母键,输入刀尖直径补偿参数。

(4) 按软键【输入】或按INSERT,参数输入到指定区域。按CAN键逐个字符删除输入域中的字符。

注:直径补偿参数若为 4 mm,则在输入时需输入“4.000”,如果只输入“4”,则系统默认为“0.004”。

**2. 输入长度补偿参数**

长度补偿参数在刀具表中按需要输入。FANUC 0i 的刀具长度补偿包括形状长度补偿和摩耗长度补偿。

(1) 在 MDI 键盘上点击OFFSET SETTING键,进入刀具补偿值输入界面,如图 2.44 所示。

(2) 用方位键↑、↓、←、→选择所需的番号,并确定需要设定的长度补偿是形状补偿还是摩耗补偿,将光标移到相应的区域。

(3) 点击 MDI 键盘上的数字 / 字母键,输入刀具长度补偿参数。

(4) 按软键【输入】或按INSERT,参数输入到指定区域。按CAN键逐个字符删除输入域中的字符。



**任务实施**

### 2.3.4 油泵泵体工艺设计

油泵泵体工艺设计步骤如下。

(1) 零件的工艺性分析。

(2) 加工工艺装备选择。

(3) 零件加工工艺拟订。

(4) 工序顺序安排。

(5) 走刀路线确定和工步顺序安排。

(6) 切削用量确定。

(7) 数控加工工艺文件填写。

油泵泵体各工艺文件见表 2.24 ~ 2.29。

表 2.24 油泵泵体机械加工工艺过程卡

<table>
<tr><td colspan="2" rowspan="2">（学校）</td><td colspan="3" rowspan="2">机械加工<br>工艺过程卡</td><td>产品<br>型号</td><td colspan="2"></td><td>零部件<br>图号</td><td></td><td colspan="2"></td></tr>
<tr><td>产品<br>名称</td><td colspan="2">油泵</td><td>零部件<br>名称</td><td>油泵泵体</td><td colspan="2">共 1 页 第 1 页</td></tr>
<tr><td>材料<br>牌号</td><td>HT200</td><td>毛坯<br>种类</td><td>铸件</td><td>毛坯外<br>形尺寸</td><td></td><td>每个毛坯<br>可制件数</td><td>1</td><td>每台<br>件数</td><td>1</td><td>备注</td><td></td></tr>
<tr><td rowspan="2">工<br>序<br>号</td><td rowspan="2">工序<br>名称</td><td colspan="3" rowspan="2">工序<br>内容</td><td rowspan="2">车间<br>工段</td><td rowspan="2">设备</td><td colspan="2" rowspan="2">工艺<br>装备</td><td colspan="3">工时</td></tr>
<tr><td colspan="2">准终</td><td>单件</td></tr>
<tr><td>1</td><td>铣</td><td colspan="3">铣下底面</td><td>金工</td><td>立式铣床</td><td colspan="2">专用夹具</td><td colspan="2"></td><td></td></tr>
<tr><td>2</td><td>钻</td><td colspan="3">锪平面，钻孔</td><td>金工</td><td>摇臂钻床</td><td colspan="2">专用夹具</td><td colspan="2"></td><td></td></tr>
<tr><td>3</td><td>铣</td><td colspan="3">铣端面</td><td>金工</td><td>卧式铣床</td><td colspan="2">专用夹具</td><td colspan="2"></td><td></td></tr>
<tr><td>4</td><td>铣、钻、镗</td><td colspan="3">一工位：铣端面，铣内轮廓，钻孔<br>二工位：铣端面，钻孔攻螺纹</td><td>金工</td><td>加工中心</td><td colspan="2">专用夹具</td><td colspan="2"></td><td></td></tr>
<tr><td>5</td><td>清洗</td><td colspan="3">清洗</td><td>金工</td><td>清洗机</td><td colspan="2"></td><td colspan="2"></td><td></td></tr>
<tr><td>6</td><td>检验</td><td colspan="3">检查</td><td>检验科</td><td></td><td colspan="2"></td><td colspan="2"></td><td></td></tr>
<tr><td></td><td></td><td colspan="3"></td><td></td><td></td><td colspan="2"></td><td colspan="2"></td><td></td></tr>
<tr><td></td><td></td><td colspan="3"></td><td></td><td></td><td colspan="2"></td><td colspan="2"></td><td></td></tr>
<tr><td></td><td></td><td colspan="3"></td><td></td><td></td><td colspan="2"></td><td colspan="2"></td><td></td></tr>
<tr><td></td><td></td><td colspan="3"></td><td></td><td></td><td colspan="2"></td><td colspan="2"></td><td></td></tr>
<tr><td></td><td></td><td colspan="3"></td><td></td><td></td><td colspan="2"></td><td colspan="2"></td><td></td></tr>
<tr><td></td><td></td><td colspan="3"></td><td></td><td></td><td colspan="2"></td><td colspan="2"></td><td></td></tr>
<tr><td></td><td></td><td colspan="3"></td><td></td><td></td><td colspan="2"></td><td colspan="2"></td><td></td></tr>
<tr><td></td><td></td><td colspan="3"></td><td></td><td></td><td colspan="2"></td><td colspan="2"></td><td></td></tr>
<tr><td></td><td></td><td colspan="3"></td><td></td><td></td><td colspan="2"></td><td colspan="2"></td><td></td></tr>
<tr><td></td><td></td><td colspan="3"></td><td></td><td></td><td colspan="2"></td><td colspan="2"></td><td></td></tr>
<tr><td>编制</td><td colspan="2"></td><td>审核</td><td colspan="2"></td><td>批准</td><td colspan="2"></td><td>热处理</td><td colspan="2"></td></tr>
</table>

表 2.25 油泵泵体工序 1 工序卡

| (学校) | 机械加工工序卡 | 产品名称或代号 | 零件名称 | | 材料 | | 零件图号 |
|---|---|---|---|---|---|---|---|
| | | 油泵 | 油泵泵体 | | HT200 | | |
| 工序号 | 工序名称 | 夹具 | 使用设备 | | | 车间 | |
| 1 | 铣 | 专用夹具 | 立式铣床 | | | 金工 | |
| 工步号 | 工步内容 | 刀具 | 量具及检具 | 进给量/(mm·$r^{-1}$) | 主轴转速/(r·$min^{-1}$) | 切削速度/(m·$min^{-1}$) | |
| 1 | 铣底面 | 铣刀 SPCM60416YG8 机夹刀片(19) | 游标卡尺 | 0.2 | 644 | | |
| | | | | | | | |
| | | | | | | | |
| | | | | | | | |
| | | | | | | | |
| | | | | | | | |
| | | | | | | | |
| | | | | | | | |
| | | | | | | | |
| | | | | | | | |
| | | | | | | | |
| 编制 | | 审核 | | 批准 | | 热处理 | 共 5 页 第 1 页 |

**表 2.26　油泵泵体工序 2 工序卡**

<table>
<tr><td rowspan="2">（学校）</td><td rowspan="2">机械加工<br>工序卡</td><td>产品名称或代号</td><td>零件名称</td><td>材料</td><td>零件图号</td></tr>
<tr><td>油泵</td><td>油泵泵体</td><td>HT200</td><td></td></tr>
<tr><td>工序号</td><td>工序名称</td><td>夹具</td><td>使用设备</td><td colspan="2">车间</td></tr>
<tr><td>2</td><td>钻</td><td>专用夹具</td><td>摇臂钻床</td><td colspan="2">金工</td></tr>
</table>

| 工步号 | 工步内容 | 刀具 | 量具及检具 | 进给量 /(mm·$r^{-1}$) | 主轴转速 /(r·$min^{-1}$) | 切削速度 /(m·$min^{-1}$) |
|---|---|---|---|---|---|---|
| 1 | 锪平底板孔口面，$\phi$25，深 3 | 锪孔刀 $\phi$25 | 游标卡尺 | 0.25 | 600 | |
| 2 | 钻 2×$\phi$20 孔 | 麻花钻 | | 0.25 | 600 | |
| | | | | | | |
| | | | | | | |
| | | | | | | |
| | | | | | | |
| | | | | | | |
| | | | | | | |
| | | | | | | |
| | | | | | | |
| | | | | | | |

| 编制 | | 审核 | | 批准 | | 热处理 | | 共 5 页 | 第 2 页 |
|---|---|---|---|---|---|---|---|---|---|

表 2.27 油泵泵体工序 3 工序卡

| (学校) | 机械加工工序卡 | 产品名称或代号 | 零件名称 | 材料 | 零件图号 |
|---|---|---|---|---|---|
| | | 油泵 | 油泵泵体 | HT200 | |

| 工序号 | 工序名称 | 夹具 | 使用设备 | 车间 |
|---|---|---|---|---|
| 3 | 铣 | 专用夹具 | 卧式铣床 | 金工 |

| 工步号 | 工步内容 | 刀具 | 量具及检具 | 进给量/(mm·r$^{-1}$) | 主轴转速/(r·min$^{-1}$) | 切削速度/(m·min$^{-1}$) |
|---|---|---|---|---|---|---|
| 1 | 粗铣 $C$ 基准端面 | 铣刀 SPCM60416YG8 机夹刀片(19) | 游标卡尺 | 0.25 | 600 | |
| 2 | 精铣 $C$ 基准端面，保尺寸26.5 | 铣刀 SPCM60416YG8 机夹刀片(19) | 游标卡尺 | 0.10 | 600 | |
| | | | | | | |
| | | | | | | |
| | | | | | | |
| | | | | | | |
| | | | | | | |
| | | | | | | |
| | | | | | | |
| | | | | | | |
| | | | | | | |

| 编制 | | 审核 | | 批准 | | 热处理 | | 共 5 页 | 第 3 页 |
|---|---|---|---|---|---|---|---|---|---|

表 2.28 油泵泵体工序 4 工序卡(一工位)

| (学校) | 机械加工工序卡 | 产品名称或代号 | 零件名称 | | 材料 | | 零件图号 |
|---|---|---|---|---|---|---|---|
| | | 油泵 | 油泵泵体 | | HT200 | | |
| 工序号 | 工序名称 | 夹具 | 使用设备 | | | 车间 | |
| 4 | 铣、钻、镗 | 专用夹具 | 加工中心 | | | 金工 | |
| 工步号 | 工步内容 | 刀具 | 量具及检具 | 进给量/(mm·r$^{-1}$) | 主轴转速/(r·min$^{-1}$) | 切削速度/(m·min$^{-1}$) | |
| 一工位 | | | | | | | |
| 1 | 精铣端面,保证尺寸 25 | 125B12R-F453 E12 F-03 铣刀 | 游标卡尺 | 0.3 | 600 | | |
| 2 | 粗镗 $\phi$34.5H8 孔至 $\phi$33 | 镗刀 $\phi$148 | 内径千分尺 | 0.2 | 1 200 | | |
| 3 | 精镗 $\phi$34.5H8 孔至 $\phi$34.5H8 | 镗刀 $\phi$150H9 | 内径千分尺 | 0.2 | 1 000 | | |
| 4 | 铣内侧面,保尺寸 33 | 立铣刀 | 游标卡尺 | 0.2 | 1 000 | | |
| 5 | 钻 2×$\phi$5 及 6×M6 的中心孔 | 中心钻 $\phi$3 | | 0.2 | 400 | | |
| 6 | 钻 2×$\phi$5 孔至 $\phi$4 | 麻花钻 $\phi$4 | | 0.2 | 500 | | |
| 7 | 扩 2×$\phi$5 孔至 $\phi$4.9 | 扩孔钻 $\phi$4.9 | | 0.2 | | | |
| 8 | 铰孔至 $\phi$5H8 | 铰刀 $\phi$5H8 | 孔用量规 | 0.2 | | | |
| 9 | 钻 6×M6 螺纹底孔至 $\phi$4.8 | 麻花钻 $\phi$4.8 | | 0.2 | 400 | | |
| 10 | 攻螺纹 6×M6 | 丝锥 M6 | 螺纹塞规 | 0.2 | 500 | | |
| 编制 | | 审核 | | 批准 | | 热处理 | 共 5 页 第 4 页 |

表 2.29 油泵泵体工序 4 工序卡(二、三工位)

<table>
<tr><td colspan="2" rowspan="2">(学校)</td><td colspan="2" rowspan="2">机械加工<br>工序卡</td><td>产品名称或代号</td><td>零件名称</td><td colspan="2">材料</td><td>零件图号</td></tr>
<tr><td>油泵</td><td>油泵泵体</td><td colspan="2">HT200</td><td></td></tr>
<tr><td colspan="2">工序号</td><td colspan="2">工序名称</td><td>夹具</td><td colspan="2">使用设备</td><td colspan="2">车间</td></tr>
<tr><td colspan="2">4(续)</td><td colspan="2">铣、钻、镗</td><td>专用夹具</td><td colspan="2">加工中心</td><td colspan="2">金工</td></tr>
<tr><td>工步号</td><td colspan="3">工步内容</td><td>刀具</td><td>量具及检具</td><td>进给量/(mm • r<sup>-1</sup>)</td><td>主轴转速/(r • min<sup>-1</sup>)</td><td>切削速度/(m • min<sup>-1</sup>)</td></tr>
<tr><td colspan="9">二工位</td></tr>
<tr><td>11</td><td colspan="3">铣 M16 螺纹端面</td><td>125B12R-F453<br>E12<br>F-03 铣刀</td><td>游标卡尺</td><td>0.3</td><td>600</td><td></td></tr>
<tr><td>12</td><td colspan="3">钻 M16 螺纹底孔至 ϕ14</td><td>麻花钻 ϕ14</td><td></td><td>0.2</td><td>400</td><td></td></tr>
<tr><td>13</td><td colspan="3">攻螺纹 M16</td><td>丝锥 M16</td><td>螺纹塞规</td><td>0.2</td><td>500</td><td></td></tr>
<tr><td colspan="9">三工位</td></tr>
<tr><td>14</td><td colspan="3">铣 M16 螺纹端面，保 70</td><td>125B12R-F453<br>E12<br>F-03 铣刀</td><td>游标卡尺</td><td>0.3</td><td>600</td><td></td></tr>
<tr><td>15</td><td colspan="3">钻 M16 螺纹底孔至 ϕ14</td><td>麻花钻 ϕ14</td><td></td><td>0.2</td><td>400</td><td></td></tr>
<tr><td>16</td><td colspan="3">攻螺纹 M16</td><td>丝锥 M16</td><td>螺纹塞规</td><td>0.2</td><td>500</td><td></td></tr>
<tr><td></td><td colspan="3"></td><td></td><td></td><td></td><td></td><td></td></tr>
<tr><td></td><td colspan="3"></td><td></td><td></td><td></td><td></td><td></td></tr>
<tr><td></td><td colspan="3"></td><td></td><td></td><td></td><td></td><td></td></tr>
<tr><td></td><td colspan="3"></td><td></td><td></td><td></td><td></td><td></td></tr>
<tr><td>编制</td><td></td><td>审核</td><td></td><td>批准</td><td>热处理</td><td></td><td>共 5 页</td><td>第 5 页</td></tr>
</table>

### 2.3.5 油泵泵体程序编制

#### 1. 数学处理

(1) 建立编程坐标系。

(2) 基点(节点) 坐标计算。

#### 2. 油泵泵体加工程序编写

程序如下：

```
O1000(铣底座的上下表面,面铣刀)；
G54 G40 G90 G49 G69 G80；
G00 Z100.；
X0 Y0；
M03 S800；
G00 Z10.；
X42.5 Y0；
G01 Z－0.5 F120；
X－42.5；
G00 Z100.；
X0 Y0；
M05；
M30；

O1000(铣前后表面,用直径为 40 mm 的面铣刀)；
G54 G40 G90 G49 G69 G80；
G00 Z100.；
X0 Y0；
M03 S800；
G00 Z10.；
X35.Y28.38；
G01 Z－0.5 F120；
X－35.；
Y12.38；
X35.；
Y－3.62；
X－35.；
Y－19.62；
X35.；
Y－35.62；
```

```
X-35.;
G00 Z100.;
X0 Y0;
M05;
M30;

O1001(左右端面);
G28 G91 X0 Y0 Z0;
T01 M06;
G54 G40 G90 G49 G69 G80;
G00 G43 Z100.H01;
X0 Y0;
M03 S800;
G00 Z10.;
X12.5 Y8.;
G01 Z-0.5 F120;
G01 X-12.5;
Y0;
X12.5;
Y-8.;
X-12.5;
G00 Z100.;
X0 Y0;
M05;
G28 G91 X0 Y0 Z0;
T02 M06;
G00 G43 Z100.H02;
X0 Y0;
M03 S500;
G00 Z10.;
G98 G81 X16.26 Y30.26 Z-30.R5.Q5.F50;
G98 G81 X-16.26 Y-30.26 Z-30.R5.Q5.F50;
G80;
G00 Z100.;
X0 Y0;
M05;
G28 G91 X0 Y0 Z0;
T03 M06;
G00 G43 Z100.H03;
```

```
X0 Y0;
M03 S500;
G00 Z10.;
G98 G81 X23.Y14.Z－30.R5.Q5.F50;
G98 G81 X－23.Y14.Z－30.R5.Q5.F50;
G98 G81 X－23.Y－14.Z－30.R5.Q5.F50;
G98 G81 X23.Y－14.Z－30.R5.Q5.F50;
G80;
G00 Z100.;
X0 Y0;
M05;
G28 G91 X0 Y0 Z0;
T04 M06;
G00 G43 Z100.H04;
M03 S500;
G00 Z10.;
G98 G84 X0 Y0 Z－20.R5.P2000 F1.5;
G80;
M05;
M30;
```



### 2.3.6 油泵泵体零件加工

#### 1. 加工准备

(1) 开机。
(2) 机床回参考点。
(3) 装刀。
(4) 装工件。

#### 2. 程序录入(FANUC)

操作同前,此处不再赘述。

#### 3. 对刀

(1) 建立工件坐标系。
(2) 设置刀具补偿。

#### 4. 自动加工

操作同前,此处不再赘述。

## 2.3.7 油泵泵体零件检验

### 1. 检验准备

(1) 工件准备。清洗干净工件。

(2) 量 / 检具准备。准备好游标卡尺、孔用塞规、同轴度检具。

### 2. 项目检验与考核

(1) 零件检验。依据项目考核表零件考核项目对加工零件进行检验和测量，填写检验记录单。



(2) 项目考核。依据项目考核评分标准，对零件加工质量进行评分，并对整个加工过程进行考核。项目 2 任务 2.3 考核评分标准见表 2.30。

**表 2.30　项目 2 任务 2.3 考核评分标准**

| 考核项目 | | | 考核内容 | | 配分 | 实测 | 检验员 | 评分 | 总分 |
|---|---|---|---|---|---|---|---|---|---|
| 零件加工质量 | 1 | 外形尺寸 | 85 | | 5 | | | | |
| | | | 45 | | 5 | | | | |
| | | | 10 | | 5 | | | | |
| | | | $R30$ | | 5 | | | | |
| | | | $25_{-0.01}^{-0.05}$ | IT | 5 | | | | |
| | | | | $Ra0.8$ | 2 | | | | |
| | 2 | 孔 | $\phi\ 34.5_{0}^{+0.039}$ | IT | 10 | | | | |
| | | | | $Ra0.8$ | 2 | | | | |
| | | | $2\times\phi5$(两处) | IT | 5 | | | | |
| | | | | $Ra0.8$ | 2 | | | | |
| | | | 33 | | 5 | | | | |
| | | | $6\times$ M6 − 7H | IT | 5 | | | | |
| | | | | $Ra6.3$ | 4 | | | | |
| | 3 | 长度 | 70 | | 5 | | | | |
| | | | 50 | | 5 | | | | |
| | | | 64 | | 5 | | | | |
| | | | $28.76\pm0.02$ | | 10 | | | | |
| 职业素养 | 1 | 文明生产 | | | 10 | | | | |
| | 2 | 安全意识 | | | 5 | | | | |

知识拓展

## 2.3.8 加工中心回转工作台的调整

多数加工中心都配有回转工作台，实现在零件一次安装中多个加工面的加工。如何准确测量加工中心回转工作台的回转中心，对被加工零件的质量有着重要的影响。下面以卧式加工中心为例，说明工作台回转中心的测量方法。

工作台回转中心在工作台上表面的中心点上，如图 2.45 所示。

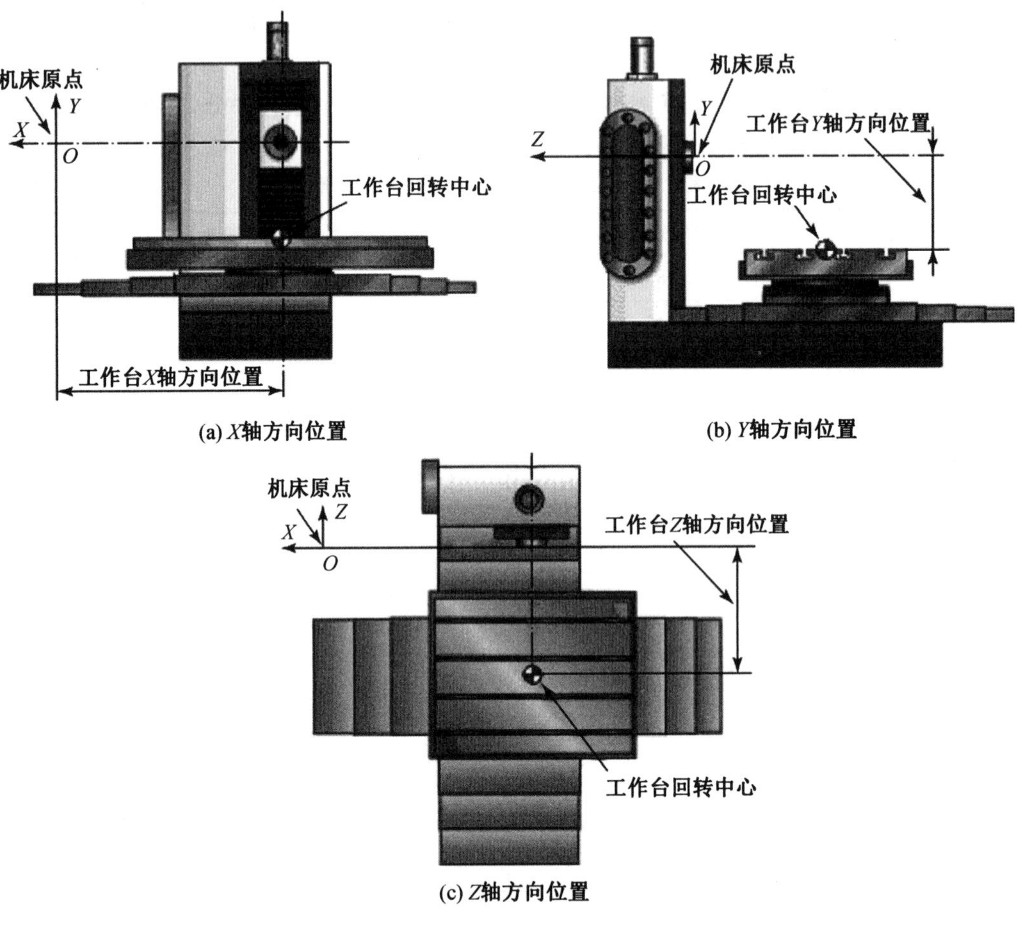


(a) X轴方向位置　　(b) Y轴方向位置

(c) Z轴方向位置

图 2.45　加工中心回转工作台回转中心的位置

工作台回转中心的测量方法有多种，这里介绍一种较常用的方法，所用的工具有一根标准芯轴、百分表(千分表)、量块。

(1)$X$ 轴方向回转中心的测量。

(2)工作台 $Y$ 轴方向回转中心影响工件上加工孔的中心高尺寸精度。

(3)$Z$ 轴方向回转中心的测量。

测量原理为找出工作台回转中心到 $Z$ 轴方向机床原点的距离 $Z_0$，即为 $Z$ 轴方向工作

台回转中心的位置。工作台回转中心的位置如图 2.45(c) 所示。

测量方法如图 2.45 所示，当工作台分别在 0° 和 180° 时，移动工作台以调整 $Z$ 轴方向坐标，使百分表的读数相同，则 $Z$ 轴方向回转中心 = CRT 显示的 $Z$ 轴方向坐标值。

$Z$ 轴方向回转中心的准确性影响机床调头加工工件时两端面之间的距离尺寸精度（在刀具长度测量准确的前提下）。反之，它也可修正刀具长度测量偏差。

机床回转中心在一次测量得出准确值以后，可以在一段时间内作为基准。但是，随着机床的使用，特别是在机床相关部分出现机械故障时，都有可能使机床回转中心出现变化。例如，机床在加工过程中出现撞车事故、机床丝杠螺母松动时等。因此，机床回转中心必须定期测量，特别是在加工相对精度较高的工件之前应重新测量，以校对机床回转中心，从而保证工件加工的精度。



## 习题训练

采用 XH714 加工中心加工图 2.46、图 2.47 所示的各平面型腔零件，加工内容：各型腔深 5 mm；440 mm × 340 mm 外轮廓表面深 5 mm。试编写加工程序。

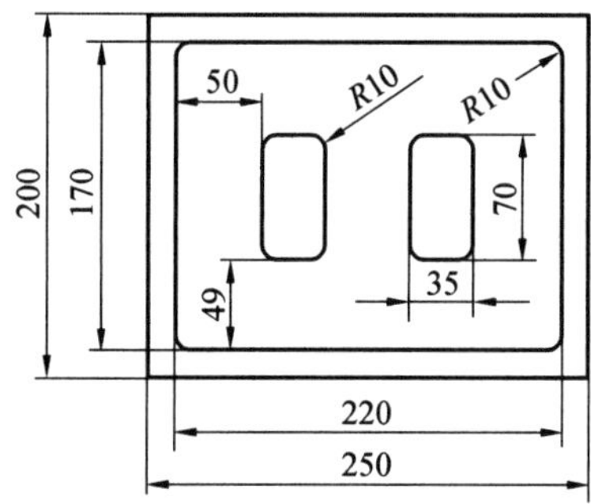


图 2.46　直槽习题图

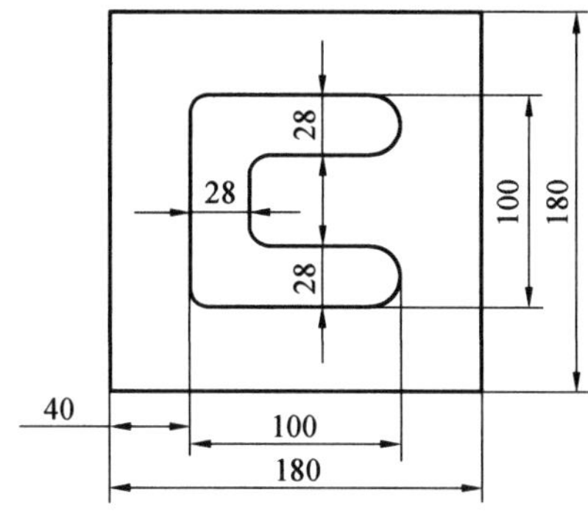


图 2.47　工字型腔习题图

# 任务 2.4　变速器后壳体加工

## 任务导入

变速器后壳体实体图如图 2.48 所示，其零件图如图 2.49 所示，零件材料为 HT200，毛坯为铸件，是国内某型号汽车上的零件，为大量生产类型产品。该零件由接合面(接合面上 2×$\phi$8F8 孔、14×M10－6H 螺纹孔)、后端面(后端面上 8×M8－6H 螺纹孔、$\phi$90H7 孔、$\phi$75H7 孔、$\phi$25H7 孔、3×$\phi$19H7 孔、3×$\phi 16^{+0.043}_{0}$ H8)、变速机构座面(变速机构座面上 2×$\phi 8^{+0.035}_{+0.013}$ 孔、7×M8－6H 螺纹孔)、小盖面(小盖面上 3×$\phi 8.1^{+0.1}_{0}$ 孔、2×M8－6H 螺纹孔)、倒挡窗口面(倒挡窗口内侧双面、倒挡窗口面上 4×M8－6H 螺纹孔、M18×1.5－6H 侧面、M18×1.5－6H 螺纹孔)等表面组成，加工表面较多且都为平面和各种孔，适合采用加工中心加工。

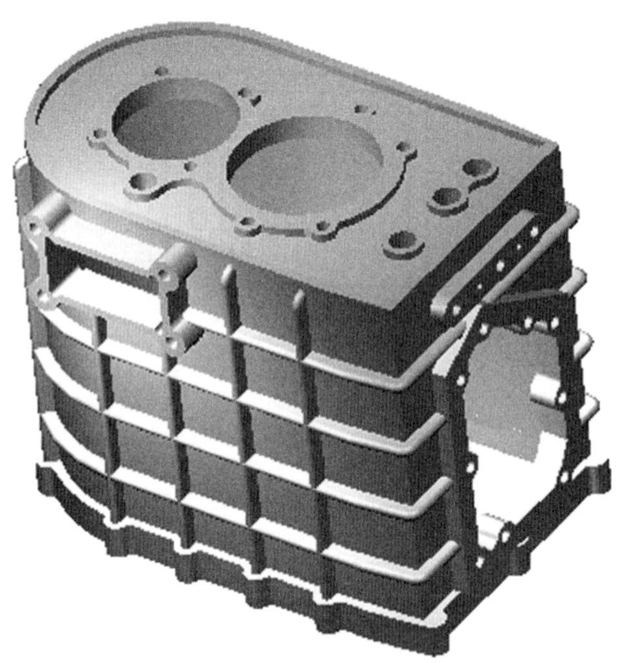

图 2.48　变速器后壳体实体图

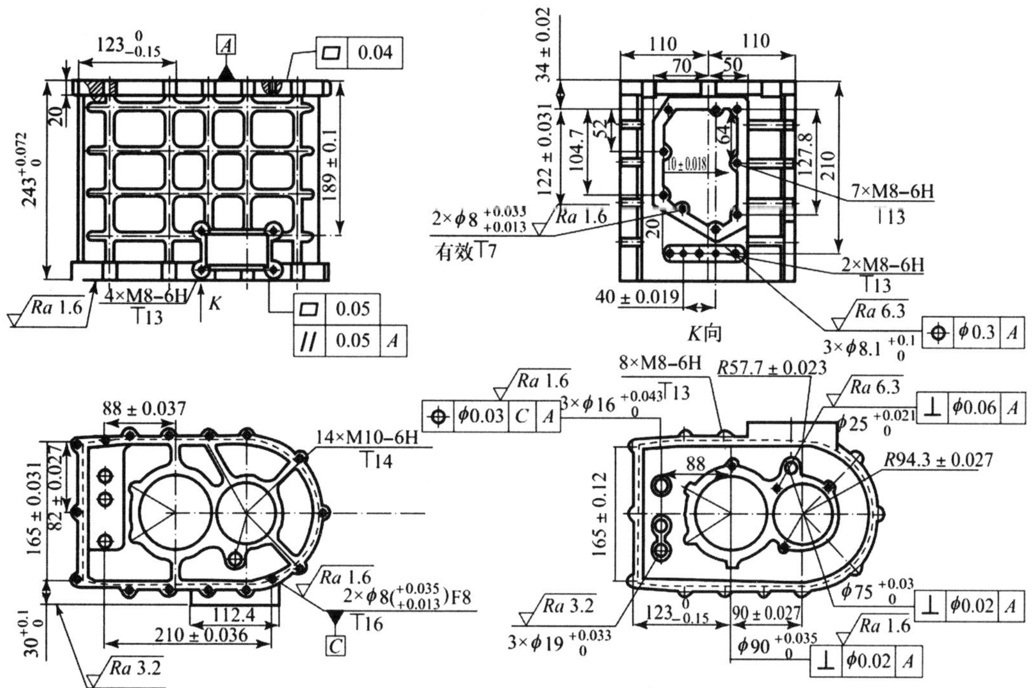


图 2.49 变速器后壳体零件图



**知识链接**

## 2.4.1 加工中心加工的相关工艺四

审查零件的结构工艺性，分析零件的结构工艺性和零件的技术要求。

零件的加工工艺取决于产品零件的结构形状、尺寸和技术要求等。在表 2.31 中给出了改进零件结构提高工艺性的一些实例。

表 2.31　改进零件结构提高工艺性的一些实例

| 提高工艺性的方法 | 结构 | | 结果 |
|---|---|---|---|
| | 改进前 | 改进后 | |
| 改进内壁形状 | 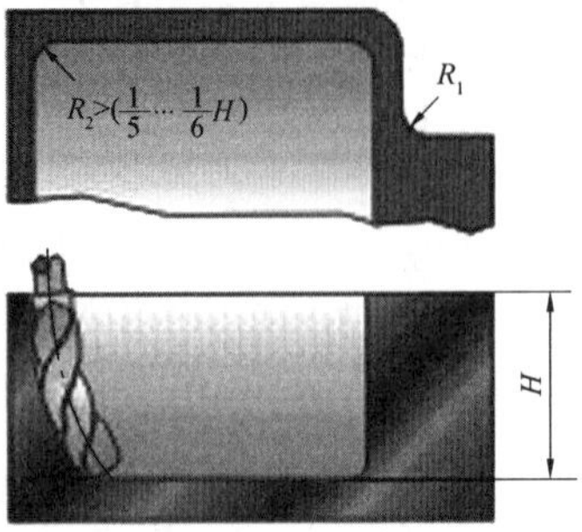 | 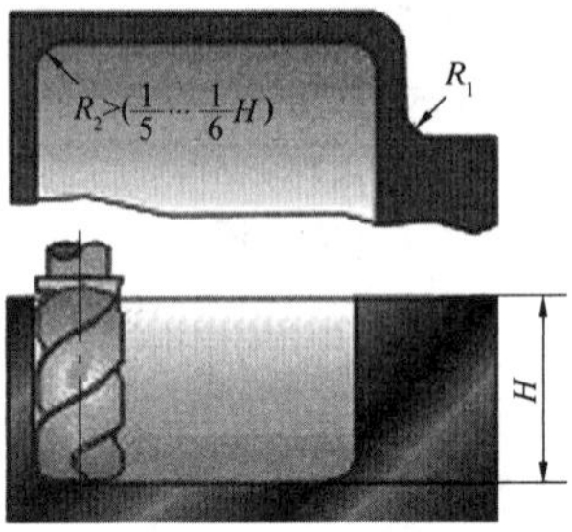 | 可采用较高刚性刀具 |
| 统一圆弧尺寸 | 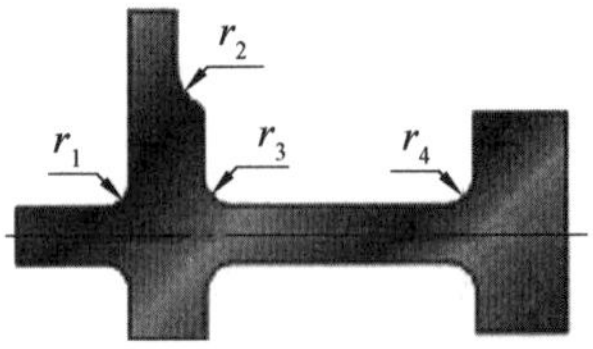 | 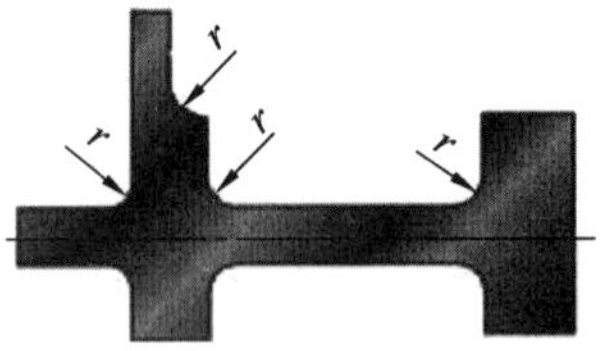 | 减少刀具数和更换刀具次数，减少辅助时间 |
| 选择合适的圆弧半径 *R* 和 *r* | 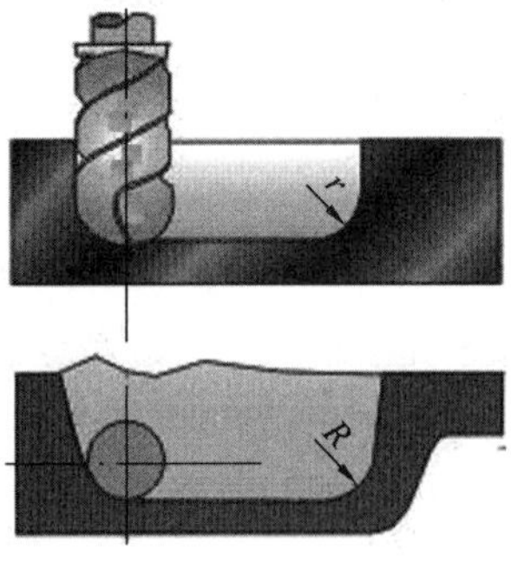 | 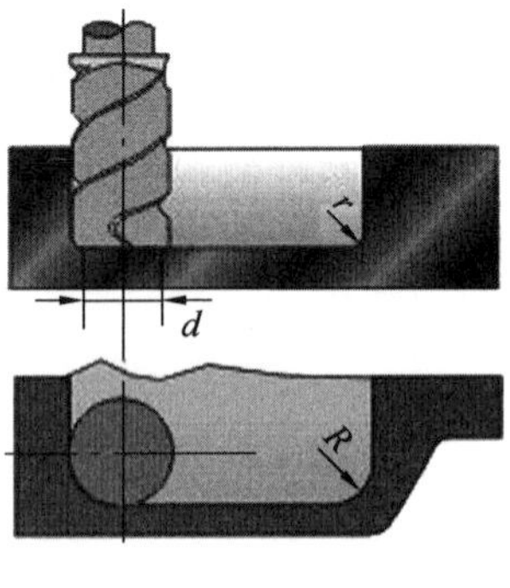 | 提高生产效率 |

**续表**2.31

| 提高工艺性的方法 | 结构 | | 结果 |
|---|---|---|---|
| | 改进前 | 改进后 | |
| 用两面对称结构 |  |  | 减少编程时间，简化编程 |
| 合理改进凸台分布 | 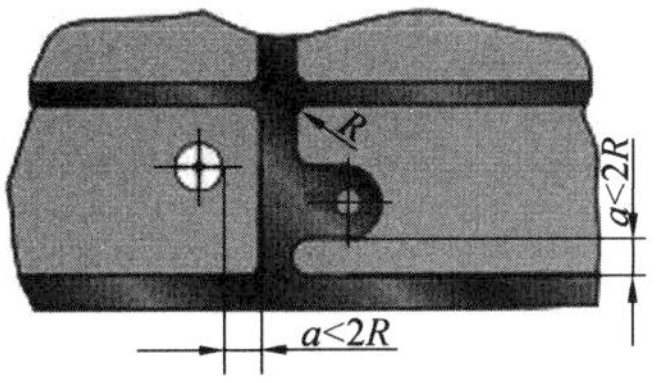 | 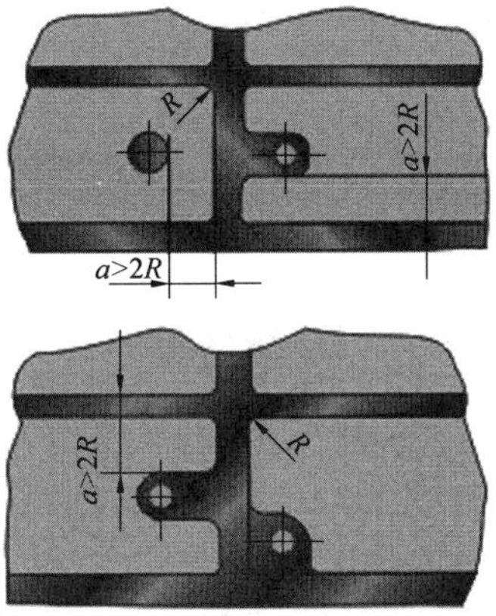 | 减少加工劳动量 |
| 改进结构形状 | 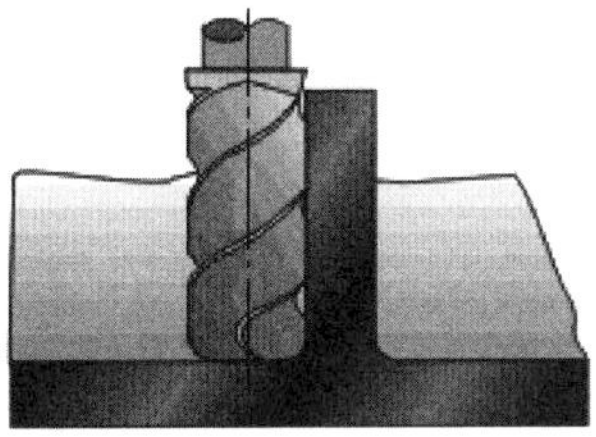 | 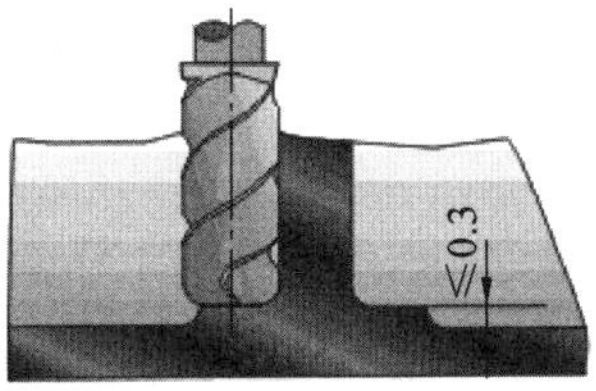 | 减少加工劳动量 |
| |  | 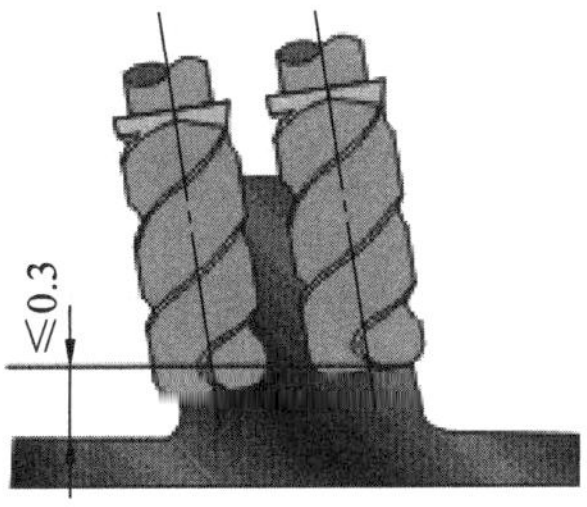 | 减少加工劳动量 |

**续表**2.31

| 提高工艺性的方法 | 结构 | | 结果 |
|---|---|---|---|
| | 改进前 | 改进后 | |
| 改进尺寸比例 | 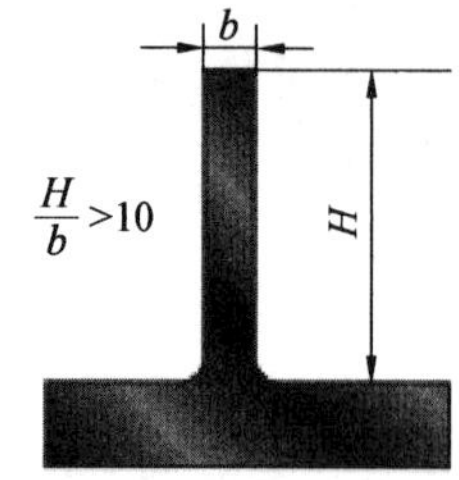 $\frac{H}{b}>10$ | 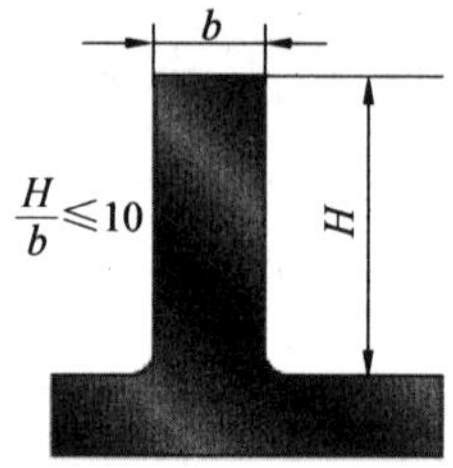 $\frac{H}{b}\leqslant 10$ | 可用较高刚度刀具加工，提高生产率 |
| 在加工和不加工表面间加入过渡 | 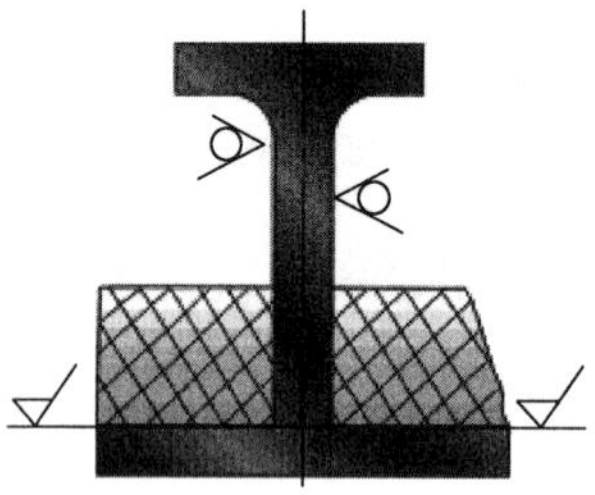 | 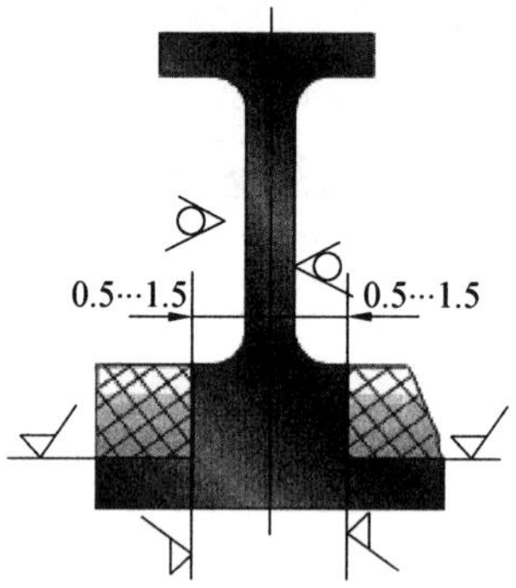 0.5…1.5　0.5…1.5 | 减少加工劳动量 |
| 改进零件几何形状 |  | 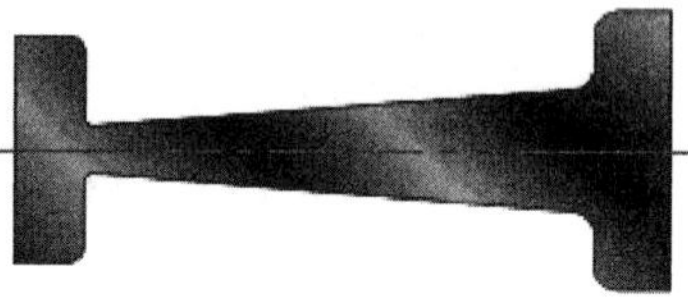 | 斜面筋代替阶梯筋，节约材料 |

加工中心是一种工艺范围较广的数控加工机床，能进行铣削、镗削、钻削和螺纹加工等多项工作。加工中心特别适合箱体类零件和孔系的加工。

## 2.4.2　加工中心的相关编程四

(加工中心)比例功能

### 1. 比例功能

比例功能可使原编程尺寸按指定比例缩小或放大；镜像功能可让图形按指定规律产

生镜像变换。

G51 为比例编程指令;G50 为撤销比例编程指令。G50、G51 均为模式 G 代码。

(1) 各轴按相同比例编程。

编程格式为

G51 X ~ Y ~ Z ~ P ~

…

G50

式中　X、Y、Z—— 比例中心坐标(绝对方式);

P—— 比例系数,最小输入量为 0.001,比例系数的范围为 0.001 ~ 999.999,该指令以后的移动指令,从比例中心点开始,实际移动量为原数值的 $P$ 倍,$P$ 值对偏移量无影响。



例如,在图 2.50 中,$P_1 \sim P_4$ 为原编程图形,$P'_1 \sim P'_4$ 为比例编程后的图形,$P_0$ 为比例中心。

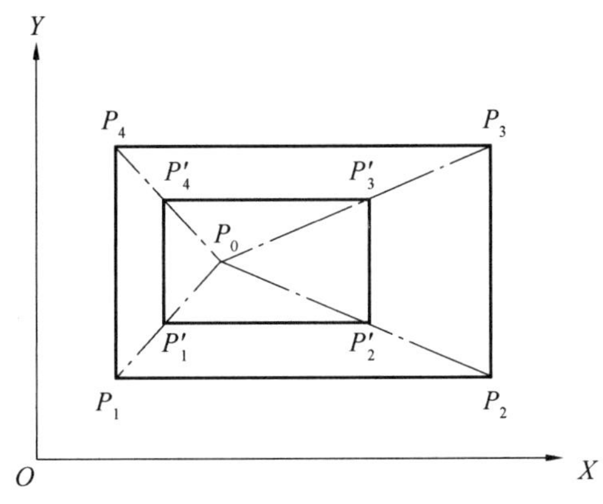


图 2.50　各轴按相同比例编程

(2) 各轴以不同比例编程。

各个轴可以按不同比例来缩小或放大,当给定的比例系数为 -1 时,可获得镜像加工功能。

编程格式为

G51 X ~ Y ~ Z ~ I ~ J ~ K ~

…

G50

式中　X、Y、Z—— 比例中心坐标;

I、J、K—— 对应 $X$ 轴、$Y$ 轴、$Z$ 轴的比例系数,在 ±(0.001 ~ 9.999) 范围内。

本系统设定 I、J、K 不能带小数点,比例为 1 时,应输入 1 000,并在程序中都应输入,不能省略。比例系数与图形的关系如图 2.51 所示。其中,$b/a$ 为 $X$ 轴系数;$d/c$ 为 $Y$ 轴系数;$O$ 为比例中心。

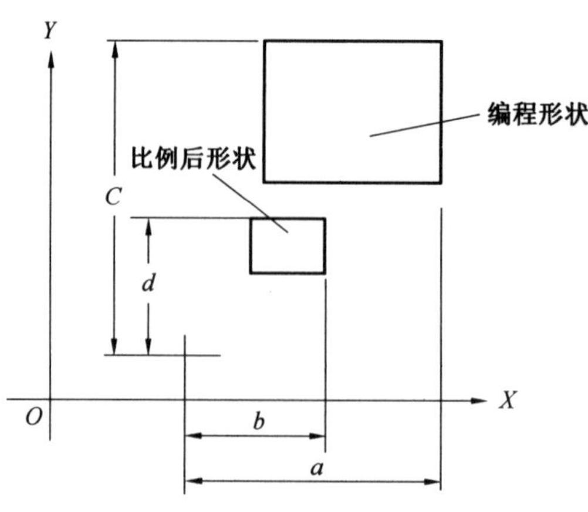


图 2.51　各轴以不同比例编程



(3) 设定比例方式参数。

① 在操作面板上选择 MDI 方式。

② 按下 PARAM DGNOS 按钮,进入设置界面。

PEV X——设定 $X$ 轴镜像,当 PEV X 置“1”时,$X$ 轴镜像有效;当 PEV X 置“0”时,$X$ 轴镜像无效。

PEVY——设定 $Y$ 轴镜像,当 PEV Y 置“1”时,$Y$ 轴镜像有效;当 PEV Y 置“0”时,$Y$ 轴镜像无效。

2. **镜像功能**

当零件上存在关于某个坐标轴对称的加工内容时,可以使用镜像加工指令来编制加工程序,如图 2.52 所示,在一般情况下,镜像加工指令需要和子程序调用一起使用。

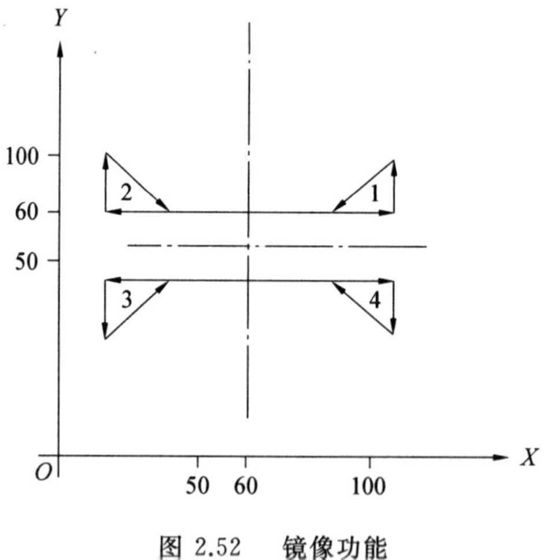


图 2.52　镜像功能

编程格式如下:

G51.1 X0；　　　　　　// 关于直线 X＝0 对称，即关于 Y 轴对称
G51.1 Y0；　　　　　　// 关于直线 Y＝0 对称，即关于 X 轴对称
G51,1 X0 Y0；　　　　// 关于点(0,0) 对称，即关于编程原点对称
G50.1 X0；　　　　　　// 取消关于直线 X＝0 对称，即取消关于 Y 轴对称
G50.1 Y0；　　　　　　// 取消关于直线 Y＝0 对称，即取消关于 X 轴对称
G50.1 X0 Y0；　　　　// 取消关于点(0,0) 对称，即取消关于编程原点对称

镜像加工并不一定要求关于坐标轴对称，它可以关于任意直线或任意点对称。如程序 G51.1 X5，即关于直线 $X=5$ 对称；如程序 G51.1 X7 Y10，即关于点(7,10) 对称，但在实际加工中这种情况不多。

### 2.4.3　加工中心的相关操作四



#### 1. SIEMENS 802S 铣、加工中心操作面板

SIEMENS 802S 铣、加工中心操作面板如图 2.53 所示，系统面板如图 2.54 所示，面板介绍见表 2.32。

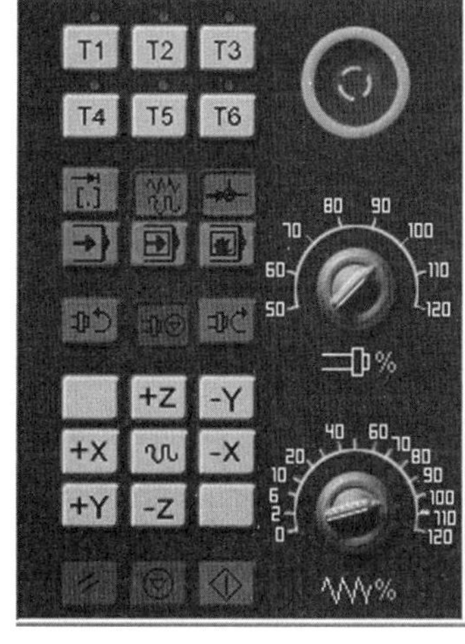

图 2.53　SIEMENS 802S 铣、加工中心操作面板

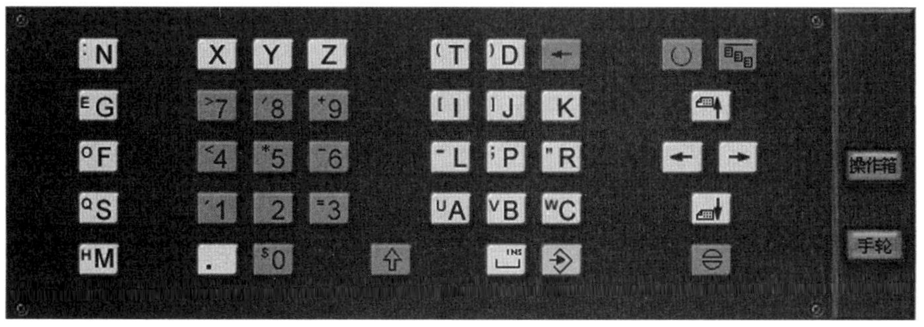

图 2.54　SIEMENS 802S 系统面板

表 2.32　SIEMENS 802S 面板介绍

| 按钮 | 名称 | 功能简介 |
| --- | --- | --- |
|  | 紧急停止 | 按下急停按钮，使机床移动立即停止，并且所有的输出（如主轴的转动等）都会关闭 |
|  | 点动距离选择按钮 | 在单步或手轮方式下，用于选择移动距离 |
|  | 手动方式 | 手动方式，连续移动 |
|  | 回零方式 | 机床回零；机床必须首先执行回零操作，然后才可以运行 |
|  | 自动方式 | 进入自动加工模式 |
|  | 单段 | 当此按钮被按下时，运行程序时每次执行一条数控指令 |
|  | 手动数据输入（MDA） | 单程序段执行模式 |
|  | 主轴正转 | 按下此按钮，主轴开始正转 |
|  | 主轴停止 | 按下此按钮，主轴停止转动 |
|  | 主轴反转 | 按下此按钮，主轴开始反转 |
|  | 快速按钮 | 在手动方式下，按下此按钮后，再按下移动按钮则可以快速移动机床 |
| +Z -Z +Y -Y +X -X | 移动按钮 |  |
|  | 复位 | 按下此键，复位 CNC 系统，包括取消报警、主轴故障复位、中途退出自动操作循环和输入、输出过程等 |
|  | 循环保持 | 程序运行暂停，在程序运行过程中，按下此按钮运行暂停；按 恢复运行 |

续表2.32

| 按钮 | 名称 | 功能简介 |
|---|---|---|
|  | 运行开始 | 程序运行开始 |
|  | 主轴倍率修调 | 将光标移至此旋钮上后，通过点击鼠标的左键或右键来调节主轴倍率 |
|  | 进给倍率修调 | 调节数控程序自动运行时的进给速度倍率，调节范围为 0 ～ 120%。置光标于旋钮上，点击鼠标左键，旋钮逆时针转动；点击鼠标右键，旋钮顺时针转动 |
|  | 报警应答键 |  |
|  | 上挡键 | 对键上的两种功能进行转换。用了上挡键，当按下字符键时，该键上行的字符（除了光标键）就被输出 |
|  | 空格键 |  |
|  | 删除键（退格键） | 自右向左删除字符 |
|  | 回车 / 输入键 | (1) 接受一个编辑值<br>(2) 打开、关闭一个文件目录<br>(3) 打开文件 |
|  | 加工操作区域键 | 按此键，进入机床操作区域 |
|  | 选择转换键 | 一般用于单选、多选框 |



2. **机床准备**

(1) 激活机床。

检查急停按钮是否松开至状态，若未松开，点击急停按钮，将其松开。

点击操作面板上的复位按钮，使得右上角的 003000 标志消失，此时机床完成加工前的准备。

(2) 机床回参考点。

检查操作面板上“手动”和“回原点”按钮是否处于按下状态，否则依次点击按钮和，使其呈按下状态，机床进入回零模式，此时CRT界面的状态栏上显示“手动 REF”。

*X* 轴回零，按住操作面板上的+X按钮，直到 *X* 轴回零，CRT 界面上的 *X* 轴回零灯亮。

用相同的办法可以完成 *Y* 轴、*Z* 轴的回零。



点击操作面板上的“主轴正转”按钮或“主轴反转”按钮，使主轴回零。

注：在坐标轴回零的过程中，若还未到达零点按钮已松开，则机床不能再运动，CRT界面上出现警告框 020005，此时再点击操作面板上的“复位”按钮，警告被取消，可继续进行回零操作。

### 3. 数控程序传送

(1) 读入程序。

先利用记事本或写字板方式编辑好加工程序并保存为文本格式文件，文本文件的头两行必须是如下的内容：

%_N_ 复制进数控系统之后的文件名 _MPF

$PATH=/_N_MPF_DIR

打开键盘，按下Prog Man，进入程序管理界面。

点击软键 读 入 。

在菜单栏中选择“机床/DNC传送”，选择事先编辑好的程序，此程序将被自动复制进数控系统。

(2) 读出程序。

打开键盘，按下Prog Man，进入程序管理界面。

用、或、选择要读出的程序。

按下软键【读出】，显示如图 2.55 所示的对话框。

选择好需要保存的路径，输入文件名，按保存键保存，如图 2.56 所示。

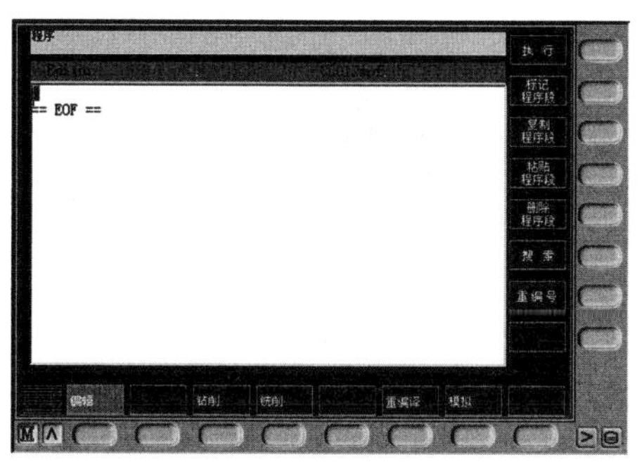


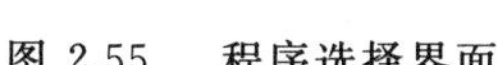
图 2.55 程序选择界面

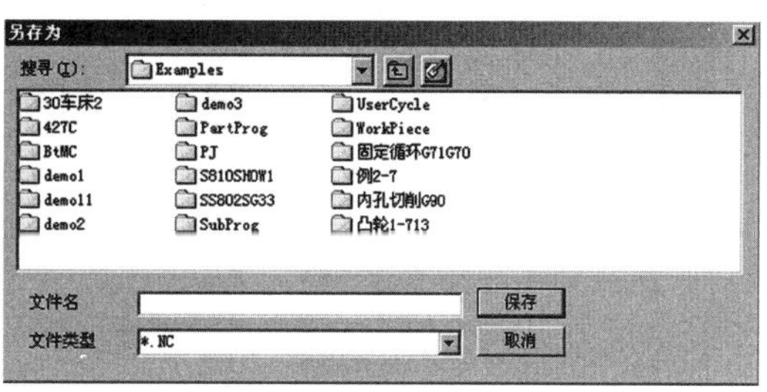


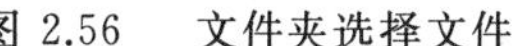
图 2.56 文件夹选择文件



### 4. 寻边器对刀

寻边器由固定端和测量端两部分组成。固定端由刀具夹头夹持在机床主轴上，中心线与主轴轴线重合。在测量时，主轴以 400 ～ 600 r/min 旋转。手动方式使寻边器向工件基准面移动靠近，让测量端接触基准面。在测量端未接触工件时，固定端与测量端的中心线不重合，两者呈偏心状态。当测量端与工件接触后，偏心距减小，这时使用点动方式或手轮方式微调进给，寻边器继续向工件移动，偏心距逐渐减小。当测量端和固定端的中心线重合的瞬间，测量端会明显地偏出，出现明显的偏心状态。这时主轴中心位置距离工件基准面的距离等于测量端的半径。

(1)$X$ 轴方向对刀。

点击操作面板中的按钮进入“手动”方式。

借助“视图”菜单中的动态旋转、动态放缩、动态平移等工具，适当点击操作面板上的 +X、-X、+Y、-Y、+Z、-Z 按钮，将机床移动到如图 2.57 所示的大致位置，在手动状态下，点击操作面板上的或按钮，使主轴转动。未与工件接触时，寻边器上下两部分处于偏心状态。

移动到大致位置后，可采用手轮方式移动机床，点击 手轮 显示手轮，将置于 X 挡，调节手轮移动量旋钮，再将鼠标置于手轮上，通过点击鼠标左键或右键来移动机床(点击左键，机床向负方向运动；点击右键，机床向正方向运动)。寻边器偏心幅度逐渐减小，直至上下半截几乎处于同一条轴心线上，如图 2.58 所示，若此时再进行增量或手动方式的小幅度进给时，寻边器下半部突然大幅度偏移，如图 2.59 所示，即认为此时寻边器与工件恰好吻合。

图 2.57　寻边器偏心状态

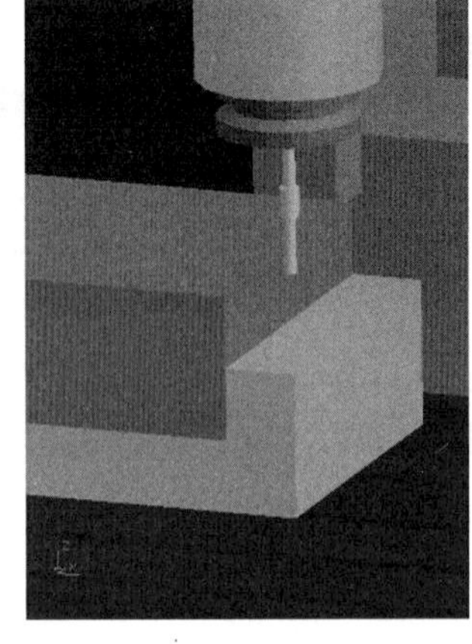

图 2.58　寻边器上下半截同轴心

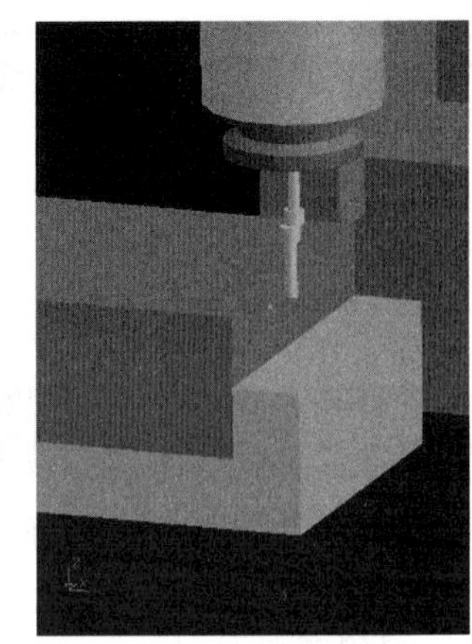

图 2.59　寻边器与工件吻合

① 将工件坐标系原点到 $X$ 轴方向基准边的距离记为 $X_2$；将基准工具直径记为 $X_4$（可在选择基准工具时读出，刚性基准工具的直径为 10 mm），将 $X_2+X_4/2$ 记为 DX。

在测量界面中设置 $X$ 轴方向的基准坐标为 DX。

② 用类似于 $X$ 轴方向的方法获取 $Y$ 轴方向的数据，然后在测量界面中设置 $Y$ 轴方向的基准坐标。

③ 完成 $X$ 轴、$Y$ 轴方向对刀后，需将基准工具收回。

④ 点击操作面板中按钮，切换到手动状态，点击按钮 Z 将 $Z$ 轴作为当前移动轴，按下按钮 + 抬高 $Z$ 轴到适当位置。

点击菜单“机床 / 拆除工具”拆除基准工具。

(2)$Z$ 轴对刀。

铣、加工中心对 $Z$ 轴对刀时采用的是实际加工时所要使用的刀具。首先，假设需要的刀具已经安装在主轴上了。

下面使用塞尺检查法对刀。

点击操作面板中的按钮进入“手动”方式。

借助“视图”菜单中的动态旋转、动态放缩、动态平移等工具，适当点击 -X 、+X 、-Y 、+Y 、-Z 、+Z 按钮，将机床移动到大致位置，如图 2.60 所示。

a.类似于 $X$ 轴、$Y$ 轴方向对刀的方法进行塞尺检查，得到“塞尺检查：合适”时 $Z$ 轴的坐标值。

b.进入“零点偏移测定”界面，点击软键轴　，将当前轴设为 $Z$ 轴。

c.记塞尺厚度为 $d$，在“零偏”对应的文本框中输入 $-d$。

d.点击软键计　算、确　认之后，$Z$ 轴方向基准坐标就设置好了。

(a)

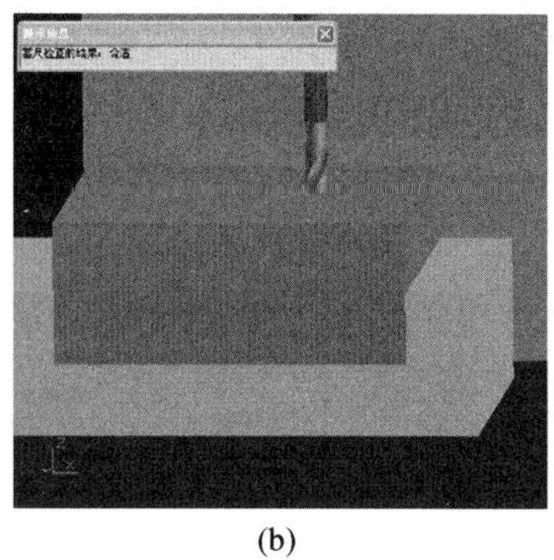

(b)

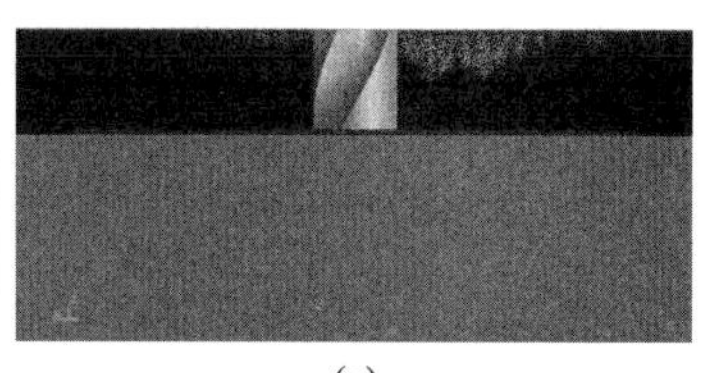

(c)

图 2.60 *Z* 轴对刀过程

### 5. 多把刀对刀

假设以 1 号刀为基准刀，基准刀的对刀方法同上，基准数据记录在 G54 中。对于非基准刀，此处以 2 号刀为例进行说明。

(1) 创建新的刀具，进入如图 2.61 所示界面。

(2) 用 MDA 方式将 2 号刀安装到主轴上。

(3) 采用塞尺法对刀具进行对刀。

(4) 在如图 2.61 所示界面上点击软键**对　刀**，进入如图 2.62 所示界面。

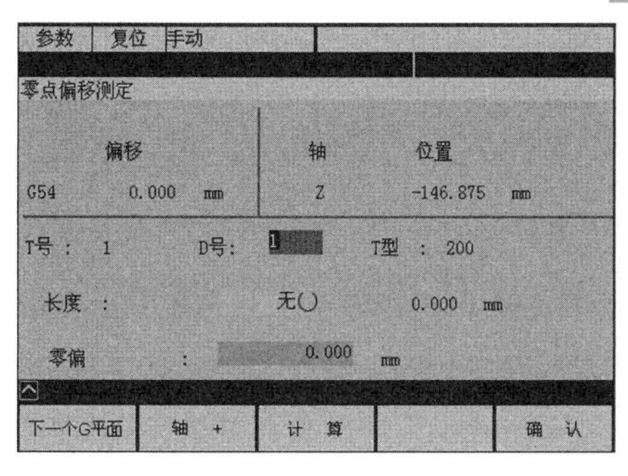


图 2.61 对刀界面

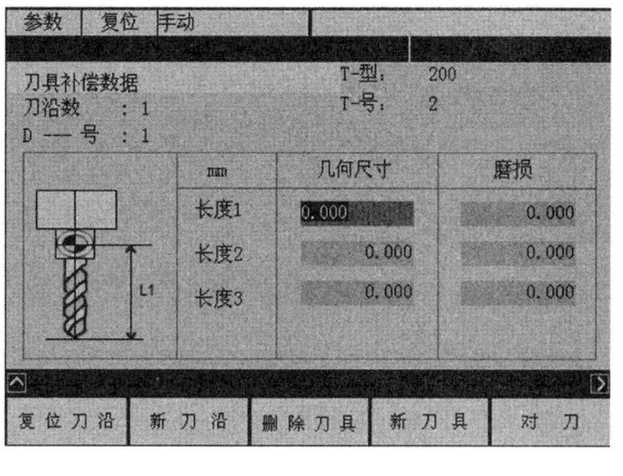


图 2.62 刀具测量

(5) 在“偏移”对应的文本框中输入塞尺厚度 $d$。

(6) 在 G 对应的文本框中输入 54。

(7) 点击软键**计　算**、**确　认**，2 号刀的长度偏移数据就设置好了(数据被设置在长度 1 中)。

图 2.62 所示界面中“长度 2”“长度 3”不需要设置数据。

### 6. G54 ～ G57 坐标系设置

在图 2.63 中，依次点击按钮，软键参数、零点偏移，进入如图 2.64 所示的界面。

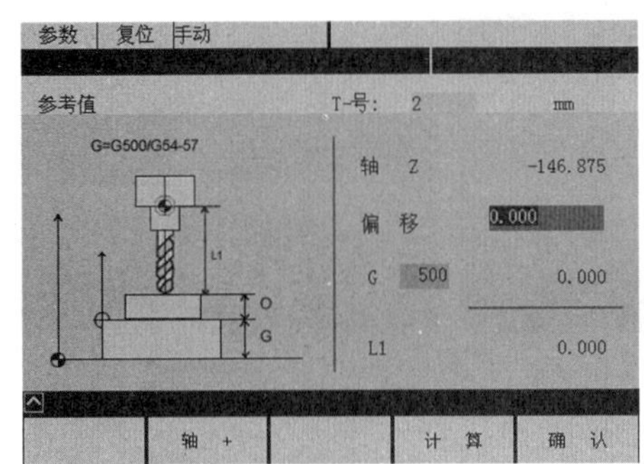


图 2.63　坐标系选择界面

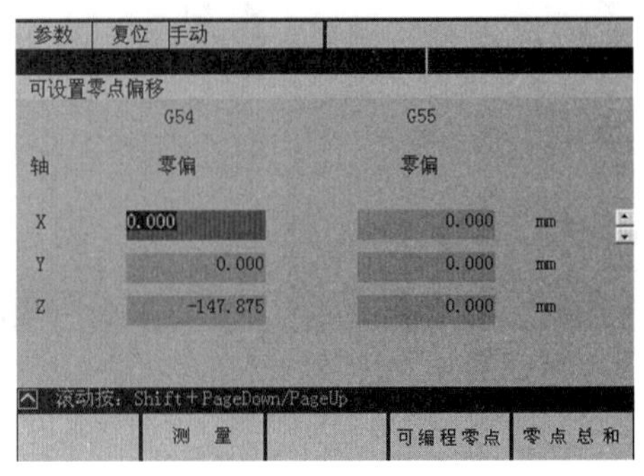


图 2.64　坐标系设置

在系统面板上点击 ＋ 或 ＋ 可以进行翻页，显示或修改 G54(G55)或 G56(G57) 的内容。

点击按钮可以退出本界面。

### 7. 刀具补偿设置

依次点击按钮，软键参数、刀具补偿可以进入如图 2.63 所示刀具参数设置界面，而点击按钮可以退出本界面。

依次点击按钮，软键参数、刀具补偿，按钮及软键新刀具，显示如图 2.65 所示界面。

点击系统面板上的数字键，在“T－号”栏中输入刀号，在“T－型”中输入刀具类型号(钻头 200，铣刀 100)。设置完成后，按软键【确认】，进入图 2.66 所示的界面。

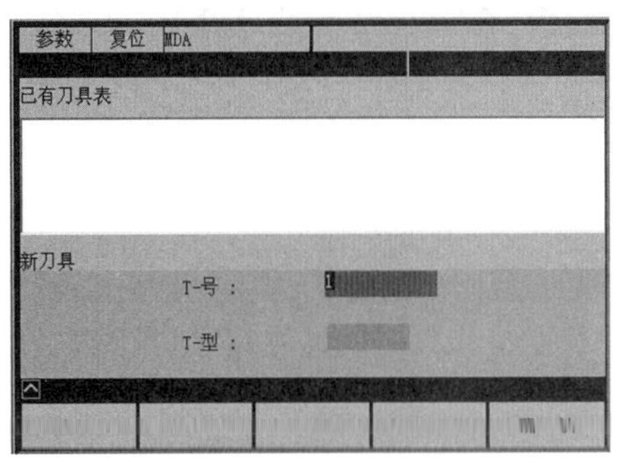


图 2.65　刀具补偿选择界面

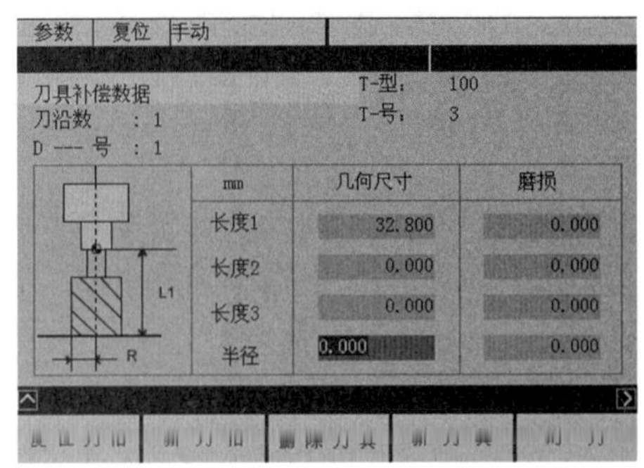


图 2.66　刀具补偿值设置

可在此界面上输入刀具的长度参数、半径参数,“长度 2”“长度 3” 不需要设置数据。

### 8. 导出程序

按软键【通讯】,将光标定位在“零件程序和子程序 ….” 上。

按软键【显示】,显示数控程序目录。

点击系统面板上的方位键和,将光标移动到需要导出的数控程序的位置。

按软键【输出启动】,弹出如图 2.67 所示的“另存为” 对话框。

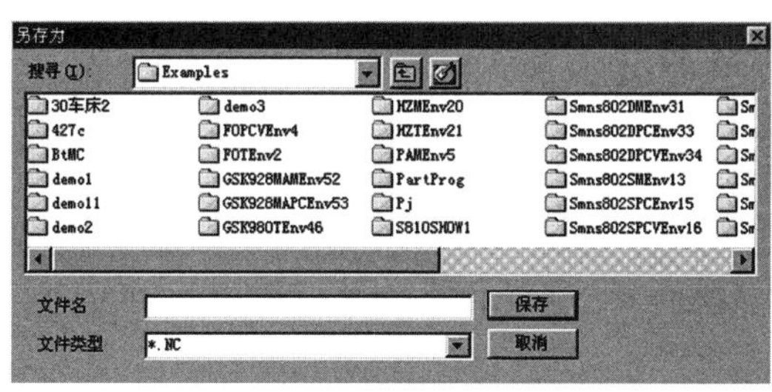


图 2.67　程序存储

选择适当的保存路径,填写适当的文件名后,按“保存” 按钮,完成修改后的数控程序的保存操作。按“取消” 按钮,则放弃此项操作。

### 9. 检查运行轨迹

检查“系统管理 / 系统设置” 菜单中“SIEMENS 属性” 是否选中“PRT 有效时显示加工轨迹”,若未选中则选择它。具体操作如下。

点击菜单“系统管理 / 系统设置”,弹出如图 2.68 所示的对话框。

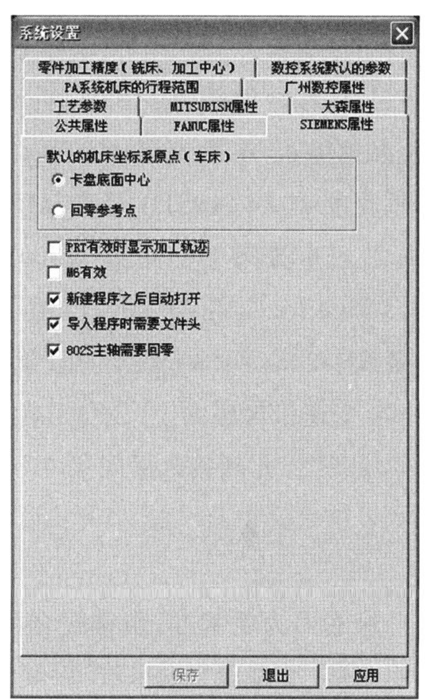

图 2.68　系统设置界面

点击“SIEMENS 属性”选项，检查“PRT 有效时显示加工轨迹”选项前面是否有“√”，若没有则点击此选项，使其被选中。按“应用”，再按软键【退出】，完成设定操作。

点击 CRT 界面下方的按钮，将控制面板切换到加工界面下。

点击操作面板上的“自动模式”按钮，使其呈按下状态，机床进入自动加工模式。

按软键【程序控制】，点击系统面板上的方位键和，将光标移到“PRT 程序测试有效”选项上，点击按钮，将此选项打上“√”，按软键【确认】，即选中了察看轨迹模式，原来显示机床处变为一坐标系，可通过“视图”菜单中的动态旋转、动态放缩、动态平移等方式对三维运行轨迹进行全方位的动态观察。

在自动运行模式下，选择一个可供加工的数控程序。

点击操作面板上的“运行开始”按钮，则程序开始运行，可以观察运行轨迹。

注：检查运行轨迹时，暂停运行、停止运行、单段执行等同样有效。

点击操作面板上的复位按钮可使程序重置。

## 任务实施

### 2.4.4 变速器后壳体工艺设计

变速器后壳体工艺设计步骤如下。

(1) 零件的工艺性分析。

该零件精度要求较高的项目有：接合面平面度 0.04，后端面平面度 0.05，后端面与接合面间平行度 0.05，$\phi$90H7 孔及对基准 $A$ 垂直度 $\phi$0.02，$\phi$75H7 孔及对基准 $A$ 垂直度 $\phi$0.02，$\phi$25H7 孔及对基准 $A$ 垂直度 $\phi$0.06，$\phi$90H7 孔与 $\phi$75H7 孔间中心距 $90 \pm 0.027$，$\phi$90H7 孔与接合面 $2 \times \phi 8(^{+0.035}_{+0.013})$ F8 孔间中心距 $88 \pm 0.037$、$82 \pm 0.027$，$\phi$25H7 孔与 $\phi$75H7 孔间中心距 $57.7 \pm 0.023$，$\phi$25H7 孔与 $\phi$90H7 孔间中心距 $94.3 \pm 0.027$，$3 \times \phi 16^{+0.043}_{0}$ 孔及对基准 $C$、$A$ 位置度 $\phi$0.03，$3 \times \phi 19^{+0.033}_{0}$ 孔、合面上 $2 \times \phi 8(^{+0.035}_{+0.013})$ F8 孔及孔间尺寸 $165 \pm 0.031$、$210 \pm 0.036$，变速机构座面上 $2 \times \phi 8^{+0.035}_{+0.013}$ 孔及孔间尺寸 $122 \pm 0.031$、$40 \pm 0.019$，变速机构座面上 $2 \times \phi 8^{+0.035}_{+0.013}$ 孔到接合面间尺寸 $34 \pm 0.02$、到 $\phi$90H7 孔中心间尺寸 $10 \pm 0.018$ 等。

(2) 加工工艺装备选择。

在粗铣接合面时，选周边凸缘底面为粗基准，精铣接合面及加工 $2 \times \phi 8(^{+0.035}_{+0.013})$ F8 孔时以 $\phi$90H7 孔和 $\phi$75H7 孔为粗基准、后端面为精基准，后续加工其他表面时，基本以接合面和接合面上 $2 \times \phi 8(^{+0.035}_{+0.013})$ F8 孔为定位基准。

(3) 零件加工工艺拟订。

接合面　　粗铣－精铣

后端面　　粗铣－精铣

$\phi$90H7 孔　　粗镗 $\phi$89.6～$\phi$89.7－孔口倒角 $C1$－精镗 $\phi$90～$\phi$90.035

$\phi$75H7 孔　　粗镗 $\phi$74.6～$\phi$74.7－孔口倒角 $C1$－精镗 $\phi$75～$\phi$75.030

$\phi$25H7 孔　　钻孔 $\phi$24.5－孔口倒角 $C1$－镗孔 $\phi$5～$\phi$25.021

$3\times\phi\,16^{+0.043}_{0}$ 孔　　钻孔 3×$\phi$15.5－镗孔 3×$\phi$16.0～$\phi$16.043

$3\times\phi\,19^{+0.033}_{0}$ 孔　　扩孔 $\phi$18.6－孔口倒角 $C1$－镗孔 3×$\phi$19.0～$\phi$19.033



接合面上 $2\times\phi8(^{+0.035}_{+0.013})$ F8 孔　　钻中心孔－钻孔 2×$\phi$7.5－镗孔 2×$\phi$7.8－铰孔2×$\phi$8F8

接合面上 14×M10－6H 螺纹孔　　钻孔 $14\times\phi\,8.5^{+0.176}_{0}$－攻螺纹 14×M10－6H

后端面上 8×M8－6H 螺纹孔　　钻孔 8×$\phi$6.7～$\phi$6.912－攻螺纹 8×M8－6H

变速机构座面及小盖面　　铣

倒挡窗口面　　铣

倒挡窗口内侧双面　　粗铣－精铣

M18×1.5－6H 侧面　　铣

变速机构座面上 $2\times\phi8^{+0.035}_{+0.013}$ 孔　　钻中心孔－钻孔 2×$\phi$7.5－镗孔 2×$\phi$7.8－铰 $2\times\phi8^{+0.035}_{+0.013}$ 孔

变速机构座面上 7×M8－6H 螺纹孔　　钻孔 7×$\phi$6.7～$\phi$6.912－攻螺纹7×M8－6H

小盖面上 $3\times\phi\,8.1^{+0.1}_{0}$ 孔　　钻孔 3×$\phi$7.8－扩孔 $3\times\phi\,8.1^{+0.1}_{0}$

小盖面上 2×M6－6H 螺纹孔　　钻孔 2×$\phi$5－攻螺纹 2×M6－6H

M18×1.5－6H 螺纹孔　　钻孔 $\phi$16.5－攻螺纹 M18×1.5－6H

倒挡窗口面上 4×M8－6H 螺纹孔　　钻孔 4×$\phi$6.7～$\phi$6.912－攻螺纹 4×M8－6H

(4) 工序顺序安排。

(5) 走刀路线确定和工步顺序安排。

(6) 切削用量确定。

(7) 数控加工工艺文件填写。

确定加工工艺路线，制订工艺流程，设计工艺及工序。变速器后壳体各工艺文件分别见表2.34～2.47，其各工序工艺附图如图 2.69～2.83 所示。

**表 2.33　变速器后壳体机械加工工艺过程卡**

| (学校) | 机械加工工艺过程卡 | 产品型号 | | 零部件图号 | | |
|---|---|---|---|---|---|---|
| | | 产品名称 | | 零部件名称 | 变速器后壳体 | 共 1 页 第 1 页 |

| 材料牌号 | HT200 | 毛坯种类 | 铸件 | 毛坯外形尺寸 | | 每个毛坯可制件数 | 1 | 每台件数 | 1 | 备注 | |
|---|---|---|---|---|---|---|---|---|---|---|---|

| 工序号 | 工序名称 | 工序内容 | 车间工段 | 设备 | 工艺装备 | 工时 | |
|---|---|---|---|---|---|---|---|
| | | | | | | 准终 | 单件 |
| 1 | 铣 | 粗铣结合面 | 金工 | 立式铣床 | 专用夹具 | | |
| 2 | 铣 | 粗铣后端面 | 金工 | 立式铣床 | 专用夹具 | | |
| 3 | 铣、钻 | 工位一:精铣结合面,钻铰 $2\times\phi8F8$ 孔<br>工位二:精铣后端面,精粗镗各轴孔钻孔 | 金工 | 加工中心 | 随机夹具 | | |
| 4 | 铣、钻 | 铣倒挡窗口面、钻孔;铣变速机构座面及小端面、钻孔;铣 M18×1.5－6H 侧面、钻孔 | 金工 | 卧式加工中心 | 随机夹具 | | |
| 5 | 铣 | 铣倒挡窗口内侧双面 | 金工 | 卧式铣床 | 专用夹具 | | |
| 6 | 攻丝 | 攻丝 M18×1.5－6H | 金工 | 立式钻床 | 专用夹具 | | |
| 7 | 攻丝 | 座面攻丝小端面攻丝 | 金工 | 立式钻床 | 专用夹具 | | |
| 8 | 攻丝 | 结合面攻丝<br>14×M10－6H | 金工 | 立式钻床 | 专用夹具 | | |
| 9 | 攻丝 | 后端面攻丝<br>8×M8－6H | 金工 | 立式钻床 | 专用夹具 | | |
| 10 | 攻丝 | 倒挡窗口面攻丝<br>4×M8－6H | 金工 | 立式钻床 | 专用夹具 | | |
| 11 | 清洗 | 清洗 | 金工 | 清洗机 | | | |
| 12 | 检验 | 检查 | 检验科 | | | | |

| 编制 | | 审核 | | 批准 | | 热处理 | |
|---|---|---|---|---|---|---|---|

**表 2.34 变速器后壳体工序 1 工序卡**

| (学校) | 机械加工工序卡 | 产品名称或代号 | 零件名称 | | 材料 | | 零件图号 |
|---|---|---|---|---|---|---|---|
| | | | 变速器后壳体 | | HT200 | | |
| 工序号 | 工序名称 | 夹具 | 使用设备 | | | 车间 | |
| 1 | 铣 | 专用夹具 | 立式铣床 | | | 金工 | |
| 工步号 | 工步内容 | 刀具 | 量具及检具 | 进给量/(mm·r$^{-1}$) | 主轴转速/(r·min$^{-1}$) | 切削速度/(m·min$^{-1}$) | |
| 1 | 保证尺寸 20.8 | 铣刀 SPCM60416YG8 机夹刀片(19) | 游标卡尺 | 0.2 | 644 | 110 | |
| 编制 | | 审核 | | 批准 | | 热处理 | 共 14 页 第 1 页 |

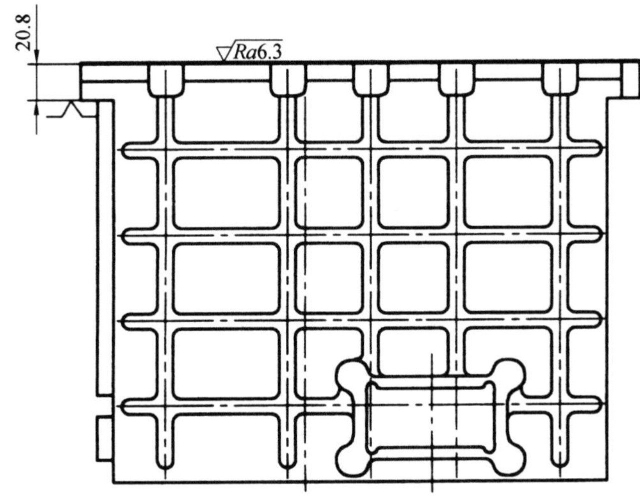


图 2.69 工序 1 工艺附图

表 2.35　变速器后壳体工序 2 工序卡

| （学校） | 机械加工工序卡 | 产品名称或代号 | 零件名称 | | 材料 | | 零件图号 | |
|---|---|---|---|---|---|---|---|---|
| | | | 变速器后壳体 | | HT200 | | | |
| 工序号 | 工序名称 | 夹具 | 使用设备 | | | 车间 | | |
| 2 | 铣 | 专用夹具 | 立式铣床 | | | 金工 | | |
| 工步号 | 工步内容 | 刀具 | 量具及检具 | 进给量/(mm·$r^{-1}$) | | 主轴转速/(r·$min^{-1}$) | | 切削速度/(m·$min^{-1}$) |
| 1 | 保证尺寸 244.6 ～ 244.9 | 铣刀 SPCN160416 机夹刀(19) | 高度游标卡尺 | 0.25 | | 600 | | 110 |
| 编制 | | 审核 | 批准 | 热处理 | | | 共 14 页 | 第 2 页 |

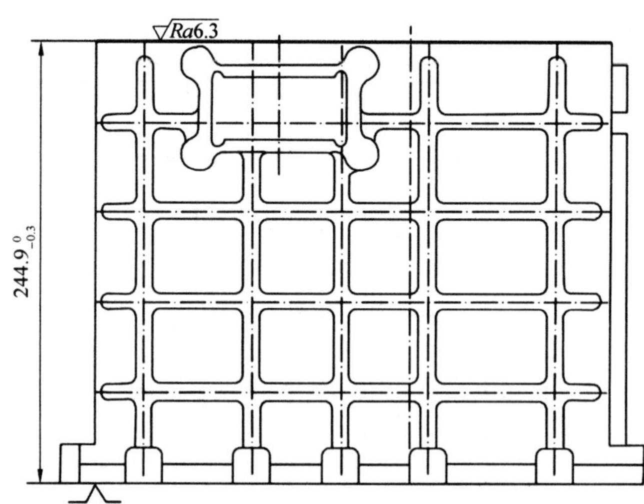


图 2.70　工序 2 工艺附图

表 2.36　变速器后壳体工序 3 工序卡(工位一)

| (学校) | 机械加工工序卡 | 产品名称或代号 | 零件名称 | | 材料 | | 零件图号 |
|---|---|---|---|---|---|---|---|
| | | | 变速器后壳体 | | HT200 | | |
| 工序号 | 工序名称 | 夹具 | 使用设备 | | 车间 | | |
| 3 | 铣、钻 | 随机夹具 | 加工中心 | | 金工 | | |
| 工步号 | 工步内容 | 刀具 | 量具及检具 | 进给量/(mm·$r^{-1}$) | 主轴转速/(r·$min^{-1}$) | 切削速度/(m·$min^{-1}$) | |
| 工位一 | | | | | | | |
| 1 | 精铣结合面保证尺寸 224.0 ～ 243.8 保证平面度 0.04 | 125B12R-F453 E12 F-03 铣刀 | 深度尺，塞尺，百分表 | 0.3 | 325 | 127.6 | |
| 2 | 2 × $\phi$8F8 孔钻中心孔 | 410 × 90° No.557 定心钻 | | 0.2 | 1 200 | 37.7 | |
| 3 | 2 × $\phi$8F8 孔镗孔 2 × $\phi$7.5 | $\phi$7.5 钻头 | | 0.2 | 1 000 | 23.5 | |
| 4 | 2 × $\phi$8F8 孔镗孔 2 × $\phi$7.8 | 镗刀头刀片 | | 0.1 | 100 | 24.5 | |
| 5 | 铰孔 2 × $\phi$8.013 ～ $\phi$8.035 深 16 保证两孔中心有关尺寸：88、82 和 165 ± 0.031、210 ±0.036 | GB/T 1132—2017 AF8 铰刀 | 塞规，百分尺，检棒 | 0.2 | 400 | 10 | |
| 6 | 结合面钻孔 14 × $\phi$8.5 ～ $\phi$8.676，深 18 保证对基准 *C* 位置度 $\phi$0.30 | $\phi$8.5 × 18 阶梯钻 | 塞规，孔位量规 | 0.08 | 500 | 13.3 | |
| | | | | | | | |
| | | | | | | | |
| 编制 | | 审核 | | 批准 | | 热处理 | 共 14 页 第 3 页 |

表 2.37 变速器后壳体工序 3 工序卡(工位二)

| (学校) | | 机械加工工序卡 | 产品名称或代号 | 零件名称 | | 材料 | | 零件图号 |
|---|---|---|---|---|---|---|---|---|
| | | | | 变速器后壳体 | | HT200 | | |
| 工序号 | | 工序名称 | 夹具 | 使用设备 | | | 车间 | |
| 3(续) | | 铣、钻 | 随机夹具 | 加工中心 | | | 金工 | |
| 工步号 | 工步内容 | | 刀具 | 量具及检具 | 进给量/$(mm \cdot r^{-1})$ | 主轴转速/$(r \cdot min^{-1})$ | | 切削速度/$(m \cdot min^{-1})$ |
| 工位二(保证以下各尺寸) | | | | | | | | |
| 7 | 精铣后端面保证尺寸 243.072～243.0,平行度 0.05,对基准 *A* 平行度 0.05 | | 3EKN1203 AFN WTA21 刀片(12) | 平台,长尺,磁力表座 | 0.35 | 325 | | 127.6 |
| 8 | 粗镗 $\phi$75 孔,保证尺寸 $\phi$74.6～$\phi$74.7 | | 刀片 镗刀头 | | 0.15 | 450 | | 101.7 |
| 9 | 粗镗 $\phi$90 孔,保证尺寸 $\phi$89.6～$\phi$89.7 | | 刀片 镗刀头 | | 0.1 | 350 | | 97.8 |
| 10 | 钻孔 3×$\phi$15.5 | | $\phi$15.5 钻头 | | 0.25 | 500 | | 24.3 |
| 11 | 扩孔至 $\phi$18.6,深 7 | | 刀片 镗刀头 | | 0.08 | 600 | | 35.2 |
| 12 | 钻孔至 $\phi$24.5 | | $\phi$24.5 | | 0.15 | 330 | | 25.4 |
| 13 | 各孔口倒角 1×45° | | 刀片 倒角刀 | | 0.4 | 600 | | 56.5 |
| 14 | 精镗 $\phi$75,尺寸保证 $\phi$75～$\phi$75.030 | | 刀片 镗刀头 | 内径千分表,环规 | 0.1 | 600 | | 135.7 |
| 15 | 精镗 $\phi$90～$\phi$90.035 | | 刀片 镗刀头 | 内径千分表,环规 | 0.1 | 550 | | 155.4 |
| 编制 | | 审核 | | 批准 | | 热处理 | 共 14 页 | 第 4 页 |

表 2.38　变速器后壳体工序 3 工序卡(工位三)

| (学校) | 机械加工工序卡 | 产品名称或代号 | 零件名称 | | 材料 | | 零件图号 |
|---|---|---|---|---|---|---|---|
| | | | 变速器后壳体 | | HT200 | | |
| 工序号 | 工序名称 | 夹具 | 使用设备 | | 车间 | | |
| 3(续) | 铣、钻 | 随机夹具 | 加工中心 | | 金工 | | |
| 工步号 | 工步内容 | 刀具 | 量具及检具 | 进给量/(mm·$r^{-1}$) | 主轴转速/(r·$min^{-1}$) | 切削速度/(m·$min^{-1}$) | |
| 工位三 | | | | | | | |
| 16 | 镗孔 3×$\phi$16<br>保证尺寸 3×$\phi$16.0～$\phi$16.043<br>对基准 *C*、*A* 位置 $\phi$0.03 | 刀片<br>镗刀头 | 内径千分表，三坐标测量机 | 0.08 | 550 | 25.1 | |
| 17 | 镗孔 3×$\phi$19<br>保证尺寸 3×$\phi$19.0～$\phi$19.033<br>保证孔深 7.5 | 刀片<br>镗刀头 | 塞规，卡尺 | 0.08 | 640 | 30.2 | |
| 18 | 后端面钻孔 8×$\phi$6.7～$\phi$6.912，深 15<br>保证对基准 *D* 位置度 $\phi$0.3 | $\phi$6.7×15<br>阶梯钻 | 塞规，孔位量规 | 0.1 | 710 | 14.9 | |
| 19 | 镗孔 $\phi$25<br>保证尺寸 $\phi$25～$\phi$25.021<br>保证各孔位置精度 165±0.031 、210±0.036、82±0.027、90 ± 0.027、88 ± 0.037、*R*94.3 ± 0.027、*R*57.7±0.023<br>保证 $\phi$75H7、$\phi$90H7 孔对基准 *A* 垂直度 $\phi$0.02 ；$\phi$25H7 孔对基准 *A* 垂直度 $\phi$0.06 | 刀片<br>镗刀头 | 内径千分表，环规，三坐标测量机长尺 | 0.08 | 640 | 50.2 | |
| | | | | | | | |
| 编制 | | 审核 | | 批准 | | 热处理 | 共 14 页　第 5 页 |

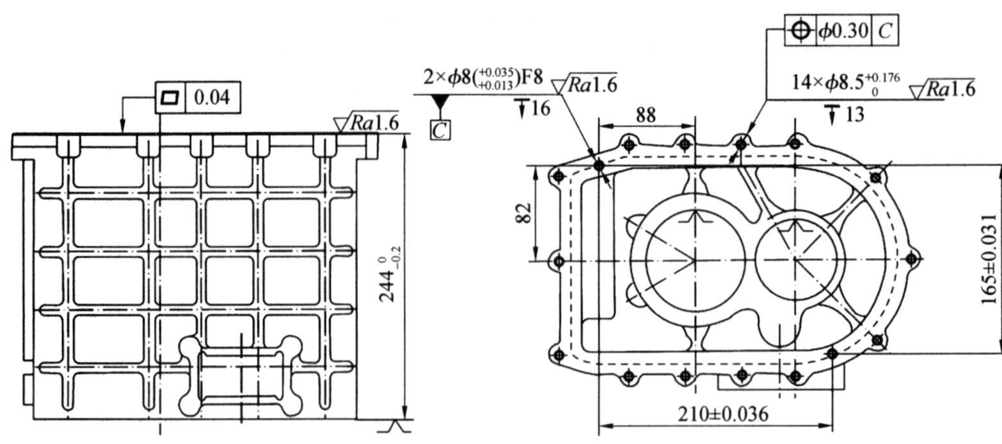


图 2.71　工序 3 工位一工艺附图



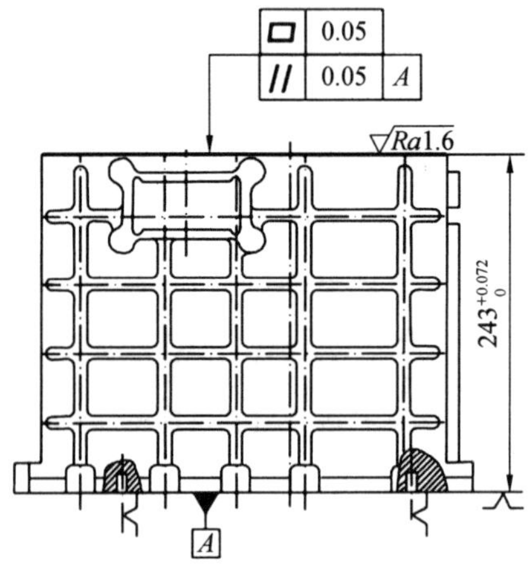


图 2.72　工序 3 工位二工艺附图

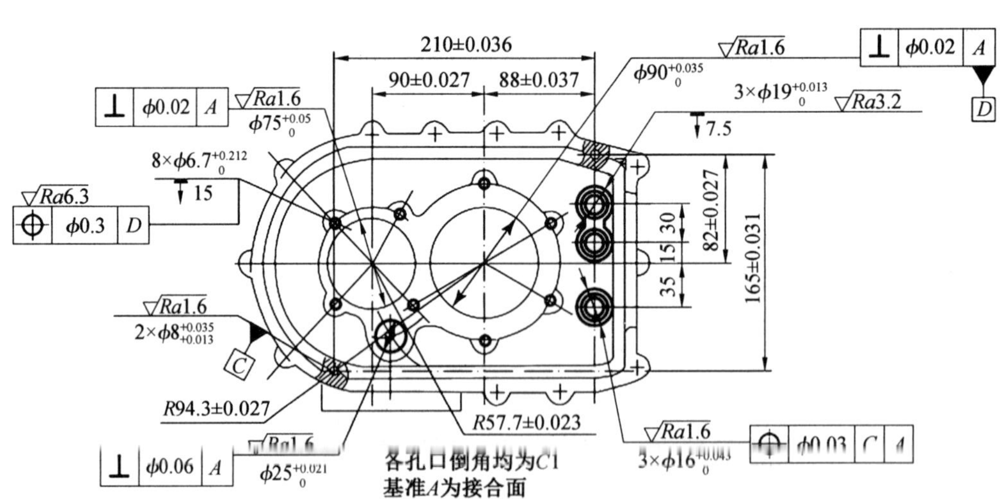


图 2.73　工序 3 工位二工艺附图

**表 2.39　变速器后壳体工序 4 工序卡(工位一、二)**

| (学校) | 机械加工工序卡 | 产品名称或代号 | 零件名称 | 材料 | 零件图号 | |
|---|---|---|---|---|---|---|
| | | | 变速器后壳体 | HT200 | | |
| 工序号 | 工序名称 | 夹具 | 使用设备 | | 车间 | |
| 4 | 铣、钻 | 专用夹具 | 卧式加工中心 | | 金工 | |
| 工步号 | 工步内容 | 刀具 | 量具及检具 | 进给量/(mm·r$^{-1}$) | 主轴转速/(r·min$^{-1}$) | 切削速度/(m·min$^{-1}$) |
| 工位一:铣倒挡窗口面、钻孔 | | | | | | |
| 1 | 铣倒挡窗口面<br>保证尺寸 30 ~ 30.1 | 铣刀<br>SPCN160416YG8<br>刀片 | 高度尺 | 0.15 | 300 | 103 |
| 2 | 钻孔 4 × $\phi$6.7 ~ $\phi$6.912<br>深 15<br>保证位置度 $\phi$0.30 | $\phi$6.7 × 15<br>阶梯孔 | 塞规,<br>孔位量规 | 0.1 | 710 | 14.9 |
| 工位二:铣变速机构座面及小盖面、钻孔 | | | | | | |
| 3 | 铣变速机构座面<br>保证尺寸 123 ~ 122.85 | 铣刀<br>刀片<br>YG8 | | 0.25 | 475 | 164 |
| 4 | 座面 2×$\phi$8(+0.035/+0.013)<br>钻中心孔 | 410 × 90°<br>No.557 定心钻 | | 0.15 | 1 200 | 37.7 |
| 5 | 座面 2×$\phi$8(+0.035/+0.013)<br>镗孔 2 × $\phi$7.5<br>深 10 | $\phi$7.5 钻头 | | 0.2 | 1 000 | 23.5 |
| 6 | 座面 2×$\phi$8(+0.035/+0.013)<br>镗孔 2 × $\phi$7.8<br>深 10 | 镗头刀<br>BPGF050303<br>LK68 刀片 | | 0.1 | 1 000 | 24.5 |
| 编制 | 审核 | 批准 | 热处理 | | 共 14 页 | 第 6 页 |

**表 2.40　变速器后壳体工序 4 工序卡(工位二、工位三)**

| (学校) | 机械加工工序卡 | 产品名称或代号 | 零件名称 | 材料 | 零件图号 |
|---|---|---|---|---|---|
| | | | 变速器后壳体 | HT200 | |
| 工序号 | 工序名称 | 夹具 | 使用设备 | | 车间 |
| 4(续) | 铣、钻 | 专用夹具 | 卧式加工中心 | | 金工 |

| 工步号 | 工步内容 | 刀具 | 量具及检具 | 进给量 /(mm·r$^{-1}$) | 主轴转速 /(r·min$^{-1}$) | 切削速度 /(m·min$^{-1}$) |
|---|---|---|---|---|---|---|
| 7 | 座面铰孔 2 × $\phi$8.013 ~ $\phi$8.035<br>有效深 7<br>保证两孔位置为<br>122 ± 0.031、34 ± 0.02<br>10 ± 0.018、40 ± 0.019 | 8AH8YG6 铰刀 | 三坐标测量仪 | 0.08 | 355 | 8.9 |
| 8 | 小盖面钻孔 3 × $\phi$7.8 | $\phi$7.8 钻头 | | 0.2 | 1 000 | 24.5 |
| 9 | 小盖面扩孔 3 × $\phi$8.1 ~ $\phi$8.2<br>保证对基准 *A* 位置度 $\phi$0.3 | $\phi$8.1 扩孔刀 | $\phi$8.1 ~ $\phi$8.2 塞规 | 0.1 | 355 | 9 |
| 10 | 座面钻孔保证 7 × $\phi$6.7 ~ $\phi$6.912<br>深 15 ,对基准 *A* 位置度 $\phi$0.3 | $\phi$6.7 × 15 阶梯钻 | $\phi$6.7 ~ $\phi$6.912 塞规 | 0.15 | 500 | 36 |
| 11 | 小盖面钻孔 2 × $\phi$5,深 15<br>对基准 *A* 位置度 $\phi$0.3 | $\phi$5 × 18 阶梯钻 | 位置量规长尺 | 0.15 | 500 | 36 |
| 工位三:铣 M18 × 1.5 − 6H 侧面、钻孔 | | | | | | |
| 12 | 铣 M18 × 1.5 − 6H 侧面,<br>保证尺寸 164 ± 0.12 | 立铣刀 $\phi$32 | 高度尺 | 0.15 | 710 | 71.3 |
| 13 | 钻孔 $\phi$16.5 | $\phi$16.5 钻头 | | 0.15 | 500 | 36 |

| 编制 | | 审核 | | 批准 | | 热处理 | | 共 14 页 | 第 7 页 |
|---|---|---|---|---|---|---|---|---|---|

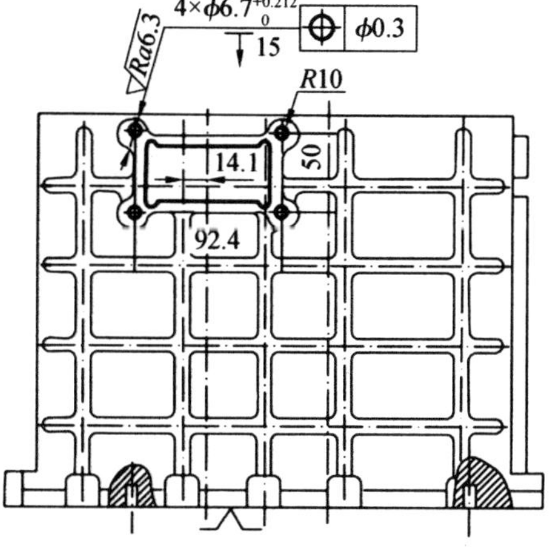


图 2.74 工序 4 工位一工艺附图 1

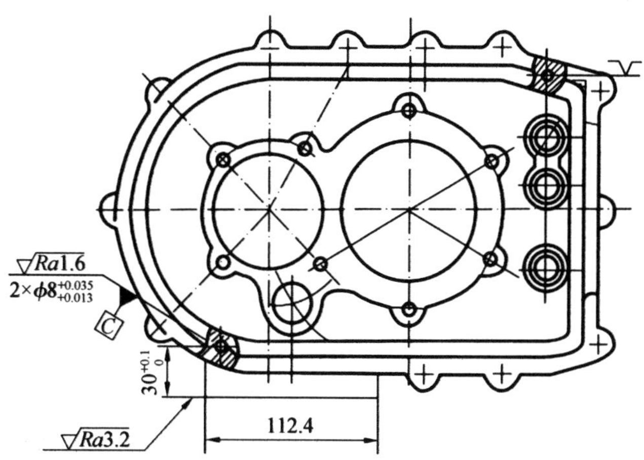


图 2.75 工序 4 工位一工艺附图 2

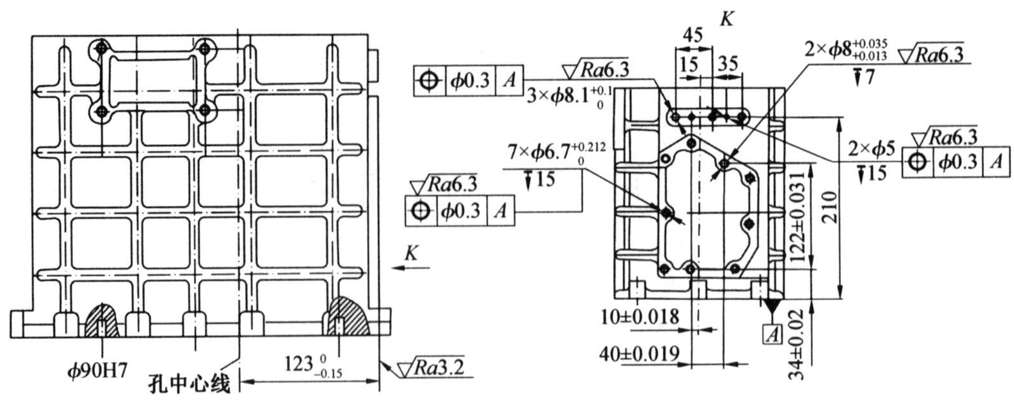




图 2.76　工序 4 工位二工艺附图 2

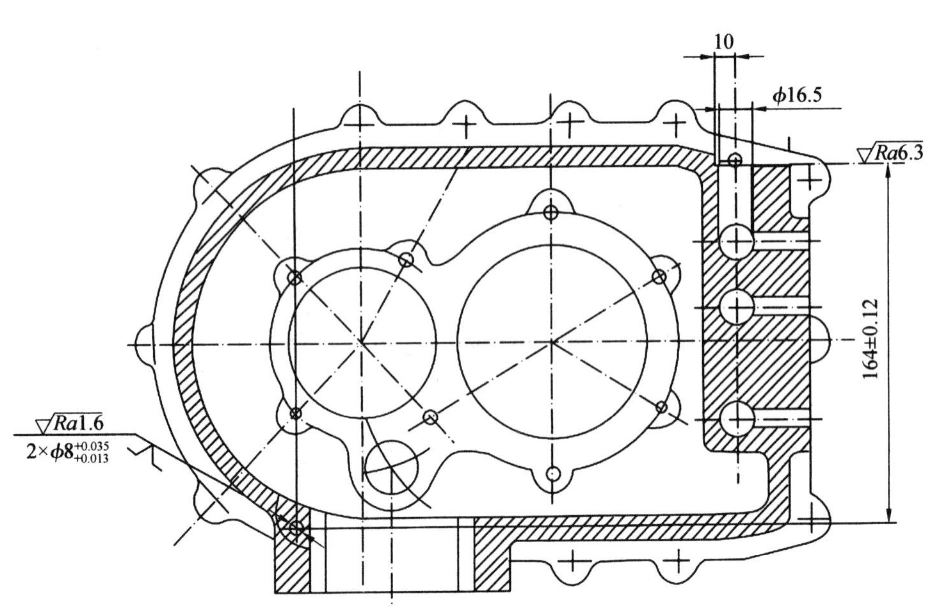


图 2.77　工序 4 工位三工艺附图

**表 2.41 变速器后壳体工序 5 工序卡**

<table>
<tr><td colspan="2" rowspan="2">（学校）</td><td rowspan="2">机械加工<br>工序卡</td><td>产品名称或代号</td><td colspan="2">零件名称</td><td>材料</td><td>零件图号</td></tr>
<tr><td></td><td colspan="2">变速器后壳体</td><td>HT200</td><td></td></tr>
<tr><td colspan="2">工序号</td><td>工序名称</td><td>夹具</td><td colspan="2">使用设备</td><td colspan="2">车间</td></tr>
<tr><td colspan="2">5</td><td>铣</td><td>专用夹具</td><td colspan="2">数控铣床</td><td colspan="2">金工</td></tr>
<tr><td>工步号</td><td colspan="2">工步内容</td><td>刀具</td><td>量具及检具</td><td>进给量/(mm・r⁻¹)</td><td>主轴转速/(r・min⁻¹)</td><td>切削速度/(m・min⁻¹)</td></tr>
<tr><td>1</td><td colspan="2">粗铣倒挡窗口内侧双面保证尺寸 189.5 ± 0.2、35.5 ± 0.2(刀具保证)</td><td>铣刀</td><td></td><td>0.15</td><td>760</td><td>60</td></tr>
<tr><td>2</td><td colspan="2">精铣倒挡窗口内侧双面保证尺寸 36 ～ 36.1、189 ± 0.10(刀具保证)</td><td>铣刀</td><td>长尺，塞板卡尺</td><td>0.15</td><td>760</td><td>60</td></tr>
<tr><td>编制</td><td></td><td>审核</td><td></td><td>批准</td><td></td><td>热处理</td><td>共 14 页 第 8 页</td></tr>
</table>

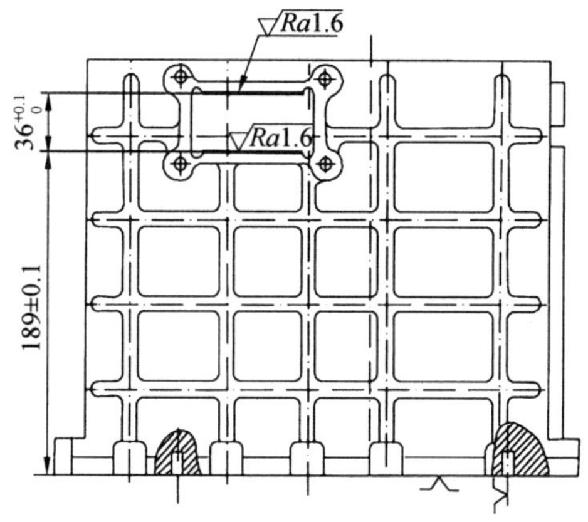


图 2.78 工序 5 工艺附图

表 2.42　变速器后壳体工序 6 工序卡

| (学校) | 机械加工工序卡 | 产品名称或代号 | 零件名称 | | 材料 | | 零件图号 |
|---|---|---|---|---|---|---|---|
| | | | 变速器后壳体 | | HT200 | | |
| 工序号 | 工序名称 | 夹具 | 使用设备 | | | 车间 | |
| 6 | 攻丝 | 专用夹具 | 立式钻床 | | | 金工 | |
| 工步号 | 工步内容 | 刀具 | 量具及检具 | 进给量/(mm·$r^{-1}$) | 主轴转速/(r·$min^{-1}$) | 切削速度/(m·$min^{-1}$) | |
| 1 | 攻丝 M18×1.5－6H 深 15 | M18－H2－3 丝锥 | M18×1.5－6H 螺纹塞规 | 1.35 | 180 | 10.2 | |
| 编制 | 审核 | 批准 | 热处理 | | | 共 14 页 | 第 9 页 |



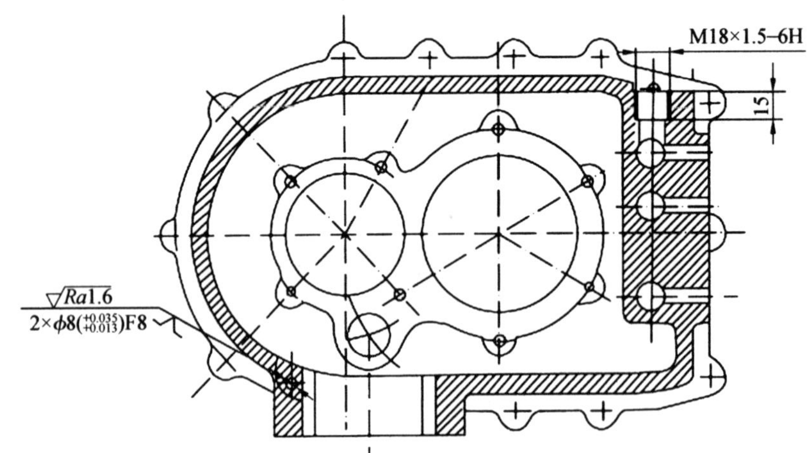


图 2.79　工序 6 工艺附图

**表 2.43　变速器后壳体工序 7 工序卡**

<table>
<tr><td colspan="2" rowspan="2">(学校)</td><td rowspan="2">机械加工<br>工序卡</td><td>产品名称或代号</td><td>零件名称</td><td>材料</td><td>零件图号</td></tr>
<tr><td></td><td>变速器后壳体</td><td>HT200</td><td></td></tr>
<tr><td colspan="2">工序号</td><td>工序名称</td><td>夹具</td><td colspan="2">使用设备</td><td>车间</td></tr>
<tr><td colspan="2">7</td><td>攻丝</td><td>专用夹具</td><td colspan="2">立式钻床</td><td>金工</td></tr>
<tr><td>工步号</td><td>工步内容</td><td>刀具</td><td>量具及检具</td><td>进给量/(mm·r⁻¹)</td><td>主轴转速/(r·min⁻¹)</td><td>切削速度/(m·min⁻¹)</td></tr>
<tr><td>1</td><td>座面攻丝 7 × M8 − 6H 深 13</td><td>M8 − H2 丝锥</td><td>M8 − 1.5 − 6H 螺纹塞规</td><td>0.9</td><td>180</td><td>4.5</td></tr>
<tr><td>2</td><td>小盖面攻丝 2 × M6 深 13</td><td>M6 − H2 丝锥</td><td>M6 × 1.5 − 6H 螺纹塞规</td><td>0.9</td><td>180</td><td>3.4</td></tr>
</table>

| 编制 | | 审核 | | 批准 | | 热处理 | | 共 14 页 | 第 10 页 |
|---|---|---|---|---|---|---|---|---|---|

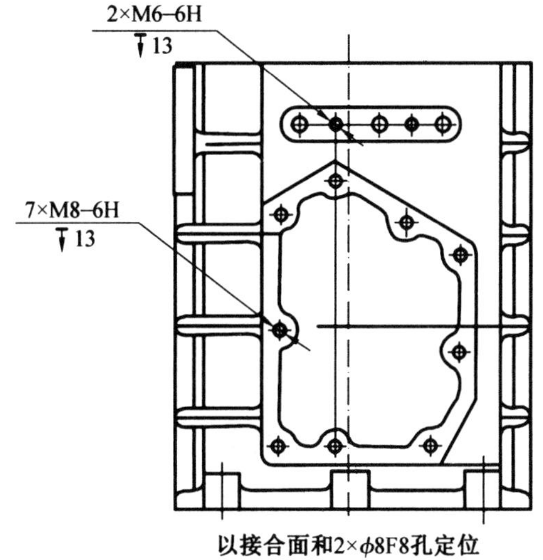


图 2.80　工序 7 工艺附图

表 2.44　变速器后壳体工序 8 工序卡

| (学校) | | 机械加工工序卡 | | 产品名称或代号 | 零件名称 | | 材料 | | 零件图号 |
|---|---|---|---|---|---|---|---|---|---|
| | | | | | 变速器后壳体 | | HT200 | | |
| 工序号 | | 工序名称 | | 夹具 | 使用设备 | | | 车间 | |
| 8 | | 攻丝 | | 专用夹具 | 立式钻床 | | | 金工 | |
| 工步号 | 工步内容 | | | 刀具 | 量具及检具 | 进给量/(mm·r$^{-1}$) | | 主轴转速/(r·min$^{-1}$) | 切削速度/(m·min$^{-1}$) |
| 1 | 结合面攻丝 14×M10－6H 深 14 | | | M10－H2 丝锥 | M10×1.5－6H 螺纹塞规 | 0.9 | | 180 | 5.7 |
| 编制 | | 审核 | | 批准 | | 热处理 | | 共 14 页 | 第 11 页 |

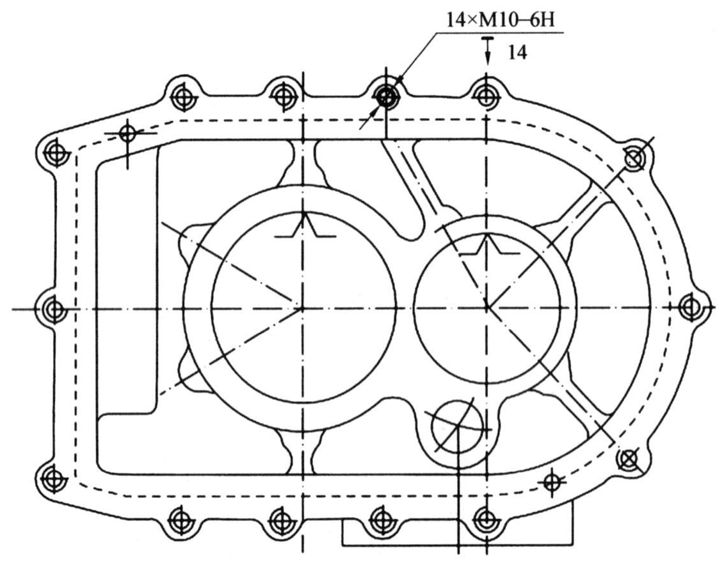


图 2.81　工序 8 工艺附图

**表 2.45 变速器后壳体工序 9 工序卡**

| (学校) | 机械加工工序卡 | 产品名称或代号 | 零件名称 | | 材料 | | 零件图号 |
|---|---|---|---|---|---|---|---|
| | | | 变速器后壳体 | | HT200 | | |
| 工序号 | 工序名称 | 夹具 | 使用设备 | | | 车间 | |
| 9 | 攻丝 | 专用夹具 | 立式钻床 | | | 金工 | |
| 工步号 | 工步内容 | 刀具 | 量具及检具 | 进给量/(mm·$r^{-1}$) | | 主轴转速/(r·$min^{-1}$) | 切削速度/(m·$min^{-1}$) |
| 1 | 后端面攻丝 8×M8－6H 深 13 | M8－H2 丝锥 | M8×1.5－6H 螺纹塞规 | 0.9 | | 180 | 4.5 |
| 编制 | | 审核 | 批准 | 热处理 | | 共 14 页 | 第 12 页 |

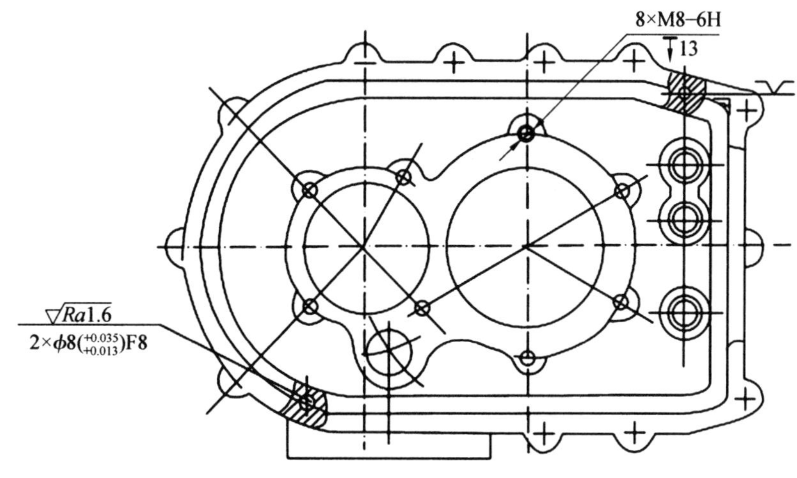


图 2.82 工序 9 工艺附图

表 2.46　变速器后壳体工序 10 工序卡

| （学校） | 机械加工工序卡 | 产品名称或代号 | 零件名称 | | 材料 | | 零件图号 |
|---|---|---|---|---|---|---|---|
| | | | 变速器后壳体 | | HT200 | | |
| 工序号 | 工序名称 | 夹具 | 使用设备 | | 车间 | | |
| 10 | 攻丝 | 专用夹具 | 立式钻床 | | 金工 | | |
| 工步号 | 工步内容 | 刀具 | 量具及检具 | 进给量/(mm・r⁻¹) | 主轴转速/(r・min⁻¹) | 切削速度/(m・min⁻¹) | |
| 1 | 倒挡窗口侧面攻丝<br>4 × M8 − 6H<br>深 13 | M8 − H2 丝锥 | M8 × 1.5 − 6H 螺纹塞规 | 0.9 | 180 | 4.5 | |
| 编制 | | 审核 | | 批准 | | 热处理 | 共 14 页　第 13 页 |

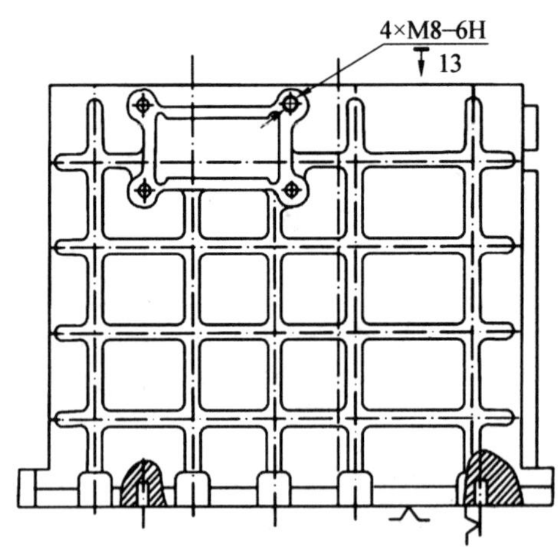


图 2.83　工序 10 工艺附图

**表 2.47 变速器后壳体工序 11 工序卡**

| （学校） | 机械加工工序卡 | 产品名称或代号 | 零件名称 | | 材料 | 零件图号 |
|---|---|---|---|---|---|---|
| | | | 变速器后壳体 | | HT200 | |
| 工序号 | 工序名称 | 夹具 | 使用设备 | | 车间 | |
| 11 | 清洗 | | 清洗机 | | 金工 | |
| 工步号 | 工步内容 | 刀具 | 量具及检具 | 进给量/(mm·r⁻¹) | 主轴转速/(r·min⁻¹) | 切削速度/(m·min⁻¹) |
| 1 | 清洗<br>在温度大于等于 70，浓度为 1% ~ 3% 金属清洗剂的水溶液中清洗。要求：去除油污、清洗干净、吹干 | | | | | |
| | | | | | | |
| | | | | | | |
| | | | | | | |
| | | | | | | |
| | | | | | | |
| | | | | | | |
| | | | | | | |
| | | | | | | |
| | | | | | | |
| 编制 | | 审核 | | 批准 | | 热处理 | 共 14 页 第 14 页 |

## 2.4.5 变速器后壳体程序编制

### 1. 数学处理

(1) 建立编程坐标系。
(2) 基点(节点) 坐标计算。

### 2. 变速器后壳体加工程序编写



程序如下:

```
O1000(接合面加工);
G28 G91 X0 Y0 Z0;
T01 M06;
G00 G54 G90 G80 G40 G49;
G00 X0 Y0 Z100 M03 S800;
G43 Z10 H01;
G00 X－130 Y82;
G01 Z0 F200;
G01 X90 F100;
G02 Y－82 R875;
G01 X－130;
Y90;
G00 Z100;
M05;
G28 G91 X0 Y0 Z0;
T02 M06;
G90 G43 G00 Z50 H02 M03 S1200;
G99 G81 X－88 Y82 Z－5 R5 F100;
X122 Y－83;
M98 P10;
M05;
G28 G91 X0 Y0 Z0;
T03 M06;
G00 G90 G43 Z50 H03 M03 S1000;
G99 G81 X－88 Y82 Z－16 R5 F100;
G98 X22 Y－83;
M05;
G28 G91 X0 Y0 Z0;
T04 M06;
```

```
G90 G43 Z50 H04 M03 S1000；
G99 G81 X－88 Y82 Z－16 R5 F100；
G98 X22 Y－83；
M05；
G28 G91 X0 Y0 Z0；
T05 M06；
G00 G90 G43 Z50 H05 M03 S800；
G99 G85 X－88 Y82 Z－16 R5 F50；
G98 X22 Y－83；
M05；
G28 G91 X0 Y0 Z0；
T06 M06；
G00 G90 G43 Z50 H06 M03 S1000；
G99 G81 X－123 Y0 Z－14 R5 F100；
M98 P10；
G00 Z100 M05；
G49 G80；
M30；

O10(接合面孔位子程序)；
X－123 Y0；
Y80；
X－50 Y90；
X20；
X45；
X90；
X135 Y70；
X18 Y0；
X35 Y－70；
X90 Y－90；
X45；
X－20；
X－50；
G98 X－123 Y80；
M99；

O2000(后端面加工)；
G28 G91 X0 Y0 Z0；
```

```
T01 M06;
G00 G54 G90 G80 G40 G49;
G00 X0 Y0 Z100 M03 S800;
G43 Z1 H01;
G00 X-200 Y50;
G01 Z0 F200;
G01 X100 F100;
Y-50;
X-200;
G00 Z100 M05;
G28 G91 X0 Y0 Z0;
T02 M06;
G43 G90 G00 Z50 M03 S600;
G98 G86 X0 Y0 Z-50 R5 F100;
M05;
G28 G91 X0 Y0 Z0;
T03 M06;
G43 G90 G00 Z50 H03 M03 S600;
G98 G86 X-90 Y0 Z-50 R5 F100;
M05;
G28 G91 X0 Y0 Z0;
T04 M06;
G00 G43 G90 Z50 H04 M03 S800;
G99 G73 X88 Y45 Z-75 Q5 R5 F80;
Y15;
G98 Y-35;
M05;
G28 G91 X0 Y0 Z0;
T05 M06;
G00 G43 G90 Z50 H05 M03 S800;
G99 G73 X88 Y45 Z-75 Q5 R5 F800;
Y15;
G98 Y-35;
M05;
G28 G91 X0 Y0 Z0;
T06 M06;
G00 G43 G90 Z50 H06 M03 S600;
G98 G81 X-89.4 Y-56.5 Z-50 R5 F80;
```

```
M05;
G28 G91 X0 Y0 Z0;
T07 M06;
G00 G43 G90 Z50 H07 M03 S300;
G98 G76 X-90 Y0 Z-50 Q1.2 F60;
M05;
G28 G91 X0 Y0 Z0;
T08 M06;
G00 G43 G90 Z50 H08 M03 S300;
G98 G76 X0 Y0 Z-50 Q1.2 F60 R5;
M05;
G28 G91 X0 Y0 Z0;
T09 M06;
G00 G43 G90 Z50 H09 M03 S600;
G99 G85 X88 Y45 Z-50 R5 F100;
Y15;
G98 Y-35;
M05;
G28 G91 X0 Y0 Z0;
T10 M06;
G000 G43 G90 Z50 H10 M03 S600;
G99 G85 X88 Y45 Z-25 R5 F100;
Y15;
G98 Y-35;
M05;
G28 G91 X0 Y0 Z0;
T11 M06;
G00 G43 G90 Z50 H11 M03 S500;
G98 G85 X-89.4 Y-56.5 Z-50 R5 F80;
M05;
G28 G91 X0 Y0 Z0;
T12 M06;
G00 G43 G90 Z50 H12 M03 S800;
G99 G81 X0 Y110 Z-15 R5 F100;
X90 Y55;
Y-55;
Y-110;
X-42.5 Y-37.5;
```

```
X－127.5;
Y37.5;
G98 X－42.5;
G00 Z100;
G80 G49;
M30;

O3000(倒挡窗口面);
G28 G91 X0 Y0 Z0;
T01 M06;
G54 G90 G80 G49;
G00 X0 Y0 Z100 M03 S1000;
G43 Z50 H01;
G00 X60 Y225 Z10;
G01 G41 X106 D01 F200;
G01 Z－20;
G01 X152.4;
Y189;
X60;
Y225;
X106.2;
Z10;
G40 X60 Y225;
M05;
G28 G91 X0 Y0 Z0;
T02 M06;
G42 G00 G90 Z50 H02 M03 S800;
G99 G81 X45 Y240 Z－15 R5 F100;
X137.4;
Y190;
G98 X45;
G80 G49;
M30;
```



### 2.4.6　变速器后壳体零件加工

#### 1. 加工准备

(1) 开机。

(2) 机床回参考点。
(3) 装刀。
(4) 装工件。

**2. 程序录入(FANUC)**

操作同前,此处不再赘述。

**3. 对刀**

(1) 建立工件坐标系。
工件坐标系原点(对刀点)为圆柱孔(或圆柱面)的中心线。
操作步骤如下。
① 用磁性表座将杠杆百分表吸在机床主轴端面上,手动使主轴低速旋转。
② 手动操作使表头依 $X$ 轴、$Y$ 轴、$Z$ 轴的顺序逐渐靠近孔壁(或圆柱面)。
③ 移动 $Z$ 轴,使表头压住被测表面,指针转动约 0.1 mm。
④ 逐步降低手动脉冲发生器的 $X$ 轴、$Y$ 轴移动量,使表头旋转一周时,其指针的跳动量在允许的对刀误差内,如 0.02 mm,此时可认为主轴的旋转中心与被测孔中心重合。
⑤ 记下此时机床坐标系中的 $X$ 轴、$Y$ 轴坐标值。
此 $X$ 轴、$Y$ 轴坐标值即为 G54 指令建立工件坐标系时孔心的 $X$ 轴、$Y$ 轴偏置值。
这种操作方法比较麻烦,效率较低,但对刀精度较高,对被测孔的精度要求也较高,最好是经过铰或镗加工的孔,仅粗加工后的孔不宜采用。
(2) 设置刀具补偿。

**4. 自动加工**

操作同前,此处不再赘述。

### 2.4.7 变速器后壳体零件检验

**1. 检验准备**

(1) 工件准备。清洗干净工件。
(2) 量/检具准备。准备好游标卡尺、三坐标测量。

**2. 项目检验与考核**

(1) 零件检验。依据项目考核表零件考核项目对加工零件进行检验和测量,填写检验记录单。
(2) 项目考核。依据项目考核评分标准,对零件加工质量进行评分,并对整个加工过程进行考核。项目 2 任务 2.4 考核评分标准见表 2.48。

**表 2.48　项目 2 任务 2.4 考核评分标准**

| 考核项目 | | | 考核内容 | | 配分 | 实测 | 检验员 | 评分 | 总分 |
|---|---|---|---|---|---|---|---|---|---|
| 零件加工质量 | 1 | 高度 | 243 ～ 243.072 | | 2 | | | | |
| | 2 | 销孔 | $\phi$8.013 ～ $\phi$8.035 | IT | 2 | | | | |
| | | | | *Ra*1.6 | 2 | | | | |
| | 3 | 两销孔距 | 165 ± 0.031 | | 3 | | | | |
| | | | 210 ± 0.036 | | 2 | | | | |
| | 4 | 轴孔 | $\phi$90 ～ $\phi$90.035 | IT | 3 | | | | |
| | | | | *Ra*1.6 | 2 | | | | |
| | | | $\phi$75 ～ $\phi$75.03 | IT | 3 | | | | |
| | | | | *Ra*1.6 | 2 | | | | |
| | | | $\phi$25 ～ $\phi$25.021 | IT | 5 | | | | |
| | | | | *Ra*1.6 | 4 | | | | |
| | 5 | 孔 | 3 × $\phi$16 ～ $\phi$16.04 | IT | 4 | | | | |
| | | | | *Ra*1.6 | 4 | | | | |
| | | | 3 × $\phi$19 ～ $\phi$19.033 | IT | 4 | | | | |
| | | | | *Ra*3.2 | 4 | | | | |
| | 6 | 窗口面 | 164 ± 0.12 | | 2 | | | | |
| | 7 | 小盖面 | 122 ± 0.031 | | 2 | | | | |
| | | | 10 ± 0.018 | | 2 | | | | |
| | | | 34 ± 0.02 | | 2 | | | | |
| | | | 40 ± 0.019 | | 2 | | | | |
| | 8 | 螺纹孔 | M18 × 1.5 − 6H | IT | 3 | | | | |
| | | | | *Ra*1.6 | 2 | | | | |
| | | | 19 × M8 − 6H | IT | 3 | | | | |
| | | | | *Ra*1.6 | 2 | | | | |
| | | | 2 × M6 − 6H | IT | 3 | | | | |
| | | | | *Ra*1.6 | 2 | | | | |
| | | | 14 × M10 − 6H | IT | 3 | | | | |
| | | | | *Ra*1.6 | 2 | | | | |
| | 9 | 形位公差 | 平面度 | 0.04 | 3 | | | | |
| | | | 位置度 | 0.03 | 3 | | | | |
| | | | 平行度 | 0.05 | 3 | | | | |
| 职业素养 | 1 | 文明生产 | | | 10 | | | | |
| | 2 | 安全意识 | | | 5 | | | | |

## 知识拓展

### 2.4.8 四轴编程

第四轴即 $B$ 轴，是旋转轴，它的设置同 $X$ 轴、$Y$ 轴、$Z$ 轴相似，也有机械原点，编程同 $X$ 轴、$Y$ 轴、$Z$ 轴相似。

编程格式为

M26；

G00 B ～；

M25；



或

M26；

G01 B ～ F ～；

其中 B—— 旋转角度，它也有 G90 与 G91 之分，如用 G90，则 $B$ 轴向正方向旋转，如用 G91，则 $B$ 轴依指令向正、负方向旋转。

### 2.4.9 极坐标编程

G16：极坐标建立

G15：极坐标取消

指令格式为

G16 X ～ Y ～；

其中 X—— 极径；

Y—— 极角。

### 2.4.10 先进的检测仪器

三坐标测量仪如图 2.84 所示，为数控测量机器。圆度仪如图 2.85 所示。

图 2.84 三坐标检测仪

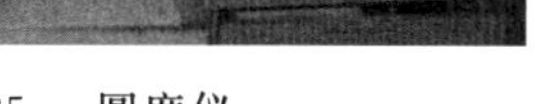

图 2.85 圆度仪

### 2.4.11 先进的箱体加工设备

用于加工变速器箱体孔的数控机床 —— 数控深孔钻，如图 2.86 所示。

图 2.86　数控深孔钻

汽车零部件企业常用的数控加工中心，如图 2.87 所示。常用于加工箱体零件。

图 2.87　数控加工中心

## 习题训练

### 一、判断题

1.(　　)固定循环功能中的K指重复加工次数，一般在增量方式下使用。

2.(　　)固定循环只能由G80撤销。

3.(　　)加工中心与数控铣床相比具有高精度的特点。

4.(　　)一般规定加工中心的宏编程采用A类宏指令，数控铣床宏编程采用B类宏指令。

5.(　　)立式加工中心与卧式加工中心相比，加工范围较宽。

### 二、选择题

1.加工中心用刀具与数控铣床用刀具的区别为________。

A. 刀柄　B. 刀具材料　C. 刀具角度　D. 拉钉

2.加工中心编程与数控铣床编程的主要区别为________。

A. 指令格式　B. 换刀程序　C. 宏程序　D. 指令功能

3.下列字符中，________不适合用于B类宏程序中文字变量。

A. F　B. G　C. J　D. Q

4.$Z$轴方向尺寸相对较小的零件加工，最适合用________加工。

A. 立式加工中心　B. 卧式加工中心

C. 卧式数控铣床　D. 车削加工中心

5.G65 P9201 属于________宏程序。

A. A类　B. B类　C. SIEMENS　D. FANUC

### 三、综合题

在图2.88所示的零件图样中，材料为45钢，技术要求见图。

试完成以下工作：

(1) 分析零件加工要求及工装要求。

(2) 编制工艺卡片。

(3) 编制刀具卡片。

(4) 编制加工程序，并请提供尽可能多的程序方案。

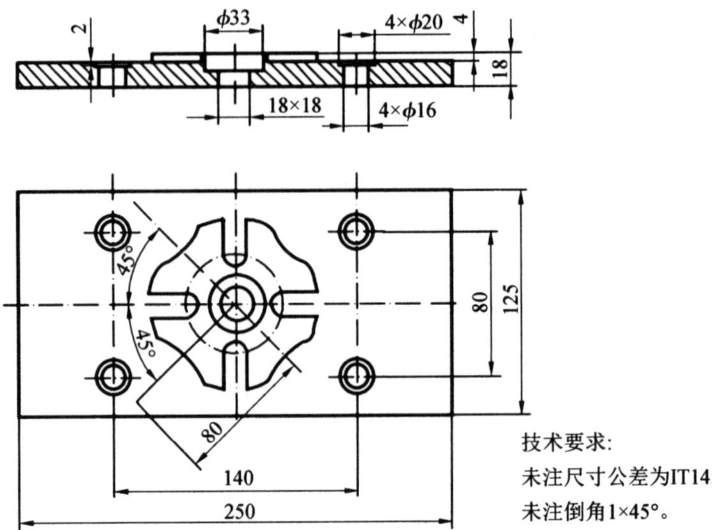


图 2.88　复杂板类零件加工习题图

# 项目 3　盘、套类零件的数控加工

【知识目标】掌握套类零件、薄壁零件数控车削加工工艺知识;掌握套类零件、薄壁零件车削编程指令和编程方法。

【技能目标】能够熟练操作数控车床;能够加工套类零件、薄壁零件;能够应用量具检验套类零件、薄壁零件。

【价值目标】具备严谨细致的工作作风;具备爱岗敬业的工匠精神;具备创新精神和现场处置问题的能力。

## 任务 3.1　一般套类零件加工

### 任务导入

一般套实体图如图 3.1 所示,其零件图如图 3.2 所示,材料为 45 钢,毛坯为模锻件,批量生产。

图 3.1　一般套实体图

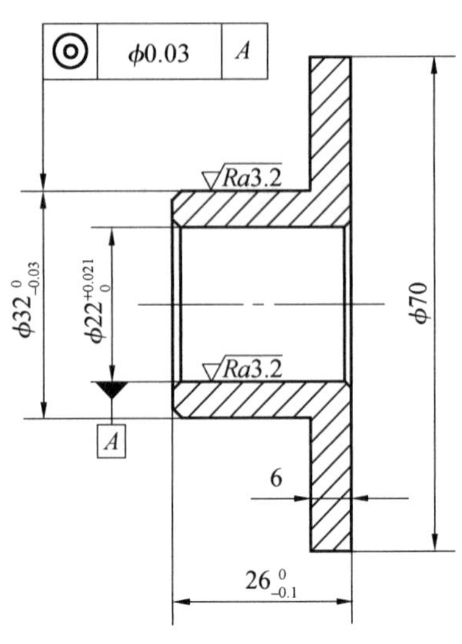


图 3.2　一般套零件图



知识链接

## 3.1.1　套类零件数控车削加工的相关工艺一

### 1. 安全操作要点

进行数控车床操作，执行制订的数控加工工艺，特别要遵守安全操作规程。数控车床操作人员如果违反安全操作规程，将会造成质量、设备甚至人身事故，这是绝对不允许的。因此，为了保证安全生产，数控车床操作者必须熟悉和遵守数控车床安全操作规程。即在操作数控车床时，必须做到下面几点。

(1) 操作者应根据机床使用说明书的要求，熟悉本机床的规格、性能和结构，禁止超范围和超性能加工。

(2) 开机前，操作者必须清理好现场。机床工作台、机床防护罩顶部不允许放置工具、工件及其他杂物。上述物品必须放在指定的工位器具上。

(3) 开机前，操作者应按机床使用说明书规定给相关部位加油，并检查油标、油量、油路是否畅通。

(4) 机床通电后检查各开关、按钮、旋钮、按键是否正常、灵活，机床有无异常现象。

(5) 检查电压、气压、油压是否正常，有手动润滑的部位先要进行手动润滑。

(6) 机床开机时应遵循先回零、手动、点动、自动的原则。各坐标轴必须先手动回零，若某轴左回零前已在零位，则必须先将该轴移动到离开零点一段距离后再进行手动回

零。机床运行应遵循先低速、中速再高速的运行原则，其低、中速运行时间不得少于 2 ~ 3 min。机床空运转 15 min 以上使机床达到热平衡状态并确定无异常情况后，方能开始加工。

(7) 程序输入后应认真核对，保证无误。包括对代码、指令、地址、正负号、小数点及语法的查对。

(8) 操作机床必须遵循机加工艺守则和数控车床加工工艺守则。按工艺规程安装找正好夹具。在更换刀具、工件、调整工件及离开机床时必须停机。确认工件和刀具夹紧后，方可进行下一步工作。

(9) 正确测量和计算工件坐标系，将工件坐标系输入偏置界面，并对坐标、坐标值、正负号、小数点进行认真核对。

(10) 确定刀具长度和刀尖半径补偿值并输入偏置界面，要对刀补号、补偿值、正负号、小数点和刀尖方位号进行认真核对。

(11) 加工前必须采用程序校验方式检查所用程序是否与被加工零件相符，并在未装工件时空运行一次程序，看程序能否顺利执行，刀具长度的选取和夹具安装是否合理，有无超程现象，待确定无误后，方可关好安全防护罩，开动机床进行零件加工。

(12) 装卸工件及测量尺寸时，必须退刀并停止机床转动；刀具未退离工件时，不得停车。

(13) 装卸较重的工件及卡盘时，要选用可靠的吊具及方法。卡盘及工件装夹要牢固，卡盘锁紧装置要装好；工件偏重时，要装上适合的配重平衡块；工件装夹后，卡盘扳手必须随手取下。

(14) 正确安装刀具，经常检查刀具紧固及磨损情况，禁止用杠杆增大尾座手轮转矩的方法进行轴向进给。

(15) 车床各滑动面上应当清洁无物，主轴、尾座锥孔等安装基准面处应当清洁无伤痕，并且定时加注润滑油(脂)。

(16) 用顶尖支顶工件时，尾座套筒的伸出量不得大于套筒直径的 2 倍。

(17) 禁止在机床上重力敲击、修焊工件，或在顶尖间、导轨上直接校直工件；禁止踩踏机床导轨面或放置有损导轨表面的物件；装卸卡盘时，应当放置导轨保护垫板。

(18) 在程序运行中要重点观察数控系统上的几种显示。

① 坐标显示。了解目前刀具运动点在机床坐标系及工件坐标系中的位置，了解当前程序段的运动量及剩余运动量。

② 工作寄存器和缓冲寄存器显示。了解正在执行程序段各状态指令和下一个程序段的内容。

③ 主程序和子程序。了解正在执行程序段的具体内容。

(19) 程序修改后，对修改部分一定要仔细计算和认真核对。

(20) 禁止在开车时变换正反转，不得用反转来制动或用正反车装卸卡盘，不得用手去制动转动着的卡盘。

(21) 工作时必须集中精力，头、手及身体不要和旋转的工件(或车床部件)靠得太近；当车削出崩碎状切屑时，要戴上防护眼镜。

(22) 不得戴手套操作,蓄长发者要戴安全帽;不可用手直接清除切屑,应当用专用的铁钩。

(23) 随时注意各部位运转情况,发现异常现象,应立即停车检查并排除故障。

(24) 车螺纹后,不得开机用纱布、棉布去擦拭,防止拉伤手指。

(25) 使用量具、塞规时,不得用榔头敲打,应用手轻轻塞进或取出。

(26) 操作者不得任意拆卸和移动机床上的保险和安全防护装置。

(27) 机床附件和量具、刀具应妥善保管,保持完整与良好。

(28) 操作后应清扫机床,保持清洁。离开机床时,必须切断电源。下班前应当将尾座、刀架滑板置于床身尾端;主轴上不得夹持较重的工件(特殊情况例外),以减少床身和主轴的变形,达到保护床身导轨和主轴精度的目的。

### 2. 工艺执行要求

(1) 为了保证加工质量和提高生产率,应根据工件材料、精度要求和机床、刀具、夹具等情况,合理选择切削用量。加工铸件时,为了避免表面夹砂、硬化层等损坏刀具,在许可的条件下,背吃刀量应大于夹砂或硬化层深度。

(2) 对有公差要求的尺寸,在加工时应尽量按其公差中间值进行加工。

(3) 工艺规程中未规定表面粗糙度要求的粗加工工序,加工后的表面粗糙度值应不大于 25 μm。



(4) 铰孔前的表面粗糙度 $Ra$ 值应不大于 12.5 μm。

(5) 粗加工时的倒角、倒圆、槽深等都应按精加工余量加工,以保证精加工后达到设计要求。

(6) 凡下道工序需进行表面淬火、超声波探伤或滚压加工的工件表面,在本工序加工的表面粗糙度 $Ra$ 值不得大于 6.3 μm。

(7) 在本工序后无法安排去毛刺工序时,本工序加工产生的毛刺应在本工序去除。

(8) 在大件的加工过程中应经常检查工件是否松动,以防因松动而影响加工质量或发生意外事故。

(9) 当粗、精加工在同一台机床上进行时,粗加工后一般应松开工件,待其冷却后重新装夹。

(10) 在切削过程中,若机床-刀具-工件系统发出不正常的声音或加工表面粗糙度突然变坏,应立即退刀停车检查。

(11) 在加工过程中,操作者必须对工件进行自检。

(12) 检查时应正确使用测量器具。使用量规、千分尺等必须轻轻用力推入或旋入,不得用力过猛;使用游标卡尺、千分尺、百分表、千分表等时,事先应调好零位。

### 3. 现场工艺问题处理

制订完数控加工工艺并编好程序后要进行首件试加工。由于现场机床自身存在的误差大小、规律各不相同,因此用同一程序加工,实际加工尺寸可能发生很大偏差,这时可根据实测结果和现场工艺问题处理方案对所制订的工艺及所编程序进行修正,直至满足零

件技术要求为止。

#### 4. 加工后的注意事项

(1) 工件在各工序加工后应做到无屑、无水、无脏物，并在规定的工位器具上摆放整齐，以免磕、碰、划伤等。

(2) 暂不进行下道工序加工或精加工后的表面应进行防锈处理。

(3) 用磁力夹具吸住进行加工的工件，加工后应进行退磁。

(4) 凡相关零件成组配加工的，加工后需做标记(或编号)。

(5) 各工序加工完的工件经专职检查员检查合格后方能转往下道工序。

(6) 工艺装备用完后要擦拭干净(涂好防锈油)，放到规定的位置或交还工具库。

(7) 产品图样、工艺规程和所使用的其他技术文件，要注意保持整洁，严禁涂改。

### 3.1.2 华中数控系统数控车削的相关编程一

#### 1. 端面粗车循环指令(*X* 轴方向切削 G81)

端面、锥面粗车循环又称为横向车削循环，其车削循环原理与G81指令基本相同。该指令主要适用于盘(套) 类零件的端面加工。

指令格式为

G81 X(U)_ Z(W)_ I_ C_ P_;

其中 X_ Z_—— 圆柱终点的绝对坐标值；

U_ W_—— 圆柱终点相对于刀具起点的增量坐标值，即 U=X 圆柱终点 －X 刀具起点，W＝Z 圆柱终点 －Z 刀具起点；

I——(圆锥小端直径 － 圆锥大端直径)/2，I＝0 省略，即为无锥面；

C_—— 刀具沿 $Z$ 轴方向的每次切削深度，$C > 0$；

P_—— 刀具沿 $Z$ 轴方向的每次退刀距离，$P > 0$。

#### 2. 圆柱面内(外) 径切削循环、圆锥面内(外) 径切削循环

G80 X_ Z_ I_ F_;

### 3.1.3 华中数控系统数控车床的相关操作一

#### 1. 华中世纪星 HNC-21T 数控系统操作面板

华中世纪星 HNC-21T 数控系统操作面板如图 3.3 所示。

① 为图形显示窗口，可以根据需要用软键【F9】设置窗口的显示内容。

② 为菜单命令条，通过菜单命令条中的软键【F1】～【F10】来完成系统功能的操作。

③ 为操作箱。

④ 为键盘。

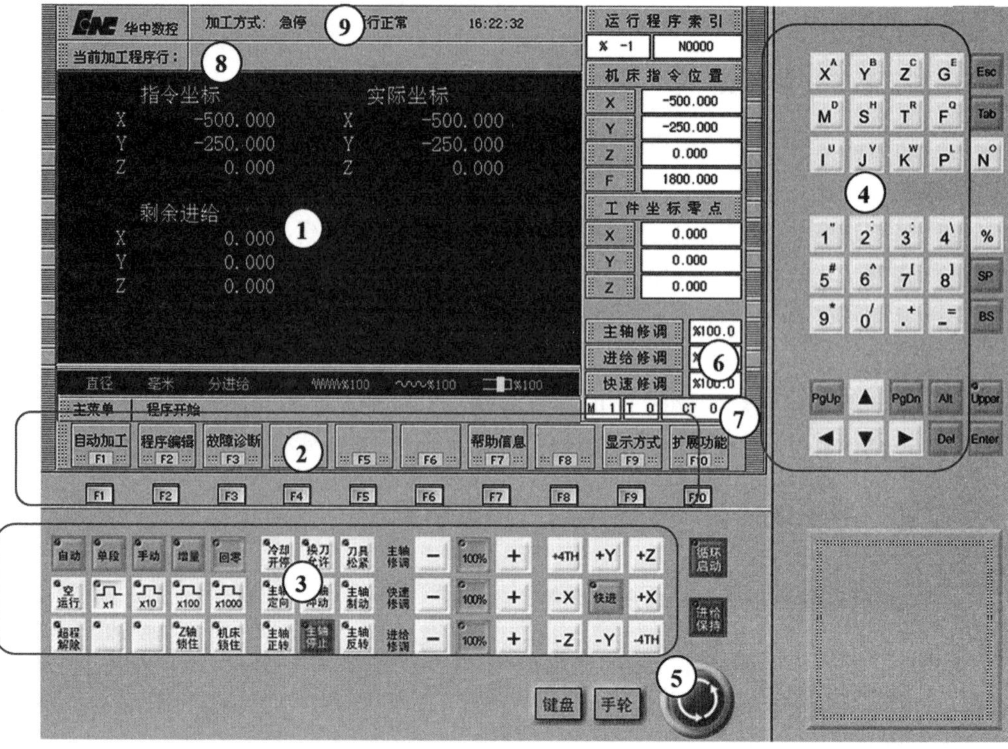

图 3.3　华中世纪星 HNC-21T 数控系统操作面板

⑤ 为紧急停止按钮。

⑥ 为倍率修调。

a.主轴修调,当前主轴修调倍率。

b.进给修调,当前进给修调倍率。

c.快速修调,当前快速修调倍率。

⑦ 为辅助机能,自动加工中的 M、S、T 代码。

⑧ 为当前加工程序行,当前正在或将要加工的程序段。

⑨ 为当前加工方式、系统运行状态及系统时钟。

a.加工方式:系统加工方式根据机床控制面板上相应按键的状态,可在自动(运行)、单段(运行)、手动(运行)、增量(运行)、回零、急停、复位等之间切换。

b.运行状态:系统运行状态在“运行正常”和“出错”之间切换。

c.系统时钟:当前系统时间。

当要返回主菜单时,按子菜单下的软键【F10】即可。

2. **机床操作**

(1) 开机。

检查急停按钮是否松开至状态，若未松开，点击急停按钮将其松开。

(2) 返回参考点。

检查操作面板上回零指示灯 回零 是否亮，若指示灯亮，则已进入回零模式；若指示灯不亮，则点击 回零 按钮，使回零指示灯亮，转入回零模式。

在回零模式下，点击控制面板上的 +X 按钮，此时 $X$ 轴将回零，CRT 上的 X 轴坐标变为“0.000”。同样，分别再点击 +Y 、+Z ，可以将 $Y$ 轴、$Z$ 轴回零(车床只有 $X$ 轴、$Z$ 轴)。此时，CRT 界面上的显示值如图 3.4 所示。

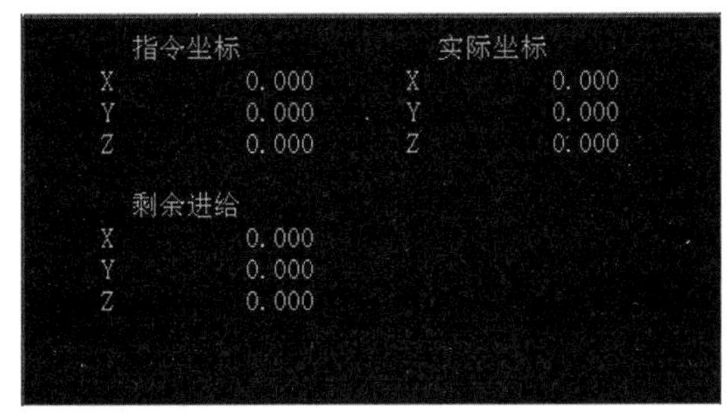


图 3.4 CRT 界面上的显示值

(3) 手动 / 连续方式。

点击 手动 按钮，切换机床进入手动模式。

按住 $X$ 轴、$Y$ 轴、$Z$ 轴的控制按钮 -X 、+X 、-Z 、+Z ，迅速准确地将机床移动到指定位置，根据需要加工零件。

点击 主轴正转 主轴停止 主轴反转 按钮来控制主轴的转动、停止。

注：刀具切削零件时，主轴需转动。加工过程中，刀具与零件发生非正常碰撞后(非正常碰撞包括车刀的刀柄与零件发生碰撞，铣刀与夹具发生碰撞等)，系统弹出警告对话框，同时主轴自动停止转动，调整到适当位置，继续加工时需再次点击 主轴反转 或 主轴正转 按钮，使主轴重新转动。

(4) 手动 / 增量方式。

在手动 / 连续加工或在对刀，需精确调节机床时，可用增量方式调节机床。

可以用点动方式精确控制机床移动，点击增量按钮，切换机床进入增量模式，表示点动的倍率，分别代表 0.001 mm、0.01 mm、0.1 mm、1 mm，同样也是配合移动按钮 -X 、+X 、-Z 、+Z 来移动机床，也可采用手轮方式精确控制机床移动，点击手轮按钮，显示手轮，选择旋钮和手轮移动量旋钮，调节手轮，进行微调使机床移动达到精确。

点击按钮来控制主轴的转动、停止。

注：使用点动方式移动机床时，手轮的选择旋钮需置于 OFF 挡。

(5) 关机。

压下急停开关，关闭机床电源开关。

### 3. 程序的输入与编辑



(1) 选择编辑数控程序。

① 选择磁盘程序。

按下软键，根据弹出的菜单按软键【F1】，选择“显示模式”，根据弹出的下一级子菜单再按下软键【F1】，选择“正文”。

按软键，进入程序编辑状态。在弹出的下级子菜单中，按软键，弹出菜单“磁盘程序；当前通道正在加工的程序”，按软键【F1】或用方位键 ▲ 、▼ 将光标移到“磁盘程序”上，再按 Enter 确认，则选择了“磁盘程序”，弹出如图 3.5 所示的对话框。

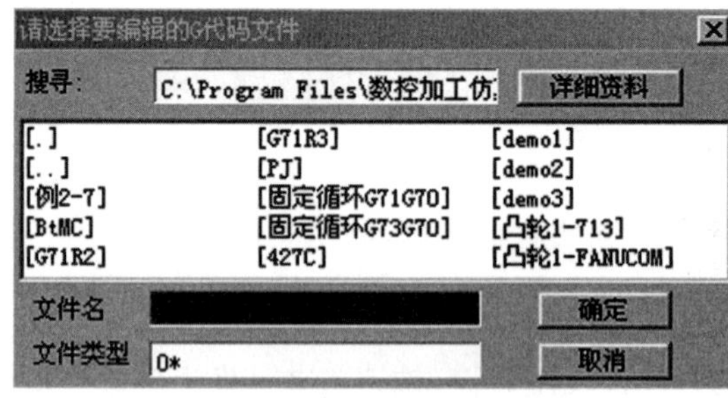


图 3.5　选择磁盘程序对话框

点击控制面板上的 Tab 键，使光标在各 text 框和命令按钮间切换。

光标聚焦在“文件类型”text 框中，点击 ▼ 按钮，可在弹出的下拉框中通过 ▲、▼ 选择所需的文件类型，也可按 Enter 键可输入所需的文件类型；光标聚焦在“搜寻”text 框中，点击 ▼ 按钮，可在弹出的下拉框中通过 ▲、▼ 选择所需搜寻的磁盘范围，此时文件名列表框中显示所有符合磁盘范围和文件类型的文件名。

光标聚焦在文件名列表框中时，可通过 ▲、▼、◀、▶ 选定所需程序，再按 Enter 键确认所选程序；也可将光标聚焦“文件名”text 框中，按 Enter 键后可输入所需的文件名，再按 Enter 键确认所选程序。

② 选择当前正在加工的程序。

按下软键 显示方式 F9，根据弹出的菜单按软键【F1】，选择“显示模式”，根据弹出的下级子菜单再按下软键【F1】，选择“正文”。

按下软键 程序编辑 F2，进入程序编辑状态。在弹出的下级子菜单中，按软键 选择编辑程序 F2，弹出菜单“磁盘程序；当前通道正在加工的程序”，按软键【F2】或用方位键 ▲、▼ 将光标移到“当前通道正在加工的程序”上，再按 Enter 确认，则选择了“当前通道正在加工的程序”，此时 CRT 界面上显示当前正在加工的程序。



如果当前没有正在加工的程序，则弹出如图 3.6 所示的对话框，按 Y 确认。

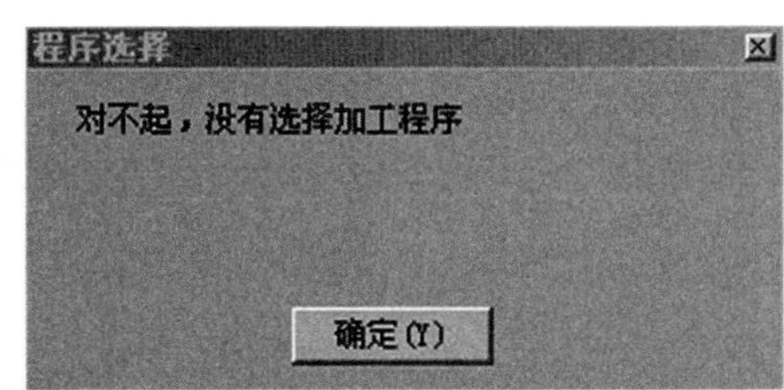


图 3.6　无加工程序对话框

③ 新建一个数控程序。

若要创建一个新的程序，则在“选择编辑程序”的菜单中选择“磁盘程序”，在文件名栏输入新程序名(不能与已有程序名重复)，按 Enter 键即可，此时 CRT 界面上显示一个空文件，可通过 MDI 键盘输入所需程序。

(2) 程序编辑。

选择了一个需要编辑的程序后，在“正文”显示模式下，可根据需要对程序进行插入、删除、查找、替换等编辑操作。

① 移动光标。选定了需要编辑的程序，光标停留在程序首行首字符前，点击方位键▲、▼、◀、▶，使光标移动到所需的位置。

② 插入字符。将光标移到所需位置，点击控制面板上的 MDI 键盘，可将所需的字符插在光标所在位置。

③ 删除字符。在光标停留处，点击 BS 按钮，可删除光标前的一个字符；点击 Del 按钮，可删除光标后的一个字符；按下软键【删除一行 F6】，可删除当前光标所在行。

④ 查找。按软键【查找 F7】，在弹出的对话框中通过 MDI 键盘输入所需查找的字符，按 Enter 键确认，立即开始进行查找。

若找到所需查找的字符，则光标停留在找到的字符前面；若没有找到所需查找的字符串，则弹出“没有找到字符串 xxx”的对话框，按 Y 确认。



⑤ 替换。按下软键【替换 F9】，在弹出的对话框中输入需要被替换的字符，按 Enter 键确认，在接着弹出的对话框中输入需要替换成的字符，按 Enter 键确认，弹出如图 3.7 的对话框，点击 Y 键则进行全文替换；点击 N 键则根据如图 3.8 所示的对话框选择是否进行光标所在处的替换。

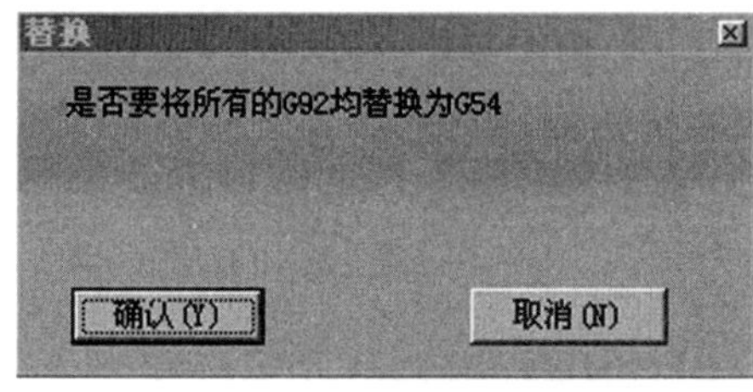


图 3.7　全部替换对话框

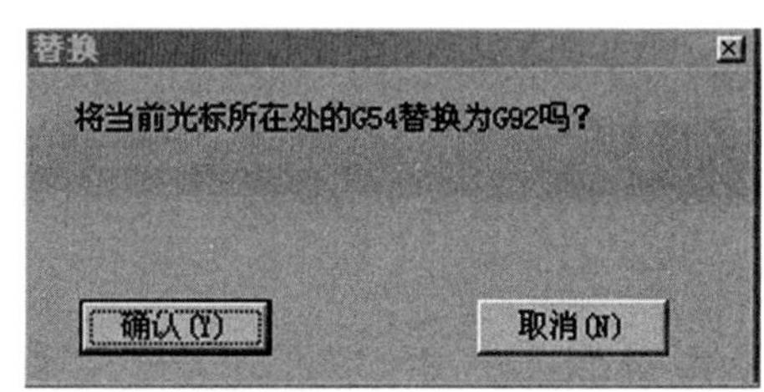


图 3.8　当前替换界面对话框

注：如果没有找到需要替换的字符串，将弹出“没有找到字符串 xxx”的对话框，按 Y 确认。

(3) 保存程序。

编辑好的程序需要进行保存或另存为操作，以便再次调用。

① 保存文件。对数控程序做了修改后，软键【保存文件】变亮，按下软键【保存文件 F4】，将程序按原文件名、原文件类型、原路径保存。

新建文件对话框如图 3.9 所示。

② 另存为文件。按下软键“文件另存为 F5”，在弹出的如图 3.10 所示的对话框中，点击控制面板上的 Tab 键，使光标在各 text 框和命令按钮间切换。光标聚焦在“文件名”的 text 框中，按 Enter 键后，通过控制面板上的键盘输入另存为的文件名；光标聚焦在“文件类型”的 text 框中，按 Enter 键后，通过控制面板上的键盘输入另存为的文件类型；或者点击 ▼ 按钮，可在弹出的下拉框中通过 ▲、▼ 选择所需的文件类型，光标聚焦在“搜寻”的 text 框中，点击 ▼ 按钮，可在弹出的下拉框中通过 ▲、▼ 选择另存为的路径。按 Enter 键确定后，此程序按输入的文件名，文件类型，路径进行保存。

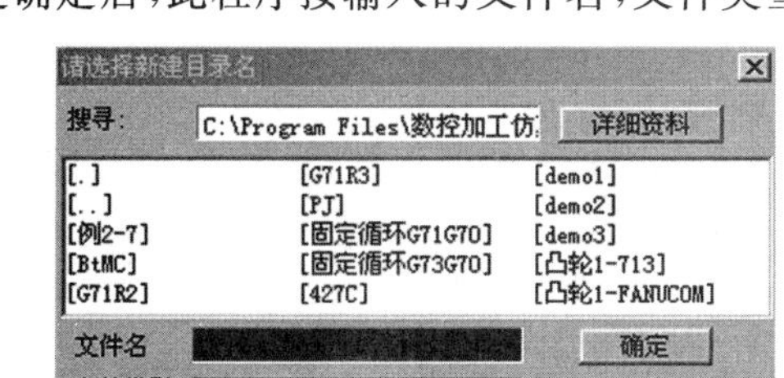


图 3.9　新建文件对话框

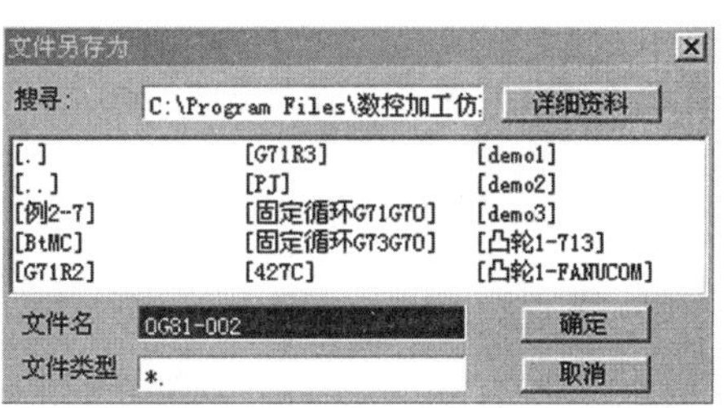


图 3.10　文件另存对话框

### 4. 建立工件坐标系

试切法对刀是用所选的刀具试切零件的外圆和端面，经过测量和计算得到零件端面中心点的坐标值。

(1) 机床坐标系原点。

① 以卡盘底面中心为机床坐标系原点。

刀具参考点在 $X$ 轴方向的距离为 $X_T$，在 $Z$ 轴方向的距离为 $Z_T$。

装好刀具后，点击操作面板中“手动”切换到“手动”方式；利用操作面板上的按钮 -X、+X、-Z、+Z，使刀具移动到可切削零件的大致位置，如图 3.11 所示。

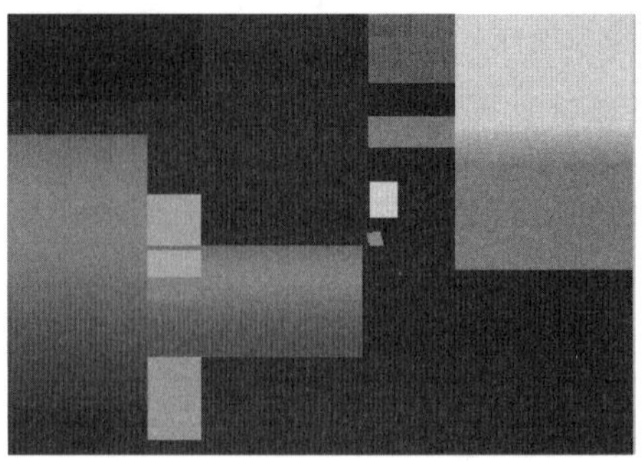

图 3.11　开始车削初始位置

点击操作面板上主轴反转或主轴正转按钮，使主轴转动；点击 -Z 按钮，移动 $Z$ 轴，用所选刀具试切工件外圆，如图 3.12 所示。读出 CRT 界面上显示的机床的 $X$ 轴的坐标，记为 $X_1$。

点击 +Z 按钮，将刀具退至图3.13 所示位置，点击 -X 按钮，试切工件端面，如图3.14 所示。记下 CRT 界面上显示的机床的 $Z$ 轴的坐标，记为 $Z_1$。

图 3.12　车削外圆

图 3.13　外圆退刀

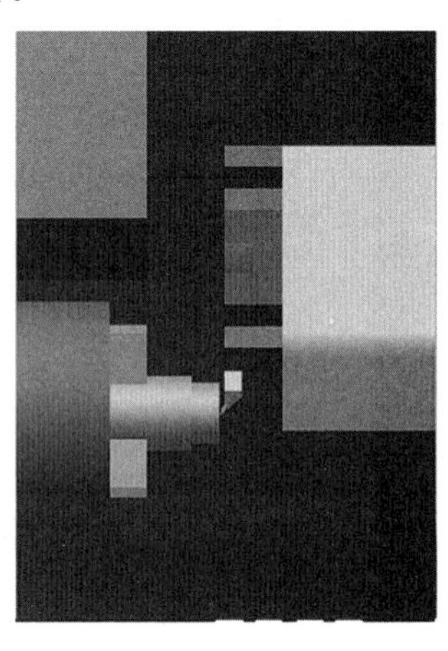

图 3.14　车削端面

点击操作面板上的主轴停止，使主轴停止转动，测量试切外圆，记下对应的 $X$ 轴的值。$X$ 轴的坐标值减去“测量”中读出的 $X$ 轴的值，记为 $X_2$；$X$ 轴的坐标值减去“测量”中读取的 $X$ 轴的值，再加上机床坐标系原点到刀具参考点在 $X$ 轴方向的距离，即 $X_1+X_2+X_T$，记为 $X$；$Z_1$ 加上机床坐标系原点到刀具参考点在 $Z$ 轴方向的距离，即 $Z_1+Z_T$，记为 $Z$。

$(X,Z)$ 即为工件坐标系原点在机床坐标系中的坐标值。

② 以刀具参考点为机床坐标系原点。

装好刀具后，点击操作面板中手动切换到“手动”方式，利用操作面板上的按钮 -X、+X、-Z、+Z，使刀具移动到可切削零件的大致位置，如图 3.11 所示。

点击操作面板上主轴反转或主轴正转按钮，使主轴转动；点击 -Z 按钮，移动 $Z$ 轴，用所选刀具试切工件外圆，如图 3.12 所示。读出 CRT 界面上显示的机床的 $X$ 轴的坐标，记为 $X_1$。点击操作面板上的主轴停止，使主轴停止转动，测量试切外圆直径，记下对应的 $X$ 轴的值。$X$ 轴的坐标值减去“测量”中读出的 $X$ 轴的值，记为 $X_2$；$X$ 轴的坐标值减去“测量”中读取的 $X$ 轴的值，即 $X_1-X_2$，记为 $X$。

点击 +Z 按钮，将刀具退至如图 3.13 所示位置，点击 -X 按钮，试切工件端面，如图 3.14 所示。记下 CRT 界面上显示的机床的 $Z$ 轴的坐标，记为 $Z$。

($X$,$Z$) 即为工件坐标系原点在机床坐标系中的坐标值。

(2) 自动设置坐标系法。

自动设置坐标系法对刀采用的是在刀偏表中设定试切直径和试切长度，选择需要的工件坐标系，机床自动计算出工件端面中心点在机床坐标系中的坐标值按 MDI F4 软键，在弹出的下级子菜单中按软键刀偏表 F2，进入刀偏设置界面，如图 3.15 所示。

| 刀偏号 | X偏置 | Z偏置 | X磨损 | Z磨损 | 试切直径 | 试切长度 |
|---|---|---|---|---|---|---|
| #XX0 | 0.000 | 0.000 | 0.000 | 0.000 | 0.000 | 0.000 |
| #XX1 | 0.000 | 0.000 | 0.000 | 0.000 | 0.000 | 0.000 |
| #XX2 | 0.000 | 0.000 | 0.000 | 0.000 | 0.000 | 0.000 |
| #XX3 | 0.000 | 0.000 | 0.000 | 0.000 | 0.000 | 0.000 |
| #XX4 | 0.000 | 0.000 | 0.000 | 0.000 | 0.000 | 0.000 |
| #XX5 | 0.000 | 0.000 | 0.000 | 0.000 | 0.000 | 0.000 |
| #XX6 | 0.000 | 0.000 | 0.000 | 0.000 | 0.000 | 0.000 |
| #XX7 | 0.000 | 0.000 | 0.000 | 0.000 | 0.000 | 0.000 |
| #XX8 | 0.000 | 0.000 | 0.000 | 0.000 | 0.000 | 0.000 |
| #XX9 | 0.000 | 0.000 | 0.000 | 0.000 | 0.000 | 0.000 |
| #XX10 | 0.000 | 0.000 | 0.000 | 0.000 | 0.000 | 0.000 |
| #XX11 | 0.000 | 0.000 | 0.000 | 0.000 | 0.000 | 0.000 |
| #XX12 | 0.000 | 0.000 | 0.000 | 0.000 | 0.000 | 0.000 |

图 3.15　刀偏设置界面

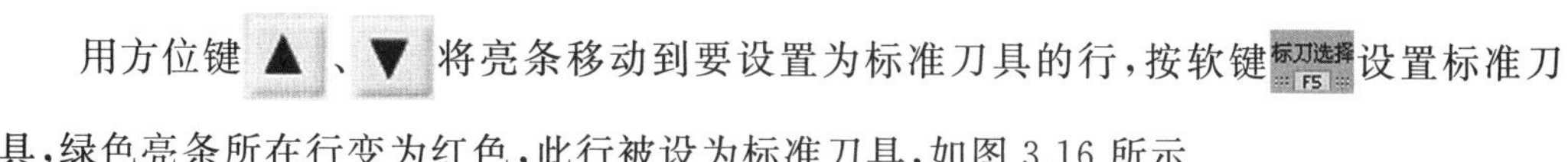

用方位键 ▲、▼ 将亮条移动到要设置为标准刀具的行，按软键标刀选择 F5 设置标准刀具，绿色亮条所在行变为红色，此行被设为标准刀具，如图 3.16 所示。

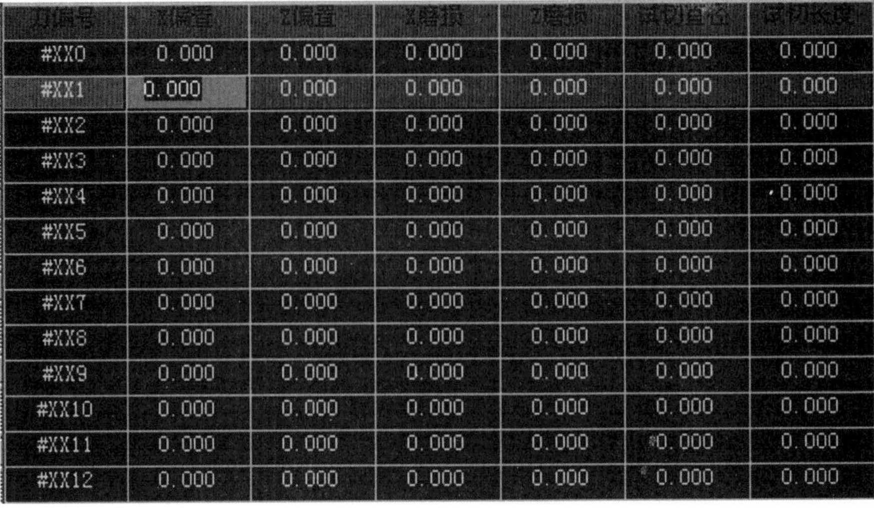

| 刀偏号 | X偏置 | Z偏置 | X磨损 | Z磨损 | 试切直径 | 试切长度 |
|---|---|---|---|---|---|---|
| #XX0 | 0.000 | 0.000 | 0.000 | 0.000 | 0.000 | 0.000 |
| #XX1 | 0.000 | 0.000 | 0.000 | 0.000 | 0.000 | 0.000 |
| #XX2 | 0.000 | 0.000 | 0.000 | 0.000 | 0.000 | 0.000 |
| #XX3 | 0.000 | 0.000 | 0.000 | 0.000 | 0.000 | 0.000 |
| #XX4 | 0.000 | 0.000 | 0.000 | 0.000 | 0.000 | 0.000 |
| #XX5 | 0.000 | 0.000 | 0.000 | 0.000 | 0.000 | 0.000 |
| #XX6 | 0.000 | 0.000 | 0.000 | 0.000 | 0.000 | 0.000 |
| #XX7 | 0.000 | 0.000 | 0.000 | 0.000 | 0.000 | 0.000 |
| #XX8 | 0.000 | 0.000 | 0.000 | 0.000 | 0.000 | 0.000 |
| #XX9 | 0.000 | 0.000 | 0.000 | 0.000 | 0.000 | 0.000 |
| #XX10 | 0.000 | 0.000 | 0.000 | 0.000 | 0.000 | 0.000 |
| #XX11 | 0.000 | 0.000 | 0.000 | 0.000 | 0.000 | 0.000 |
| #XX12 | 0.000 | 0.000 | 0.000 | 0.000 | 0.000 | 0.000 |

图 3.16　标准刀设置界面



用标准刀具试切零件外圆，然后沿 $Z$ 轴方向退刀，主轴停止转动后，测量出工件直径，记下对应的 $X$ 轴的值，此为试切后工件的直径值，将 $X$ 填入刀偏表中“试切直径”栏。用标准刀具试切工件端面，然后沿 $X$ 轴方向退刀，刀偏表中“试切长度”栏输入工件坐标系，即 $Z$ 轴零点到试切端面的有向距离，按下软键 标刀对刀 F7，在弹出的下级子菜单中用方位键 ▲、▼ 选择所需的工件坐标系，如图 3.17 所示。按 Enter 键确认，设置完毕。

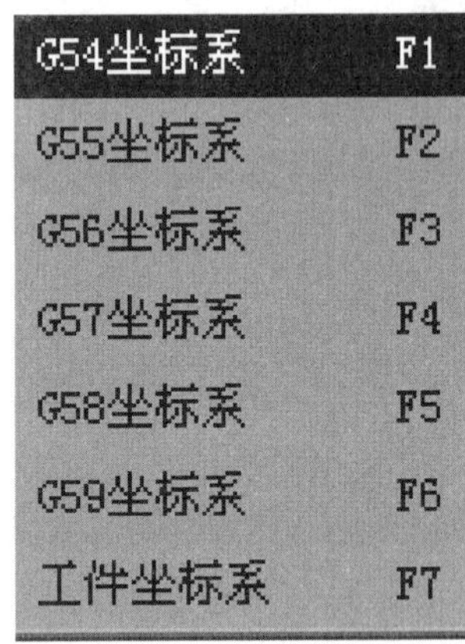


图 3.17　工件坐标系选择

注：

① 采用自动设置坐标系对刀前，机床必须先回机械零点。

② 试切零件时主轴需转动。

③ $Z$ 轴试切长度有正有负之分。

④ 试切零件外圆后，未输入试切直径时，不得移动 $X$ 轴；试切工件端面后，未输入试切长度时，不得移动 $Z$ 轴。

⑤ 试切直径和试切长度都需输入、确认。打开刀偏表试切长度和试切直径均显示为“0.000”，即使实际的试切长度或试切直径也为零，仍然必须手动输入“0.000”，按 Enter 键确认。

采用自动设置坐标系对刀后，机床根据刀偏表中输入的“试切直径”和“试切长度”，经过计算自动确定选定坐标系的工件坐标原点，在数控程序中可直接调用。

5. **程序运行加工**

(1) 选择供自动加工的数控程序。

① 选择磁盘程序。

按下软键 自动加工 F1，在弹出的下级子菜单中按软键 程序选择 F1，弹出下级子菜单“磁盘程序；正在编辑的程序”，按软键【F1】或用方位键 ▲、▼ 将光标移到“磁盘程序”上，再按 Enter 确认，则选择了“磁盘程序”，弹出如图 3.18 所示的对话框。

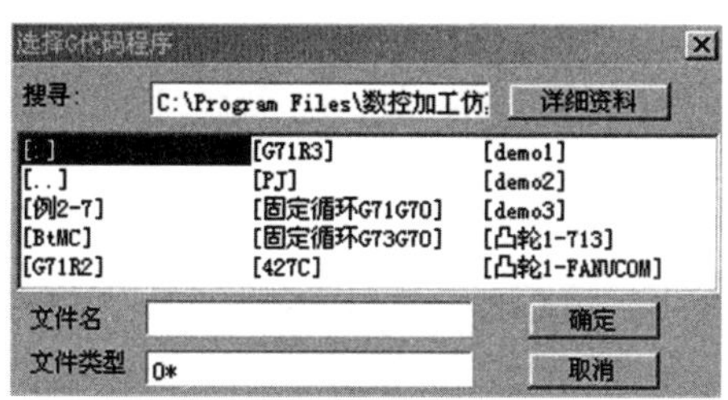


图 3.18　选择磁盘文件界面

在对话框中选择所需要的程序，点击控制面板上的 Tab 键，使光标在各 text 框和命令按钮间切换。

光标聚焦在“文件类型”text 框中，点击 ▼ 按钮，可在弹出的下拉框中通过 ▲、▼ 选择所需的文件类型，也可按 Enter 键可输入所需的文件类型；光标聚焦在“搜寻”text 框中，点击 ▼ 按钮，可在弹出的下拉框中通过 ▲、▼ 选择所需搜寻的磁盘范围，此时文件名列表框中显示所有符合磁盘范围和文件类型的文件名。

光标聚焦在文件名列表框中时，可通过 ▲、▼、◀、▶ 选定所需程序，再按 Enter 键确认所选程序；也可将光标聚焦“文件名”text 框中，按 Enter 键可输入所需的文件名，再按 Enter 键确认所选程序。

② 选择正在编辑的程序。

按下软键自动加工F1，在弹出的下级子菜单中按软键程序选择F1，弹出下级子菜单“磁盘程序；正在编辑的程序”，按软键【F2】或用方位键▲、▼将光标移到“正在编辑的程序”上，再按Enter确认，则选择了“正在编辑的程序”，则已经调用了正在编辑的数控程序。

如果当前没有正在编辑的程序，则弹出如图 3.19 所示的对话框，按Y确认。

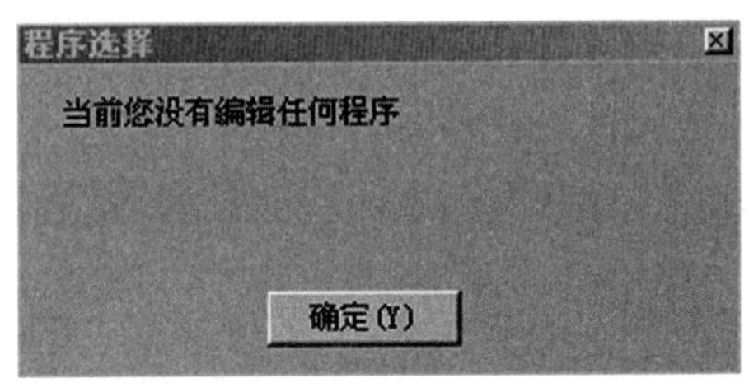


图 3.19　当前编辑程序对话框

(2) 自动 / 连续方式。

① 自动加工流程。



检查机床是否回零，若未回零，先将机床回零(参见“机床回零”)。

检查控制面板上自动按钮指示灯是否变亮，若未变亮，点击自动按钮，使其指示灯变亮，进入自动加工模式。

按下软键自动加工F1，切换到自动加工状态。在弹出的下级子菜单中按软键程序选择F1，可选择磁盘程序或正在编辑的程序，在弹出的对话框中选择需要的数控程序。

点击循环启动按钮，则开始进行自动加工。

② 中断运行。

按下软键停止运行F7，可使数控程序暂停运行。同时弹出如图 3.20 所示的对话框，按Y表示确认取消当前运行的程序，则退出当前运行的程序；按N表示当前运行的程序不被取消，当前程序仍可运行，点击循环启动按钮，数控程序从当前行接着运行。

注：停止运行在程序校验状态下无效。

退出了当前运行的程序后，需按软键重新运行F4，弹出的对话框如图 3.21 所示。

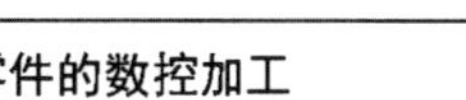

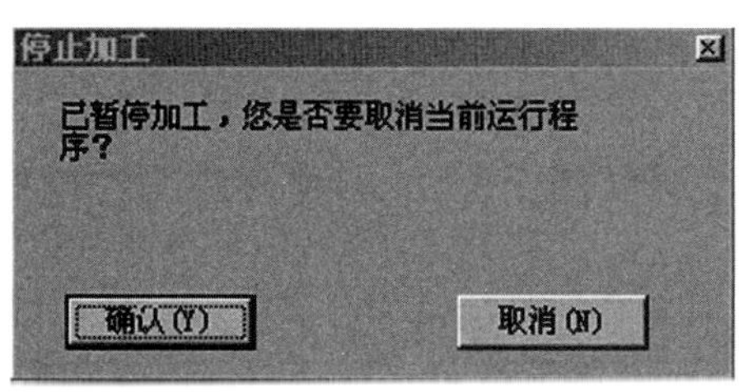

图 3.20　暂停对话框

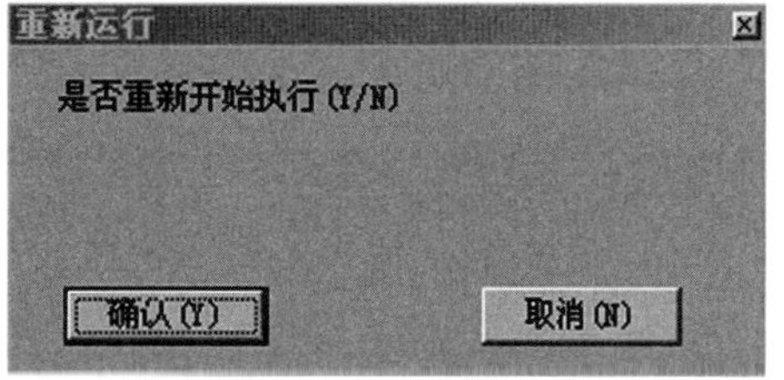

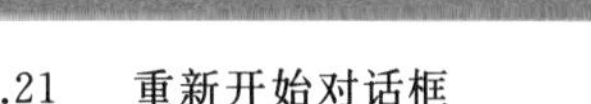
图 3.21　重新开始对话框

按 Y 或 N ，确认或取消，确认后，点击按钮，数控程序从开始重新运行。

按下急停按钮，数控程序中断运行，继续运行时，先将急停按钮松开，再按按钮，余下的数控程序从中断行开始作为一个独立的程序执行。

注：在调用子程序的数控程序中，程序运行到子程序时按下急停按钮，数控程序中断运行，主程序运行环境被取消。将急停按钮松开，再按按钮，数控程序从中断行开始执行，执行到子程序结束处停止。相当于将子程序视作独立的数控程序。

(3) 自动 / 单段方式。

跟踪数控程序的运行过程可以通过单段执行来实现。

检查机床是否回零，若未回零，先将机床回零(参见“机床回零”)。

检查控制面板上按钮指示灯是否变亮，若未变亮，点击按钮，使其指示灯变亮，进入自动加工模式。

按下软键，切换到自动加工状态。在弹出的下级子菜单中按软键，可选择磁盘程序或正在编辑的程序，在弹出的对话框中选择需要的数控程序。

点击按钮，则开始进行自动 / 单段加工。

注：自动 / 单段方式执行每一行程序均需点击一次按钮。



## 任务实施

### 3.1.4　一般套工艺设计

一般套工艺设计步骤如下。

(1) 零件的工艺性分析。

(2) 加工工艺装备选择。

(3) 零件加工工艺拟订。

(4) 工序顺序安排。

(5) 走刀路线确定和工步顺序安排。

(6) 切削用量确定。

(7) 数控加工工艺文件填写。

确定加工工艺路线，制订工艺流程，设计工艺及工序。一般套类零件各工艺文件分别见表 3.1 ～ 3.5，其各工序工艺附图如图 3.22 ～ 3.25。

**表 3.1　一般套类零件机械加工工艺过程卡**

<table>
<tr><td colspan="2" rowspan="2">（学校）</td><td colspan="2" rowspan="2">机械加工<br>工艺过程卡</td><td>产品<br>型号</td><td></td><td>零部件<br>图号</td><td colspan="2"></td><td colspan="2"></td></tr>
<tr><td>产品<br>名称</td><td></td><td>零部件<br>名称</td><td colspan="2">一般套类零件</td><td colspan="2">共 1 页 第 1 页</td></tr>
<tr><td>材料<br>牌号</td><td>45</td><td>毛坯<br>种类</td><td>模锻<br>件</td><td>毛坯外<br>形尺寸</td><td></td><td>每个毛坯<br>可制件数</td><td>1</td><td>每台<br>件数</td><td>1</td><td>备注</td></tr>
</table>

<table>
<tr><td rowspan="2">工<br>序<br>号</td><td rowspan="2">工序<br>名称</td><td rowspan="2">工序<br>内容</td><td rowspan="2">车间<br>工段</td><td rowspan="2">设备</td><td rowspan="2">工艺<br>装备</td><td colspan="2">工时</td></tr>
<tr><td>准终</td><td>单件</td></tr>
<tr><td>1</td><td>粗车</td><td>粗车大端</td><td>金工</td><td>普通车床</td><td>三爪卡盘，游标卡尺</td><td></td><td></td></tr>
<tr><td>2</td><td>粗车</td><td>粗车小端</td><td>金工</td><td>普通车床</td><td>三爪卡盘，游标卡尺</td><td></td><td></td></tr>
<tr><td>3</td><td>精车</td><td>精车大端</td><td>金工</td><td>数控车床</td><td>软爪，游标卡尺</td><td></td><td></td></tr>
<tr><td>4</td><td>精车</td><td>精车小端</td><td>金工</td><td>数控车床</td><td>软爪，游标卡尺</td><td></td><td></td></tr>
<tr><td>5</td><td>检验</td><td>检验各部尺寸</td><td>检验科</td><td></td><td>卡板，游标卡尺</td><td></td><td></td></tr>
</table>

| 编制 | | 审核 | | 批准 | | 热处理 | |
|---|---|---|---|---|---|---|---|

表 3.2 一般套类零件工序 1 工序卡

<table>
<tr><td colspan="2" rowspan="2">（学校）</td><td rowspan="2">机械加工<br>工序卡</td><td>产品名称或代号</td><td>零件名称</td><td colspan="2">材料</td><td colspan="2">零件图号</td></tr>
<tr><td></td><td>一般套类零件</td><td colspan="2">45</td><td colspan="2"></td></tr>
<tr><td colspan="2">工序号</td><td>工序名称</td><td>夹具</td><td colspan="3">使用设备</td><td colspan="2">车间</td></tr>
<tr><td colspan="2">1</td><td>粗车大端</td><td>三爪卡盘</td><td colspan="3">普通车床</td><td colspan="2">金工</td></tr>
<tr><td>工步号</td><td colspan="2">工步内容</td><td>刀具</td><td>量具及检具</td><td>进给量<br>/(mm · r<sup>-1</sup>)</td><td>主轴转速<br>/(r · min<sup>-1</sup>)</td><td colspan="2">切削速度<br>/(m · min<sup>-1</sup>)</td></tr>
<tr><td>1</td><td colspan="2">粗车大端外圆及端面<br>保尺寸 φ71.5<br>长 8.8 和 28.8</td><td>外圆车刀</td><td>游标卡尺</td><td>0.3</td><td>300</td><td colspan="2"></td></tr>
<tr><td>编制</td><td></td><td>审核</td><td>批准</td><td>热处理</td><td></td><td></td><td>共 4 页</td><td>第 1 页</td></tr>
</table>

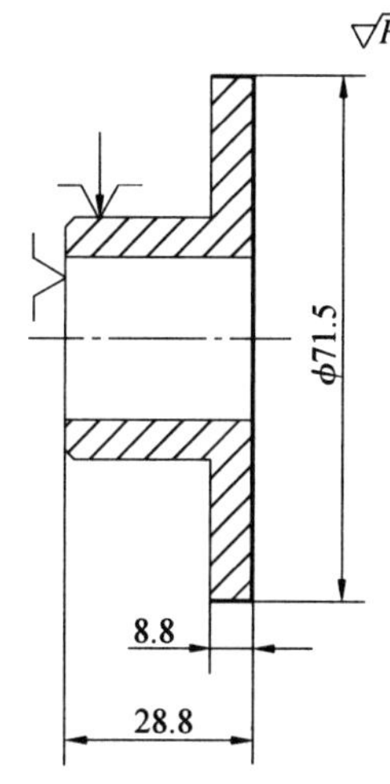


图 3.22 工序 1 工艺附图

**表 3.3　一般套类零件工序 2 工序卡**

<table>
<tr><td colspan="2" rowspan="2">（学校）</td><td rowspan="2">机械加工<br>工序卡</td><td>产品名称或代号</td><td>零件名称</td><td colspan="2">材料</td><td>零件图号</td></tr>
<tr><td></td><td>一般套类零件</td><td colspan="2">45</td><td></td></tr>
<tr><td colspan="2">工序号</td><td>工序名称</td><td>夹具</td><td colspan="2">使用设备</td><td colspan="2">车间</td></tr>
<tr><td colspan="2">2</td><td>粗车小端</td><td>三爪卡盘</td><td colspan="2">普通车床</td><td colspan="2">金工</td></tr>
<tr><td>工步号</td><td colspan="2">工步内容</td><td>刀具</td><td>量具及检具</td><td>进给量<br>/(mm·r$^{-1}$)</td><td>主轴转速<br>/(r·min$^{-1}$)</td><td>切削速度<br>/(m·min$^{-1}$)</td></tr>
<tr><td>1</td><td colspan="2">粗车小端外圆<br>保尺寸 $\phi$33.5(＋0.3/0)<br>长 7.6 和 27.6(＋0.3/0)<br>倒角</td><td>外圆车刀</td><td>游标卡尺</td><td>0.3</td><td>300</td><td></td></tr>
<tr><td>2</td><td colspan="2">粗镗孔<br>保尺寸 $\phi$20.5(0/－0.4)</td><td>镗孔车刀</td><td>游标卡尺</td><td>0.3</td><td>300</td><td></td></tr>
<tr><td>编制</td><td></td><td>审核</td><td>批准</td><td>热处理</td><td></td><td>共 4 页</td><td>第 2 页</td></tr>
</table>

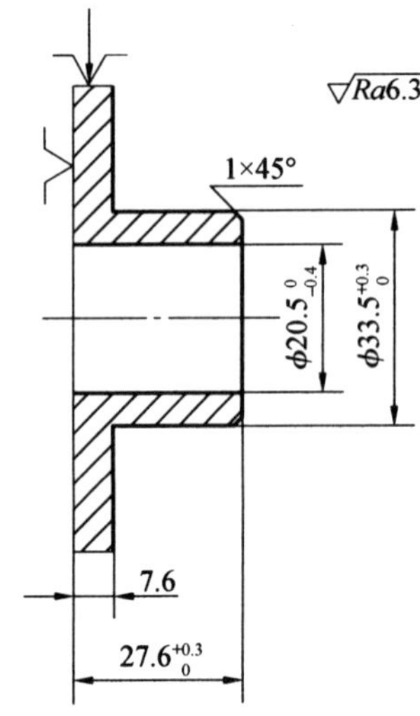


图 3.23　工序 2 工艺附图

**表 3.4　一般套类零件工序 3 工序卡**

| (学校) | 机械加工工序卡 | | 产品名称或代号 | 零件名称 | | 材料 | 零件图号 |
|---|---|---|---|---|---|---|---|
| | | | | 一般套类零件 | | 45 | |
| 工序号 | 工序名称 | | 夹具 | 使用设备 | | 车间 | |
| 3 | 精车大端 | | 软爪 | 数控车床 | | 金工 | |
| 工步号 | 工步内容 | | 刀具 | 量具及检具 | 进给量/(mm·r⁻¹) | 主轴转速/(r·min⁻¹) | 切削速度/(m·min⁻¹) |
| 1 | 精车大端端面及外圆<br>保尺寸 $\phi70$<br>长 6.8 和 26.8(+0.2/0) | | 车刀<br>PCLNR2525M12<br>刀片<br>CNMG120408 | 游标卡尺 | 0.3 | 1 000 | |
| 2 | 孔口倒角 1.8×45°<br>外圆倒角 1×45° | | | | 0.3 | 800 | |
| 编制 | | 审核 | | 批准 | 热处理 | 共 4 页 | 第 3 页 |

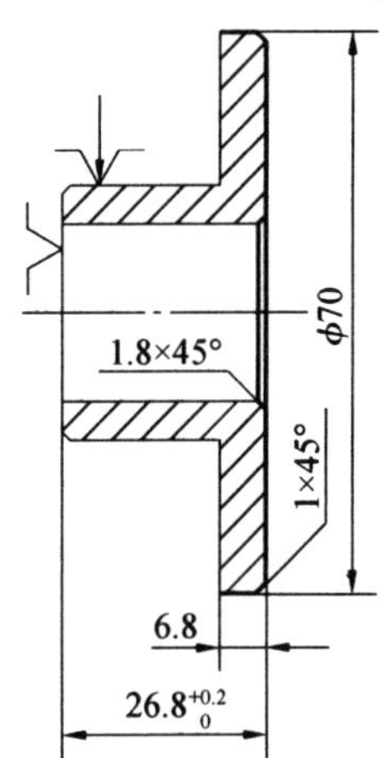


图 3.24　工序 3 工艺附图

**表 3.5　一般套类零件工序 4 工序卡**

| (学校) | 机械加工工序卡 | 产品名称或代号 | 零件名称 | 材料 | 零件图号 |
|---|---|---|---|---|---|
| | | | 一般套类零件 | 45 | |

| 工序号 | 工序名称 | 夹具 | 使用设备 | 车间 |
|---|---|---|---|---|
| 4 | 精车小端 | 软爪 | 数控车床 | 金工 |

| 工步号 | 工步内容 | 刀具 | 量具及检具 | 进给量 /(mm·r$^{-1}$) | 主轴转速 /(r·min$^{-1}$) | 切削速度 /(m·min$^{-1}$) |
|---|---|---|---|---|---|---|
| 1 | 精车小端各部<br>保尺寸 $\phi$32(0/－0.03)<br>长 26(0/－0.1) | 车刀<br>PCLNR2525M12<br>刀片<br>CNMG120408 | 千分尺 | 0.1 | 1 500 | |
| 2 | 精镗孔<br>保尺寸 $\phi$22(＋0.021/0) | 车刀<br>S16R-SCLCR09<br>刀片<br>CCMT09T308 | 孔用塞规 | 0.1 | 1 500 | |
| 3 | 孔口倒角 1×45°<br>外圆倒角 1×45° | 外圆车刀 | | 0.2 | 1 000 | |

| 编制 | | 审核 | | 批准 | | 热处理 | | 共 4 页 | 第 4 页 |
|---|---|---|---|---|---|---|---|---|---|



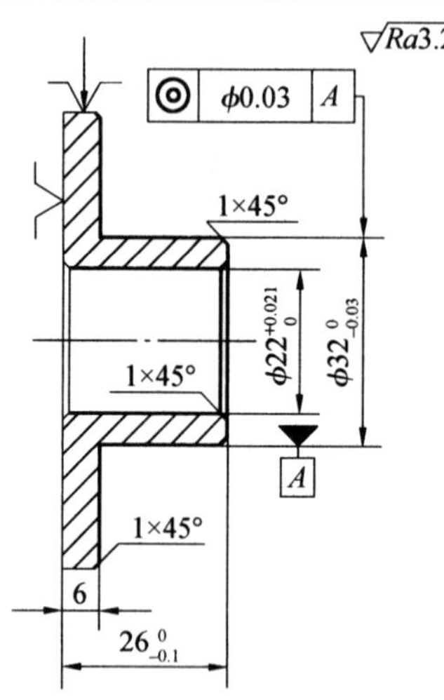


图 3.25　工序 4 工艺附图

## 3.1.5 一般套程序编制

### 1. 数学处理

(1) 建立编程坐标系。
(2) 基点(节点) 坐标计算。

### 2. 一般套加工程序编写

程序如下：

```
O1000(外圆轮廓加工);
G98 G97 G40 G00 X100.Z100.;
T0101 M03 S800;
G00 X80.Z3.;
G71 U1.2 R0.5;
G71 P10 Q20 U0.5 W0 F0.2;
N10 G00 X30.;
G01 Z0 F0.08;
X32.Z－1.;
Z－20.;
X70.;
N20 Z－26.
G00 X100.;
Z100.;
M05;
T0202 M03 S1200;
G70 P10 Q20;
G00 X100.Z100.;
M30;

O1002(加工内轮廓);
G98 G97 G40 G00 X100.Z100.;
T0202 M03 S800;                    // 内孔车刀
G00 X28.Z5.;
G71 U1.2 R0.5;
G71 P30 Q40 U 0.3 W0 F0.2;
N30 G00 X24.;
G01 Z0.F0.08;
X22.Z－1.;
```

```
Z－25.;
N40 X24.Z－26.;
G00 X100.;
Z100.;
M05;
M03 S1200;
G70 P30 Q40;
G00 X100.Z100.;
M30;
```

### 3.1.6 一般套零件加工

#### 1. 加工准备

(1) 开机。

(2) 机床回参考点。

(3) 装刀。



① 内孔车刀装刀原则。

a.伸出长度。

内孔车刀伸出长度要求根据加工孔的深度确定，既要保证能够加工到要求的孔深，刀架不与工件相碰，又不能悬出刀架太长，减弱刀杆刚性。一般车到要求孔深后，刀架与工件还有 5 ～ 10 mm 间隙即可。

b.装刀高度。

(a) 粗车孔时，刀尖一般应比工件轴线稍低。

(b) 精车孔时，刀尖一般应比工件轴线稍高。

c.装刀方向。

孔加工车刀刀杆中心线应与走刀方向平行，否则也会影响车刀工作的主、副偏角。

② 内孔车刀装刀方法。

内孔车刀刀尖应按加工内容装得与工件中心线稍高或稍低。如果在车床方刀架上直接装内孔车刀，其保证装刀高度的方法与外圆车刀装刀方法相似；如果在车床刀盘装内孔车刀的孔内装刀，则按尺寸要求选合适刀杆直径的内孔车刀装刀并拧紧螺钉即可；如果采用刀夹装内孔车刀，则连同刀夹一起装刀并保证内孔车刀刀尖高度满足要求。

#### 2. 程序录入(FANUC)

通过操作面板，将编写好的加工程序输入数控机床数控系统中

(1) 操作面板介绍。

华中数控标准铣床、车床和卧式加工中心面板如图 3.26 所示。

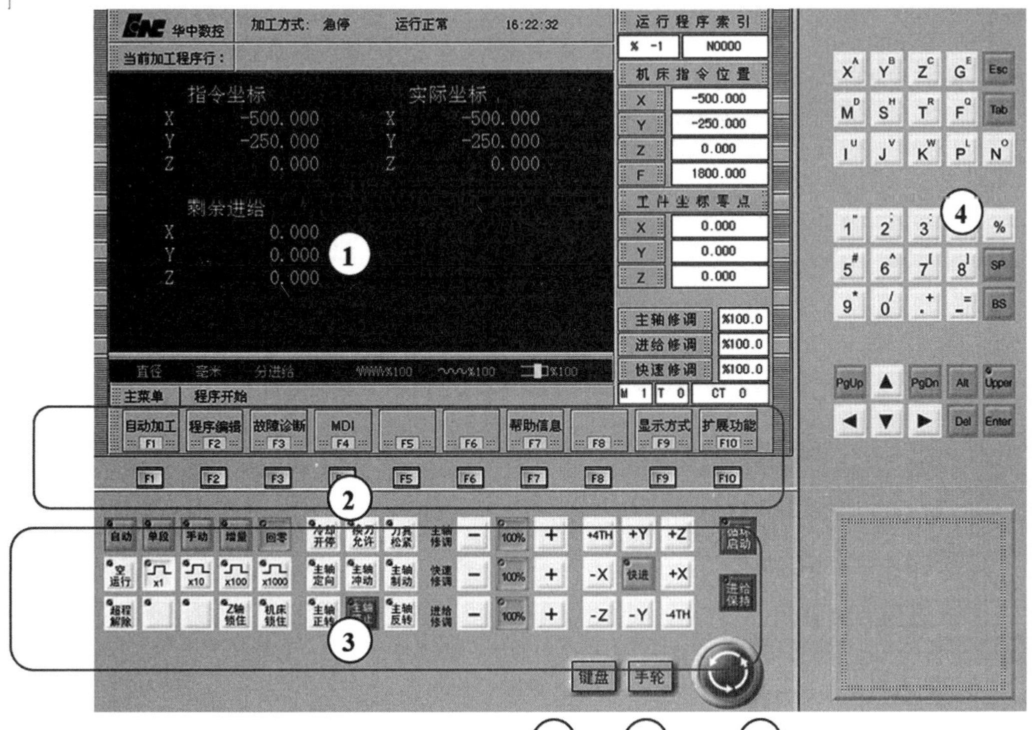


图 3.26　华中数控标准铣床、车床和卧式加工中心面板

① 为 CRT 显示。

② 为横排软键。

③ 为操作箱。

④ 为键盘。

⑤ 为打开／关闭键盘。

⑥ 为打开手轮。

⑦ 为紧急停止按钮。

(2) 机床准备。

① 激活机床。

检查急停按钮是否松开至状态，若未松开，点击急停按钮，将其松开。

② 机床回参考点。

检查操作面板上回零指示灯 回零 是否亮，若指示灯亮，则已进入回零模式；若指示灯不亮，则点击 回零 按钮，使回零指示灯亮，转入回零模式。

在回零模式下，点击控制面板上的 +X 按钮，此时 $X$ 轴将回零，CRT 上的 $X$ 轴坐标

变为“0.000”。同样，分别再点击 +Y 、+Z ，可以将 $Y$ 轴、$Z$ 轴回零(车床只有 $X$ 轴、$Z$ 轴)。此时 CRT 界面上的显示值如图 3.27 所示。

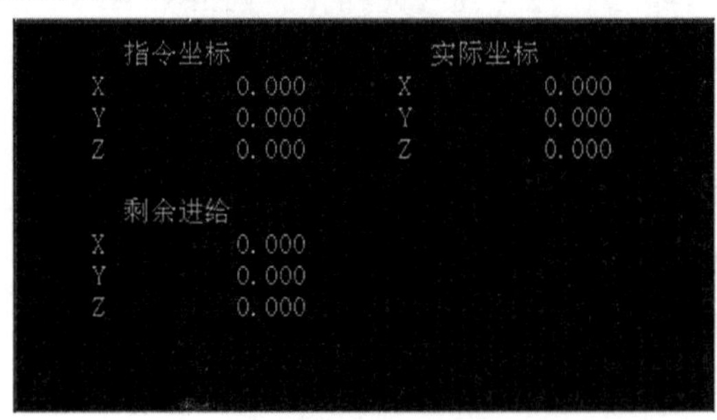

图 3.27　CRT 界面上的显示值

### 3. 对刀

(1) 建立工件坐标系。
(2) 设置刀具补偿。

### 4. 自动加工



自动运行程序，加工零件，并对加工过程进行监控。
自动加工流程如下。
(1) 检查机床是否机床回零。若未回零，先将机床回零。
(2) 导入数控程序或自行编写一段程序。
(3) 将操作面板中 MODE 旋钮切换到 AUTO 上，进入自动加工模式。
(4) 点击“循环启动”按钮，数控程序开始运行。

## 3.1.7　一般套零件检验

### 1. 检验准备

(1) 工件准备。清洗干净工件。
(2) 量 / 检具准备。准备好外径千分尺、游标卡。

### 2. 项目检验与考核

(1) 零件检验。依据项目考核表零件考核项目对加工零件进行检验和测量，填写检验记录单。

(2) 项目考核。依据项目考核评分标准，对零件加工质量进行评分，并对整个加工过程进行考核。项目 3 任务 3.1 考核评分标准见表 3.6。

**表 3.6 项目 3 任务 3.1 考核评分标准**

| 考核项目 | | | 考核内容 | | 配分 | 实测 | 检验员 | 评分 | 总分 |
|---|---|---|---|---|---|---|---|---|---|
| 零件加工质量 | 1 | 外圆 | $\phi 70$ | IT | 10 | | | | |
| | | | | $Ra\,6.3$ | 5 | | | | |
| | | | $\phi\ 32_{-0.03}^{\ 0}$ | IT | 10 | | | | |
| | | | | $Ra\,6.3$ | 8 | | | | |
| | 2 | 内孔 | $\phi\ 22_{\ 0}^{+0.021}$ | IT | 10 | | | | |
| | | | | $Ra\,6.3$ | 8 | | | | |
| | 3 | 长度 | $26_{-0.1}^{\ 0}$ | IT | 10 | | | | |
| | | | | $Ra\,3.2$ | 8 | | | | |
| | | | 6 | IT | 8 | | | | |
| | 4 | 形位公差 | 同轴度 | $\phi 0.03$ | 8 | | | | |
| 职业素养 | 1 | 文明生产 | | | 10 | | | | |
| | 2 | 安全意识 | | | 5 | | | | |



**知识拓展**

### 3.1.8 检测零件及校正刀偏值

加工完成后，去除零件毛刺，使用量具对零件进行测量，如果尺寸有误差，则只要修改"刀具磨损设置"界面中每把刀具相应的补偿值即可。例如，工件外圆直径在加工后的尺寸应是 $\phi$34 mm，但实际测得 $\phi$34.07 mm（或 $\phi$33.98 mm），尺寸偏大 0.07 mm（或偏小 0.11 mm），则按"OFFSET/SETTING"→"补正"→"摩耗"，将光标移动到"W01"的"X"值位置，如图 3.28 所示，输入"－0.07"（或"0.11"），按"输入"键。如果补偿值中已经有数值，那么需要在原来的数值的基础上进行累加，输入累加后的数值。

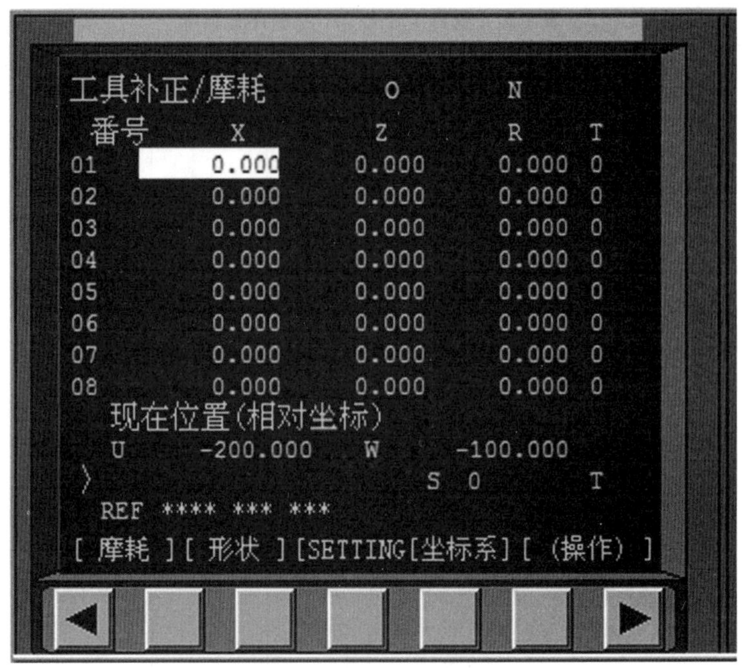

图 3.28 刀具磨损设置界面



数控车削过程中使尺寸精度降低的原因是多方面的,常见原因见表 3.7。

**表 3.7 数控车削尺寸精度降低原因**

| 序号 | 影响因素 | 产生原因 |
|---|---|---|
| 1 | 装夹与校正 | 工件校正不正确 |
| 2 | | 工件装夹不牢固,加工过程中产生松动与振动 |
| 3 | 刀具 | 对刀不正确 |
| 4 | | 刀具在使用过程中产生磨损 |
| 5 | | 刀具刚性差,刀具加工过程中产生振动 |
| 6 | 加工 | 背吃刀量过大,导致刀具发生弹性变形 |
| 7 | | 刀具长度补偿参数设置不正确 |
| 8 | | 精加工余量选择过大或过小 |
| 9 | | 切削用量选择不当,导致切削力、切削热过大,从而产生热变形和内应力 |
| 10 | 工艺系统 | 机床原理误差 |
| 11 | | 机床几何误差 |
| 12 | | 工件定位不正确或夹具与定位元件制造误差 |

造成尺寸精度下降的原因中,由于工艺系统产生的尺寸精度降低可由对机床和夹具的调整来解决,而由于装夹、刀具、加工过程中操作者的原因造成尺寸精度降低则可以通过操作者进行更正、细致的操作来解决。

在加工过程中进行精确的测量也是保证加工精度的重要因素。测量时应做到量具选

择正确，测量方法合理，测量过程规范细致。

### 习题训练

编写图 3.29 所示零件的加工程序并加工。

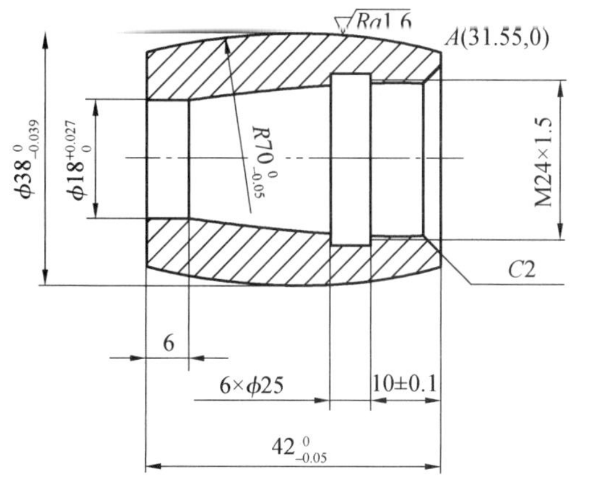


$\sqrt{Ra3.2}$ (√)

图 3.29　椭圆轴套习题图



# 任务 3.2　变速器一挡从动齿轮轴套加工

### 任务导入

变速器一挡从动齿轮轴套实体图如图 3.30 所示，其零件图如图 3.31 所示，材料为 20CrMoH 钢，毛坯为模锻件，批量生产。

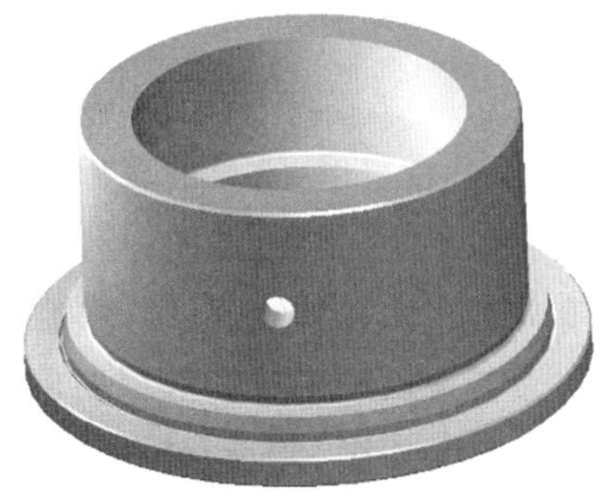

图 3.30　变速器一挡从动齿轮轴套实体图

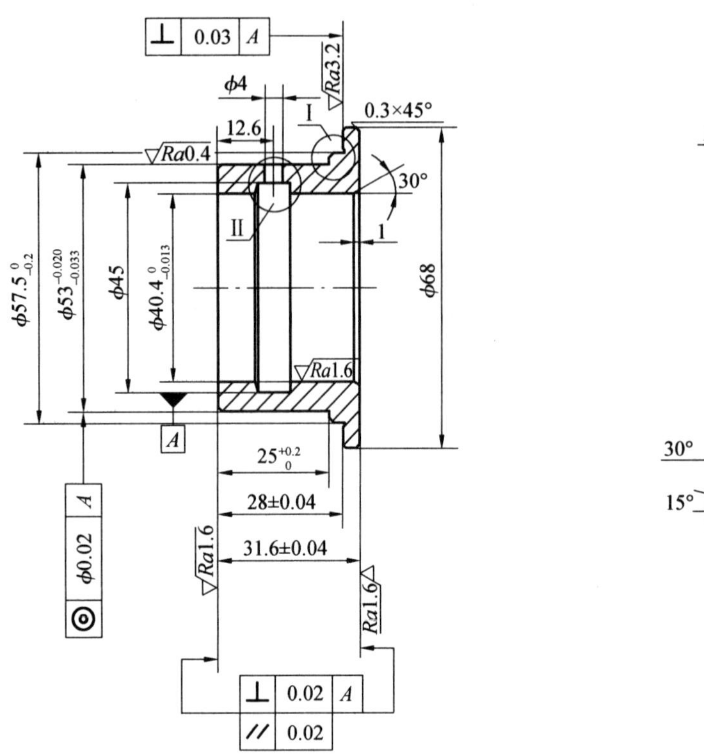


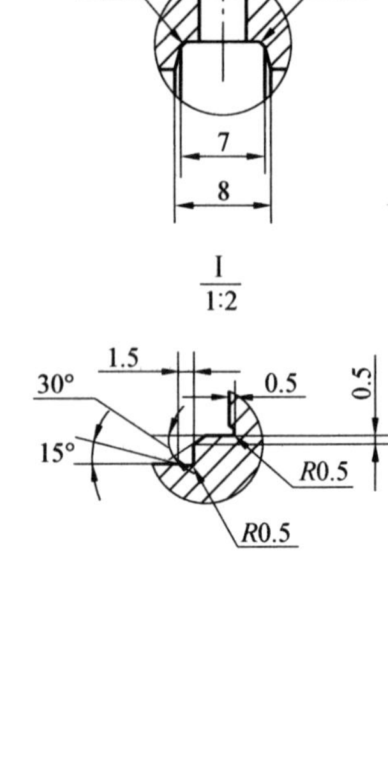




图 3.31　变速器一挡从动齿轮轴套零件图

知识链接

## 3.2.1　套类零件数控车削加工的相关工艺二

### 1. 盘套类零件的结构特点

盘套类零件在机器设备中用得非常普遍,常见的有齿轮、带轮、轴承套、轴承端盖、套筒、衬套等。盘套类零件的结构一般由孔、外圆、端面和沟槽等组成。各表面除尺寸、形状精度外,其位置精度一般可能有外圆对内孔轴线的径向圆跳动(或同轴度)、端面对内孔轴线的端面圆跳动(或垂直度),以及两端面的平行度等项要求。盘套类零件和轴类零件同属于回转体零件,因此,盘套类零件的外圆、端面、沟槽,一般都可以通过车削来进行加工。但是,盘套类零件多数带有“中孔”,这些孔常有不同的尺寸与技术要求。数控车床上除车孔外,还可以采用钻孔、扩孔、铰孔等加工方法。应根据盘套类零件的结构与孔的尺寸及技术要求,合理选择相应的工艺方法,这是加工好盘套类零件的关键。

### 2. 内孔车刀结构的选择

由于零件上通孔与不通孔在结构上的差别,主偏角 $k_r < 90°$ 的通孔车刀,只能用于加

工通孔（图 3.32(a)），而不能加工不通孔；不通孔只能用主偏角 $k_r > 90°$ 的不通孔车刀来加工（图 3.32(b)）。为了保证车平孔的底面，当刀尖位于刀杆的最前端时，刀尖与刀杆外端的距离应小于内孔半径 $R$。

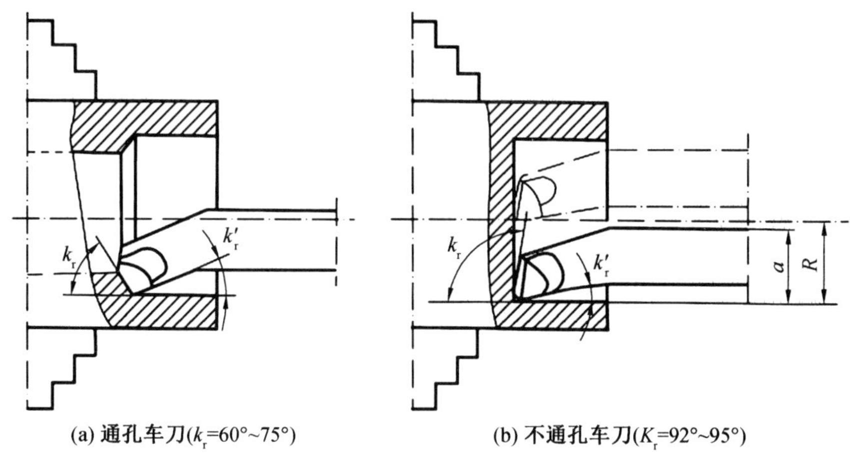


图 3.32 通孔与不通孔车刀的应用



### 3.2.2 华中数控系统数控车削的相关编程二

在复合固定循环中，对零件的轮廓定义之后，即可完成从粗加工到精加工的全过程，使程序得到进一步简化。

(1) 外圆粗切循环。

外圆粗切循环是一种复合固定循环，适用于外圆柱面需多次走刀才能完成的粗加工。

编程格式为

G71 U(Δd) R(e)；

G71 P(ns) Q(nf) U(Δu) W(Δw) F(f) S(s) T(t)；

式中 Δd—— 背吃刀量；

e—— 退刀量；

ns—— 精加工轮廓程序段中开始程序段的段号；

nf—— 精加工轮廓程序段中结束程序段的段号；

Δu——$X$ 轴方向精加工余量，内轮廓车削时为负值；

Δw——$Z$ 轴方向精加工余量；

f、s、t——F、S、T 代码。

注意：

①ns → nf 程序段中的 F、S、T 功能，即使被指定，也对粗车循环无效。

② 零件轮廓必须符合 $X$ 轴、$Z$ 轴方向同时单调增大或单调减小；$X$ 轴、$Z$ 轴方向非单

调时，ns→nf 程序段中第一条指令必须在 $X$ 轴、$Z$ 轴方向同时有运动。

(2) 端面粗切循环。

端面粗切循环是一种复合固定循环，端面粗切循环适于 $Z$ 轴方向余量小、$X$ 轴方向余量大的棒料粗加工。

编程格式为

G72 U(Δd) R(e)；

G72 P(ns) Q(nf) U(Δu) W(Δw) F(f) S(s) T(t)；

式中　△d—— 背吃刀量；

e—— 退刀量；

ns—— 精加工轮廓程序段中开始程序段的段号；

nf—— 精加工轮廓程序段中结束程序段的段号；

Δu——$X$ 轴方向精加工余量，内轮廓车削时为负值；

Δw——$Z$ 轴方向精加工余量；

f、s、t——F、S、T 代码。

注意：

① ns→nf 程序段中的 F、S、T 功能，即使被指定，也对粗车循环无效。



② 零件轮廓必须符合 $X$ 轴、$Z$ 轴方向同时单调增大或单调减小。

(3) 封闭切削循环。

封闭切削循环是一种复合固定循环，封闭切削循环适用于对铸、锻毛坯切削，对零件轮廓的单调性则没有要求。

编程格式为

G73 U(i) W(k) R(d)；

G73 P(ns) Q(nf) U(Δu) W(Δw) F(f) S(s) T(t)；

式中　i——$X$ 轴方向总退刀量；

k——$Z$ 轴方向总退刀量(半径值)；

d—— 重复加工次数；

ns—— 精加工轮廓程序段中开始程序段的段号；

nf—— 精加工轮廓程序段中结束程序段的段号；

Δu——X 轴方向精加工余量；

Δw——Z 轴方向精加工余量；

f、s、t——F、S、T 代码。

(4) 精加工循环。

由 G71、G72、G73 完成粗加工后，可以用 G70 进行精加工。精加工时，G71、G72、G73 程序段中的 F、S、T 指令无效，只有在 ns→nf 程序段中的 F、S、T 才有效。

编程格式为

G70 P(ns) Q(nf)

式中　ns—— 精加工轮廓程序段中开始程序段的段号；

nf—— 精加工轮廓程序段中结束程序段的段号。

例：在 G71、G72、G73 程序应用例中的 nf 程序段后再加上“G70 Pns Qnf”程序段，并在 ns→nf 程序段中加上精加工适用的 F、S、T，就可以完成从粗加工到精加工的全过程。

### 3.2.3　华中数控系统数控车床的相关操作二

车床的刀具补偿包括在刀偏表中设定的刀具的偏置补偿，磨损量补偿和在刀补表里设定的刀尖半径补偿，可在数控程序中调用。

#### 1. 设置偏置值完成多把刀间刀具补偿

车床的刀架上可以同时放置 8 把刀具，选择其中一把刀为标准刀具，采用试切法或自动设置坐标系法完成对刀后，可通过设置偏置值完成其他刀具的对刀。

用选定的标刀试切工件端面，将刀具当前的 $Z$ 轴位置设为相对零点（设零前不得有 $Z$ 轴位移），记下此时 $Z$ 轴坐标值，记为 $Z$。用标刀试切零件外圆，将刀具当前 $X$ 轴的位置设为相对零点（设零前不得有 $X$ 轴的位移），记下此时 $X$ 轴的坐标值，记为 $X$。此时标刀在工件上已切出一个基准点。当标刀在基准点位置时，即在设置的相对零点位置。

按下软键 MDI F4，进入 MDI 参数设置界面，按软键 坐标系 F3，进入自动坐标系设置界面，点击 PgUp 或 PgDn 按钮选择坐标系“当前相对值零点”，如图 3.33 所示，将上面得到的相对零点位置（$X$，$Z$）输入。

注：“当前相对零点”坐标系中的默认值为机床坐标系的原点位置坐标值“X0.000 Z0.000”。

按下软键 显示方式 F9，在弹出的下级子菜单中选择“坐标系”，在接着弹出的下级子菜单中选择“相对坐标系”。此时 CRT 界面右侧的“选定坐标系下的坐标值”显示栏显示“相对实际位置”。退出换刀后，将下一把刀移到工件上基准点的位置上，此时“选定坐标系下的坐标值”显示栏中显示的相对值，即为该刀相对于标刀的偏置值，如图 3.34 所示（为保证刀准确移到工件的基准点上，可采用增量进给方式或手轮进给方式）。

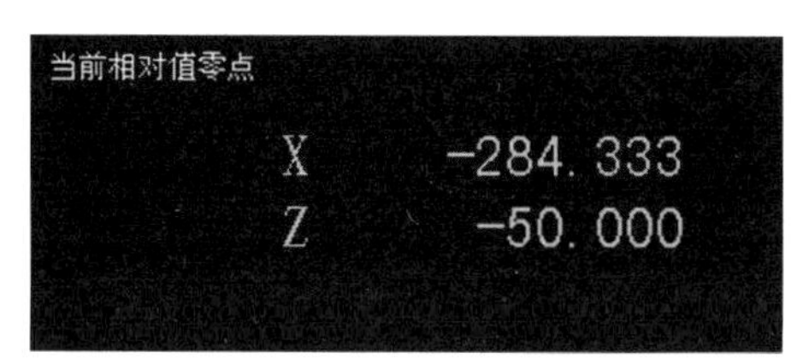


图 3.33　相对坐标界面

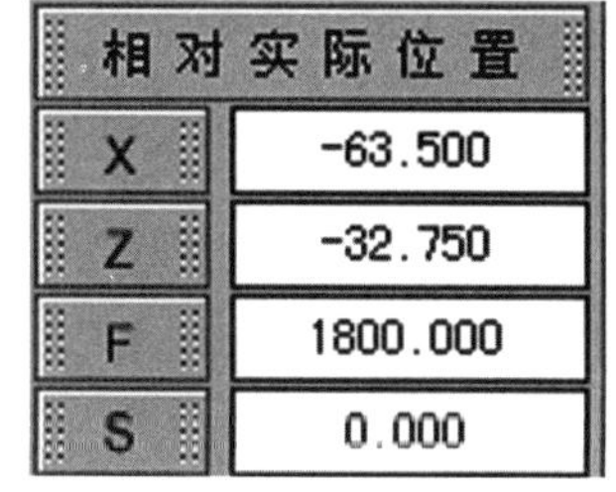


图 3.34　相对实际位置

按下MDI F4软键，在弹出的下级子菜单中按软键刀偏表 F2，进入刀偏数据设置方式，将得到的“刀偏值”输入对应刀号的“X 偏置”和“Z 偏置”栏中，设置完毕。

注：机床自身可以通过获取刀具偏置值，确定其他刀具的在加工零件时的工件坐标原点。

### 2. 输入磨损量补偿参数

刀具使用一段时间后磨损，会使产品尺寸产生误差，因此需要对刀具设定磨损量补偿，步骤如下。

在起始界面下按下软键MDI F4，进入 MDI 参数设置界面。

按下软键刀偏表 F2进入参数设定界面，如图 3.35 所示，用▲、▼、◀、▶及PgUp、PgDn将光标移到对应刀偏号的磨损栏中，按Enter键后，此栏可以输入字符，可通过控制面板上的 MDI 键盘输入磨损量补偿值。

刀偏表：

| 刀偏号 | X偏置 | Z偏置 | X磨损 | Z磨损 | 试切直径 | 试切长度 |
|---|---|---|---|---|---|---|
| #XX0 | 0.000 | 0.000 | 0.000 | 0.000 | 0.000 | 0.000 |
| #XX1 | 0.000 | 0.000 | 0.000 | 0.000 | 0.000 | 0.000 |
| #XX2 | 0.000 | 0.000 | 0.000 | 0.000 | 0.000 | 0.000 |
| #XX3 | 0.000 | 0.000 | 0.000 | 0.000 | 0.000 | 0.000 |
| #XX4 | 0.000 | 0.000 | 0.000 | 0.000 | 0.000 | 0.000 |
| #XX5 | 0.000 | 0.000 | 0.000 | 0.000 | 0.000 | 0.000 |
| #XX6 | 0.000 | 0.000 | 0.000 | 0.000 | 0.000 | 0.000 |
| #XX7 | 0.000 | 0.000 | 0.000 | 0.000 | 0.000 | 0.000 |
| #XX8 | 0.000 | 0.000 | 0.000 | 0.000 | 0.000 | 0.000 |
| #XX9 | 0.000 | 0.000 | 0.000 | 0.000 | 0.000 | 0.000 |
| #XX10 | 0.000 | 0.000 | 0.000 | 0.000 | 0.000 | 0.000 |
| #XX11 | 0.000 | 0.000 | 0.000 | 0.000 | 0.000 | 0.000 |
| #XX12 | 0.000 | 0.000 | 0.000 | 0.000 | 0.000 | 0.000 |

图 3.35　刀偏表

修改完毕，按Enter键确认，或按Esc键取消。

3. **输入刀具偏置量补偿参数**

按下软键 刀偏表 F2 ,进入参数设定界面,如图 3.35 所示,将 $X$ 轴、$Z$ 轴的偏置值分别输入对应的补偿值区域(方法同输入磨损量补偿参数)。

注:偏置值可以用车床对刀介绍的"设置偏置值完成多把刀具对刀"的方法获得。

4. **输入刀尖半径补偿参数**

按下软键 刀补表 F3 进入参数设定界面,如图 3.36 所示,用 ▲、▼、◀、▶ 及 PgUp、PgDn 将光标移到对应刀补号的半径栏中,按 Enter 键后,此栏可以输入字符,可通过控制面板上的 MDI 键盘输入刀尖半径补偿值。

刀补表:

| 刀补号 | 半径 | 刀尖方位 |
| --- | --- | --- |
| #XX00 | 0.000 | 0 |
| #XX01 | 0.000 | 0 |
| #XX02 | 0.000 | 0 |
| #XX03 | 0.000 | 0 |
| #XX04 | 0.000 | 0 |
| #XX05 | 0.000 | 0 |
| #XX06 | 0.000 | 0 |
| #XX07 | 0.000 | 0 |
| #XX08 | 0.000 | 0 |
| #XX09 | 0.000 | 0 |
| #XX10 | 0.000 | 0 |
| #XX11 | 0.000 | 0 |
| #XX12 | 0.000 | 0 |

直径 毫米 分进给 %100 %100 %0

MDI:

图 3.36 刀补表

修改完毕,按 Enter 键确认,或按 Esc 键取消。

5. **输入刀尖方位参数**

车床中刀尖共有 9 个方位,如图 3.37 所示。

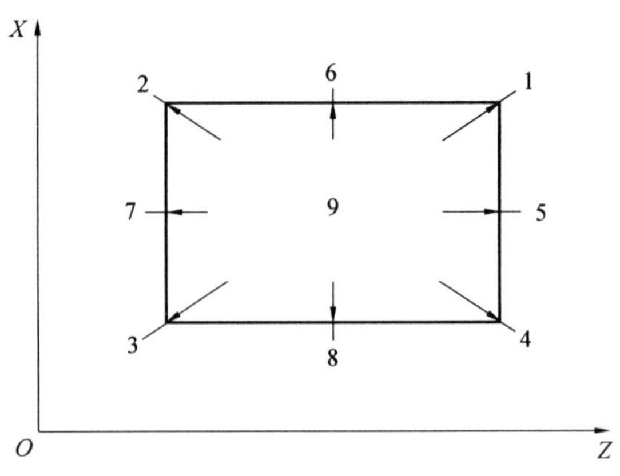


图 3.37　刀位

数控程序中调用刀具补偿命令时，需在刀补表中设定所选刀具的刀尖方位参数值。输入方法同输入刀尖半径补偿参数。

注：刀补表和刀偏表从 #XX1 至 #XX99 行可输入有效数据，可在数控程序中调用。刀补表和刀偏表中，#XX0 行虽然可以输入补偿参数，但在数控程序调用时数据被取消。



## 任务实施

### 3.2.4　变速器一挡从动齿轮轴套工艺设计

变速器一挡从动齿轮轴套工艺设计步骤如下。

(1) 零件的工艺性分析。

(2) 加工工艺装备选择。

(3) 零件加工工艺拟订。

(4) 工序顺序安排。

(5) 走刀路线确定和工步顺序安排。

(6) 切削用量确定。

(7) 数控加工工艺文件填写。

确定加工工艺路线，制订工艺流程，设计工艺及工序。变速器一挡从动齿轮轴套各工艺文件分别见表 3.8 ～ 3.16，其各工序工艺附图如图 3.38 ～ 3.45 所示。

**表 3.8 变速器一挡从动齿轮轴套机械加工工艺过程卡**

| (学校) | 机械加工工艺过程卡 | 产品型号 | | 零部件图号 | | |
|---|---|---|---|---|---|---|
| | | 产品名称 | | 零部件名称 | 变速器一挡从动齿轮轴套 | 共 1 页 第 1 页 |

| 材料牌号 | 20CrMoH | 毛坯种类 | 模锻件 | 毛坯外形尺寸 | | 每个毛坯可制件数 | 1 | 每台件数 | 1 | 备注 | |
|---|---|---|---|---|---|---|---|---|---|---|---|

| 工序号 | 工序名称 | 工序内容 | 车间工段 | 设备 | 工艺装备 | 工时 | |
|---|---|---|---|---|---|---|---|
| | | | | | | 准终 | 单件 |
| 1 | 粗车 | 粗车大端 | 金工 | 普通车床 | 三爪卡盘,游标卡尺 | | |
| 2 | 粗车 | 粗车小端 | 金工 | 普通车床 | 三爪卡盘,游标卡尺 | | |
| 3 | 精车 | 精车大端 | 金工 | 数控车床 | 软爪,游标卡尺 | | |
| 4 | 精车 | 精车小端 | 金工 | 数控车床 | 软爪,游标卡尺,高度尺内径量表,专用卡规 | | |
| 5 | 钻孔 | 钻 $\phi 4$ 小孔 | 金工 | 台钻 | 游标卡尺,钻夹具 | | |
| 6 | 检验 | 热前检验 | 检验科 | | 高度尺,游标卡尺,内径量表 | | |
| 7 | 热处理 | 热处理 | 热处理 | | | | |
| 8 | 磨 | 磨内孔带大端面 | 金工 | 内圆磨床 M2110C | 专用夹套,塞规,千分尺,内径量表 | | |
| 9 | 磨 | 磨外圆 | 金工 | 外圆磨床 M1432A | 心轴类夹具,千分尺 | | |
| 10 | 磨 | 磨端面 | 金工 | 平面磨床 M7120 | 千分尺 | | |
| 11 | 检验 | 检验各部尺寸 | 检验科 | | 高度尺,游标卡尺,塞规 | | |
| | | | | | | | |
| | | | | | | | |
| | | | | | | | |

| 编制 | | 审核 | | 批准 | | 热处理 | |
|---|---|---|---|---|---|---|---|

表 3.9 变速器一挡从动齿轮轴套工序 1 工序卡

<table>
<tr><td rowspan="2">（学校）</td><td rowspan="2">机械加工<br>工序卡</td><td>产品名称或代号</td><td>零件名称</td><td>材料</td><td colspan="2">零件图号</td></tr>
<tr><td></td><td>变速器一挡<br>从动齿轮轴套</td><td>20CrMoH</td><td colspan="2"></td></tr>
<tr><td>工序号</td><td>工序名称</td><td>夹具</td><td colspan="2">使用设备</td><td colspan="2">车间</td></tr>
<tr><td>1</td><td>粗车大端</td><td>三爪卡盘</td><td colspan="2">普通车床</td><td colspan="2">金工</td></tr>
<tr><td>工步号</td><td>工步内容</td><td>刀具</td><td>量具及检具</td><td>进给量/(mm·r<sup>-1</sup>)</td><td>主轴转速/(r·min<sup>-1</sup>)</td><td>切削速度/(m·min<sup>-1</sup>)</td></tr>
<tr><td>1</td><td>粗车端面<br>长 10、34.9</td><td>端面外圆车刀</td><td>游标卡尺</td><td>0.3</td><td>300</td><td></td></tr>
<tr><td>2</td><td>粗车外圆 φ69.6(＋0.3/0)</td><td>端面外圆车刀</td><td>游标卡尺</td><td>0.3</td><td>300</td><td></td></tr>
<tr><td>3</td><td>粗车内孔 φ38.8(0/－0.3)</td><td>内圆车刀</td><td>游标卡尺</td><td>0.3</td><td>300</td><td></td></tr>
<tr><td>编制</td><td>审核</td><td>批准</td><td>热处理</td><td></td><td>共 8 页</td><td>第 1 页</td></tr>
</table>



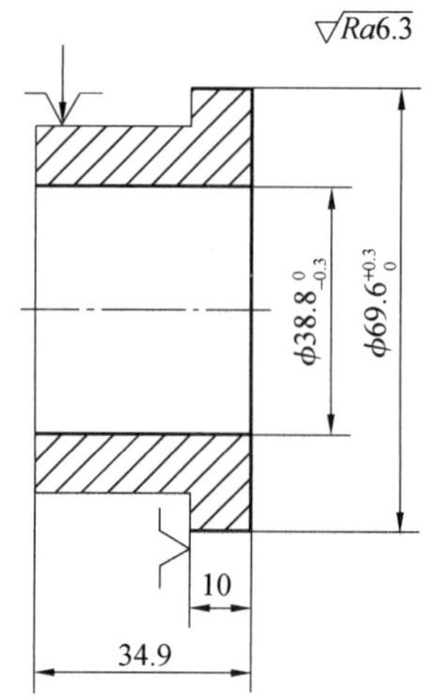


图 3.38 工序 1 工艺附图

表 3.10　变速器一挡从动齿轮轴套工序 2 工序卡

| (学校) | 机械加工工序卡 | 产品名称或代号 | 零件名称 | | 材料 | 零件图号 |
|---|---|---|---|---|---|---|
| | | | 变速器一挡从动齿轮轴套 | | 20CrMoH | |
| 工序号 | 工序名称 | 夹具 | 使用设备 | | 车间 | |
| 2 | 粗车小端 | 三爪卡盘 | 普通车床 | | 金工 | |
| 工步号 | 工步内容 | 刀具 | 量具及检具 | 进给量/(mm·r⁻¹) | 主轴转速/(r·min⁻¹) | 切削速度/(m·min⁻¹) |
| 1 | 粗车端面<br>长 33.2(+0.2/0) | 端面外圆车刀 | 游标卡尺 | 0.3 | 300 | |
| 2 | 粗车外圆 $\phi$55(+0.3/0)<br>长 25(+0.2/0) | 端面外圆车刀 | 游标卡尺 | 0.3 | 300 | |
| 3 | 粗车外圆 $\phi$59.2(+0.3/0)<br>长 28(+0.2/0) | 端面外圆车刀 | 游标卡尺 | 0.3 | 300 | |
| 编制 | 审核 | 批准 | 热处理 | | 共 8 页 | 第 2 页 |

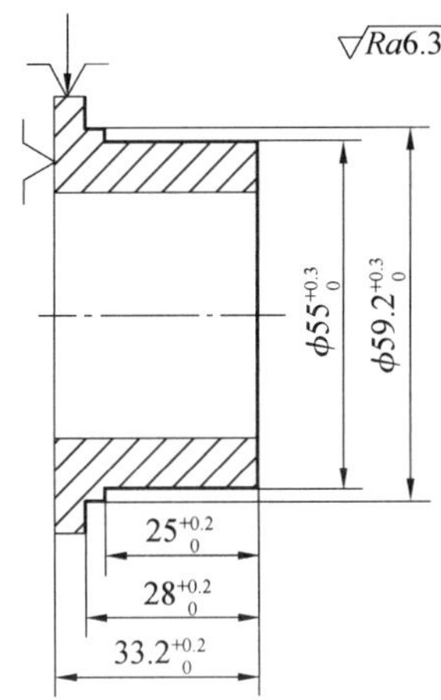


图 3.39　工序 2 工艺附图

**表 3.11 变速器一挡从动齿轮轴套工序 3 工序卡**

| (学校) | 机械加工工序卡 | 产品名称或代号 | 零件名称 | 材料 | 零件图号 | |
|---|---|---|---|---|---|---|
| | | | 变速器一挡从动齿轮轴套 | 20CrMoH | | |
| 工序号 | 工序名称 | 夹具 | 使用设备 | | 车间 | |
| 3 | 精车大端 | 软爪 | 数控车床 | | 金工 | |
| 工步号 | 工步内容 | 刀具 | 量具及检具 | 进给量/(mm·r⁻¹) | 主轴转速/(r·min⁻¹) | 切削速度/(m·min⁻¹) |
| 1 | 精车端面<br>长 32.4(+0.2/0) | 车刀<br>PCLNR2525M12<br>刀片<br>CNMG120408 | 游标卡尺 | 0.2 | 1 000 | |
| 2 | 精车外圆 $\phi$68<br>倒角 | | 游标卡尺 | 0.2 | 1 000 | |
| 3 | 内孔倒角 2.4×30° | | 游标卡尺 | 0.2 | 1 000 | |
| 编制 | 审核 | 批准 | 热处理 | | 共 8 页 | 第 3 页 |



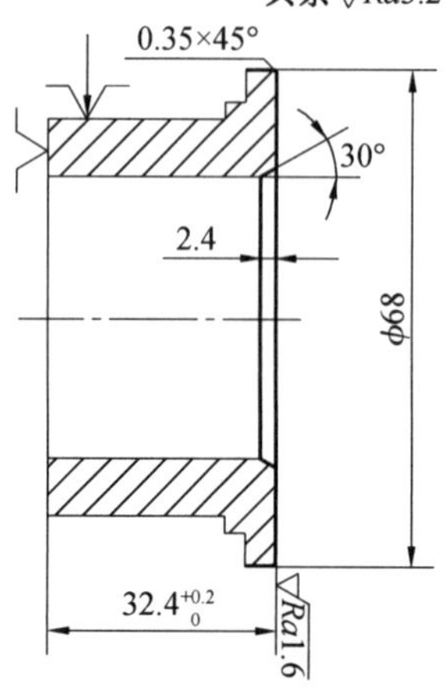


图 3.40 工序 3 工艺附图

**表 3.12 变速器一挡从动齿轮轴套工序 4 工序卡**

| (学校) | 机械加工工序卡 | 产品名称或代号 | 零件名称 | 材料 | 零件图号 | |
|---|---|---|---|---|---|---|
| | | | 变速器一挡从动齿轮轴套 | 20CrMoH | | |
| 工序号 | 工序名称 | 夹具 | 使用设备 | | 车间 | |
| 4 | 精车 | 软爪 | 数控车床 | | 金工 | |
| 工步号 | 工步内容 | 刀具 | 量具及检具 | 进给量/(mm·r$^{-1}$) | 主轴转速/(r·min$^{-1}$) | 切削速度/(m·min$^{-1}$) |
| 1 | 精车端面<br>长 31.7±0.03 | 车刀<br>PDJNR2525M15<br>刀片<br>DNMG150408 | 游标卡尺 | 0.2 | 1 000 | |
| 2 | 精车外圆 $\phi$53.2±0.05<br>保长 25(+0.15/+0.10)<br>倒角 | | 游标卡尺 | 0.2 | 1 000 | |
| 3 | 精车外圆 $\phi$57.5(+0.10/0)<br>保长 28±0.02 | | 游标卡尺 | 0.2 | 1 000 | |
| 4 | 精镗内孔 $\phi$40.6±0.05<br>倒角 | 车刀<br>S20S-SCLR09<br>刀片<br>CCMT09T308 | 内径量表 | 0.2 | 1 000 | |
| 5 | 挖内凹槽 $\phi$45<br>宽 8 和 7<br>保 12.6 | 专用切刀 | 专用卡规 | | | |
| 编制 | | 审核 | | 批准 | | 热处理 |
| | | | | | 共 8 页 | 第 4 页 |

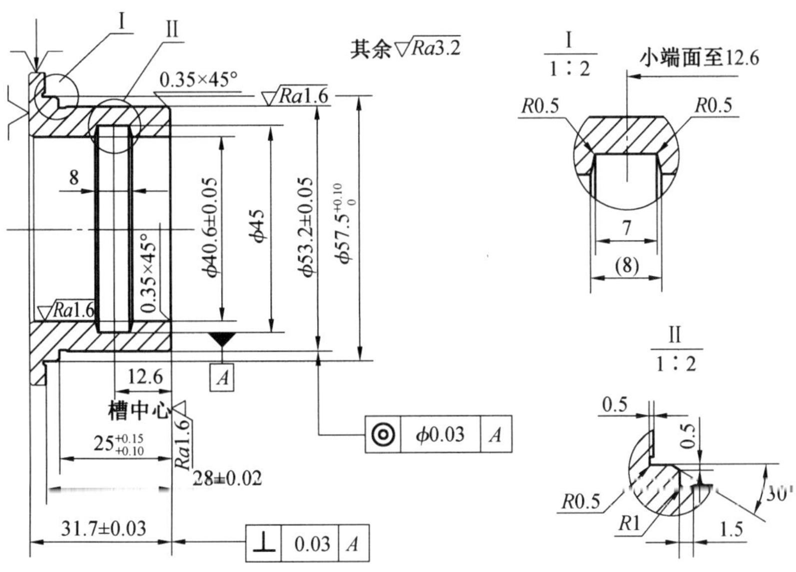


图 3.41 工序 4 工艺附图

表 3.13　变速器一挡从动齿轮轴套工序 5 工序卡

<table>
<tr><td colspan="2" rowspan="2">（学校）</td><td rowspan="2">机械加工<br>工序卡</td><td>产品名称或代号</td><td colspan="2">零件名称</td><td>材料</td><td colspan="2">零件图号</td></tr>
<tr><td></td><td colspan="2">变速器一挡<br>从动齿轮轴套</td><td>20CrMoH</td><td colspan="2"></td></tr>
<tr><td colspan="2">工序号</td><td>工序名称</td><td>夹具</td><td colspan="3">使用设备</td><td colspan="2">车间</td></tr>
<tr><td colspan="2">5</td><td>钻孔</td><td>钻夹具</td><td colspan="3">台钻</td><td colspan="2">金工</td></tr>
<tr><td>工步号</td><td colspan="2">工步内容</td><td>刀具</td><td>量具及检具</td><td>进给量<br>/(mm・r$^{-1}$)</td><td colspan="2">主轴转速<br>/(r・min$^{-1}$)</td><td>切削速度<br>/(m・min$^{-1}$)</td></tr>
<tr><td>1</td><td colspan="2">钻 $\phi$4 小孔</td><td>麻花钻</td><td>游标卡尺</td><td>0.15</td><td colspan="2">315</td><td></td></tr>
<tr><td>编制</td><td></td><td>审核</td><td></td><td>批准</td><td></td><td>热处理</td><td>共 8 页</td><td>第 5 页</td></tr>
</table>

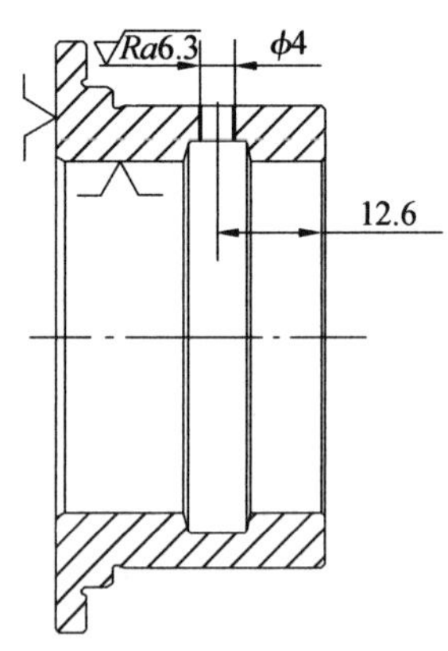


图 3.42　工序 5 工艺附图

表 3.14 变速器一挡从动齿轮轴套工序 8 工序卡

<table>
<tr><td colspan="2" rowspan="2">(学校)</td><td colspan="2" rowspan="2">机械加工<br>工序卡</td><td>产品名称或代号</td><td>零件名称</td><td colspan="2">材料</td><td>零件图号</td></tr>
<tr><td></td><td>变速器一挡<br>从动齿轮轴套</td><td colspan="2">20CrMoH</td><td></td></tr>
<tr><td colspan="2">工序号</td><td colspan="2">工序名称</td><td>夹具</td><td colspan="3">使用设备</td><td>车间</td></tr>
<tr><td colspan="2">8</td><td colspan="2">磨</td><td>专用夹套</td><td colspan="3">内圆磨床 M2110C</td><td>金工</td></tr>
<tr><td>工步号</td><td colspan="3">工步内容</td><td>刀具</td><td>量具及检具</td><td>进给量/(mm·r<sup>-1</sup>)</td><td>主轴转速/(r·min<sup>-1</sup>)</td><td>切削速度/(m·min<sup>-1</sup>)</td></tr>
<tr><td>1</td><td colspan="3">磨内孔 $\phi$40.4(0/−0.013)<br>带大端面保长 31.65±0.03</td><td>砂轮</td><td>塞规,<br>千分尺,<br>内径量表</td><td>0.005 ~<br>0.01</td><td>10 000</td><td></td></tr>
<tr><td>编制</td><td></td><td>审核</td><td></td><td>批准</td><td>热处理</td><td></td><td>共 8 页</td><td>第 6 页</td></tr>
</table>

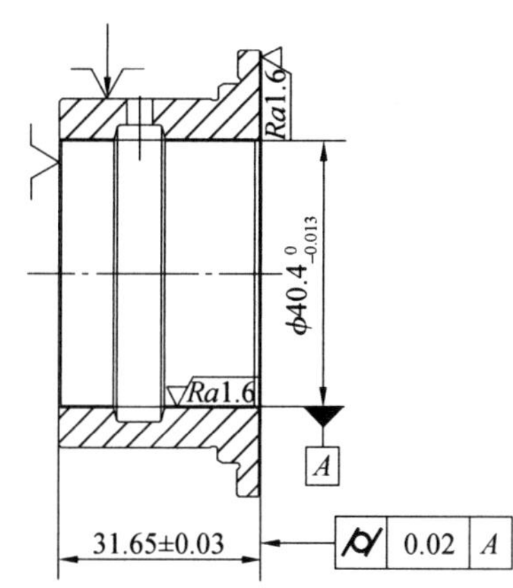


图 3.43 工序 8 工艺附图

**表 3.15　变速器一挡从动齿轮轴套工序 9 工序卡**

<table>
<tr><td rowspan="2" colspan="2">（学校）</td><td rowspan="2" colspan="2">机械加工<br>工序卡</td><td colspan="2">产品名称或代号</td><td colspan="2">零件名称</td><td colspan="2">材料</td><td colspan="2">零件图号</td></tr>
<tr><td colspan="2"></td><td colspan="2">变速器一挡<br>从动齿轮轴套</td><td colspan="2">20CrMoH</td><td colspan="2"></td></tr>
<tr><td colspan="2">工序号</td><td colspan="2">工序名称</td><td colspan="2">夹具</td><td colspan="3">使用设备</td><td colspan="3">车间</td></tr>
<tr><td colspan="2">9</td><td colspan="2">磨</td><td colspan="2">心轴类夹具</td><td colspan="3">外圆磨床 M1432A</td><td colspan="3">金工</td></tr>
<tr><td>工步号</td><td colspan="3">工步内容</td><td colspan="2">刀具</td><td>量具及检具</td><td colspan="2">进给量/(mm·r⁻¹)</td><td>主轴转速/(r·min⁻¹)</td><td colspan="2">切削速度/(m·min⁻¹)</td></tr>
<tr><td>1</td><td colspan="3">磨外圆<br>ϕ53(−0.020/−0.033)<br>带端面保长<br>25(+0.25/+0.15)</td><td colspan="2">砂轮</td><td rowspan="2">千分尺，<br>高度尺</td><td colspan="2">0.004～<br>0.01</td><td>1 650</td><td colspan="2"></td></tr>
<tr><td>2</td><td colspan="3">磨外圆 ϕ57.5(0/−0.20)<br>带端面保长 28.05±0.03</td><td colspan="2">砂轮</td><td colspan="2">0.004～<br>0.01</td><td>1 650</td><td colspan="2"></td></tr>
<tr><td>编制</td><td></td><td>审核</td><td></td><td>批准</td><td></td><td>热处理</td><td colspan="2"></td><td>共 8 页</td><td colspan="2">第 7 页</td></tr>
</table>

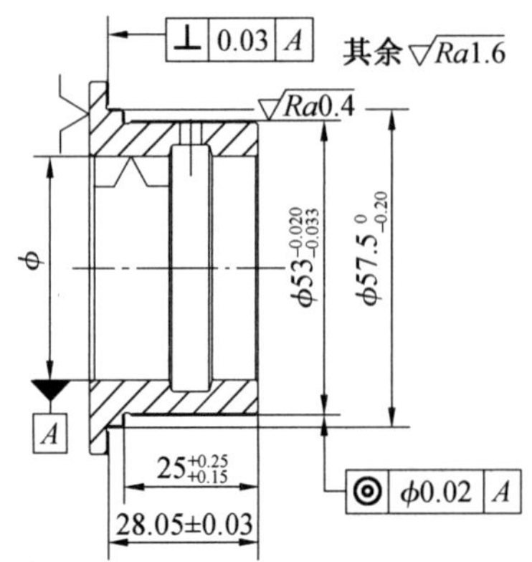


图 3.44　工序 9 工艺附图

表 3.16　变速器一挡从动齿轮轴套工序 10 工序卡

<table>
<tr><td rowspan="2" colspan="2">（学校）</td><td rowspan="2">机械加工<br>工序卡</td><td>产品名称或代号</td><td>零件名称</td><td colspan="2">材料</td><td colspan="2">零件图号</td></tr>
<tr><td></td><td>变速器一挡<br>从动齿轮轴套</td><td colspan="2">20CrMoH</td><td colspan="2"></td></tr>
<tr><td colspan="2">工序号</td><td>工序名称</td><td>夹具</td><td colspan="2">使用设备</td><td colspan="3">车间</td></tr>
<tr><td colspan="2">10</td><td>磨</td><td>电磁铁</td><td colspan="2">平面磨床 M7120</td><td colspan="3">金工</td></tr>
<tr><td>工步号</td><td colspan="2">工步内容</td><td>刀具</td><td>量具及检具</td><td colspan="2">进给量/(mm • r<sup>-1</sup>)</td><td>主轴转速/(r • min<sup>-1</sup>)</td><td>切削速度/(m • min<sup>-1</sup>)</td></tr>
<tr><td>1</td><td colspan="2">磨端面保长度 31.6 ± 0.04</td><td>砂轮</td><td>千分尺</td><td colspan="2">0.005 ～ 0.01</td><td>1 500</td><td></td></tr>
<tr><td></td><td colspan="2"></td><td></td><td></td><td colspan="2"></td><td></td><td></td></tr>
<tr><td>编制</td><td>审核</td><td></td><td>批准</td><td></td><td>热处理</td><td></td><td>共 8 页</td><td>第 8 页</td></tr>
</table>

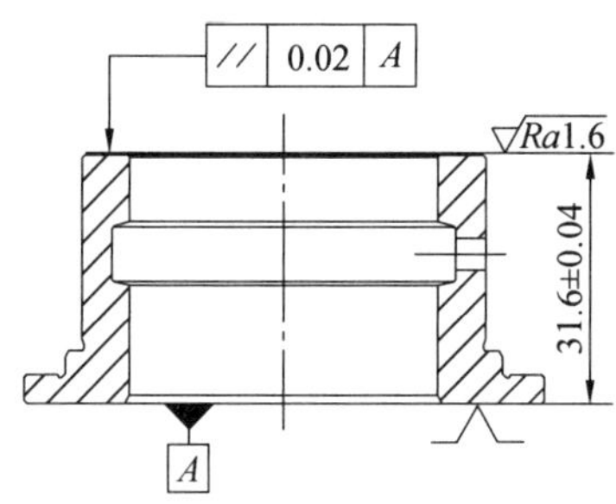


图 3.45　工序 10 工艺附图

## 3.2.5　变速器一挡从动齿轮轴套程序编制

### 1. 数学处理

(1) 建立编程坐标系。

(2) 基点(节点)坐标计算。

### 2. 变速器一挡从动齿轮轴套加工程序编写

程序如下：

```
O1000(车外轮廓)；
G98 G97 G40 G00 X100.Z100.；
T0101 M03 S800；
```

```
G00 X75.Z3.;
G71 U1.5 R1;
G71 P10 Q20 U0.4 W0 F0.2;
N10 G00 X52.2;
G01 Z0 F0.08;
G03 X53.Z-0.4 R0.4 F0.06;
G01 Z-23.5;
X52.13 Z-24.25;
G02 X53.Z-25.R0.5 F0.06;
G01 X56.5 Z-25.;
X57.5 Z-25.87;
Z-28.;
G02 X58.5 Z-28.R0.25;
G01 X67.4;
G03 X68.Z-28.3 R0.3;
G01 Z-31.3;
N20 G03 X67.4 Z-31.6 R0.3 F0.06;
G00 X100.;
Z100.;
M03 S1200;
G00 X75.Z3.;
G70 P10 Q20;
G00 X100.;
Z100.;
M30;

O1001(车内轮廓);
G98 G97 G40 G00 X100.Z100.;
T0202 M03 S800;
G00 X35.Z3.;
G71 U1.5 R0.5;
G71 P10 Q20 U-0.3 W0 F0.2;
N10 G00 X39.8;
G01 Z0 F0.08;
X40.4 Z-0.3;
```

```
Z－8.6;
X44.21 Z－9.01;
G03 X45.Z－9.5 R0.5 F0.06;
G01 Z－15.67;
G03 X44.21 Z－16.16 R0.5 F0.06;
G01 X40.4 Z－16.6;
Z－30.6;
N20 X41.55 Z－31.6;
G00 X100.;
Z100.;
G00 X35.Z3.S1200;
G70 P10 Q20;
G00 X100.;
Z100.;
M30;
```



### 3.2.6 变速器一挡从动齿轮轴套零件加工

#### 1. 加工准备

(1) 开机。
(2) 机床回参考点。
(3) 装刀。
(4) 装工件。

#### 2. 程序录入(FANUC)

方法同前,此处不再赘述。

#### 3. 对刀

(1) 建立工件坐标系。
(2) 设置刀具补偿。

#### 4. 自动加工

方法同前,此处不再赘述。

## 3.2.7 变速器一挡从动齿轮轴套零件检验

### 1. 检验准备

(1) 工件准备。清洗干净工件。

(2) 量 / 检具准备。准备好游标卡尺。

### 2. 项目检验与考核

(1) 零件检验。依据项目考核表零件考核项目对加工零件进行检验和测量,填写检验记录单。

(2) 项目考核。依据项目考核评分标准,对零件加工质量进行评分,并对整个加工过程进行考核。项目 3 任务 3.2 考核评分标准见表 3.17。

**表 3.17 项目 3 任务 3.2 考核评分标准**

| 考核项目 | | | 考核内容 | | 配分 | 实测 | 检验员 | 评分 | 总分 |
|---|---|---|---|---|---|---|---|---|---|
| 零件加工质量 | 1 | 外圆 | $\phi 68$ | IT | 5 | | | | |
| | | | | $Ra\,3.2$ | 5 | | | | |
| | | | $\phi\ 57.5_{-0.2}^{\ 0}$ | IT | 5 | | | | |
| | | | | $Ra\,3.2$ | 4 | | | | |
| | | | $\phi\ 53_{-0.033}^{-0.020}$ | IT | 5 | | | | |
| | | | | $Ra\,0.4$ | 4 | | | | |
| | 2 | 倒角 | $R0.5$ | | 4 | | | | |
| | | | 0.3 × 45°(两处) | | 3/ 处 | | | | |
| | 3 | 孔 | $\phi\ 40.4_{-0.013}^{\ 0}$ | IT | 10 | | | | |
| | | | | $Ra\,1.6$ | 6 | | | | |
| | | | $\phi 45$ | | 5 | | | | |
| | 4 | 内槽 | 12.6 | | 5 | | | | |
| | | | 8 | | 4 | | | | |
| | | | 7 | | 4 | | | | |
| | 5 | 长度 | 31.6 ± 0.04 | IT | 5 | | | | |
| | | | | $Ra\,1.6$ | 4 | | | | |
| | | | 28 ± 0.04 | IT | 4 | | | | |
| 职业素养 | 1 | 文明生产 | | | 10 | | | | |
| | 2 | 安全意识 | | | 5 | | | | |

**知识拓展**

## 3.2.8 切槽时切削用量的选择

### 1. 切削深度 $a_p$ 的选择

粗车矩形槽时，切削深度 $a_p$ 等于切槽刀刀头宽，一般选择刀头宽为 3 mm 左右，循环进给切削时，每次循环切刀偏移量应小于刀头宽，保证槽底平整。进给量 $f$ 的选择相对普通车床小一些，切削速度的选择比在普通车床的选择高。

精车时，切削深度 $a_p \leqslant 0.5$ mm。

### 2. 进给量 $f$ 的选择

由于切槽刀的刀头强度比其他车刀低，车刀又主要受径向切削阻力的作用，进给量太大时，容易使切槽刀折断，因此，粗车时应适当地减小进给量，具体数值根据工件和刀具材料来决定。本项目切槽加工选用硬质合金切槽刀，切槽、切断时取 $f \leqslant 0.02$ mm/r，编程中，$f$ 取 30 mm/min。

### 3. 切削速度 $v$ 的选择

切槽时，刀具刚性差，易产生振动，切削速度应比车削外圆低 40% 左右。采用硬质合金切槽刀，切削速度取 40 ~ 50 mm/min。根据切削的零件直径，可由切削速度计算公式换算出主轴转速 $S$，按经验，$S$ 取 350 ~ 400 r/min。

**习题训练**

完成图 3.46 所示零件的加工。

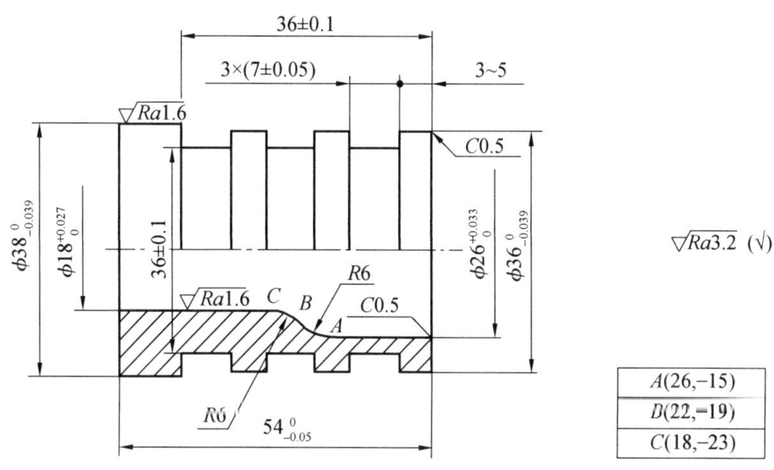


图 3.46 轴套习题图

# 任务 3.3　变速器一轴齿环加工

## 任务导入

变速器一轴齿环实体图如图 3.47 所示，其零件图如图 3.48 所示，材料为 20CrMoH 钢，毛坯为模锻件，批量生产。

图 3.47　变速器一轴齿环实体图

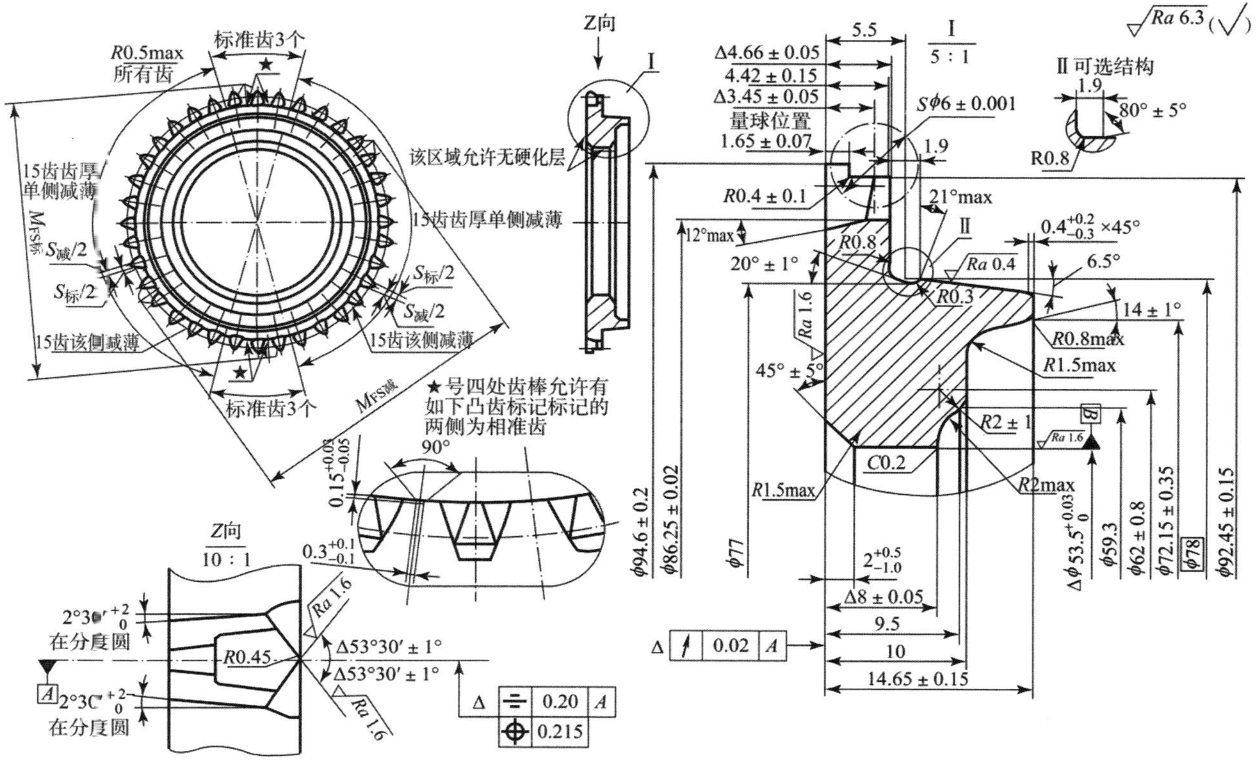

| 渐开线花键参数 | | | |
|---|---|---|---|
| 齿数 | | $Z$ | 36 |
| 棋數 | | $m$ | 2.54 |
| 压力角 | | $a$ | 30° |
| 分圆直径 | | $D$ | $\phi$91.440 |
| 基圆直径 | | $D_a$ | $\phi$79.189 4 |
| 精度等级 | | | |
| 花键大径 | | $D_a$ | $\phi$94.60 ± 0.2 |
| 花键小径 | | $D_{1a}$ | $\phi$86.40 ± 0.2 |
| 渐开线起始圆直径最大值 | | $D_{1a}$ | $\phi$87.60max |
| 标准齿 | 实际齿厚 | $S_a$ | 2.963min |
| | 作用齿厚 | $S_{1a}$ | 3.138max |
| | 跨棒距 | $M_{1a}$ | 100.597 7min |
| 减薄齿 | 实际齿厚 | $S_{1a}$ | 2.463min |
| | 作用齿厚 | $S_{1d}$ | 2.838max |
| | 跨棒距 | $M_{1d}$ | 100.199 9min |
| 量球直径 | | $d$ | $S\phi6 \pm 0.001$ |
| 齿根形式 | | | 平齿根 |
| 齿面粗糙度 | | | $Ra3.2$ |
| 配合形式 | | | 齿侧定心 |

图 3.48　变速器一轴齿环零件图

知识链接

## 3.3.1 套类零件数控车削加工的相关工艺三

盘套类零件的位置精度主要是内、外圆的同轴度和端面与内孔轴线的垂直度。对于不同结构的盘套类零件,可以用不同的工艺方案来保证其位置精度。常用的工艺方案有如下三种。

### 1. 在一次安装中完成内、外圆和端面的加工

在一次装夹中完成端面、外圆和孔的加工,然后切断,这种方案工艺简单,避免了工件多次安装造成的位置误差,可获得较高的位置精度。若另一端面的垂直度要求也高,可在平面磨床上用已车的端面定位磨平。一般说来,适用于采用这一工艺方案加工的零件应尽可能采用,特别是那些形状简单、尺寸较小的盘套类零件。

### 2. 先精加工内孔,再用心轴按孔定心夹紧加工外圆和端面

由于很多盘套类零件的内孔精度往往比外圆的精度要求高,即使精度等级相同,由于内孔尺寸比外圆小,其直径尺寸的公差与圆度的公差都较小。因此,用盘套类零件上精度要求最高的表面来定位,定心精度高,而孔用夹具(心轴)结构简单,尺寸又比较精确,故只要选择合适的心轴结构,就能保证盘套类零件的位置精度。这种方法是同轴度要求高的盘套类零件最常用的工艺方案,双联齿轮坯、平板齿轮坯、带轮及某些轴套是其典型零件。

心轴的种类较多,常用的有以下几种。

(1) 锥度心轴。

锥度心轴是刚性心轴的一种。心轴的外圆呈锥体,锥度为1∶1 000～1∶5 000。工件压入锥度心轴时,工件孔产生弹性变形而胀紧工件,并借压合处的摩擦力传递转矩带动工件旋转。这种心轴的结构简单,制造方便,不需夹紧元件;心轴与安装孔之间无间隙,故定位精度高(同轴度可达 $\phi0.005 \sim \phi0.01$)。但能承受的切削力小,工件在心轴的轴向无法定位,装夹不太方便。锥度心轴适用于同轴度要求较高工件的轻切削、精加工。

(2) 圆柱心轴。

圆柱心轴也是一种刚性心轴,心轴用圆柱表面与工件定位孔配合,并保持较小的间隙。常用基孔制 h6、g6、f7 等几种配合。由于间隙的存在,虽然便于工件的装卸,但定心精度较低。工件靠螺母压紧,一次可装夹多个工件。圆柱心轴结构简单,易于制造,应用快换垫圈,可使工件的装卸变得快捷方便。

(3) 胀力心轴。

胀力心轴是依靠锥形弹性套受轴向力,产生径向弹性变形而定位夹紧工件的。其特点是装夹方便,定位精度高,同轴度一般可达 $\phi0.01 \sim \phi0.02$。适用于零件的精加工与半精加工,且应用较为广泛。

### 3. 先精加工外圆，再利用外圆定心夹紧来精加工内孔

夹持外圆最常用的是三爪自定心卡盘，但三爪自定心卡盘的定心精度低，用于精加工很难保证零件的同轴度和垂直度。此时，可以把三爪自定心卡盘的硬卡爪改为软卡爪来装夹工件，软卡爪用未经淬火的45钢制成。使用时，将硬卡爪的前半部卸下，换上软卡爪后用螺钉紧固。然后把卡爪车成所需的圆弧尺寸，用以装夹工件。如果卡爪是整体式的，则可在卡爪夹持面上焊上一块铜料，然后把卡爪装入卡盘内，再将卡爪车成。车削软卡爪时，为了消除间隙，必须在卡爪内或卡爪外放一适当直径的定位圆柱或圆环。当用软卡爪夹持工件外圆时，定位圆柱应放在卡爪的里面；当用软爪撑夹工件内孔时，定位环应放在卡爪的外面。车削软卡爪的圆弧直径应与装夹工件的直径基本相同或稍大0.06～0.1 mm，并车出一个台阶，使工件正确定位。软卡爪圆弧直径过大，会使零件接触面减少；过小则卡爪两边缘接触零件。这样都不易保证装夹精度。软卡爪装夹的最大特点是工件虽经多次装夹，仍能保持一定的位置精度（约为0.02 mm）。大大缩短了工件的装夹校正时间。当装夹已加工表面或软金属零件时，不会夹伤零件表面。此外，还可以根据工件的特殊形状（夹持部分有螺纹等），相应地车制软卡爪以夹持工件。在车削软卡爪或每次装卸工件时，应注意固定使用同一扳手方孔，夹紧力也要均匀一致，改用其他扳手方孔或改变夹紧力的大小，都会改变卡盘平面螺纹的移动量，从而影响装夹后的定位精度。



## 3.3.2 华中数控系统数控车削的相关编程三

轴向切槽多重循环指令 G88 (GSK928TA) 的指令格式为

G88 X (U )_ Z (W )_ A_ C_ P_;

其中　X(U)、Z(W)—— 槽的对角的坐标，X(U) 给出槽的宽度，Z(W) 给出槽的深度，X(U)、Z(W) 同时给出槽的方向；

A——$X$ 轴方向的每次进刀量，$A > 0$，应小于槽刀宽度；

C——$Z$ 轴方向刀深增量，$C > 0$；

P——$Z$ 轴方向退刀的距离，$P > 0$。

循环过程如下。

(1)$Z$ 轴方向切削进刀 $C$ 的距离，切削速度退刀 $P$ 的距离，再切削进刀 $C$，退刀 $P$，…，直至到 Z(W) 字段的深度；

(2)$Z$ 轴方向快速返回起始位置；

(3)$X$ 轴方向快速进刀 $A$ 的距离；

(4) 重复(1)、(2)、(3) 直至 $X$ 轴方向到达 X(U) 的位置。循环完毕，系统的位置处在 $X$ 轴方向为 X(U) 字段设定位置，$Z$ 轴方向与 G88 起点相同位置。执行该指令时，刀具的运行轨迹如图 3.49 所示。

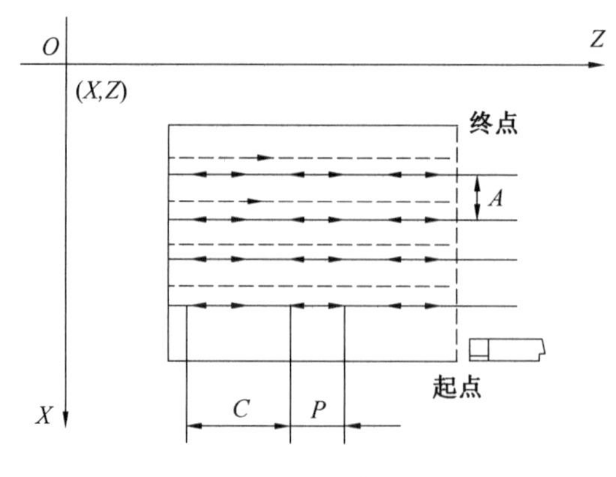


图 3.49　G88 指令运行轨迹

### 3.3.3　华中数控系统数控车床的相关操作三

#### 1. 查看轨迹

在选择了一个数控程序后，需要查看程序是否正确，可以通过查看程序轨迹是否正确来判定。



检查控制面板上的自动或单段指示灯是否亮，若未亮，点击自动或单段按钮，使其指示灯变亮，进入自动加工模式。

在自动加工模式下，选择了一个数控程序后，程序校验 F3 软键变亮，点击控制面板上的程序校验 F3 软键。

此时，点击操作面板上的运行控制按钮循环启动，即可观察程序的运行轨迹，还可通过"视图"菜单中的动态旋转、动态放缩、动态平移等方式对运行轨迹进行全方位的动态观察。

注：红线代表刀具快速移动的轨迹，绿线代表刀具正常移动的轨迹。

#### 2. MDI 模式

检查控制面板上自动按钮指示灯是否变亮，若未变亮，点击自动按钮，使其指示灯变亮，进入自动加工模式。

起始状态下按软键 MDI F4，进入 MDI 编辑状态。

在下级子菜单中按软键 MDI运行 F6，进入 MDI 运行界面，如图 3.50 所示。

点击 MDI 键盘将所需内容输入到输入域中，可以做取消、插入、删除等修改操作（操作方法与程序编辑相同）。

输入指令字信息后按 Enter 键，对应数据显示在窗口内。

输入数据后，软键 MDI清除 F7 变为有效，按此键可清除当前输入的所有字段，清除后此软键无效，输入完后，按“循环启动”按键，系统开始运行输入的 MDI 指令，界面变成如图 3.51 所示的界面，其中显示区根据选择的显示模式的不同显示不同的内容。

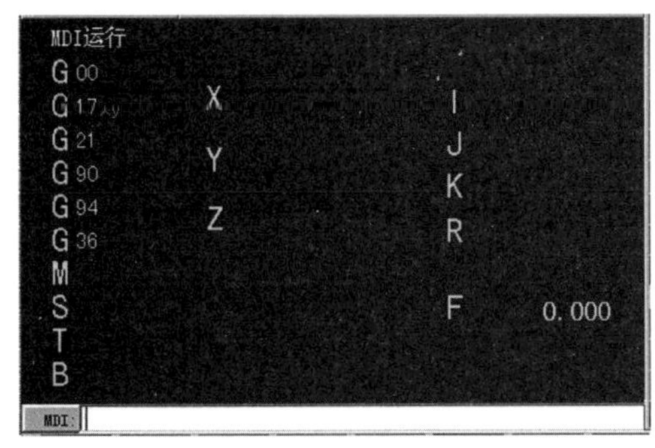


图 3.50　MDI 界面

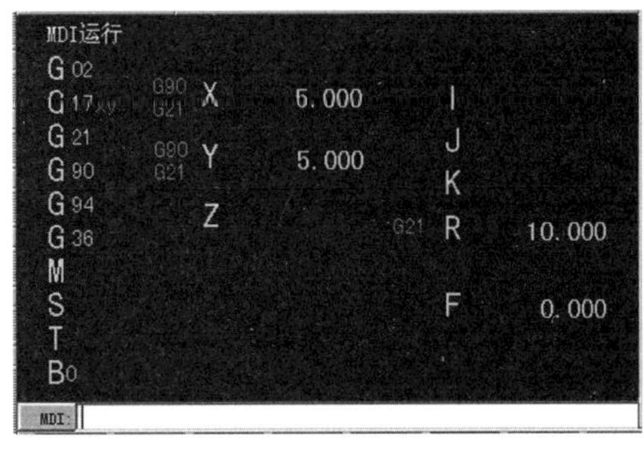


图 3.51　MDI 输入界面

运行完毕后，或在运行指令过程中按软键 MDI清除 F7 中止运行后，返回到如图 3.51 所示界面，且清空数据。

按软键 返回 F10 可退回到 MDI 主菜单。

注：可重复输入多个指令字，若重复输入同一指令字，后输入的数据将覆盖前输入的数据，重复输入 M 指令也会覆盖以前的输入。

若输入无效指令，则系统显示警告对话框，按回车、ESC 或取消警告。



**任务实施**

### 3.3.4　变速器一轴齿环工艺设计

变速器一轴齿环工艺设计步骤如下。

(1) 零件的工艺性分析。

(2) 加工工艺装备选择。

(3) 零件加工工艺拟订。

(4) 工序顺序安排。

(5) 走刀路线确定和工步顺序安排。

(6) 切削用量确定。

(7) 数控加工工艺文件填写。

确定加工工艺路线，制订工艺流程，设计工艺及工序。变速器一轴齿环各工艺文件分别见表 3.18 ～ 3.25，其各工序工艺附图如图 3.52 ～ 3.58 所示。

表 3.18　变速器一轴齿环机械加工工艺过程卡

<table>
<tr><td colspan="2" rowspan="2">（学校）</td><td colspan="2" rowspan="2">机械加工<br>工艺过程卡</td><td>产品<br>型号</td><td></td><td>零部件<br>图号</td><td></td><td colspan="2"></td></tr>
<tr><td>产品<br>名称</td><td></td><td>零部件<br>名称</td><td>变速器<br>一轴齿环</td><td colspan="2">共 1 页 第 1 页</td></tr>
<tr><td>材料<br>牌号</td><td>20Cr<br>MoH</td><td>毛坯<br>种类</td><td>模锻<br>件</td><td>毛坯外<br>形尺寸</td><td></td><td>每个毛坯<br>可制件数</td><td>1</td><td>每台<br>件数</td><td>1</td><td>备注</td><td></td></tr>
<tr><td rowspan="2">工<br>序<br>号</td><td rowspan="2">工序<br>名称</td><td rowspan="2">工序<br>内容</td><td rowspan="2">车间<br>工段</td><td rowspan="2">设备</td><td rowspan="2">工艺<br>装备</td><td colspan="2">工时</td></tr>
<tr><td>准终</td><td>单件</td></tr>
<tr><td>1</td><td>粗车</td><td>粗车大端</td><td>金工</td><td>普通车床</td><td>游标卡尺</td><td></td><td></td></tr>
<tr><td>2</td><td>粗车</td><td>粗车小端</td><td>金工</td><td>普通车床</td><td>游标卡尺</td><td></td><td></td></tr>
<tr><td>3</td><td>精车大端</td><td>精车大端</td><td>金工</td><td>数控车床</td><td>游标卡尺</td><td></td><td></td></tr>
<tr><td>4</td><td>精车小端</td><td>精车小端</td><td>金工</td><td>数控车床</td><td>游标卡尺，<br>千分尺，<br>轮廓仪，<br>锥度环规，<br>高度尺，<br>塞规</td><td></td><td></td></tr>
<tr><td>5</td><td>插齿</td><td>插齿</td><td>齿形</td><td>插齿机</td><td>插齿夹具，<br>插齿刀，<br>M 值测量台，<br>千分尺</td><td></td><td></td></tr>
<tr><td>6</td><td>去毛刺</td><td>齿轮大端去毛齿</td><td>齿形</td><td>普通车床</td><td>心轴夹具</td><td></td><td></td></tr>
<tr><td>7</td><td>倒角</td><td>齿轮小端倒角</td><td>齿形</td><td>数控倒角机</td><td>心轴夹具，投影仪</td><td></td><td></td></tr>
<tr><td>8</td><td>检验</td><td>检验</td><td>检验科</td><td></td><td></td><td></td><td></td></tr>
<tr><td></td><td></td><td></td><td></td><td></td><td></td><td></td><td></td></tr>
<tr><td></td><td></td><td></td><td></td><td></td><td></td><td></td><td></td></tr>
<tr><td></td><td></td><td></td><td></td><td></td><td></td><td></td><td></td></tr>
<tr><td></td><td></td><td></td><td></td><td></td><td></td><td></td><td></td></tr>
<tr><td></td><td></td><td></td><td></td><td></td><td></td><td></td><td></td></tr>
<tr><td></td><td></td><td></td><td></td><td></td><td></td><td></td><td></td></tr>
</table>

| 编制 | | 审核 | | 批准 | | 热处理 |
|---|---|---|---|---|---|---|

**表 3.19　变速器一轴齿环工序 1 工序卡**

<table>
<tr><td colspan="2" rowspan="2">（学校）</td><td rowspan="2">机械加工<br>工序卡</td><td>产品名称或代号</td><td>零件名称</td><td>材料</td><td>零件图号</td></tr>
<tr><td></td><td>变速器一轴齿环</td><td>20CrMoH</td><td></td></tr>
<tr><td colspan="2">工序号</td><td>工序名称</td><td>夹具</td><td>使用设备</td><td colspan="2">车间</td></tr>
<tr><td colspan="2">1</td><td>粗车</td><td>三爪卡盘</td><td>普通车床</td><td colspan="2">金工</td></tr>
<tr><td>工步号</td><td colspan="2">工步内容</td><td>刀具</td><td>量具及检具</td><td>进给量/(mm·r⁻¹)</td><td>主轴转速/(r·min⁻¹)</td><td>切削速度/(m·min⁻¹)</td></tr>
<tr><td>1</td><td colspan="2">粗车大端端面<br>保尺寸 17.5±0.3</td><td>端面外圆车刀</td><td>游标卡尺</td><td>0.3</td><td>300</td><td></td></tr>
<tr><td>2</td><td colspan="2">粗车大端外圆 $\phi$95.8±0.2</td><td>端面外圆车刀</td><td>游标卡尺</td><td>0.3</td><td>300</td><td></td></tr>
<tr><td>编制</td><td></td><td>审核</td><td></td><td>批准</td><td></td><td>热处理</td><td></td><td>共 7 页</td><td>第 1 页</td></tr>
</table>

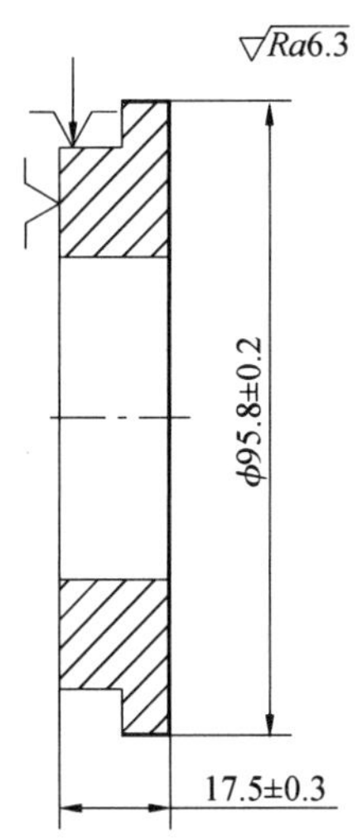


图 3.52　工序 1 工艺附图

**表 3.20　变速器一轴齿环工序 2 工序卡**

<table>
<tr><td colspan="2" rowspan="2">（学校）</td><td rowspan="2">机械加工<br>工序卡</td><td>产品名称或代号</td><td>零件名称</td><td>材料</td><td>零件图号</td></tr>
<tr><td></td><td>变速器一轴齿环</td><td>20CrMoH</td><td></td></tr>
<tr><td colspan="2">工序号</td><td>工序名称</td><td>夹具</td><td colspan="2">使用设备</td><td>车间</td></tr>
<tr><td colspan="2">2</td><td>粗车</td><td>三爪卡盘</td><td colspan="2">普通车床</td><td>金工</td></tr>
<tr><td>工步号</td><td colspan="2">工步内容</td><td>刀具</td><td>量具及检具</td><td>进给量/(mm·r<sup>−1</sup>)</td><td>主轴转速/(r·min<sup>−1</sup>)</td><td>切削速度/(m·min<sup>−1</sup>)</td></tr>
<tr><td>1</td><td colspan="2">粗车端面<br>保尺寸 16.05±0.15</td><td>端面外圆车刀</td><td>游标卡尺</td><td>0.3</td><td>300</td><td></td></tr>
<tr><td>2</td><td colspan="2">粗车外圆 ϕ79±0.15<br>保尺寸 6.06(+0.25/0)</td><td>端面外圆车刀</td><td>游标卡尺</td><td>0.3</td><td>300</td><td></td></tr>
<tr><td>3</td><td colspan="2">挖内孔 ϕ68.9±0.15<br>保尺寸 11.3±0.15</td><td>内圆车刀</td><td>游标卡尺</td><td>0.3</td><td>300</td><td></td></tr>
<tr><td>4</td><td colspan="2">粗镗内孔 ϕ52.3±0.15</td><td>内圆车刀</td><td>游标卡尺</td><td>0.3</td><td>300</td><td></td></tr>
<tr><td></td><td colspan="2"></td><td></td><td></td><td></td><td></td><td></td></tr>
<tr><td></td><td colspan="2"></td><td></td><td></td><td></td><td></td><td></td></tr>
<tr><td>编制</td><td></td><td>审核</td><td></td><td>批准</td><td></td><td>热处理</td><td>共 7 页　第 2 页</td></tr>
</table>

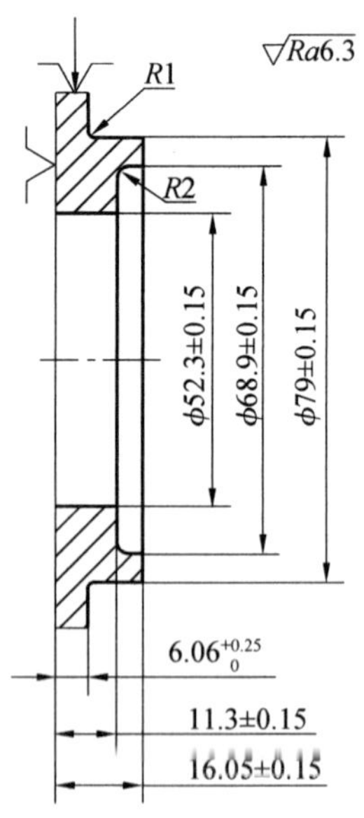


图 3.53　工序 2 工艺附图

表 3.21　变速器一轴齿环工序 3 工序卡

<table>
<tr><td colspan="2" rowspan="2">（学校）</td><td rowspan="2">机械加工工序卡</td><td>产品名称或代号</td><td>零件名称</td><td>材料</td><td>零件图号</td></tr>
<tr><td></td><td>变速器一轴齿环</td><td>20CrMoH</td><td></td></tr>
<tr><td colspan="2">工序号</td><td>工序名称</td><td>夹具</td><td colspan="2">使用设备</td><td>车间</td></tr>
<tr><td colspan="2">3</td><td>精车大端</td><td>软爪</td><td colspan="2">数控车床</td><td>金工</td></tr>
<tr><td>工步号</td><td colspan="2">工步内容</td><td>刀具</td><td>量具及检具</td><td>进给量/(mm·r⁻¹)</td><td>主轴转速/(r·min⁻¹)</td></tr>
</table>

| 工步号 | 工步内容 | 刀具 | 量具及检具 | 进给量 $/(\mathrm{mm \cdot r^{-1}})$ | 主轴转速 $/(\mathrm{r \cdot min^{-1}})$ | 切削速度 $/(\mathrm{m \cdot min^{-1}})$ |
|---|---|---|---|---|---|---|
| 1 | 精车大端面<br>保长 15.35±0.20 | 车刀<br>PDJNR2525M15<br>刀片<br>DNMG150408 | 游标卡尺 | 0.2 | 1 000 | |
| 2 | 精车外圆 $\phi$94.6±0.10<br>倒角 | | 游标卡尺 | 0.2 | 1 000 | |
| 3 | 精车外圆 $\phi$92.45±0.10<br>保长 1.65±0.07 | | 游标卡尺 | 0.2 | 1 000 | |
| 4 | 精镗内孔 $\phi$53.3±0.05<br>倒角 | 车刀<br>S20S-SCLR09<br>刀片<br>CCMT09T308 | 游标卡尺 | 0.2 | 1 000 | |

| 编制 | | 审核 | | 批准 | | 热处理 | | 共 7 页 | 第 3 页 |
|---|---|---|---|---|---|---|---|---|---|

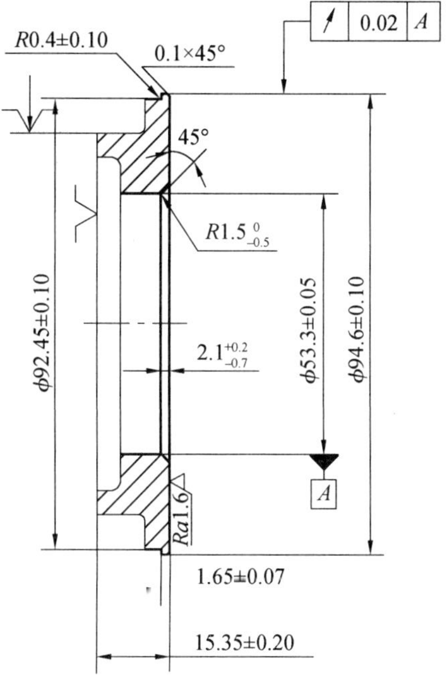


图 3.54　工序 3 工艺附图

**表 3.22　变速器一轴齿环工序 4 工序卡**

| （学校） | 机械加工工序卡 | 产品名称或代号 | 零件名称 | | 材料 | | 零件图号 |
|---|---|---|---|---|---|---|---|
| | | | 变速器一轴齿环 | | 20CrMoH | | |
| 工序号 | 工序名称 | 夹具 | 使用设备 | | | 车间 | |
| 4 | 精车小端 | 软爪 | 数控车床 | | | 金工 | |
| 工步号 | 工步内容 | 刀具 | 量具及检具 | 进给量/(mm·r⁻¹) | 主轴转速/(r·min⁻¹) | 切削速度/(m·min⁻¹) | |
| 1 | 精车端面<br>保长度 14.65±0.10 | 车刀<br>PDJNR2525M15<br>刀片<br>DNMG150408 | 游标卡尺 | 0.2 | 1 000 | | |
| 2 | 精车外锥<br>保锥度尺寸及 54±0.01 | | 锥度环规<br>高度尺 | 0.2 | 1 000 | | |
| 3 | 精挖内凹槽各部分 | | 轮廓仪 | 0.2 | 1 000 | | |
| 4 | 精镗内孔 $\phi 53.5^{+0.03}_{0}$ | | 塞规 | 0.2 | 1 000 | | |
| | | | | | | | |
| 编制 | | 审核 | | 批准 | 热处理 | 共 7 页 | 第 4 页 |



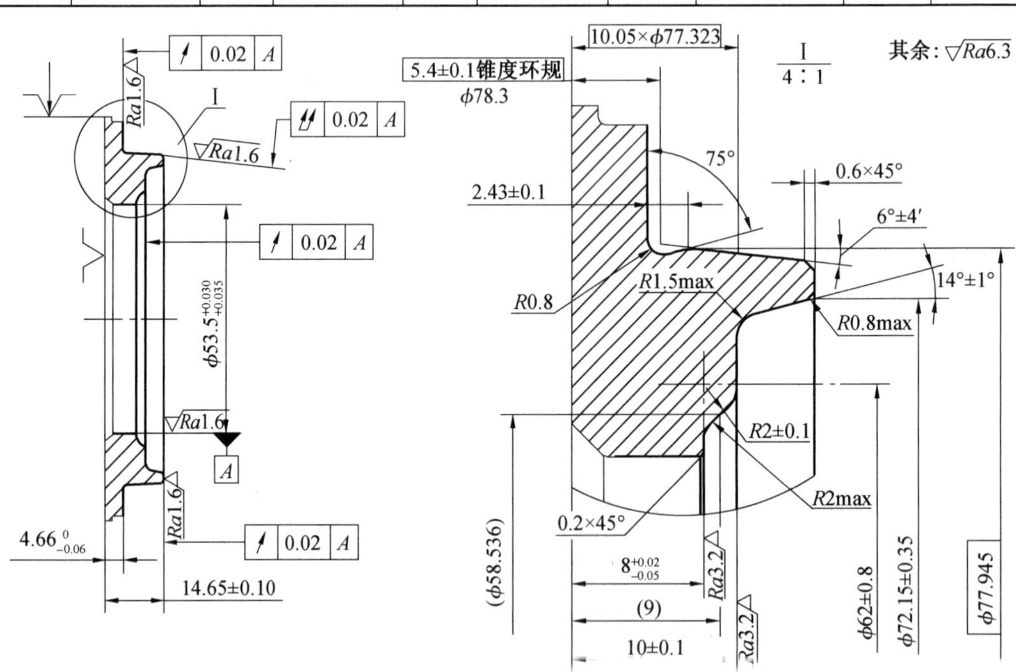


图 3.55　工序 4 工艺附图

表 3.23 变速器一轴齿环工序 5 工序卡

| (学校) | 机械加工工序卡 | 产品名称或代号 | 零件名称 | 材料 | 零件图号 |
|---|---|---|---|---|---|
| | | | 变速器一轴齿环 | 20CrMoH | |

| 工序号 | 工序名称 | 夹具 | 使用设备 | 车间 |
|---|---|---|---|---|
| 5 | 插齿 | 插齿夹具 | 插齿机 | 齿形 |

| 工步号 | 工步内容 | 刀具 | 量具及检具 | 进给量/(mm·r$^{-1}$) | 主轴转速/(r·min$^{-1}$) | 切削速度/(m·min$^{-1}$) |
|---|---|---|---|---|---|---|
| 1 | 插齿 | 插齿刀 | M值测量台，千分尺 | 全深 | | |
| | | | | | | |
| | | | | | | |
| | | | | | | |
| | | | | | | |
| | | | | | | |
| | | | | | | |
| | | | | | | |

| 编制 | | 审核 | | 批准 | | 热处理 | | 共 7 页 | 第 5 页 |
|---|---|---|---|---|---|---|---|---|---|

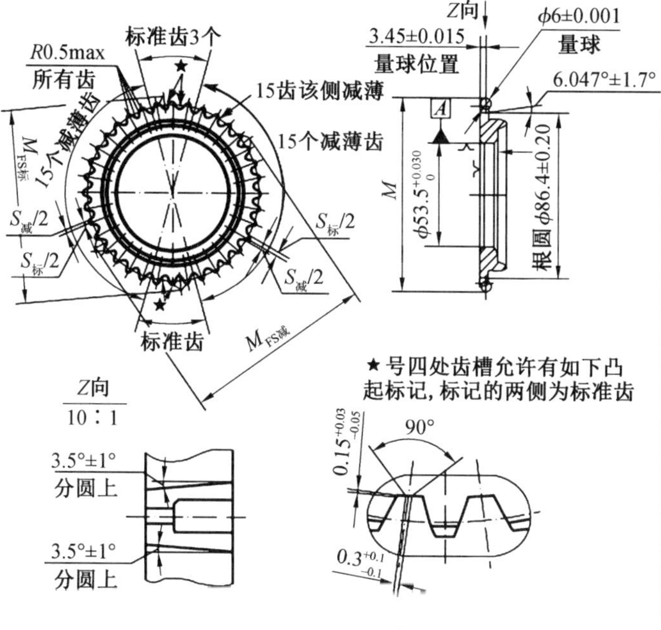


| 渐开线花键基本参数 | |
|---|---|
| 齿数$Z$ | 36 |
| 模数$m$ | 2.54 |
| 压力角$\alpha$ | 30° |
| 分度圆直径$d$ | ϕ91.440 |
| 齿顶圆直径$d_a$ | ϕ94.60±0.2 |
| 齿根圆直径$d_f$ | ϕ86.40±0.2 |
| 渐开线起始圆直径$D_{af}$ | ϕ87.60max |
| 标准齿间的跨球距$M_{FS标}$ | 100.62±0.03 |
| 减薄齿间的跨球距$M_{FS减}$ | 100.22±0.03 |
| 量球直径$d_p$ | Sϕ6±0.001 |
| (标准齿)齿圈径跳$F_r$ | 0.05 |
| 齿向$F_\beta$ | 0.224±0.06<br>轴向评估范围<br>3.665 |
| 齿面粗糙度$Ra$ | $Ra$3.2 |
| 插齿夹具 | |
| 插齿刀 | 253-536 |
| $M$值测量台 | |
| 加工设备型号 | YKX3132M |
| 首件送检 | FHβ<br>(计算齿侧角) |

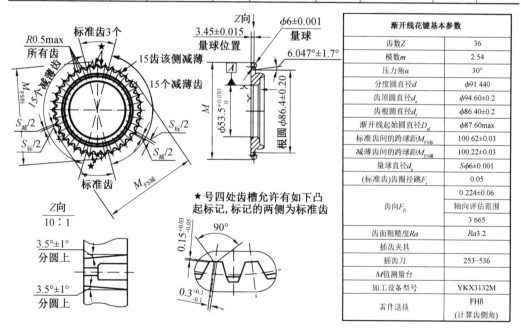

图 3.56 工序 5 工艺附图

**表 3.24 变速器一轴齿环工序 6 工序卡**

<table>
<tr><td colspan="2" rowspan="2">（学校）</td><td colspan="2" rowspan="2">机械加工<br>工序卡</td><td>产品名称或代号</td><td colspan="2">零件名称</td><td colspan="2">材料</td><td colspan="2">零件图号</td></tr>
<tr><td></td><td colspan="2">变速器一轴齿环</td><td colspan="2">20CrMoH</td><td colspan="2"></td></tr>
<tr><td colspan="2">工序号</td><td colspan="2">工序名称</td><td>夹具</td><td colspan="3">使用设备</td><td colspan="3">车间</td></tr>
<tr><td colspan="2">6</td><td colspan="2">去毛刺</td><td>心轴夹具</td><td colspan="3">普通车床</td><td colspan="3">齿形</td></tr>
<tr><td>工步号</td><td colspan="3">工步内容</td><td>刀具</td><td>量具及检具</td><td colspan="2">进给量/(mm · r$^{-1}$)</td><td colspan="2">主轴转速/(r · min$^{-1}$)</td><td>切削速度/(m · min$^{-1}$)</td></tr>
<tr><td>1</td><td colspan="3">齿轮大端去毛齿</td><td>弹性圆盘车刀</td><td></td><td colspan="2">0</td><td colspan="2"></td><td></td></tr>
<tr><td>编制</td><td></td><td>审核</td><td></td><td>批准</td><td></td><td>热处理</td><td></td><td colspan="2">共 7 页</td><td>第 6 页</td></tr>
</table>

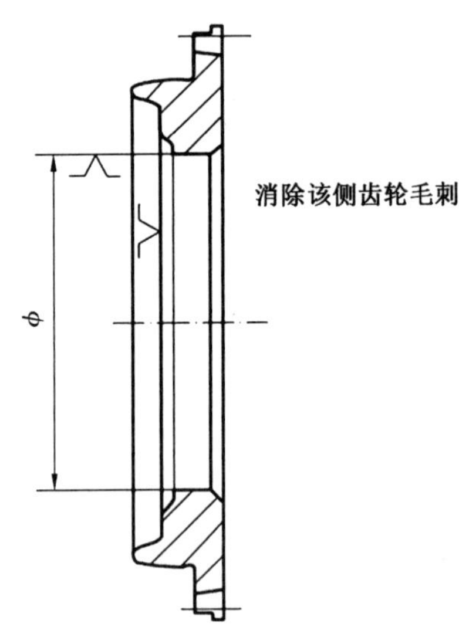


图 3.57 工序 6 工艺附图

**表 3.25　变速器一轴齿环工序 7 工序卡**

| (学校) | 机械加工工序卡 | 产品名称或代号 | 零件名称 | 材料 | 零件图号 |
|---|---|---|---|---|---|
| | | | 变速器一轴齿环 | 20CrMoH | |

| 工序号 | 工序名称 | 夹具 | 使用设备 | 车间 |
|---|---|---|---|---|
| 7 | 倒角 | 心轴夹具 | 数控倒角机 | 齿形 |

| 工步号 | 工步内容 | 刀具 | 量具及检具 | 进给量 /(mm·r$^{-1}$) | 主轴转速 /(r·min$^{-1}$) | 切削速度 /(m·min$^{-1}$) |
|---|---|---|---|---|---|---|
| 1 | 齿轮小端倒角 | 倒角刀 | 投影仪 | | | |
| | | | | | | |
| | | | | | | |
| | | | | | | |
| | | | | | | |
| | | | | | | |
| | | | | | | |

| 编制 | | 审核 | | 批准 | | 热处理 | | 共 7 页 | 第 7 页 |
|---|---|---|---|---|---|---|---|---|---|



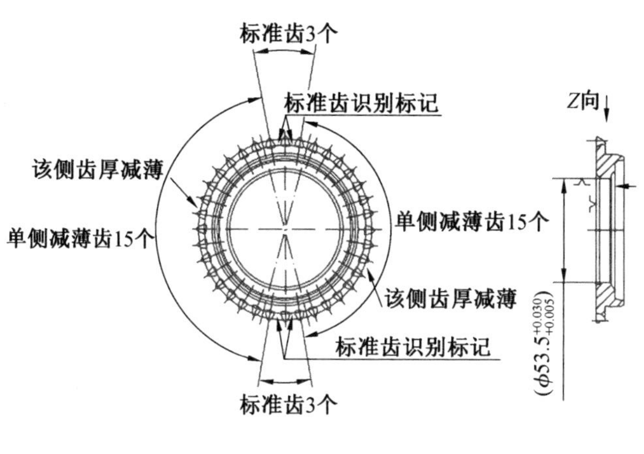


| 渐开线花键参数 | |
|---|---|
| 齿数$Z$ | 36 |
| 模数$m$ | 2.54 |
| 压力角$\alpha$ | 30° |
| 分圆直径 | $\phi$91.440 |
| 花键大径 | $\phi$94.6±0.2 |
| 花键小径 | $\phi$86.4±0.2 |
| 加工设备 | |

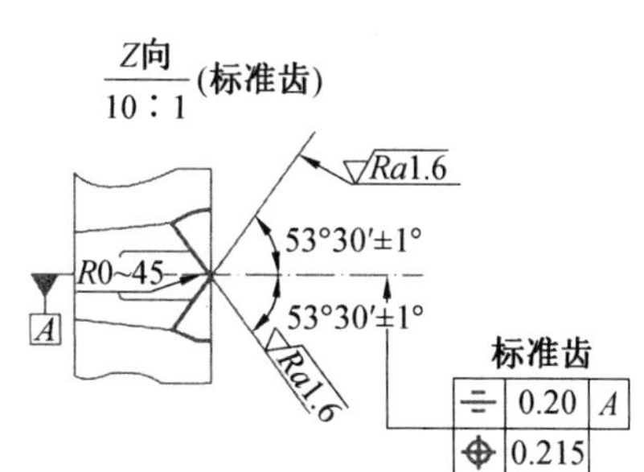


接合齿倒角加工要求:
1.必须以标准齿装夹定位,且只检测标准齿的对称度与位置度;
2.首件送检倒角角度;
3.去除倒角后端面毛刺,不得损坏轮齿所倒的尖角。

图 3.58　工序 7 工艺附图

### 3.3.5 变速器一轴齿环程序编制

#### 1. 数学处理

(1) 建立编程坐标系。

(2) 基点(节点)坐标计算。

#### 2. 变速器一轴齿环加工程序编写

程序如下：

```
O1000(车外轮廓)；
G98 G97 G40 G00 X100.Z100.；
T0101 M03 S800；
G00 X92.Z5.；
G01 Z－22.9 F0.2；
G00 X100.；
X91.5.；
M03 S1200；
G01 Z－22.9 F0.08；
G00 X100.；
Z100.；
M30；


O2000(车内轮廓)；
G98 G97 G40 G00 X100.Z100.；
T0101 M03 S800；
G00 X25.Z5.；
G71 U1.2 R1；
G71 P10 Q20 U－0.3 W0 F0.2；
N10 G00 X36.911；
G01 Z0 F0.1；
X36.Z－1.7；
Z－19.2；
N20 X36.456 Z－19.5；
G00 X100.；
Z100.；
T0202 S1200；
G00 X25.Z5.；
```

```
G70 P10 Q20;
G00 X100.;
Z100.;
M30;
```

## 3.3.6 变速器一轴齿环零件加工

### 1. 加工准备

(1) 开机。
(2) 机床回参考点。
(3) 装刀。

### 2. 程序录入(FANUC)

操作同前,此处不再赘述。

### 3. 对刀

(1) 建立工件坐标系。
(2) 设置刀具补偿。

### 4. 自动加工

操作同前,此处不再赘述。

## 3.3.7 变速器一轴齿环零件检验

### 1. 检验准备

(1) 工件准备。清洗干净工件。
(2) 量/检具准备。准备好游标卡尺、内径千分尺。

### 2. 项目检验与考核

(1) 零件检验。依据项目考核表零件考核项目对加工零件进行检验和测量,填写检验记录单。

(2) 项目考核。依据项目考核评分标准,对零件加工质量进行评分,并对整个加工过程进行考核。项目3任务3.3考核评分标准见表3.26。

**表 3.26　项目 3 任务 3.3 考核评分标准**

| 考核项目 | | | 考核内容 | | 配分 | 实测 | 检验员 | 评分 | 总分 |
|---|---|---|---|---|---|---|---|---|---|
| 零件加工质量 | 1 | 外圆 | $\phi94.6\pm0.2$ | IT | 10 | | | | |
| | | | | $Ra6.3$ | 5 | | | | |
| | | | $\phi92.45\pm0.15$ | IT | 10 | | | | |
| | | | | $Ra6.3$ | 5 | | | | |
| | 2 | 内孔 | $\phi\ 53.5^{+0.03}_{0}$ | IT | 20 | | | | |
| | | | | $Ra1.6$ | 5 | | | | |
| | 3 | 长度 | $14.65\pm0.15$ | IT | 10 | | | | |
| | | | | $Ra1.6$ | 5 | | | | |
| | | | $4.66^{0}_{-0.06}$ | IT | 10 | | | | |
| | | | | $Ra1.6$ | 5 | | | | |
| | | | $8^{+0.02}_{-0.05}$ | IT | 10 | | | | |
| 职业素养 | 1 | 文明生产 | | | 10 | | | | |
| | 2 | 安全意识 | | | 4 | | | | |

**知识拓展**

## 3.3.8　跳动度误差检测

可以用内径百分表(图 3.59)、杠杆百分表(图 3.60)来检测跳动度误差。

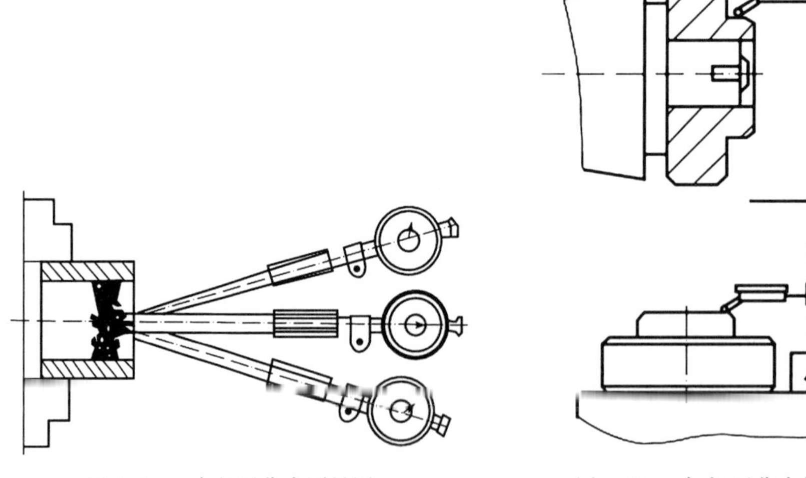

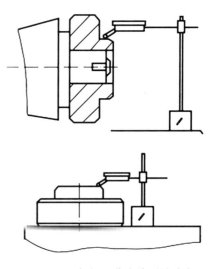

图 3.59　内径百分表测量图

图 3.60　杠杆百分表检测跳动度

## 习题训练

完成图 3.61 配合件的加工。

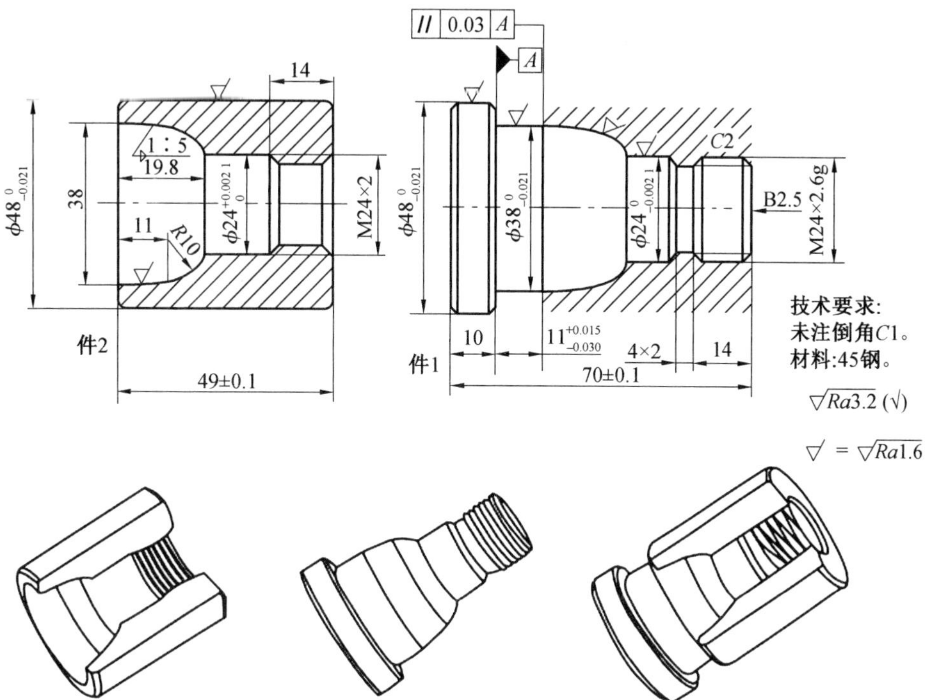


图 3.61 配合件加工习题图

# 任务 3.4 变速器中间轴四挡齿轮加工

## 任务导入

变速器中间轴四挡齿轮实体图如图 3.62 所示，零件图如图 3.63 所示，材料为 20CrMoH 钢，毛坯为模锻件，批量生产。

图 3.62 变速器中间轴四挡齿轮实体图

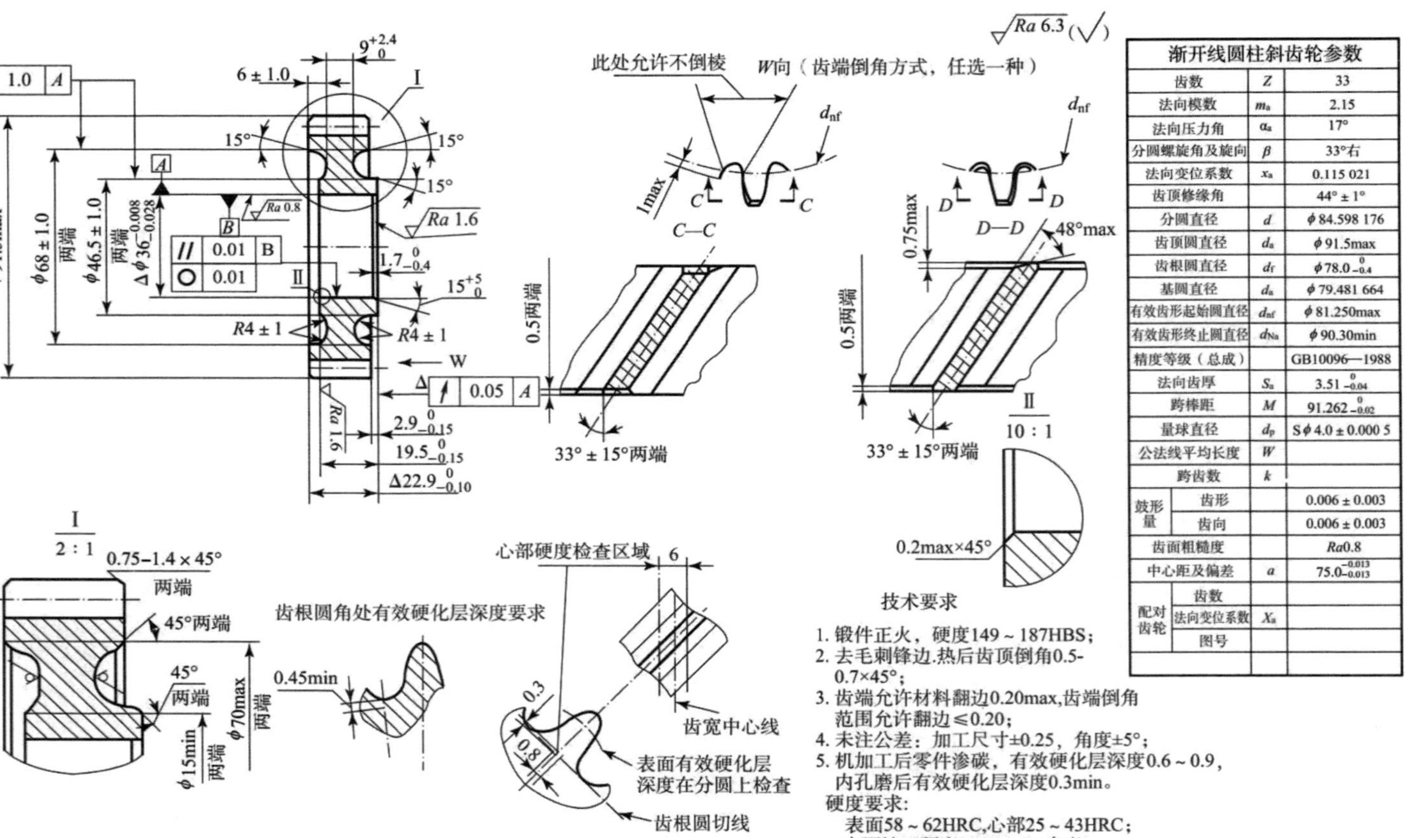


| 渐开线圆柱斜齿轮参数 | | | |
|---|---|---|---|
| 齿数 | | $Z$ | 33 |
| 法向模数 | | $m_n$ | 2.15 |
| 法向压力角 | | $\alpha_n$ | 17° |
| 分圆螺旋角及旋向 | | $\beta$ | 33°右 |
| 法向变位系数 | | $x_n$ | 0.115 021 |
| 齿顶修缘角 | | | 44° ± 1° |
| 分圆直径 | | $d$ | ϕ84.598 176 |
| 齿顶圆直径 | | $d_a$ | ϕ91.5max |
| 齿根圆直径 | | $d_f$ | $\phi 78.0^{0}_{-0.4}$ |
| 基圆直径 | | $d_b$ | ϕ79.481 664 |
| 有效齿形起始圆直径 | | $d_{nf}$ | ϕ81.250max |
| 有效齿形终止圆直径 | | $d_{Na}$ | ϕ90.30min |
| 精度等级（总成） | | | GB10096—1988 |
| 法向齿厚 | | $S_n$ | $3.51^{0}_{-0.04}$ |
| 跨棒距 | | $M$ | $91.262^{0}_{-0.02}$ |
| 量球直径 | | $d_p$ | Sϕ4.0 ± 0.000 5 |
| 公法线平均长度 | | $W$ | |
| 跨齿数 | | $k$ | |
| 鼓形量 | 齿形 | | 0.006 ± 0.003 |
| | 齿向 | | 0.006 ± 0.003 |
| 齿面粗糙度 | | | Ra0.8 |
| 中心距及偏差 | | $a$ | $75.0^{-0.013}_{-0.013}$ |
| 配对齿轮 | 齿数 | | |
| | 法向变位系数 | $X_n$ | |
| | 图号 | | |

技术要求

1. 锻件正火，硬度149 ~ 187HBS;
2. 去毛刺锋边.热后齿顶倒角0.5-0.7×45°;
3. 齿端允许材料翻边0.20max,齿端倒角范围允许翻边≤0.20;
4. 未注公差：加工尺寸±0.25，角度±5°;
5. 机加工后零件渗碳，有效硬化层深度0.6 ~ 0.9，内孔磨后有效硬化层深度0.3min。

硬度要求:

表面58 ~ 62HRC,心部25 ~ 43HRC;
表面锉刀硬度89HR15N(参考);
磨后硬度80 ~ 83HRA.。

图 3.63 变速器中间轴四挡齿轮零件图

知识链接

## 3.4.1 薄壁件数控车削加工的相关工艺

薄壁套筒类零件装夹不当或夹紧力过大会使工件变形而造成圆度误差,可采用下述方法加以解决。

### 1. 增大接触面积,用减小、均匀夹紧力方式装夹

(1) 开口套方式装夹。

开口套方式装夹如图 3.64 所示,在卡爪和工件之间增加一开口套,使卡爪与工件的接触面积增大,夹紧力均匀,以此来减小工件的夹紧变形。此外,在精车前略微放松一下卡爪,让工件变形恢复后,再适当夹紧进行加工。

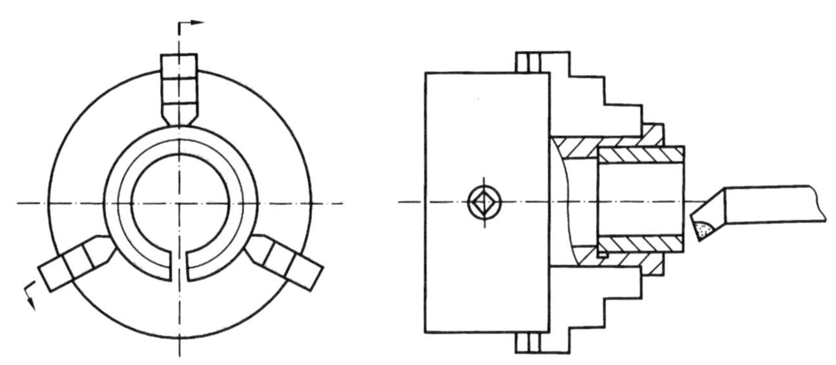

图 3.64 开口套方式装夹

(2) 增大卡爪面积装夹。

增大卡爪面积装夹如图 3.65 所示,其原理和效果与开口套方式装夹相似。

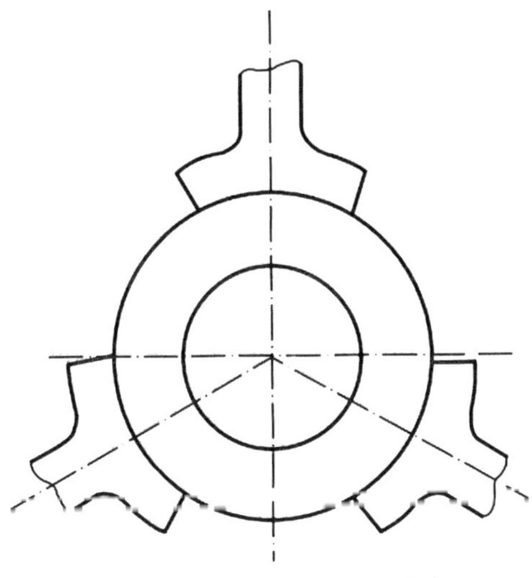

图 3.65 增大卡爪面积装夹

## 2. 改径向夹紧为轴向夹紧方式装夹

(1) 花盘上轴向夹紧。

根据薄壁套筒类零件径向刚度差、易变形的特点，在车削时可改径向夹紧为轴向夹紧方式，以减小工件的夹紧变形。图 3.66 所示为工件在花盘上的轴向夹紧方式。

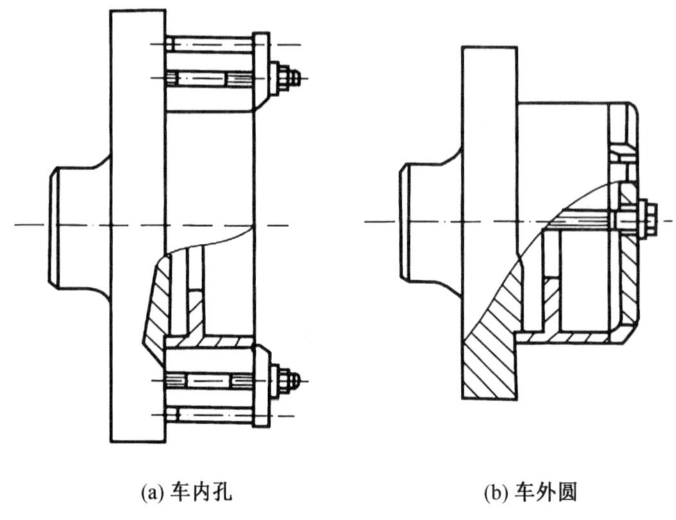


图 3.66　工件在花盘上的轴向夹紧方式

(2) 专用夹具上轴向夹紧。

对于工件不便在花盘上轴向夹紧的，可制作一专用夹具，工件在专用夹具上进行轴向夹紧装夹，图 3.67 所示为专用夹具轴向夹紧示例。

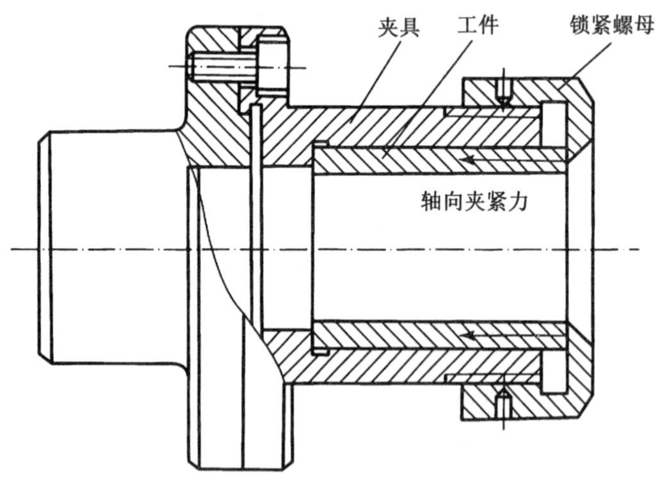


图 3.67　专用夹具轴向夹紧示例

### 3. 改径向夹紧为径向胀紧方式装夹

(1) 胀力心轴装夹。

胀力心轴夹紧如图3.68所示，胀力心轴是依靠锥形弹性套受轴向力作用产生向外径向弹性变形而夹紧工件的。其特点是装夹方便，定位精度高，同轴度一般可达 $\phi 0.01 \sim \phi 0.02$，适用于零件的精加工和半精加工。

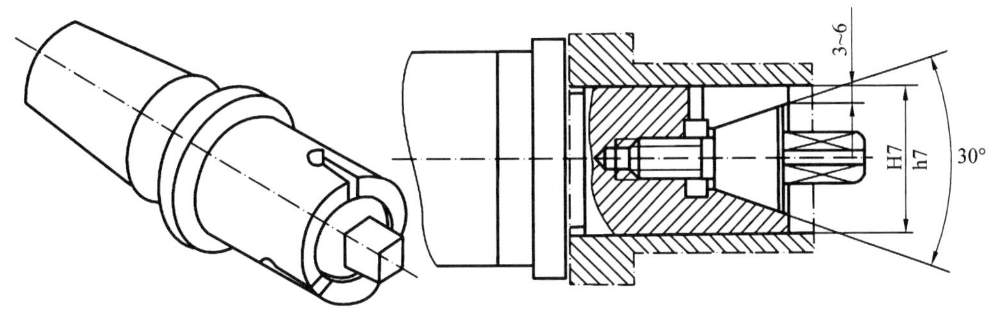


图 3.68　胀力心轴夹紧

(2) 液性介质夹具装夹。



液性介质夹具装夹如图3.69所示，拧紧加压螺钉，使柱塞对密封腔内的介质施加压力，从而使薄壁套产生均匀的向外径向变形，将工件定心并夹紧。反向拧动螺钉时，薄壁套自身弹性恢复而使工件松开，夹具的定心精度为 $\phi 0.01$，适用于定位孔精度较高的精车等工序的加工。

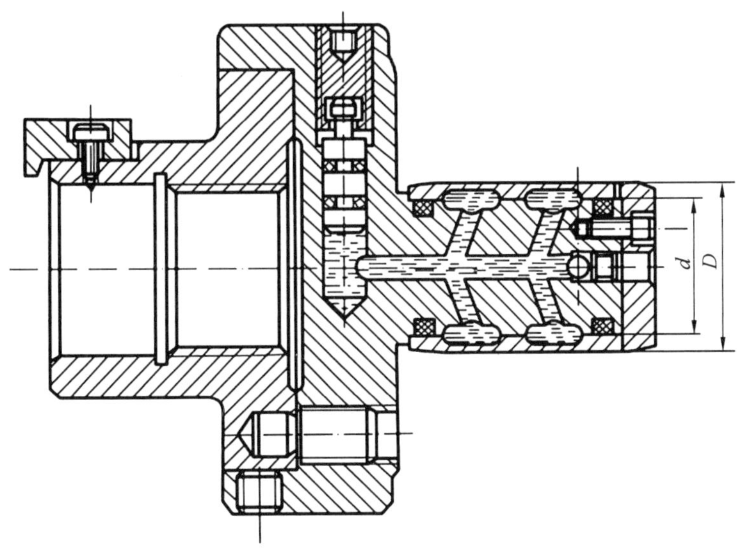


图 3.69　液性介质夹具装夹

### 3.4.2 华中数控系统数控车削的相关编程四

直螺纹切削循环、锥螺纹切削循环指令 G82 的编程格式为

G82 X Z I R E P F;

其中 R、E—— 螺纹切削的退尾量，R、E均为向量，R为 $Z$ 轴方向回退量，E为 $X$ 轴方向回退量，R、E 可以省略，表示不用回退功能；

C—— 螺纹头数，为 0 或 1 时切削单头螺纹；

P—— 单头螺纹切削时，为主轴基准脉冲处距离切削起始点的主轴转角(缺省值为0)，多头螺纹切削时，为相邻螺纹头的切削起始点之间对应的主轴转角；

F—— 螺纹导程；

I—— 螺纹起点 $B$ 与螺纹终点 $C$ 的半径差。

### 3.4.3 华中数控系统数控车床的相关操作四

#### 1. PA 系统操作面板

PA 系统操作面板如图 3.70 所示，PA 系统主控面板如图 3.71 所示。

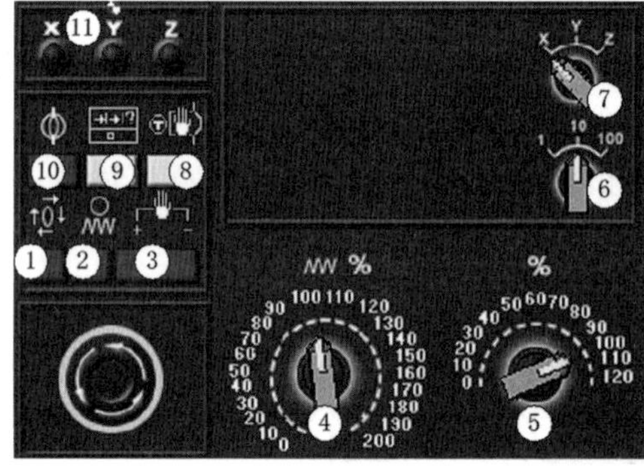


图 3.70 PA 系统操作面板

①— 运行按钮；②— 暂停按钮；③— 点动按钮；④— 进给速度比率按钮；⑤— 主轴转速比率按钮；⑥— 手轮移动量旋钮；⑦— 手轮移动轴选择旋钮；⑧— 主轴控制按钮；⑨— 释放按钮；⑩— 电源开关；⑪— 机床就位指示灯

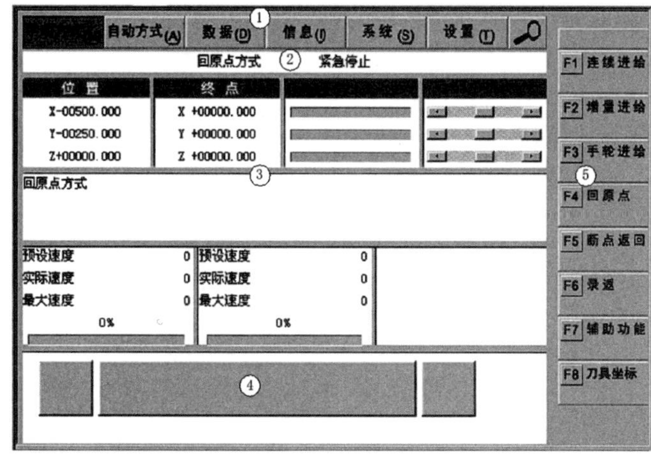


图 3.71 PA 系统主控面板

①— 主任务栏；②— 状态栏；③— 机床状况栏；④— 报警信息栏；⑤— 子任务栏

## 2. 大森系统标准车床面板操作

(1) 大森系统车床操作面板。

大森系统车床操作面板如图 3.72 所示，系统面板如图 3.73 所示。



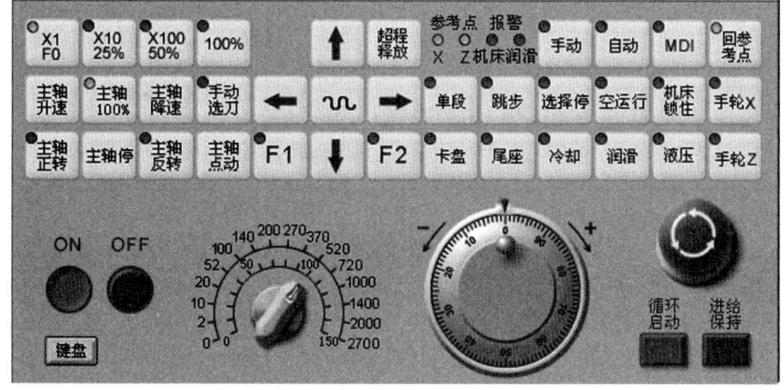

图 3.72 大森系统车床操作面板

图 3.73　大森系统面板



(2) 面板简介。

操作面板各功能键见表 3.27,系统功能键见表 3.28。

**表 3.27　大森操作面板介绍**

| 按钮 | 名称 | 功能简介 |
| --- | --- | --- |
|  | 紧急停止 | 按下急停按钮,使机床移动立即停止,并且所有的输出(如主轴的转动等)都会关闭 |
| ON | 电源开 | 打开电源 |
| OFF | 电源关 | 关闭电源 |
| X1 F0　X10 25%　X100 50%　100% | 进给倍率选择按钮 | 在手动快速或手轮方式下,用于选择进给速度 |
| 手动 | 手动方式 | 手动方式,连续进给 |
| 回参考点 | 回参考点方式 | 机床回零;机床必须首先执行回零操作,然后才可以运行 |

**续表**3.27

| 按钮 | 名称 | 功能简介 |
| --- | --- | --- |
| 自动 | 自动方式 | 进入自动加工模式 |
| 单段 | 单段 | 当此按钮被按下时，运行程序时每次执行一条数控指令 |
| MDI | 手动数据输入(MDI) | 单程序段执行模式 |
| 主轴正转 | 主轴正转 | 按下此按钮，主轴开始正转 |
| 主轴停 | 主轴停止 | 按下此按钮，主轴停止转动 |
| 主轴反转 | 主轴反转 | 按下此按钮，主轴开始反转 |
|  | 快速按钮 | 在手动方式下，按下此按钮后，再按下移动按钮则可以快速移动机床 |
|  | 移动按钮 |  |
| 进给保持 | 进给保持 | 程序运行暂停，在程序运行过程中，按下此按钮运行暂停 |
| 循环启动 | 运行开始 | 程序运行开始或继续运行被暂停的程序 |
| 主轴升速 主轴100% 主轴降速 | 主轴倍率修调 | 通过鼠标点击“主轴升速”和“主轴降速”来调节主轴倍率 |
| 0 2 10 20 52 100 140 200 270 370 520 720 1000 1400 2000 2700 0 50 100 150 | 进给倍率修调 | 调节数控程序自动运行时的进给速度倍率。置光标于旋钮上，点击鼠标左键，旋钮逆时针转动；点击鼠标右键，旋钮顺时针转动 |
| 手动选刀 | 手动选刀键 | 在手动状态下，用鼠标点击此键可手动选择与当前刀号相邻的下一把刀具 |
| 跳步 | 跳步键 | 当指示灯亮时，数控程序中的跳过符号“/”有效 |

续表3.27

| 按钮 | 名称 | 功能简介 |
| --- | --- | --- |
| 选择停 | 选择停止键 | 当指示灯亮时，程序中的 M01 指令生效，自动运行暂停 |
| 空运行 | 空运行键 | 按照机床默认的参数执行程序 |
| 机床锁住 | 机床锁住按键 | *X* 轴、*Y* 轴、*Z* 轴方向全部被锁定，当此键被按下时，机床不能移动 |
| 手轮X | 手轮 X | 将手轮移动轴设置成 *X* 轴 |
| 手轮Z | 手轮 Z | 将手轮移动轴设置成 *Z* 轴 |
|  | 手轮 | 用手轮移动机床 |
| 超程释放 | 超程释放键 |  |



表 3.28　大森系统面板介绍

| 按键 | 名称 | 功能简介 |
| --- | --- | --- |
| MON-ITOR | 查看机能区域键 | 点击此键，切换到查看机能区域 |
| TOOL PARAM | 参数设置区域键 | 点击此键，切换到参数设置界面 |
| EDIT MDI | 程序管理区域键 | 点击此键，切换到程序管理界面 |
| DIAGN IN/OUT | 资料输入键 | 点击此键，切换到程序的输入、输出界面 |
| SFG | 轨迹模拟键 | 在自动方式下点击此键，切换到查看轨迹模拟状态 |
| EOB ] | 分号键 |  |

续表3.28

| 按键 | 名称 | 功能简介 |
| --- | --- | --- |
| DELETE INS | 删除 / 插入键 | 直接点击是删除功能，按SHIFT后再点击是插入功能 |
| C.B CAN | 全部删除键 | |
| SHIFT | 移位键 | |
| INPUT CALC | 输入键 | |
| | 光标移动键 | |
| RESET | 复位键 | 按下此键，取消当前程序的运行，通道转向复位状态 |

任务实施

### 3.4.4 变速器中间轴四挡齿轮工艺设计

变速器中间轴四挡齿轮工艺设计步骤如下。

(1) 零件的工艺性分析。

(2) 加工工艺装备选择。

(3) 零件加工工艺拟订。

(4) 工序顺序安排。

(5) 走刀路线确定和工步顺序安排。

(6) 切削用量确定。

(7) 数控加工工艺文件填写。

确定加工工艺路线，制订工艺流程，设计工艺及工序。变速器中间轴四挡齿轮各工艺文件分别见表3.29～3.39，其各工序工艺附图如图3.74～3.81所示。

**表 3.29　变速器中间轴四挡齿轮机械加工工艺过程卡**

| （学校） | 机械加工工艺过程卡 | 产品型号 | | 零部件图号 | | |
|---|---|---|---|---|---|---|
| | | 产品名称 | | 零部件名称 | 变速器中间轴四挡齿轮 | 共 1 页 第 1 页 |

| 材料牌号 | 20CrMoH | 毛坯种类 | 模锻件 | 毛坯外形尺寸 | | 每个毛坯可制件数 | 1 | 每台件数 | 1 | 备注 | |
|---|---|---|---|---|---|---|---|---|---|---|---|

| 工序号 | 工序名称 | 工序内容 | 车间工段 | 设备 | 工艺装备 | 工时 | |
|---|---|---|---|---|---|---|---|
| | | | | | | 准终 | 单件 |
| 1 | 粗车 | 粗车凹端 | 金工 | 普通车床 | 游标卡尺 | | |
| 2 | 粗车 | 粗车凸端 | 金工 | 普通车床 | 游标卡尺 | | |
| 3 | 精车 | 精车凹端 | 金工 | 数控车床 | 千分尺，游标卡尺，内径量表，塞规，深度尺 | | |
| 4 | 精车 | 精车凸端 | 金工 | 数控车床 | 千分尺，深度尺，游标卡尺 | | |
| 5 | 滚齿 | 滚齿 | 齿形 | 数控滚齿机 | 外径千分尺，公法线，千分尺，M 值测量台 | | |
| 6 | 倒角 | 齿端倒角 | 齿形 | 数控磨棱机 | | | |
| 7 | 清洗 | 清洗 | 齿形 | 清洗机 | | | |
| 8 | 剃齿 | 剃齿 | 齿形 | 数控剃齿机 | 外径千分尺，公法线，千分尺，M 值测量台 | | |
| 9 | 清洗 | 清洗 | 齿形 | 清洗机 | | | |
| 10 | 检验 | 热前检验 | 检验科 | | | | |
| 11 | 热处理 | 热处理 | 热处理 | | | | |
| 12 | 磨 | 磨内孔带端面 | 齿形 | 内圆磨床 MBD2110B | 千分尺，内径量表，塞规 | | |
| 13 | 检验 | 检验 | 检验科 | | | | |

| 编制 | | 审核 | | 批准 | | 热处理 | |
|---|---|---|---|---|---|---|---|

表 3.30 变速器中间轴四挡齿轮工序 1 工序卡

<table>
<tr><td colspan="2" rowspan="2">（学校）</td><td rowspan="2">机械加工<br>工序卡</td><td>产品名称或代号</td><td>零件名称</td><td colspan="2">材料</td><td>零件图号</td></tr>
<tr><td></td><td>变速器中间<br>轴四挡齿轮</td><td colspan="2">20CrMoH</td><td></td></tr>
<tr><td colspan="2">工序号</td><td>工序名称</td><td>夹具</td><td colspan="2">使用设备</td><td colspan="2">车间</td></tr>
<tr><td colspan="2">1</td><td>粗车</td><td>三爪卡盘</td><td colspan="2">普通车床</td><td colspan="2">金工</td></tr>
<tr><td>工步号</td><td colspan="2">工步内容</td><td>刀具</td><td>量具及检具</td><td>进给量<br>/(mm • r<sup>-1</sup>)</td><td>主轴转速<br>/(r • min<sup>-1</sup>)</td><td>切削速度<br>/(m • min<sup>-1</sup>)</td></tr>
<tr><td>1</td><td colspan="2">粗车外圆 φ93.2 ± 0.15</td><td>外圆端面车刀</td><td>游标卡尺</td><td>0.3</td><td>300</td><td></td></tr>
<tr><td>2</td><td colspan="2">粗车凹端端面<br>保长 23.3(+ 0.3/0)</td><td>外圆端面车刀</td><td>游标卡尺</td><td>0.3</td><td>300</td><td></td></tr>
<tr><td>3</td><td colspan="2">粗车内凹面<br>φ65.3(0/ − 0.3)<br>保长 3.4(0/ − 0.3)</td><td>内圆车刀</td><td>游标卡尺</td><td>0.3</td><td>300</td><td></td></tr>
<tr><td></td><td colspan="2"></td><td></td><td></td><td></td><td></td><td></td></tr>
<tr><td></td><td colspan="2"></td><td></td><td></td><td></td><td></td><td></td></tr>
<tr><td></td><td colspan="2"></td><td></td><td></td><td></td><td></td><td></td></tr>
<tr><td>编制</td><td></td><td>审核</td><td>批准</td><td></td><td>热处理</td><td>共 10 页</td><td>第 1 页</td></tr>
</table>



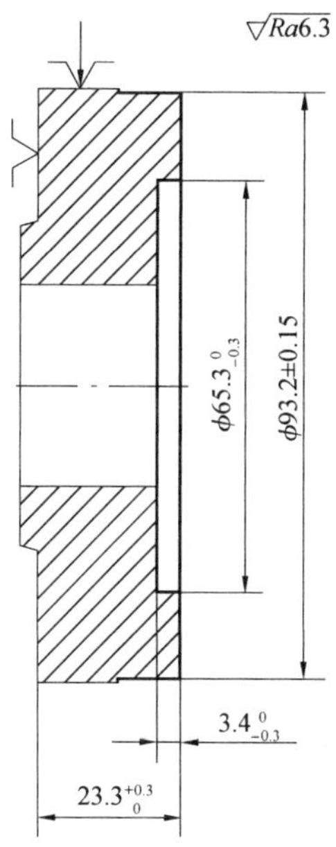


图 3.74 工序 1 工艺附图

**表 3.31　变速器中间轴四挡齿轮工序 2 工序卡**

<table>
<tr><td rowspan="2">（学校）</td><td rowspan="2">机械加工<br>工序卡</td><td>产品名称或代号</td><td colspan="2">零件名称</td><td colspan="2">材料</td><td>零件图号</td></tr>
<tr><td></td><td colspan="2">变速器中间<br>轴四挡齿轮</td><td colspan="2">20CrMoH</td><td></td></tr>
<tr><td>工序号</td><td>工序名称</td><td>夹具</td><td colspan="3">使用设备</td><td colspan="2">车间</td></tr>
<tr><td>2</td><td>粗车</td><td>三爪卡盘</td><td colspan="3">普通车床</td><td colspan="2">金工</td></tr>
<tr><td>工步号</td><td>工步内容</td><td>刀具</td><td>量具及检具</td><td colspan="2">进给量<br>/(mm・r<sup>-1</sup>)</td><td>主轴转速<br>/(r・min<sup>-1</sup>)</td><td>切削速度<br>/(m・min<sup>-1</sup>)</td></tr>
<tr><td>1</td><td>粗车外圆 ϕ93.2 ± 0.15</td><td>外圆端面车刀</td><td>游标卡尺</td><td colspan="2">0.3</td><td>300</td><td></td></tr>
<tr><td>2</td><td>粗车凸端端面，保长 24.5 ± 0.15</td><td>外圆端面车刀</td><td>游标卡尺</td><td colspan="2">0.3</td><td>300</td><td></td></tr>
<tr><td>3</td><td>粗车凸面 ϕ49.4 ± 0.15<br>保长 2.9(0/ − 0.2)</td><td>外圆端面车刀</td><td>游标卡尺</td><td colspan="2">0.3</td><td>300</td><td></td></tr>
<tr><td>4</td><td>粗车内孔 ϕ34.4(0/ − 0.3)</td><td>内圆车刀</td><td>游标卡尺</td><td colspan="2">0.3</td><td>300</td><td></td></tr>
<tr><td></td><td></td><td></td><td></td><td colspan="2"></td><td></td><td></td></tr>
<tr><td>编制</td><td>　　审核</td><td>　　批准</td><td>　　热处理</td><td colspan="2"></td><td>共 10 页</td><td>第 2 页</td></tr>
</table>

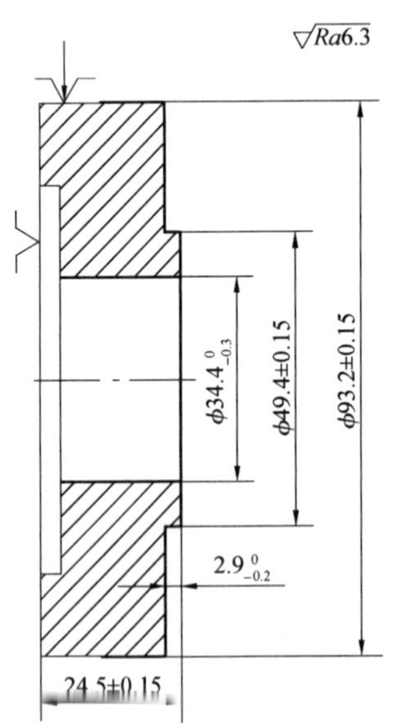


图 3.75　工序 2 工艺附图

**表 3.32 变速器中间轴四挡齿轮工序 3 工序卡**

<table>
<tr><td colspan="2" rowspan="2">(学校)</td><td rowspan="2">机械加工<br>工序卡</td><td>产品名称或代号</td><td>零件名称</td><td colspan="2">材料</td><td>零件图号</td></tr>
<tr><td></td><td>变速器中间<br>轴四挡齿轮</td><td colspan="2">20CrMoH</td><td></td></tr>
<tr><td colspan="2">工序号</td><td>工序名称</td><td>夹具</td><td colspan="2">使用设备</td><td colspan="2">车间</td></tr>
<tr><td colspan="2">3</td><td>精车</td><td>软爪</td><td colspan="2">数控车床</td><td colspan="2">金工</td></tr>
<tr><td>工步号</td><td colspan="2">工步内容</td><td>刀具</td><td>量具及检具</td><td>进给量/(mm・r<sup>-1</sup>)</td><td>主轴转速/(r・min<sup>-1</sup>)</td><td>切削速度/(m・min<sup>-1</sup>)</td></tr>
<tr><td>1</td><td colspan="2">精车外圆<br>φ91.5(−0.1/−0.2)<br>精车端面<br>保长 20.8(+0.2/0)</td><td>车刀<br>PCLNR2525M12<br>刀片<br>CNMG120408</td><td>千分尺</td><td>0.2</td><td>1 000</td><td></td></tr>
<tr><td>2</td><td colspan="2">精车内凹槽面 φ68±1.0<br>φ46.5±1.0<br>保深 6±1.0</td><td rowspan="2">车刀<br>PDJNR2525M15<br>刀片<br>DNMG150408</td><td>游标卡尺</td><td>0.2</td><td>1 000</td><td></td></tr>
<tr><td>3</td><td colspan="2">精车内凹端面<br>保长 3.45±0.02</td><td>深度尺</td><td>0.2</td><td>1 000</td><td></td></tr>
<tr><td>4</td><td colspan="2">精车内孔 φ35.8±0.015<br>倒角</td><td>内圆车刀<br>S20S-SCLR09<br>刀片<br>CCMT09T308</td><td>内径量表，<br>塞规</td><td>0.2</td><td>1 000</td><td></td></tr>
<tr><td>编制</td><td></td><td>审核</td><td></td><td>批准</td><td></td><td>热处理</td><td>共 10 页 第 3 页</td></tr>
</table>

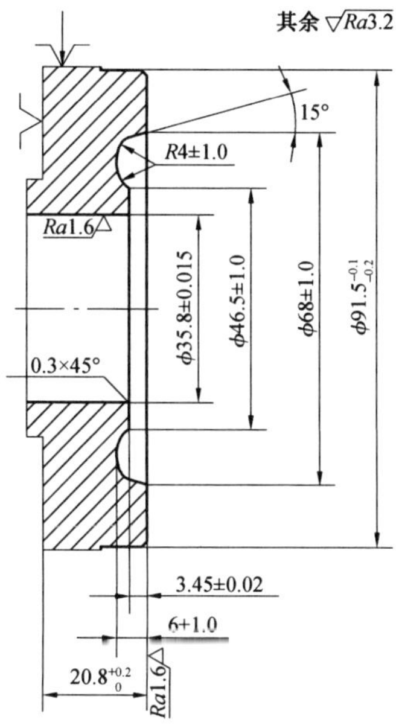


图 3.76 工序 3 工艺附图

表 3.33　变速器中间轴四挡齿轮工序 4 工序卡

<table>
<tr><td rowspan="2">（学校）</td><td rowspan="2">机械加工<br>工序卡</td><td>产品名称或代号</td><td>零件名称</td><td colspan="2">材料</td><td>零件图号</td></tr>
<tr><td></td><td>变速器中间<br>轴四挡齿轮</td><td colspan="2">20CrMoH</td><td></td></tr>
<tr><td>工序号</td><td>工序名称</td><td>夹具</td><td colspan="2">使用设备</td><td colspan="2">车间</td></tr>
<tr><td>4</td><td>精车</td><td>软爪</td><td colspan="2">数控车床</td><td colspan="2">金工</td></tr>
<tr><td>工步号</td><td>工步内容</td><td>刀具</td><td>量具及检具</td><td>进给量<br>/(mm · r<sup>-1</sup>)</td><td>主轴转速<br>/(r · min<sup>-1</sup>)</td><td>切削速度<br>/(m · min<sup>-1</sup>)</td></tr>
<tr><td>1</td><td>精车外圆<br>ϕ91.5(−0.1/−0.2)<br>精车端面<br>保长 22.9±0.05 和 2.9(0/−0.1)</td><td>车刀<br>PCLNR2525M12<br>刀片<br>CNMG120408</td><td>千分尺，<br>深度尺</td><td>0.2</td><td>1 000</td><td></td></tr>
<tr><td>2</td><td>精车内凹槽面 ϕ68±1.0<br>ϕ46.5±1.0<br>保深 7.9</td><td>车刀<br>PDJNR2525M15<br>刀片<br>DNMG150408</td><td>游标卡尺</td><td>0.2</td><td>1 000</td><td></td></tr>
<tr><td>3</td><td>倒角</td><td>车刀<br>PDJNR2525M15<br>刀片<br>DNMG150408</td><td></td><td>0.2</td><td>1 000</td><td></td></tr>
</table>

| 编制 | | 审核 | | 批准 | | 热处理 | | 共 10 页 | 第 4 页 |
|---|---|---|---|---|---|---|---|---|---|



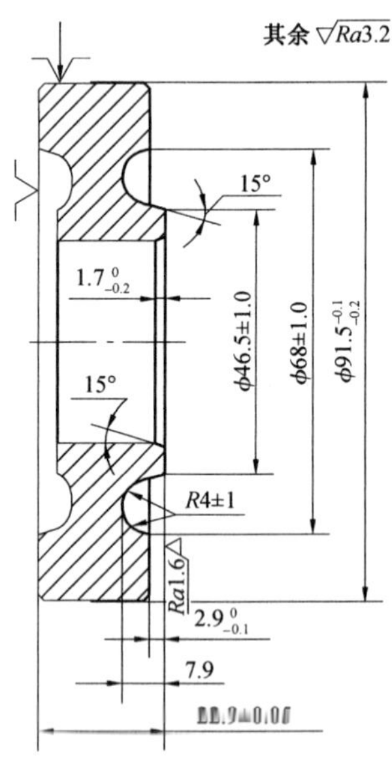


图 3.77　工序 4 工艺附图

**表 3.34 变速器中间轴四挡齿轮工序 5 工序卡**

| （学校） | 机械加工工序卡 | 产品名称或代号 | 零件名称 | 材料 | 零件图号 |
|---|---|---|---|---|---|
| | | | 变速器中间轴四挡齿轮 | 20CrMoH | |
| 工序号 | 工序名称 | 夹具 | 使用设备 | | 车间 |
| 5 | 滚齿 | 专用夹具 | 数控滚齿机 | | 齿形 |

| 工步号 | 工步内容 | 刀具 | 量具及检具 | 进给量/(mm·r$^{-1}$) | 主轴转速/(r·min$^{-1}$) | 切削速度/(m·min$^{-1}$) |
|---|---|---|---|---|---|---|
| 1 | 滚斜齿 | 滚刀 | 外径千分尺，公法线，千分尺，M 值测量台，跳动仪，齿形齿向，测量机 | 2.5 | 500 | |

| 编制 | | 审核 | | 批准 | | 热处理 | | 共 10 页 | 第 5 页 |
|---|---|---|---|---|---|---|---|---|---|

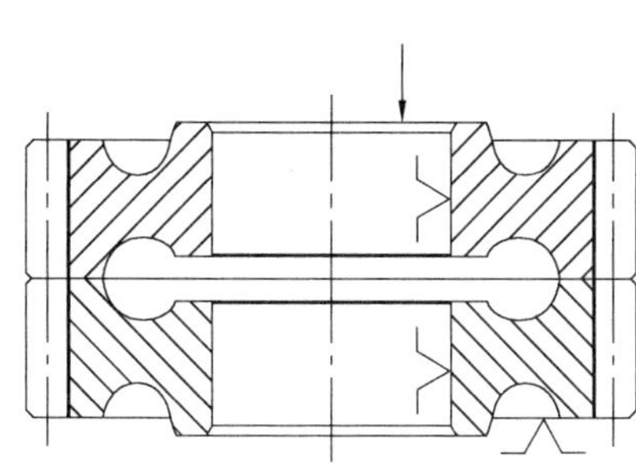

| 齿轮及滚齿基本参数 | |
|---|---|
| 齿数$Z$ | 33 |
| 法向模数$M_n$ | 2.15 |
| 法向压力角$\alpha_n$ | 17° |
| 分度螺旋角及旋向$\beta$ | 33° L(右旋) |
| 有效齿形起始圆直径$\phi D_{nf}$ | $\phi$81.250max |
| 分度圆直径$\phi d$ | $\phi$84.598 176 |
| 齿顶圆直径$\phi d_a$ | $\phi$91.5max |
| 齿根圆直径$\phi d_f$ | $\phi 78.0^{0}_{-0.4}$ |
| 有效齿形终止圆直径$\phi D_{Na}$ | $\phi$90.30min |
| 齿全高$h$ | 6.75 |
| 跨棒距$M$/量球直径$\phi d_p$ | 94.20±0.02/$S\phi$4.764 |
| 公法线长$W$/跨齿数$n$ | 30.26±0.008/跨4齿 |
| 公法线变动量$F_w$ | 0.028 |
| 齿圈径跳$F_r$ | 0.029 |
| 齿形$F_\alpha$ | 0.016 |
| 齿向$F_\beta$ | 0.017 |
| 齿面粗糙度$Ra$ | $Ra$3.2 |
| 滚齿夹具 | –721–01 |
| 剃前滚刀 | 251–30 |
| 跨距测量台 | –869–01 |
| 设备型号 | YKX3132M |

图 3.78 工序 5 工艺附图

**表 3.35　变速器中间轴四挡齿轮工序 6 工序卡**

<table>
<tr><td rowspan="2" colspan="2">（学校）</td><td rowspan="2" colspan="2">机械加工<br>工序卡</td><td>产品名称或代号</td><td>零件名称</td><td colspan="2">材料</td><td>零件图号</td></tr>
<tr><td></td><td>变速器中间<br>轴四挡齿轮</td><td colspan="2">20CrMoH</td><td></td></tr>
<tr><td colspan="2">工序号</td><td colspan="2">工序名称</td><td>夹具</td><td colspan="2">使用设备</td><td colspan="2">车间</td></tr>
<tr><td colspan="2">6</td><td colspan="2">倒角</td><td>专用夹具</td><td colspan="2">数控磨棱机</td><td colspan="2">齿形</td></tr>
<tr><td>工步号</td><td colspan="3">工步内容</td><td>刀具</td><td>量具及检具</td><td>进给量/(mm·r⁻¹)</td><td>主轴转速/(r·min⁻¹)</td><td>切削速度/(m·min⁻¹)</td></tr>
<tr><td>1</td><td colspan="3">斜齿两端锐角倒角</td><td>砂轮</td><td></td><td></td><td></td><td></td></tr>
<tr><td></td><td colspan="3"></td><td></td><td></td><td></td><td></td><td></td></tr>
<tr><td>编制</td><td></td><td>审核</td><td></td><td>批准</td><td>热处理</td><td></td><td>共 10 页</td><td>第 6 页</td></tr>
</table>

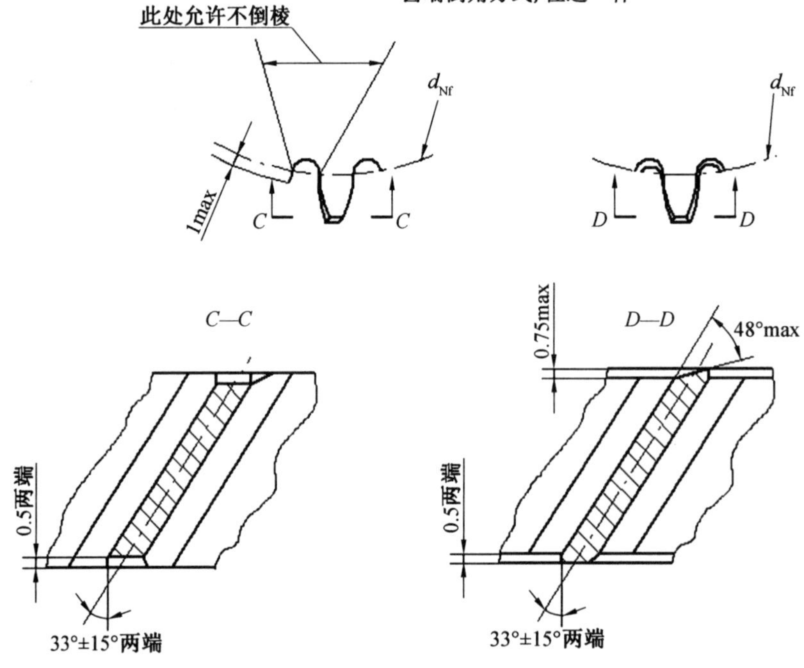


图 3.79　工序 6 工艺附图

表 3.36 变速器中间轴四挡齿轮工序 7 工序卡

| （学校） | 机械加工工序卡 | 产品名称或代号 | 零件名称 | 材料 | 零件图号 |
|---|---|---|---|---|---|
| | | | 变速器中间轴四挡齿轮 | 20CrMoH | |

| 工序号 | 工序名称 | 夹具 | 使用设备 | 车间 |
|---|---|---|---|---|
| 7 | 清洗 | | 清洗机 | 齿形 |

| 工步号 | 工步内容 | 刀具 | 量具及检具 | 进给量/(mm·r$^{-1}$) | 主轴转速/(r·min$^{-1}$) | 切削速度/(m·min$^{-1}$) |
|---|---|---|---|---|---|---|
| 1 | 清洗<br>在温度大于等于70，浓度为1%～3%金属清洗剂的水溶液中清洗。要求：去除油污、清洗干净、吹干 | | | | | |
| | | | | | | |
| | | | | | | |
| | | | | | | |
| | | | | | | |
| | | | | | | |
| | | | | | | |
| | | | | | | |
| | | | | | | |
| | | | | | | |
| | | | | | | |
| | | | | | | |
| | | | | | | |
| | | | | | | |

| 编制 | | 审核 | | 批准 | | 热处理 | | 共10页 | 第7页 |
|---|---|---|---|---|---|---|---|---|---|

**表 3.37　变速器中间轴四挡齿轮工序 8 工序卡**

<table>
<tr><td colspan="2" rowspan="2">（学校）</td><td rowspan="2">机械加工<br>工序卡</td><td>产品名称或代号</td><td>零件名称</td><td>材料</td><td colspan="2">零件图号</td></tr>
<tr><td></td><td>变速器中间<br>轴四挡齿轮</td><td>20CrMoH</td><td colspan="2"></td></tr>
<tr><td colspan="2">工序号</td><td>工序名称</td><td>夹具</td><td colspan="2">使用设备</td><td colspan="2">车间</td></tr>
<tr><td colspan="2">8</td><td>剃齿</td><td>专用夹具</td><td colspan="2">数控剃齿机</td><td colspan="2">齿形</td></tr>
<tr><td>工步号</td><td colspan="2">工步内容</td><td>刀具</td><td>量具及检具</td><td>进给量/(mm·r⁻¹)</td><td>主轴转速/(r·min⁻¹)</td><td>切削速度/(m·min⁻¹)</td></tr>
<tr><td>1</td><td colspan="2">剃齿</td><td>专用剃齿刀</td><td>外径千分尺，公法线，千分尺，M 值测量台，跳动仪，齿形齿向测量机</td><td>0.04(粗剃)<br>0.01(精剃)</td><td>702</td><td></td></tr>
<tr><td>编制</td><td></td><td>审核</td><td></td><td>批准</td><td>热处理</td><td>共 10 页</td><td>第 8 页</td></tr>
</table>

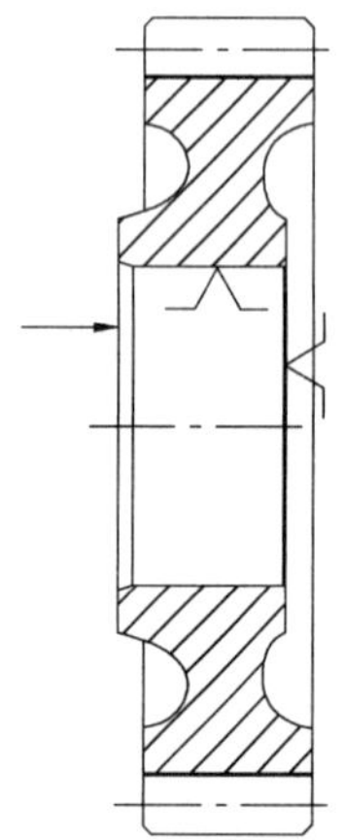

| 齿轮及滚齿基本参数 | |
|---|---|
| 齿数 $Z$ | 33 |
| 法向模数 $M_n$ | 2.15 |
| 法向压力角 $\alpha_n$ | 17° |
| 分度螺旋角及旋向 $\beta$ | 33° L(右旋) |
| 有效齿形起始圆直径 $\phi D_{nf}$ | $\phi$81.250max |
| 分度圆直径 $\phi d$ | $\phi$84.598 176 |
| 齿顶圆直径 $\phi d_a$ | $\phi$91.5max |
| 齿根圆直径 $\phi d_f$ | $\phi 78.0_{-0.4}^{0}$ |
| 有效齿形终止圆直径 $\phi D_{Na}$ | $\phi$90.30min |
| 齿全高 $h$ | 6.75 |
| 跨棒距 $M$/量球直径 $\phi d_p$ | 94.04±0.02/$S\phi$4.764 |
| 公法线长 $W$/跨齿数 $n$ | 30.20±0.008/跨4齿 |
| 公法线变动量 $F_w$ | 0.02 |
| 齿圈径跳 $F_r$ | 0.011 |
| 齿形 $F_\alpha$ | 0.011 |
| 齿向 $F_\beta$ | 0.012 |
| 齿面粗糙度 $Ra$ | $Ra$0.8 |
| 剃齿夹具 | –723–01 |
| 剃齿刀 | 252–32 |
| 跨距测量台 | –869–01 |
| 设备型号 | Y4220CNC |

图 3.80　工序 8 工艺附图

表 3.38 变速器中间轴四挡齿轮工序 9 工序卡

<table>
<tr><td rowspan="2">（学校）</td><td rowspan="2">机械加工<br>工序卡</td><td>产品名称或代号</td><td>零件名称</td><td>材料</td><td>零件图号</td></tr>
<tr><td></td><td>变速器中间<br>轴四挡齿轮</td><td>20CrMoH</td><td></td></tr>
<tr><td>工序号</td><td>工序名称</td><td>夹具</td><td>使用设备</td><td>车间</td><td></td></tr>
<tr><td>9</td><td>清洗</td><td></td><td>清洗机</td><td>齿形</td><td></td></tr>
</table>

| 工步号 | 工步内容 | 刀具 | 量具及检具 | 进给量/(mm·r$^{-1}$) | 主轴转速/(r·min$^{-1}$) | 切削速度/(m·min$^{-1}$) |
|---|---|---|---|---|---|---|
| 1 | 清洗<br>在温度大于等于 70，浓度为 1% ～ 3% 金属清洗剂的水溶液中清洗。要求：去除油污、清洗干净、吹干 | | | | | |
| | | | | | | |
| | | | | | | |
| | | | | | | |
| | | | | | | |
| | | | | | | |
| | | | | | | |
| | | | | | | |
| | | | | | | |
| | | | | | | |

| 编制 | | 审核 | | 批准 | | 热处理 | | 共 10 页 | 第 9 页 |
|---|---|---|---|---|---|---|---|---|---|

**表 3.39　变速器四挡齿轮工序 12 工序卡**

<table>
<tr><td colspan="2" rowspan="2">（学校）</td><td rowspan="2">机械加工<br>工序卡</td><td>产品名称或代号</td><td>零件名称</td><td colspan="2">材料</td><td>零件图号</td></tr>
<tr><td></td><td>变速器中间<br>轴四挡齿轮</td><td colspan="2">20CrMoH</td><td></td></tr>
<tr><td colspan="2">工序号</td><td>工序名称</td><td>夹具</td><td colspan="2">使用设备</td><td colspan="2">车间</td></tr>
<tr><td colspan="2">12</td><td>磨</td><td>专用夹具</td><td colspan="2">内圆磨床<br>MBD2110B</td><td colspan="2">齿形</td></tr>
<tr><td>工步号</td><td colspan="2">工步内容</td><td>刀具</td><td>量具及检具</td><td>进给量<br>/(mm·r$^{-1}$)</td><td>主轴转速<br>/(r·min$^{-1}$)</td><td>切削速度<br>/(m·min$^{-1}$)</td></tr>
<tr><td>1</td><td colspan="2">磨内孔<br>$\phi$36(−0.008/−0.028)</td><td>砂轮</td><td>内径量表，<br>塞规，<br>千分尺</td><td>0.01～<br>0.005</td><td>18 000</td><td></td></tr>
<tr><td>2</td><td colspan="2">带平两端面<br>保尺寸 $22.9_{-0.10}^{0}$</td><td>砂轮</td><td>内径量表，<br>塞规，<br>千分尺</td><td>0.01～<br>0.005</td><td>18 000</td><td></td></tr>
<tr><td>编制</td><td></td><td>审核</td><td></td><td>批准</td><td></td><td>热处理</td><td>共 10 页　第 10 页</td></tr>
</table>

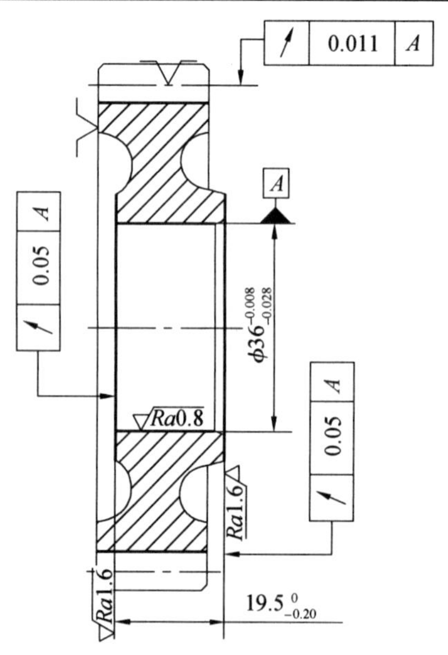


图 3.81　工序 12 工艺附图

### 3.4.5 变速器中间轴四挡齿轮程序编制

#### 1. 数学处理

(1) 建立编程坐标系。

(2) 基点(节点)坐标计算。

#### 2. 变速器中间轴四挡齿轮加工的程序编写

程序如下:

```
O1000(车外轮廓);
G98 G97 G40 G00 X100.Z100.;
T0101 M03 S800;
G00 X98.Z3.;
G71 U1.2 R1;
G71 P10 Q20 U0.4 W0 F0.2;
N10 G01 X94.6 Z-14.65 F0.08;
N20 X98.;
G00 X100.;
Z100.;
T0202 S1200;
G00 X98.Z3.;
G70 P10 Q20;
G00 X100.;
Z100.;
M05;
M30;
```

```
O1001(车内轮廓);
G98 G97 G40 G00 X100.Z100.;
T0202 M03 S800;
G00 X50.Z3.;
G71 U1.2 R1;
G71 P10 Q20 U-0.3 W0 F0.2;
N10 G00 X62.;
G01 Z-4.65 F0.08;
G02 X59.3 Z-5.15 R2.F0.06;
G03 X55.3 Z-6.65 R2.;
```

```
G01 X54.5;
X53.5 Z-6.15;
Z-12.65;
N40 X57.5 Z-14.65;
G00 X100.;
Z100.;
T0202 S1200;
G00 X50.Z3.;
G70 P10 Q20;
G00 X100.;
Z100.;
M05;
M30;
```

### 3.4.6 变速器中间轴四挡齿轮零件加工



#### 1. 加工准备

(1) 开机。
(2) 机床回参考点。
(3) 装刀。
(4) 装工件。

#### 2. 程序录入(FANUC)

操作同前,此处不再赘述。

#### 3. 对刀

(1) 建立工件坐标系。
(2) 设置刀具补偿。

#### 4. 自动加工

操作同前,此处不再赘述。

### 3.4.7 变速器中间轴四挡齿轮零件检验

#### 1. 检验准备

(1) 工件准备。清洗干净工件。
(2) 量/检具准备。准备好游标卡尺。

## 2. 项目检验与考核

(1) 零件检验。依据项目考核表零件考核项目对加工零件进行检验和测量，填写检验记录单。

(2) 项目考核。依据项目考核评分标准，对零件加工质量进行评分，并对整个加工过程进行考核。项目 3 任务 3.4 考核评分标准见表 3.40。

**表 3.40　项目 3 任务 3.4 考核评分标准**

<table>
<tr><th colspan="3">考核项目</th><th colspan="2">考核内容</th><th>配分</th><th>实测</th><th>检验员</th><th>评分</th><th>总分</th></tr>
<tr><td rowspan="13">零件加工质量</td><td rowspan="2">1</td><td rowspan="2">外圆</td><td rowspan="2">$\phi 91.5_{-0.2}^{-0.1}$</td><td>IT</td><td>15</td><td></td><td></td><td></td><td rowspan="15"></td></tr>
<tr><td>$Ra3.2$</td><td>5</td><td></td><td></td><td></td></tr>
<tr><td rowspan="6">2</td><td rowspan="6">孔</td><td rowspan="2">$\phi 68 \pm 1.0$</td><td>IT</td><td>5</td><td></td><td></td><td></td></tr>
<tr><td>$Ra3.2$</td><td>5</td><td></td><td></td><td></td></tr>
<tr><td rowspan="2">$\phi 46.5 \pm 1.0$</td><td>IT</td><td>5</td><td></td><td></td><td></td></tr>
<tr><td>$Ra1.6$</td><td>5</td><td></td><td></td><td></td></tr>
<tr><td rowspan="2">$\phi 35.8 \pm 0.015$</td><td>IT</td><td>10</td><td></td><td></td><td></td></tr>
<tr><td>$Ra1.6$</td><td>5</td><td></td><td></td><td></td></tr>
<tr><td rowspan="5">3</td><td rowspan="5">长度</td><td rowspan="2">$2.9_{-0.1}^{0}$</td><td>IT</td><td>5</td><td></td><td></td><td></td></tr>
<tr><td>$Ra3.2$</td><td>5</td><td></td><td></td><td></td></tr>
<tr><td rowspan="2">$22.9 \pm 0.05$</td><td>IT</td><td>10</td><td></td><td></td><td></td></tr>
<tr><td>$Ra3.2$</td><td>5</td><td></td><td></td><td></td></tr>
<tr><td colspan="2">7.9</td><td>5</td><td></td><td></td><td></td></tr>
<tr><td rowspan="2">职业素养</td><td>1</td><td colspan="3">文明生产</td><td>10</td><td></td><td></td><td></td></tr>
<tr><td>2</td><td colspan="3">安全意识</td><td>5</td><td></td><td></td><td></td></tr>
</table>

知识拓展

## 3.4.8 先进的齿轮数控加工机床

### 1. Gleason210H 数控滚齿机

Gleason210H 数控滚齿机如图 3.82 所示，其操作步骤如下。

(1) 开机前查看交接班本了解机床运行情况。

(2) 找到位于机床左侧面电气柜边上的主开关，旋转接通给机床送电。

(3) 等待机床操作系统开机后，根据设备的点检事项进行机床各个部位进行检查，检查无误进行产品加工。

(4) 按下机床启动键，确认急停键，主轴进给开，按下机床操作键进入操作界面，在循环号处输入循环号 5 并确认进行单件加工，把主轴进给倍率打至 10% ～ 40% 之间，在刀具进到尺寸后再打回 100% 进行加工，产品加工完成后在循环号处输入 60 并确认进行产品交换，取出已经加工好的产品进行各项首检，合格后在循环号处输入循环号 9 进行自动运行。

图 3.82　数控滚齿机

### 2. 强力珩齿机

强力珩齿机如图 3.83 所示。

图 3.83　强力珩齿机



## 3.4.9　先进的齿轮检测仪器

企业在用的先进齿轮检测仪器有 M 值齿轮测量中心(图 3.84)、齿轮测量中心(图 3.85)。

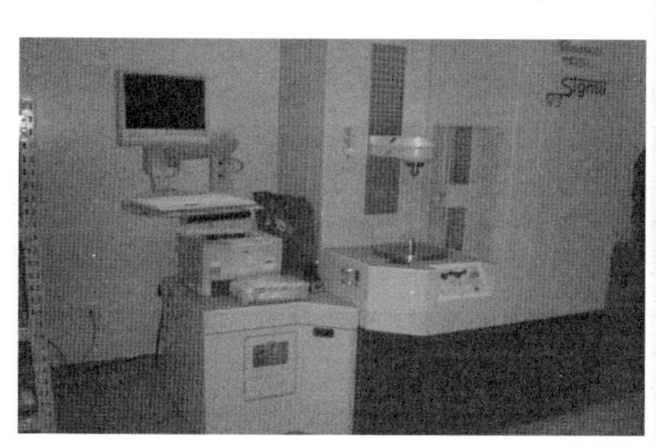

图 3.84　M 值齿轮测量中心

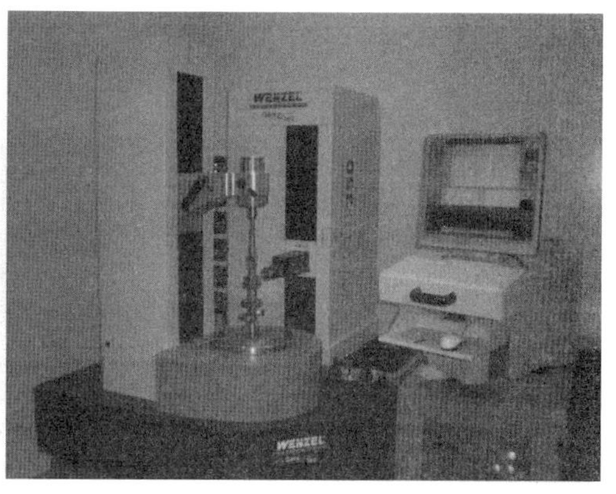


图 3.85　齿轮测量中心

### 习题训练

如图 3.86 所示为导向套零件，该零件材料为易切钢(Y15P6)，试完成该零件的数控车削加工(批量生产)。

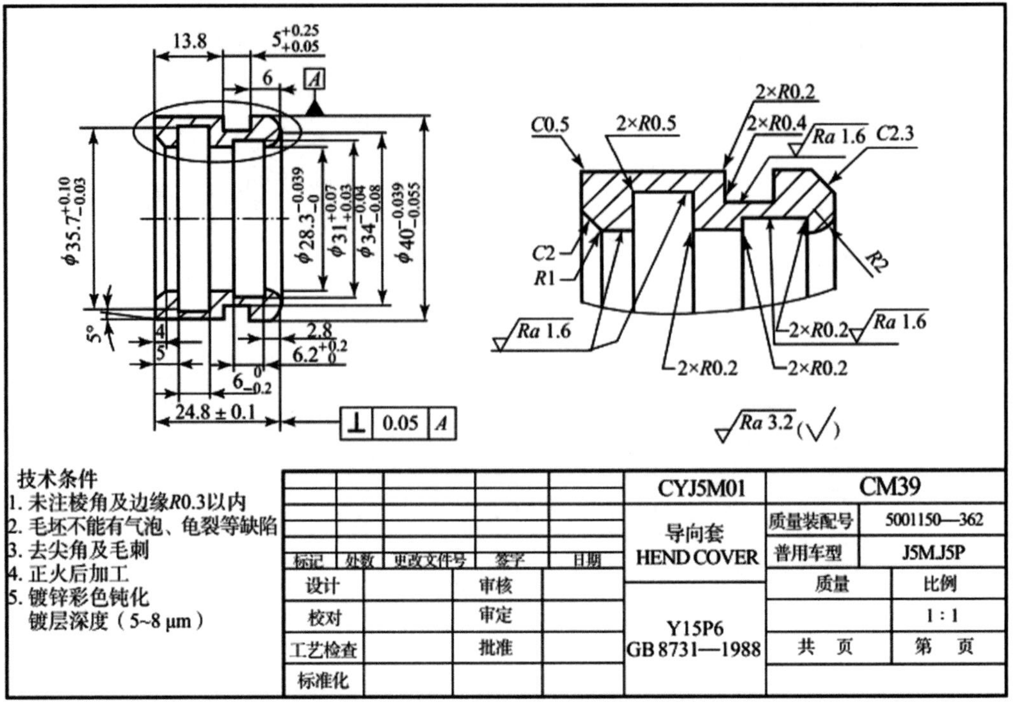
13.8
$5^{+0.25}_{+0.05}$
6
A
$\phi35.7^{+0.10}_{-0.03}$
$\phi28.3^{-0.039}_{-0}$
$\phi31^{+0.07}_{+0.03}$
$\phi34^{-0.04}_{-0.08}$
$\phi40^{-0.039}_{-0.055}$
5°
4
5
2.8
$6.2^{+0.2}_{0}$
$6^{0}_{-0.2}$
24.8 ± 0.1
⊥ 0.05 A
C0.5
2×R0.5
2×R0.2
2×R0.4
Ra 1.6
C2.3
C2
R1
R2
Ra 1.6
2×R0.2
Ra 1.6
2×R0.2
2×R0.2
Ra 3.2 (√)
技术条件
1. 未注棱角及边缘R0.3以内
2. 毛坯不能有气泡、龟裂等缺陷
3. 去尖角及毛刺
4. 正火后加工
5. 镀锌彩色钝化
镀层深度（5~8 μm）
标记 处数 更改文件号 签字 日期
设计 审核
校对 审定
工艺检查 批准
标准化
CYJ5M01
CM39
导向套
HEND COVER
质量装配号 5001150—362
普用车型 J5MJ5P
质量 比例
1 : 1
Y15P6
GB 8731—1988
共 页 第 页



图 3.86　导向套习题图

# 参考文献

[1]顾京.数控加工编程与操作[M].北京:高等教育出版社,2006.8.

[2]赵长明.数控加工工艺及设备[M].北京:高等教育出版社,2008.6.

[3]袁哲俊.刀具设计手册[M].北京:机械工业出版社,1999.8.

[4]凌二虎等.车削加工禁忌实例[M].北京:机械工业出版社,2005.6.

[5]龙永莲.汽车变速器零件的数控加工[M].北京:北京理工大学出版社,2014.8.

# 附　　录

## 附录 1　FANUC 0i 系统数控指令格式

### 1. FANUC 0i 数控铣床和加工中心 G 代码(附表 1.1)

附表 1.1　G 代码

<table>
<tr><th>代码</th><th>分组</th><th>意义</th><th>格式</th></tr>
<tr><td>G00</td><td rowspan="4">01</td><td>快速进给、定位</td><td>G00 X～ Y～Z～</td></tr>
<tr><td>G01</td><td>直线插补</td><td>G01 X～ Y～Z～</td></tr>
<tr><td>G02</td><td>圆弧插补 CW(顺时针)</td><td rowspan="2">G17/G18/G19 G02/G03 X～ Y～Z～ R～/I～J～K～<br>X～ Y～Z～:圆弧终点坐标<br>R～:圆弧半径<br>I～J～K～:圆弧起点相对圆心的增量</td></tr>
<tr><td>G03</td><td>圆弧插补 CCW(逆时针)</td></tr>
<tr><td>G04</td><td>00</td><td>暂停</td><td>G04〈P｜X〉单位秒,增量状态单位毫秒,无参数状态表示停止</td></tr>
<tr><td>G15</td><td rowspan="2">17</td><td>取消极坐标指令</td><td rowspan="2">G15:取消极坐标方式<br>G16:开始极坐标指令<br>G00 IP_ 极坐标指令<br>GXX、GYY:极坐标指令的平面选择(G17,G18,G19)<br>G90:指定工件坐标系的零点为极坐标的原点<br>G91:指定当前位置作为极坐标的原点<br>IP:指定极坐标系选择平面的轴地址及其值<br>第 1 轴:极坐标半径<br>第 2 轴:极角</td></tr>
<tr><td>G16</td><td>极坐标指令</td></tr>
</table>

续附表1.1

| 代码 | 分组 | 意义 | 格式 |
|---|---|---|---|
| G17 | 02 | *XY* 平面 | G17 选择 *XY* 平面<br>G18 选择 *ZX* 平面<br>G19 选择 *YZ* 平面 |
| G18 | | *ZX* 平面 | |
| G19 | | *YZ* 平面 | |
| G20 | 06 | 英制输入 | G20 |
| G21 | | 公制输入 | G21 |
| G28 | 07 | 回归参考点 | G28 X～Y～Z～ |
| G29 | | 由参考点回归 | G29 X～Y～Z～ |
| G40 | | 刀具半径补偿取消 | G40 |
| G41 | | 左半径补偿 | G41/G42 G01/G00 X～Y～D～ |
| G42 | | 右半径补偿 | |
| G43 | 08 | 刀具长度补偿＋ | G43/G44 G01/G00 X～Y～H～ |
| G44 | | 刀具长度补偿－ | |
| G49 | | 刀具长度补偿取消 | G49 G01/G00 X～Y～ |
| G50 | 11 | 取消缩放 | G50 |
| G51 | | 比例缩放 | ①G51 X～Y～Z～P～缩放开始<br>X～Y～Z～:比例缩放中心坐标的绝对值指令<br>P～:缩放比例<br>②G51 X～Y～Z～I～J～K～:缩放开始<br>X～Y～Z～:比例缩放中心坐标的绝对值指令<br>I～J～K～:*X*、*Y*、*Z* 各轴对应的缩放比例 |
| G52 | 00 | 设定局部坐标系 | G52 IP～:设定局部坐标<br>G52 IP0:取消局坐标系<br>IP:局部坐标系原点 |
| G53 | | 机械坐标系选择 | G53 X～Y～Z～ |

续附表1.1

| 代码 | 分组 | 意义 | 格式 |
| --- | --- | --- | --- |
| G54 | 14 | 选择工件坐标系 1 | GXX G～ |
| G55 | | 选择工件坐标系 2 | |
| G56 | | 选择工件坐标系 3 | |
| G57 | | 选择工件坐标系 4 | |
| G58 | | 选择工件坐标系 5 | |
| G59 | | 选择工件坐标系 6 | |
| G68 | 16 | 坐标系旋转 | (G17/G18/G19)G68 X～ Y～ R～:坐标系开始旋转<br>G17/G18/G19:平面选择,在其上包含旋转的形状<br>X～ Y～:与指令坐标平面相应的 *X*、*Y*、*Z* 中的两个轴的绝对指令,在 G68 后面指定旋转中心<br>R～:角度位移,正值表示逆时针旋转。根据指令的 G 代码最小输入增量单位:0.001°<br>有效数据范围:－360.00～360.00 |
| G69 | | 取消坐标轴旋转 | G69 |
| G73 | 09 | 深孔钻削固定循环 | G73 X～ Y～ Z～ R～ Q～ F～ |
| G74 | | 攻螺纹固定循环 | G74 X～ Y～ Z～ R～ P～ F～ |
| G76 | | 精镗固定循环 | G76 X～ Y～ Z～ R～ Q～ F～ |
| G90 | 03 | 绝对方式指定 | GXX |
| G91 | | 相对方式指定 | |
| G92 | 00 | 工作坐标系的变更 | G92 X～ Y～ Z～ |
| G98 | 10 | 返回固定循环初始点 | GXX |
| G99 | | 返回固定循环 *R* 点 | |

**续附表1.1**

| 代码 | 分组 | 意义 | 格式 |
|---|---|---|---|
| G80 | | 固定循环取消 | |
| G81 | | 钻削固定循环、钻中心孔 | G81 X～ Y～Z～R～F～ |
| G82 | | 钻削固定循环、锪孔 | G82 X～ Y～Z～R～P～F～ |
| G83 | | 深孔钻削固定循环 | G83 X～ Y～Z～R～Q～F～ |
| G84 | 09 | 攻螺纹固定循环 | G84 X～ Y～Z～R～F～ |
| G85 | | 镗削固定循环 | G85 X～ Y～Z～R～F～ |
| G86G88 | | 退刀镗削固定循环 | G86 X～ Y～Z～R～P～F～ |
| G89 | | 镗削固定循环 | G88 X～ Y～Z～R～P～F～ |
| | | 镗削固定循环 | G89 X～ Y～Z～R～P～F～ |

2. FANUC 0i **数控铣床和加工中心** M **代码(附表** 1.2)

**附表** 1.2　M **代码**

| 代码 | 意义 | 格式 |
|---|---|---|
| M00 | 停止程序运行 | |
| M01 | 选择性停止 | |
| M02 | 结束程序运行 | |
| M03 | 主轴正向转动开始 | |
| M04 | 主轴反向转动开始 | |
| M05 | 主轴停止转动 | |
| M06 | 换刀指令 | M06 T_ |
| M08 | 冷却液开启 | |
| M09 | 冷却液关闭 | |
| M30 | 结束程序运行且返回程序开头 | |
| M98 | 子程序调用 | M98 Pxxnnnn<br>调用程序号为 Onnnn 的程序 xx 次 |
| M99 | 子程序结束 | 子程序格式<br>Onnnn<br>…<br>M99 |

# 附录 2　SIEMENS 802D 数控指令格式

1. SIEMENS 数控铣床和加工中心 G 代码(附表 2.1)

附表 2.1　G 代码

| 分类 | 分组 | 代码 | 意义 | 格式 | 备注 |
|---|---|---|---|---|---|
| 插补 | 1 | G0 | 快速插补(笛卡儿坐标) | G0 X～ Y～ Z～ | 在直角坐标系中 |
| | | | 快速插补(极坐标系) | G0 AP = _ RP = _ 或者<br>G0 AP = _ RP = _ Z～ | 在极坐标系中 |
| | | G1 | 直线插补(笛卡儿坐标) | G1 X～Y～Z～F～ | 在直角坐标系中 |
| | | | 直线插补(极坐标系) | G1 AP = _ RP = _ F～ 或者<br>G1 AP = _ RP = _ Z～ F～ | 在极坐标系中 |
| | | G2 | 顺时针圆弧(笛卡儿坐标,终点＋圆心) | G2 X～ Y～ I～ J～ F～ | X、Y 确定终点,Z、J、F 确定圆心 |
| | | | 顺时针圆弧(笛卡儿坐标,终点＋半径) | G2 X～ Y～ CR = _ F～ | X、Y 确定终点,CR 为半径(大于 0 为优弧,小于 0 为劣弧) |
| | | | 顺时针圆弧(极坐标系,终点＋圆心角) | G2 AR = _ I～ J～ F～ | AR 确定圆心角(0°～360°),Z、J、F 确定圆心 |
| | | | 顺时针圆弧(极坐标系,终点＋圆心角) | G2 AR = _ X～ Y～ F～ | AR 确定圆心角(0°～360°),X、Y 确定圆心 |
| | | | 顺时针圆弧(极坐标系,终点＋半径) | G2 AR = _ RP = _F～ 或者<br>G2 AR = _ RP = _Z～ F～ | |
| | | G3 | 逆时针圆弧(笛卡儿坐标,终点＋圆心角) | G3 X～ Y～ I～ J～ F～ | |
| | | | 逆时针圆弧(笛卡儿坐标,终点＋半径) | G3 X～ Y～ CR = _ F～ | |
| | | | 逆时针圆弧(极坐标系,终点＋圆心角) | G3 AR = I～ J～ F～ | |
| | | | 逆时针圆弧(极坐标系,终点＋半径) | G3 AR = _ X～ Y～ F～ | |

续附表2.1

| 分类 | 分组 | 代码 | 意义 | 格式 | 备注 |
|---|---|---|---|---|---|
| 插补 | 1 | G3 | 逆时针圆弧(笛卡儿坐标,终点＋圆心角) | G3 AR＝_ RP＝_F～或者<br>G3 AR＝_ RP＝_ Z～F～ | |
| | | G33 | 恒螺距的螺纹切削 | S～M～ | 主轴速度、方向 |
| | | | | G3 Z～K～ | 带有补偿夹具的锥螺纹切削 |
| | | G331 | 螺纹插补 | N10 SPOS＝ | 主轴处于位置调节状态 |
| | | | | N20 G331 Z～K～S～ | 在主轴方向不带补偿夹具攻丝;右旋螺纹或左旋螺纹通过螺距的符号(比如K＋)确定:<br>＋:同M3<br>－:同M4 |
| | | G332 | 不带补偿夹具切削内螺纹——退刀 | G332 Z～K～ | 不带补偿夹具切削螺纹——Z退刀;螺距符号同G331 |
| 平面 | 6 | G17 | 指定 *XY* 平面 | G17 | 该平面上的垂直 *Z* 轴为刀具长度补偿轴 |
| | | G18 | 指定 *ZX* 平面 | G18 | 该平面上的水平 *Y* 轴为刀具长度补偿轴 |
| | | G19 | 指定 *YZ* 平面 | G19 | 该平面上的水平 *X* 轴为刀具长度补偿轴 |
| 增量设置 | 4 | G90 | 绝对尺寸 | G90 | |
| | | G91 | 增量尺寸 | G91 | |
| 单位 | 3 | G70 | 英制尺寸 | G70 | |
| | | G71 | 公制尺寸 | G71 | |
| 工件坐标 | 8 | G500 | 取消可设定零点偏值 | G500 | |
| | | G55 | 第二可设定零点偏值 | G55 | |
| | | G56 | 第三可设定零点偏值 | G56 | |
| | | G57 | 第四可设定零点偏值 | G57 | |
| | | G58 | 第五可设定零点偏值 | G58 | |
| | | G59 | 第六可设定零点偏值 | G59 | |

续附表2.1

| 分类 | 分组 | 代码 | 意义 | 格式 | 备注 |
| --- | --- | --- | --- | --- | --- |
| 复位 | 2 | G74 | 回参点(原点) | G74 X1 = _ Y1 = _Z1 = _ | 回原点的速度为机床固定值，指定回参考点的轴不能有Transformation(坐标变换)，若有，需用“TRAFOOF”取消 |
| | | G75 | 回固定点 | G75 X1 = _ Y1 = _Z1 = _ | |
| 刀具补偿 | 7 | G40 | 刀尖半径补偿方式的取消 | G40 | 在指令G40、G41/ G42的一行中必须同时有G0或G1指令(直线)，且要指定一个当前平面内的一个轴，如在*XY*平面下，N20 G1 G41 Y50 |
| | | G41 | 调用刀尖半径补偿，刀具在轮廓左侧移动 | G41 | |
| | | G42 | 调用刀尖半径补偿，刀具在轮廓右侧移动 | G42 | |
| | 9 | G53 | 按程序段方式取消可设定零点偏值 | G53 | |
| | 8 | G450 | 圆弧过渡 | G450 | |
| | | G451 | 等距线的交点，刀具在工件转角处不切削 | G451 | |

2. SIEMENS 数控铣床和加工中心 M 代码(附表 2.2)



附表 2.2　M 代码

| 代码 | 意义 | 格式 | 备注 |
| --- | --- | --- | --- |
| M0 | 程序停止 | M0 | 用M0停止程序的执行；按“启动”键加工继续执行 |
| M1 | 程序有条件停止 | M1 | 与M0一样，但仅在出现专门信号后才生效 |
| M2 | 程序结束 | M2 | 在程序的最后一段被写入 |
| M3 | 主轴顺时针旋转 | M3 | |
| M4 | 主轴逆时针旋转 | M4 | |
| M5 | 主轴停转 | M5 | |
| M6 | 更换刀具 | M6 | 在机床数据有效时用M6更换刀具，其他情况下用T指令进行 |

### 3. 其他指令(附表 2.3)

附表 2.3　其他指令

| 指令 | 意义 | 格式 |
| --- | --- | --- |
| IF | 有条件程序跳跃 | LABEL:<br>IF expression GOTOB LABEL<br>或<br>IF expression GOTOF LABEL<br>LABEL:<br>IF 条件关键字<br>GOTOB 带向后跳目的跳跃指令(朝程序开头)<br>GOTOF 带向后跳目的跳跃指令(朝程序结尾)<br>LABEL 目的(程序内标号)<br>LABEL:跳跃目的;冒号后面为跳跃目的名<br>= = 等于<br><> 不等于; > 大于; < 小于<br>>= 大于或等于; <= 小于或等于 |
| COS() | 余弦 | COS(x) |
| SIN() | 正弦 | SIN(x) |
| SQRT() | 开方 | SQRT(x) |
| TAN() | 正切 | TAN(x) |
| POT() | 平方值 | POT(x) |
| TRUNC() | 取整 | TRUNC(x) |
| ABS() | 绝对值 | ABS(x) |
| GOTOB | 向后跳转指令,与跳转标志符一起,表示跳转到所标志的程序段跳转方向向前 | 标号:<br>GOTOB LABEL<br>参数意义同 IF |
| GOTOF | 向后跳转指令,与跳转标志符一起,表示跳转到所标志的程序段跳转方向向后 | 标号:<br>GOTOF LABEL<br>参数意义同 IF |
| MCALL | 循环调用 | 如:N10 MCALL CYCLE…(1,78,8,…) |

续附表2.3

| 指令 | 意义 | 格式 |
|---|---|---|
| CYCLE82 | 平底扩孔固定循环 | CYCLE82(RTP,SDIS,DPR,DTB)<br>DTB:在最终深度处停留的时间<br>其余参数的意义同 CYCLE81<br>例：<br>N10 G0 G90 F200 S300 M3<br>N20 D3 T3 Z110<br>N30 X24 Y15<br>N40 CYCLE82(110,102,4,75,2)<br>N50 M02 |
| CYCLE83 | 深孔钻削固定循环 | CYCLE83(RTP,RFP,SDIS,DP,DPR,FDEP,FDPR,DAM,DTB,DTS,FRF,VART,_AXN,_MDEP,_VRT,_DTD,_DISI)<br>FDEP:首钻深度(绝对坐标)<br>FDPR:首钻相对于参考平面的深度<br>DAM:递减量(＞0 时表示按参数值递减；＜0 时表示递减速率；＝0 时表示不做递减)<br>DTB:在此深度停留的时间(＞0 表示停留秒数；＜0 表示停留转数)<br>DTS:在起点和排屑时的停留时间(＞0,停留秒数；＜0 表示停留转数)<br>FRF:首钻进给率<br>VART:加工方式(0 表示切削;1 表示排屑)<br>_AXN:工具坐标轴(1 表示第一坐标轴;2 表示第二坐标轴;其他的表示第三坐标轴)<br>_MDEP:最小钻孔深度<br>_VRT:可变的切削回退距离(＞0 时表示停留秒数；＜0 时表示停留转数；＝0 时表示设置为 1mm)<br>_DTD:在最深度处的停留时间(＞0 时表示停留秒数；＜0 时表示停留转数；＝0 时表示停留时间同 DTB)<br>_DISI:可编程的重新插入孔中的极限距离<br>其余参数的意义同 CYCLE81<br>例：<br>N10 G0 G17 G90 F50 S500 M4<br>N20 D1 T42 Z155<br>N30 X80 Y120<br>N40 CYCLE83(155,150,1,5,100,20,1,0, 0.8)<br>N50 X80 Y60<br>N60 CYCLE83(155,150,1,145,50,－0.6,1,1,0,10,0.4)<br>N70 M02 |

续附表2.3

| 指令 | 意义 | 格式 |
| --- | --- | --- |
| CYCLE84 | 攻螺纹固定循环 | CYCLE84(RTP,RFP,SDIS,DPR,SDAC,MPIT,PIT,POSS,SST,SST1)<br>SDAC:循环结束后的旋转方向(可取值为3,4,5)<br>MPIT:螺纹尺寸的斜度<br>PIT:锥度值<br>POSS:循环结束时,主轴所在位置<br>SST:攻螺纹速度<br>SST1:回退速度<br>其余参数的意义同CYCLE81<br>例:<br>N10 G0 G90 T4 D4<br>N20 G17 X30 Y35 Z40<br>N30 CYCLE84(40,36,2,30,3,5,90,200,500)<br>N40 M02 |
| CYCLE85 | 钻孔循环1 | CYCLE85(RTP,RFP,SDIS,DPR,DTR,DTB,FFR,RFF)<br>FFR:进给速率<br>RFF:回退速率<br>其余参数的意义同CYCLE81<br>例:<br>N10 FFR = 300 RFF = 1.5 * FFR S500 M4<br>N20 G18 Z70 X50 Y105<br>N30 CYCLE85(105,102,2,25,300,450)<br>N40 M02 |
| CYCLE86 | 钻孔循环2 | CYCLE86(RTP,RFP,SDIS,DP,DPR,DTB,SDIR,RPA,RPO,RPAP,POSS)<br>SDIR:旋转方向(可取值为3,4)<br>RPA:在活动平面上横坐标的回退方式<br>RPAP:在活动平面上钻孔的轴的回退方式<br>POSS:循环停止时主轴的位置<br>其余参数的意义同CYCLE81<br>例:<br>N10 G0 G17 G90 F200 S300<br>N20 D3 T3 Z112<br>N30 X70 Y150<br>N40 CYCLE86(112,110,77,2,3,-1,-1,+1,45)<br>N50 M02 |

续附表2.3

| 指令 | 意义 | 格式 |
| --- | --- | --- |
| CYCLE88 | 钻孔循环 4 | CYCLE86(RTP,RFP,SDIS,DP,DPR,DTB,SDIR)<br>DTB:在最终孔深处的停留时间<br>SDIR:旋转方向(可取值为 3,4)<br>其余参数的意义同 CYCLE81<br>例:<br>N10 G17 G90 F100 S450<br>N20 G0 X80 Y90 Z105<br>N30 CYCLE88(105,102,3,72,3,4)<br>N40 M02 |
| CYCLE93 | 切槽循环 | CYCLE93(SPD,SPL,WIDG,DIAG,STA1,ANG1,ANG2,RCO1,RCO2,RCI2,FAL1,FAL2,IDEP,DTB,VARI)<br>例:<br>N10 G0 G90 Z65 X50 T1 D1 S400 M3<br>N20 G95 F0.2<br>N30 CYCLE93(35,60,30,25,10,20,0,0,－2,－2,1,1,10,1,5)<br>N40 G90 Z100 X50<br>N50 M02 |
| CYCLE94 | 凹凸切削循环 | CYCLE94(SPD,SPL,FORM)<br>例:<br>N10 T25 D3 S300 G95 F0.3<br>N20 G0 G90 Z100 X50<br>N30 CYCLE94(20,60,"E")<br>N40 G90 G0 Z100 X50<br>N50 M02 |
| CYCLE95 | 毛坯切削循环 | CYCLE95(NPP,MID,FALX,FAL,FF1,FF2,FF3,VARI,DT,DAM,_VRT)<br>例:<br>N110 T18 G90 G96 F0.8<br>N120 S500 M3<br>N130 T11 D1<br>N150 Z60<br>N160 CYCLE95("contour",2,5,0,8,0.8,0,0.8,0.75,0.6,6,1)<br>N170 M02<br>PROC contour<br>N10 G1 X10 Z100 F0.6<br>N20 Z90 |

续附表2.3

| 指令 | 意义 | 格式 |
| --- | --- | --- |
| CYCLE95 | 毛坯切削循环 | N30 Z = AC(70) ANG = 150<br>N40 Z = AC(50) ANG = 135<br>N50 Z = AC(50) X = AC(50)<br>N60 M02 |
| CYCLE97 | 螺纹切削 | CYCLE97(PIT,MPIT,SPL,FPL,DM1,DM2,APP,ROP,TDEP,FAL,IANG,NSP,NRC,NID,VARI,NUMT)<br>例：<br>N10 G0 G90 Z100 X60<br>N20 G95 D1 T1 S1000 M4<br>N30 CYCLE97(42,0,－35,42,42,10,3,1.23,0,30,0,5,2,3,1)<br>N40 G90 G0 X100 Z100<br>N50 M02 |

# 附录 3　华中数控指令格式

## 1. 华中数控铣床和加工中心 G 代码(附表 3.1)

附表 3.1　G 代码

| 代码 | 分组 | 意义 | 格式 |
|---|---|---|---|
| G00 | | 快速进给 | G00 X～ Y～ Z～<br>X、Y、Z 在 G90 时为终点在工件坐标系中的坐标;在 G91 时为终点相对于起点的位移量 |
| G01 | 01 | 直线插补 | G01 X～ Y～ Z～ F～<br>X、Y、Z:线性进给终点<br>F:合成进给速度 |
| G02 | | 顺圆插补 | G17/G18/G19 G02/G03 X～ Y～ Z～ R～/ I～ J～ K～<br>X、Y、Z:圆弧终点坐标<br>R～:圆弧半径<br>I、J、K:圆弧起点相对圆心的增量 |
| G03 | | 逆圆插补 | |
| G02/G03 | | 螺旋线进给 | X、Y、Z:由 G17/G18/G19 平面选定的两个坐标为螺旋线投影圆弧的终点,第三个坐标是与选定平面相垂直的轴终点,其余参数的意义同圆弧进给 |
| G04 | 00 | 暂停 | G04 P～/ X～ 单位秒,增量状态单位为毫秒 |
| G07 | 16 | 虚轴制定 | G07X～ Y～ Z～ A～<br>X、Y、Z、A:被指定轴后跟数字 0,则该轴为虚轴;后跟数字 1,则该轴为实轴 |
| G09 | 00 | 准停校验 | 一个包括 G90 的程序段在继续执行下个程序段前,准确停止在本程序段的终点。用于加工尖锐的棱角 |
| G17 | | *XY* 平面 | G17 选择 *XY* 平面 |
| G18 | 02 | *ZX* 平面 | G18 选择 *ZX* 平面 |
| G19 | | *YZ* 平面 | G19 选择 *YZ* 平面 |
| G20 | | 英制输入 | |
| G21 | 96 | 毫米输入 | |
| G22 | | 脉冲当量 | |
| G24 | 03 | 镜像开 | G24 X～ Y～ Z～ A～<br>X、Y、Z、A:镜像位置 |
| G25 | | 镜像关 | 指令格式和参数含义同上 |

续附表3.1

| 代码 | 分组 | 意义 | 格式 |
| --- | --- | --- | --- |
| G28 | 00 | 回归参考点 | G28 X～ Y～Z～ A～<br>X、Y、Z、A:回参考点时经过的中间点 |
| G29 | | 由参考点回归 | G29 X～ Y～Z～ A～<br>X、Y、Z、A:返回的定位终点 |
| G40 | 09 | 刀具半径补偿取消 | G17(G18/G19)G40(G41/G42)G00(G01)<br>X～ Y～Z～ D～<br>X、Y、Z:G01/G02 的参数,即刀补建立或取消的终点<br>D:G41/G42 的参数,即刀补号码(D00～D99)代表刀补表中对应的长度补偿值 |
| G41 | | 左半径补偿 | |
| G42 | | 右半径补偿 | |
| G43 | 10 | 刀具长度正向补偿 | G17(G18/G19)G40(G41/G42)G00(G01)<br>X～ Y～Z～ H～<br>～:G01/G02 的参数,即刀补建立或取消的终点<br>H:G43/G44 的参数,即刀补号码(H00～H99)代表刀补表中对应的长度补偿值 |
| G44 | | 刀具长度负向补偿 | |
| G45 | | 刀具长度补偿取消 | |
| G59 | 04 | 缩放关 | G51 X～ Y～Z～P_G98 P_<br>G50<br>X～ Y～Z～:缩放中心的坐标值 P:缩放倍数 |
| G51 | | 缩放开 | |
| G52 | 00 | 局部坐标系设定 | G52 X～ Y～Z～ A～<br>X、Y、Z、A:局部坐标系原点在当前工件坐标系中的坐标值 |
| G53 | | 直接坐标系编程 | 机床坐标系编程 |
| G54 | 12 | 选择工件坐标系 1 | GXX |
| G55 | | 选择工件坐标系 2 | |
| G56 | | 选择工件坐标系 3 | |
| G57 | | 选择工件坐标系 4 | |
| G58 | | 选择工件坐标系 5 | |
| G59 | | 选择工件坐标系 6 | |
| G60 | 00 | 单方向定位 | G60 X～ Y～Z～ A～ X、Y、Z、A:单向定位终点 |

续附表3.1

<table>
<tr><th>代码</th><th>分组</th><th>意义</th><th>格式</th></tr>
<tr><td>G61</td><td rowspan="2">12</td><td>精确停止校验方式</td><td>在 G61 后的各程序段编程轴都要准确停止在程序段的终点，然后再继续执行下一程序段</td></tr>
<tr><td>G64</td><td>连续方式</td><td>在 G64 后各程序段编程轴刚开始减速时（未达到所编程的终点）就开始执行下一程序段。但在 G00/G60/G09 程序中，以及不含运动指令的程序段中，进给速度仍减速到 0 才执行定位校验</td></tr>
<tr><td>G65</td><td>00</td><td>子程序调用</td><td>指令格式及参数意义与 G98 相同</td></tr>
<tr><td>G68</td><td rowspan="2">05</td><td>旋转变换</td><td>G17 G68 X ~ Y ~ P ~</td></tr>
<tr><td>G69</td><td>旋转取消</td><td>G18 G68 X ~ Z ~ P ~<br>G19 G68 X ~ Z ~ P ~<br>M98 P ~<br>G69<br>X、Y、Z：旋转中心的坐标值<br>P：旋转角度</td></tr>
<tr><td>G73</td><td rowspan="13">06</td><td>高速深孔加工循环</td><td rowspan="13">G98(G99)G73 X ~ Y ~ Z ~ R ~ Q ~ P ~ K ~ F ~ L ~<br>G98(G99)G74 X ~ Y ~ Z ~ R ~ P ~ F ~ L ~<br>G98(G99)G76 X ~ Y ~ Z ~ P ~ I ~ J ~ F ~ L ~ P ~<br>G80<br>G98(G99)G81 X ~ Y ~ Z ~ R ~ P ~ F ~ L ~<br>G98(G99)G82 X ~ Y ~ Z ~ R ~ P ~ F ~ L ~<br>G98(G99)G83 X ~ Y ~ Z ~ R ~ Q ~ P ~ F ~ L ~<br>G98(G99)G84 X ~ Y ~ Z ~ R ~ P ~ F ~ L ~<br>G85 指令同上，但在孔底时主轴不反转<br>G86 指令同 G81，但在孔底时主轴停止，然后快速退回<br>G98(G 99)G87 X ~ Y ~ Z ~ R ~ P ~ I ~ J ~ F ~ I ~<br>G98(G 99)G88 X ~ Y ~ Z ~ R ~ P ~ F ~ I ~<br>G89 指令与 G86 相同，但在孔底有暂停<br>X、Y：加工起点到孔位的距离<br>R：初始点到 R 点的距离<br>Z：R 点到孔底的距离<br>Q：每次进给深度（G73/G83）<br>I、J：刀具在轴反向位移增量（G76/G87）<br>P：刀具在孔底的暂停时间<br>F：切削进给速度<br>L：固定循环次数</td></tr>
<tr><td>G74</td><td>反攻丝循环</td></tr>
<tr><td>G76</td><td>精镗循环</td></tr>
<tr><td>G80</td><td>固定循环取消</td></tr>
<tr><td>G91</td><td>钻孔循环</td></tr>
<tr><td>G82</td><td>带停顿的单孔循环</td></tr>
<tr><td>G83</td><td>深孔加工循环</td></tr>
<tr><td>G84</td><td>攻丝循环</td></tr>
<tr><td>G85</td><td>镗孔循环</td></tr>
<tr><td>G86</td><td>镗孔循环</td></tr>
<tr><td>G87</td><td>反镗循环</td></tr>
<tr><td>G88</td><td>镗孔循环</td></tr>
<tr><td>G89</td><td>镗孔循环</td></tr>
</table>

续附表3.1

| 代码 | 分组 | 意义 | 格式 |
| --- | --- | --- | --- |
| G90 | 13 | 绝对值编程 | GXX |
| G91 | | 增量值编程 | |
| G92 | 00 | 工作坐标系设定 | G92 X ～ Y ～ Z ～<br>X、Y、Z:设定的工件坐标系原点到刀具起点的有向距离 |
| G94 | 14 | 每分钟进给 | |
| G95 | | 每转进给 | |
| G98 | 15 | 返回固定循环初始点 | G98:返回初始平面 |
| G99 | | 返回固定循环 *R* 点 | G99:返回 *R* 点平面 |

## 2. 华中数控铣床和加工中心 M 代码(附表 3.2)

附表 3.2　M 代码

| 代码 | 意义 | 格式 |
| --- | --- | --- |
| M00 | 程序停止 | |
| M02 | 程序结束 | |
| M03 | 主轴正转启动 | |
| M04 | 主轴反转启动 | |
| M05 | 主轴停止转动 | |
| M06 | 换刀具指令(铣) | M06 T ～ |
| M07 | 切削液开启(铣) | |
| M08 | 切削液开启(车) | |
| M09 | 切削液关闭 | |
| M30 | 结束程序运行且返回程序开关 | |
| M98 | 子程序调用 | M98 PnnnnLxx<br>调用程序号为 Onnnn 的程序 xx 次 |
| M99 | 子程序结束 | 子程序格式:Onnnn<br>…<br>M99 |